U0218376

普通高等教育"十四五"规划立体化教材

计算机编译原理及其应用

张幸儿　戴新宇　编　著

天津大学出版社
TIANJIN UNIVERSITY PRESS

内容简介

本书的前身《计算机编译原理》(第三版)是普通高等教育"十一五"国家级规划教材。计算机编译原理是计算机专业的重要专业基础课之一。本书系统介绍了高级程序设计语言编译程序的构造原理,重点讨论词法分析、语法分析、语义分析与目标代码生成、代码优化等。各章末有本章概要、习题与上机实习题。本书强调编译各阶段的实现考虑,读者可从这些实际可行的实现方法和技巧中得到借鉴和启发。本书最后讨论的编译原理在软件开发中的两个应用实例,可让读者领会编译原理应用于软件开发的必要性与可能性。为了便于教学,本书网上辅助资料包含解题规范例解与总复习思考题,另配有电子教案和习题解答可供选用。《计算机编译原理——编译程序构造实践》(第二版)一书可供上机实践参考。

本书可作为计算机及其相关专业的编译原理教材,也可作为计算机软件工作者、研究生以及广大计算机爱好者的参考用书。

图书在版编目(CIP)数据

计算机编译原理及其应用 / 张幸儿, 戴新宇编著
. -- 天津 : 天津大学出版社, 2023.7
普通高等教育"十四五"规划立体化教材
ISBN 978-7-5618-7509-4

Ⅰ. ①计… Ⅱ. ①张… ②戴… Ⅲ. ①编译程序—程序设计—高等学校—教材 Ⅳ. ①TP314

中国国家版本馆CIP数据核字(2023)第112644号

出版发行		天津大学出版社
地 址		天津市卫津路92号天津大学内(邮编:300072)
电 话		发行部:022-27403647
网 址		www.tjupress.com.cn
印 刷		北京虎彩文化传播有限公司
经 销		全国各地新华书店
开 本		787mm×1092mm 1/16
印 张		21.5
字 数		537千
版 次		2023年7月第1版
印 次		2023年7月第1次
定 价		65.00元

前　　言

本书的前身是科学出版社出版的《计算机编译原理》(第三版),前三版历经 20 余年,深得广大读者好评。第一版荣获 2002 年教育部全国普通高校优秀教材奖二等奖,2008 年第三版被评为普通高等教育"十一五"国家级规划教材。

"编译原理"课程的特点是理论性强。全课程内容由三部分组成,即高级程序设计语言、形式语言理论基础和编译程序构造原理。整个课程以形式语言理论中的相关概念为基础,讨论程序设计语言及编译程序实现技术。语法制导翻译的引进,更增加了理论上的深度。这便决定了读者对"编译原理"课程的学习与掌握有一定难度。只有理解和掌握概念,才能对事物有更深入的认识。如何理解和掌握相关概念? 本书作者结合自己的理解,以浅显的文字对其进行阐述,使深奥不再。

"编译原理"课程不仅理论性强,实践性也强。这是由课程本身所决定的:讨论的是编译程序的构造原理,理所当然要以所学的知识来实践编译程序构造。下面是学习编译原理的过程中,读者不得不面对的一些问题。

文法由重写规则组成。例如: E ∷ =E+T,这是一个字符串,它们如何存放在计算机内呢? LR 分析表看起来都是符号,如何存储在计算机内,又如何与驱动程序相配合来实现句子的识别,并生成相应的语法分析树? 特别是,语义分析时翻译方案中的语义动作,如同 C 语言程序一样,说到底也是一些字符串,要直接执行它们是不可能的,要如何去实现呢?

显然,概念甚至算法,都还是理论上的,与实际上机实践之间有着不小的差距。一般书中并不会给出这些问题的答案,本书将提供令人满意的答案。

作者深感,学习"编译原理"课程的学生,普遍存在一种误解——不开发编译程序,没有必要学习"编译原理"课程。那么,是否只有编译程序开发者才需要学习"编译原理"课程呢? 为了让读者更深入地理解学习"编译原理"课程的必要性,尤其是编译原理应用在软件开发中的可能性,本书设置了第 9 章"编译原理在软件开发中的应用",让读者了解编译原理如何应用于软件开发过程中,以充分理解理论与实践相结合的必要性与可能性。读者也可以从第 9 章丰富的内涵中所蕴含的解决问题的思路、方法与技巧中得到启示。

本书的基本风格:一是用浅显的文字与实例阐述重点概念;二是强调相同或相关概念各自的特征以及相关概念之间的差异,特别是强调各种方法与技术的应用条件与应用范围;三是强调解题规范,培养学生有条理地思考问题的习惯以及严谨的学风与工作作风。

本书的特点主要体现在以下几方面。

1)强调实践,加强实践环节。作者基于多年教学科研的经验与实践,对编译程序构造的各个主要环节提出切实可行的实现方法和实现考虑,使读者能应用所阐述的知识进行上机实习,理解和掌握概念与上机实践间的差异,从理论上领悟概念、方法和技巧,从而把理论和实践紧密结合起来。

2)以 C 语言为背景。基于 C 语言成分的翻译进行讨论,按 C 语言规范表示,并结合 C

语言的特殊处理进行讨论(如逻辑表达式的计算、赋值语句左部变量地址的计算和函数参数的计算顺序等),加深读者对 C 语言的理解。

3)语义分析和目标代码生成是编译程序构造的重要组成部分,但大多数读者可能会感到翻译方案等概念太抽象,面对翻译方案等不知道如何着手。本书详细讨论了相关的内容,结合语言成分的语义与执行步骤来设计目标代码,按这一思路写出翻译方案,特别是讨论了语义分析时语义动作的实现考虑,使读者能够通过关于"注释分析树的构造和语义动作的实现"的讨论来理解语义分析与目标代码生成的实现要点。

4)网上辅助资料中附有解题规范例解,不仅对编译程序构造各主要概念有例题进行解题规范例解,引导读者重视解题的规范性,而且例题的数量较多,各章中的重点习题均有答案参考,利于读者举一反三,从而使读者掌握解题思路和规范。建议读者仔细阅读解题规范例解部分。

鉴于篇幅限制,本书删除了《计算机编译原理》(第三版)中的部分内容,包括词法分析程序的自动生成、识别程序自动生成系统 YACC 简介,以及使用图着色方法进行寄存器分配的思路等。这些删去的内容对于课程的教学与学习不会带来任何影响。

本书可用作综合性大学、师范类大学与广播电视大学计算机专业的"编译原理"课程教材。教师可在教学中根据本校的实际情况选择合适的内容因材施教。总之,"各取所需,为己所用"。

学习,不仅仅要重视知识的积累,更应重视能力的培养。对一个学生来说,重要的是打好基础,练好基本功,提高自身素质,适应多方面的需要。期望通过对本书的学习,并借鉴作者多年的科研工作实践、程序设计的经验和技巧,读者能在软件开发过程中有所启发,不仅能较为深刻地认识与理解程序设计语言及编译原理和技术的有关问题,也能为后续进一步进行计算机软件开发工作打下良好的基础。

为了方便组织"编译原理"课程的上机实习,任课教师可以把《计算机编译原理——编译程序构造实践》(第二版)作为本书的配套实习教材。

本书各章末附有本章概要与习题,网上辅助资料中附有总复习思考题。读者可以通过解答习题和思考题加深对概念的理解,并对编译原理有更深入的认识。本书没有给出习题答案,作者认为这样可以更充分地发挥读者的独立思考能力。如果任课教师需要,可以向出版社索取与本书配套的电子课件和习题答案。

感谢天津大学出版社秦静编辑对本书的大力支持与帮助,因她的辛勤工作而使本书能顺利问世。限于作者水平,错误与不妥之处在所难免,欢迎读者批评指正。

作者 E-mail 地址:zhangxr0@sina.com。

作者

于南京大学计算机科学与技术系

人工智能学院

2023 年 2 月

目　　录

第1章　总　论 …………………………………………………………………… 1
　1.1　引言 …………………………………………………………………… 1
　1.2　程序与程序设计语言 ………………………………………………… 2
　　1.2.1　程序及其结构 ……………………………………………………… 2
　　1.2.2　程序设计语言的定义 ……………………………………………… 3
　　1.2.3　程序的执行 ………………………………………………………… 6
　1.3　编译程序构造及有关概念 …………………………………………… 7
　　1.3.1　编译程序的构造 …………………………………………………… 7
　　1.3.2　遍的概念 …………………………………………………………… 9
　　1.3.3　编译程序的分类 …………………………………………………… 9
　　1.3.4　实际应用中的编译程序 …………………………………………… 11
　1.4　形式语言理论与编译实现技术 ……………………………………… 11
　本章概要 …………………………………………………………………… 12
第2章　文法与语言 ……………………………………………………………… 13
　2.1　符号串与符号串集合 ………………………………………………… 13
　　2.1.1　字母表 ……………………………………………………………… 13
　　2.1.2　符号串 ……………………………………………………………… 13
　　2.1.3　符号串集合 ………………………………………………………… 14
　2.2　文法与语言的形式定义 ……………………………………………… 15
　　2.2.1　文法的形式定义 …………………………………………………… 15
　　2.2.2　语言的形式定义 …………………………………………………… 25
　2.3　语言的分类 …………………………………………………………… 28
　　2.3.1　Chomsky 文法类和语言类 ………………………………………… 28
　　2.3.2　形式语言与自动机 ………………………………………………… 31
　　2.3.3　形式语言的分类与程序设计语言 ………………………………… 31
　　2.3.4　对上下文无关文法的进一步讨论 ………………………………… 32
　2.4　文法等价与等价变换 ………………………………………………… 33
　　2.4.1　文法等价的概念 …………………………………………………… 33
　　2.4.2　压缩文法等价变换 ………………………………………………… 34
　　2.4.3　消去左递归等价变换 ……………………………………………… 35
　2.5　语法分析树与句型分析 ……………………………………………… 39
　　2.5.1　语法分析树 ………………………………………………………… 39
　　2.5.2　句型分析 …………………………………………………………… 44

本章概要 ·· 48

习题 1 ·· 48

习题 2 ·· 49

习题 3 ·· 50

习题 4 ·· 50

习题 5 ·· 50

第 2 章上机实习题 ·· 51

第 3 章　词法分析 ·· 52

3.1　概况 ·· 52

3.1.1　词法分析与词法分析程序 ··· 52

3.1.2　符号的识别与重写规则的关系 ······································ 52

3.1.3　实现方式 ·· 53

3.2　有穷状态自动机与正则表达式 ·· 54

3.2.1　状态转换图 ·· 54

3.2.2　确定有穷状态自动机 DFA ·· 57

3.2.3　非确定有穷状态自动机 NFA ·· 60

3.2.4　正则表达式 ·· 65

3.3　词法分析程序的实现 ·· 67

3.3.1　符号与属性字 ·· 67

3.3.2　标识符的处理 ·· 71

3.3.3　词法分析程序的编写 ·· 76

3.4　词法分析程序的自动生成 ·· 80

本章概要 ·· 81

习题 6 ·· 81

第 3 章上机实习题 ·· 83

第 4 章　语法分析——自顶向下分析技术 ······································ 84

4.1　概况 ·· 84

4.1.1　自顶向下分析技术及识别算法 ······································ 84

4.1.2　讨论的前提 ·· 84

4.1.3　要解决的基本问题 ·· 85

4.2　带回溯的自顶向下分析技术 ·· 85

4.2.1　基本思想 ·· 85

4.2.2　语法分析树的建立及其表列表示 ···································· 88

4.2.3　问题及其解决 ·· 89

4.3　无回溯的自顶向下分析技术 ·· 89

4.3.1　先决条件 ·· 89

4.3.2　递归下降分析技术 ·· 90

4.3.3　预测分析技术 ·· 94

本章概要 ··· 103

习题 7 ··· 103

第 4 章上机实习题 ·· 104

第 5 章 语法分析——自底向上分析技术 ···························· 105

5.1 概况 ··· 105

    5.1.1 自底向上分析技术及识别算法 ································· 105

    5.1.2 讨论前提 ··· 105

    5.1.3 基本实现方法:移入-归约法 ································· 106

5.2 算符优先分析技术 ·· 107

    5.2.1 算符优先分析技术的引进 ·· 107

    5.2.2 算符文法 ··· 108

    5.2.3 算符优先关系与算符优先文法 ································· 109

    5.2.4 算符优先文法句型的识别 ·· 112

    5.2.5 优先函数 ··· 116

    5.2.6 实际应用中的算符优先分析技术 ····························· 122

5.3 LR(k)分析技术 ·· 124

    5.3.1 LR(k)文法与LR(k)分析技术 ································· 124

    5.3.2 SLR(1)分析表构造方法 ··· 131

    5.3.3 LALR(1)分析表构造方法 ······································· 142

    5.3.4 识别程序自动构造 ·· 144

5.4 LR(1)识别程序句型分析的实现 ·· 145

本章概要 ··· 147

习题 8 ··· 148

习题 9 ··· 149

习题 10 ·· 149

第 5 章上机实习题 ·· 150

第 6 章 语义分析与目标代码生成 ··· 151

6.1 概况 ··· 151

    6.1.1 语义分析的概念 ··· 151

    6.1.2 属性文法 ··· 153

    6.1.3 类型体制与语义分析 ·· 165

6.2 说明部分的翻译 ·· 172

    6.2.1 常量定义的翻译 ··· 172

    6.2.2 说明性语句的翻译 ·· 173

    6.2.3 函数定义的翻译 ··· 174

    6.2.4 结构体类型的翻译 ·· 177

6.3 目标代码的生成 ·· 177

    6.3.1 概况 ··· 178

　　　6.3.2　虚拟机 ·· 180

　　　6.3.3　控制语句的翻译 ··· 182

　6.4　语义分析的实现考虑 ··· 206

　　　6.4.1　注释分析树的构造 ··· 206

　　　6.4.2　语义动作的实现 ··· 210

　　　6.4.3　语义子程序的例子 ··· 216

　6.5　源程序的中间表示代码 ··· 218

　　　6.5.1　抽象语法树 ·· 218

　　　6.5.2　逆波兰表示 ·· 220

　　　6.5.3　四元式序列 ·· 225

　　　6.5.4　三元式序列 ·· 232

　习题 11 ··· 234

　习题 12 ··· 234

　习题 13 ··· 235

　习题 14 ··· 236

　第 6 章上机实习题 ··· 236

第 7 章　运行环境 ··· 238

　7.1　概况 ··· 238

　　　7.1.1　相关的问题 ·· 238

　　　7.1.2　名字到存储字的结合 ····································· 238

　7.2　存储分配策略 ··· 242

　　　7.2.1　静态存储分配 ·· 242

　　　7.2.2　栈式存储分配 ·· 243

　　　7.2.3　堆式存储分配 ·· 244

　7.3　符号表 ··· 247

　　　7.3.1　符号表的引进 ·· 247

　　　7.3.2　符号表的组织 ·· 247

　　　7.3.3　符号表的数据结构 ··· 251

　7.4　运行时刻支持系统 ··· 254

　本章概要 ··· 255

　习题 15 ··· 255

第 8 章　代码优化 ··· 257

　8.1　概况 ··· 257

　　　8.1.1　优化的概念 ·· 257

　　　8.1.2　代码优化的分类 ··· 258

　　　8.1.3　代码优化程序的结构 ····································· 259

　8.2　基本块与流图 ··· 259

　8.3　基本块的优化 ··· 260

8.3.1 基本块优化的种类 ……………………………………………… 260

8.3.2 基本块优化的实现 ……………………………………………… 264

8.4 与循环有关的优化 ………………………………………………… 272

8.4.1 循环优化的种类 ………………………………………………… 272

8.4.2 循环优化的实现 ………………………………………………… 277

8.5 窥孔优化 …………………………………………………………… 294

8.5.1 冗余指令删除 …………………………………………………… 295

8.5.2 控制流优化 ……………………………………………………… 296

8.5.3 代数化简 ………………………………………………………… 297

8.5.4 特殊指令的使用 ………………………………………………… 297

本章概要 ……………………………………………………………… 297

习题 16 ………………………………………………………………… 298

第 8 章上机实习题 …………………………………………………… 299

第 9 章 编译原理在软件开发中的应用 ……………………………… 301

9.1 基于形式定义的高级程序设计语言间源级转换系统的设计与实现 … 301

9.1.1 概况 …………………………………………………………… 301

9.1.2 语言的形式定义与转换规则 …………………………………… 303

9.1.3 PASCAL 到 C 源级转换中的关键问题 ………………………… 305

9.1.4 PASCAL 到 C 源级转换系统 SDPCC ………………………… 315

9.2 基于源级转换的可执行规格说明技术 …………………………… 321

9.2.1 可执行规格说明的概念 ………………………………………… 321

9.2.2 NCSL 语言的设计及其形式定义 ……………………………… 323

9.2.3 NCSL 支持系统及其工作原理 ………………………………… 324

9.2.4 从 NCSL 到 PROLOG 源级转换的示例 ……………………… 326

9.2.5 从 NCSL 到 PROLOG 源级转换中的问题 …………………… 327

本章概要 ……………………………………………………………… 330

第 9 章上机实习题 …………………………………………………… 330

参考文献 ……………………………………………………………… 331

第1章 总 论

1.1 引言

作为一种工具,电子计算机以其处理数据容量大、速度快、精度高且具有自动判别功能等显著特点,广泛应用于各个领域。早先人工用几年甚至几辈子都难以完成的计算量,现在使用计算机只需短短几天、几个小时甚至几分钟即可完成。计算机之所以能快速完成大量计算任务,除硬件基础外,当归功于计算机软件系统。进一步说,高级程序设计语言的引进,使人们能用接近于数学用语的表示法去表达算法,让计算机做人们想做的事,从而为计算机的推广应用打开了局面。没有高级程序设计语言,计算机要想推广应用难如登天。

高级程序设计语言作为一种语言,是人机对话的工具。人们用某种高级语言写出程序来表达自己想做的事情和期望达到的效果,计算机接受这些程序,然后运行从而产生相应的效果。高级程序设计语言是一种符号语言,采用了接近于数学用语的表示法,使人们容易书写与理解,也容易相互交流。请看下列 C 程序片段:

> if(x>y) max=x; else max=y;

这种表达很容易理解,即比较 x 与 y 的值,若 x 的值大,让 max 取 x 的值,否则让 max 取 y 的值。读者立即可以得出结论:该程序片段的功能是求两个数中的最大值。如果用机器语言写上述功能的程序将是十分难以理解的。即使是用汇编语言写出的程序,也不是那样一目了然的。

高级程序设计语言明显的优点是:接近于数学表示法,因而易读、易理解;与具体机器无关,可以在不同型号的机器上运行同一个高级语言程序。不仅如此,高级语言程序还易于查错,且一个语句往往对应若干机器指令,使书写程序的效率更高。

然而,高级程序设计语言毕竟是符号语言,任何程序归根结底总是一个字符序列,其中包括英文字母、数字、运算符及标点符号等。计算机能直接理解的只有二进制机器代码,为使计算机能理解高级语言程序,其间必须有一个"翻译",把符号程序翻译成计算机可直接接受和运行的二进制代码程序。这个"翻译"就是编译程序。

本书将讨论计算机编译程序的构造原理,也就是讨论在给定某个高级程序设计语言时,编译程序应该有怎样的结构;在构造编译程序时,可采用哪些技术、会发生哪些问题、应如何去解决等。当读者不仅了解一个编译程序怎样去实现,而且还了解为什么要这样去实现时,将可高屋建瓴,更好地去理解与实现编译程序。为此,对于编译程序构造原理,要基于形式语言理论中的相关概念来讨论编译实现问题。可以概括地用下面的公式表达:

> 编译原理=形式语言理论+编译技术

编译程序可看作程序设计语言的支持工具或环境。在编译程序的支持下,高级语言程序才可能运行。为了更好地领会与掌握编译程序的构造原理,对高级程序设计语言进行一定篇幅的讨论是十分必要的。概括起来,全书将涉及以下三方面内容:

1)高级程序设计语言(为简便起见,今后除非特别指明,程序设计语言均指高级程序设计语言);

2)与实现编译相关的形式语言理论的基本概念;

3)构造编译程序的基本概念、原理与技术。

编译程序构造原理又包括词法分析、语法分析、语义分析、目标代码生成与代码优化等。本书以 C 语言为背景,把这些方面有机结合起来,进行全面、系统地讨论,以易于读者掌握。为了便于讨论,本书对 C 语言进行了简化(仅讨论其子集);鉴于 C 语言表示法上的某些不足,本书中也将适当变通。例如, C 语言中的赋值号"="易与等号混淆,因此本书在叙述中未明确是赋值语句时赋值号用":="表示,"="则表示等号;又如,在 C 语言中每个语句都用分号";"结束,在文字叙述中出现某语句时,易于把此语句的结束分号看作标点符号,本书中往往省略此分号。另外, C 语言中仅有函数的概念,而一般语言中有函数和过程两个概念。事实上,函数一般指的是有值函数,而过程就是无值函数。因此,这两个概念不严加区别,并不影响对相关概念的理解。最后要说明的是, C 语言的语句包括说明性语句与控制语句,为叙述简便起见,往往把说明性语句序列称为说明部分或说明,控制语句序列称为语句部分。

期望读者在阅读本书后,能对编译程序构造原理有一个清晰的理解。"编译原理"课程是一门实践性很强的课程,建议有条件的读者在消化理解的基础上自行设计 C 语言的一个小子集,并为它构造编译程序。通过这一练习,读者将受益匪浅。

1.2　程序与程序设计语言

1.2.1　程序及其结构

"程序"一词在人类社会活动中早已存在,譬如"大会程序"。借用到计算机领域,程序是指一系列指令或语句,它同样规定了要依次进行的一系列工作,只不过现在由计算机去执行特定的指令或语句序列以获得某种预期的效果。

在计算机领域里,程序是计算机系统中计算任务的处理对象与处理规则的描述,是计算机实现各类信息处理的工具,是人与计算机的接口。人通过程序命令和操纵计算机完成预期的工作。计算机程序总是联系于某种程序设计语言。任何用程序设计语言书写的程序总是由一定的构架构成的。例如 C 程序的结构成分按概念层次由小到大可表示为:

基本符号—符号(单词)—量—表达式—说明与语句—函数定义—程序

归根结底,程序是由一连串基本符号组成的。C 语言的基本符号可以是字母、数字与界限符等。字母包括 a,b,…,z,A,B,…,Z。数字包括 0,1,…,9。界限符包括关键字(如 char 与 if)和专用符号两类。专用符号可以是运算符(如"+"与"−")、括号(如"{"与"}")、分隔符(如逗号","与分号";")等。

某些基本符号具有特定的含义,例如上述的"+"与"−"等。但也有一些基本符号不具有特定的含义,例如一切字母与数字,它们必须在组成标识符、数或标号时才含有特定的含义,这时它们已成为符号(单词)的组成部分。

不言而喻,不同的程序设计语言有不同的基本符号集。

1.2.2　程序设计语言的定义

程序设计语言是为书写计算机程序而人为设计的符号语言。为了能让计算机确切地理解程序的意义,以及便于人们之间相互交流,对同一种程序设计语言书写的程序应有一致的理解,换言之,对一种程序设计语言应有明了而确切的定义。

1. 程序设计语言定义的四个方面

一般程序设计语言的定义涉及语法、语义、语用与语境四个方面。

(1)语法

语法是指由程序设计语言的基本符号组成程序中的各个语法成分(包括程序)的一组规则,其中由符号(单词)构成语法成分的规则为一般的语法规则,而由基本符号构成符号(单词)的书写规则特称为词法规则。语法规则可用形式的方式描述,也可用语法图这样的非形式方式描述,甚至可用口语方式描述。不论用哪种方式描述,语法定义总可在关于程序设计语言的用户手册上找到。关于语法的定义形式将在下面进一步讨论。

(2)语义

语义是程序设计语言中按语法规则所构成的各个语法成分的意义。一个程序执行的效果反映了该程序的含义,也就是程序的语义。程序的语义自然取决于相应程序设计语言各种语法成分的语义定义,即取决于程序设计语言的语义。语义分为静态语义与动态语义,静态语义指语法成分在编译时可确定的含义,运行时才能理解与确定的含义则称为动态语义。

语义通常用非形式的口语描述方式来定义。但为了精确而一致地定义程序设计语言的语义,以保证或验证程序的正确性,特别是自动生成程序,像语法那样形式地定义语义是至关重要的,因而形成了计算机科学的又一个重要分支:形式语义学。对此,因已超出本书的范畴,这里不进行讨论。

(3)语用

语用表示语言符号及其与使用者之间的关系,涉及符号的来源、使用和影响。对程序设计语言来说,语用表示程序和使用者之间的关系。在程序中往往用注解形式解释某些变量的物理意义与用途等,这可看成是语用的应用。

(4)语境

语境是指理解和实现程序设计语言的环境,这种环境包括编译环境与运行环境。语境的不同将影响到语言的实现。例如,C 语言整型量通常占用 2 个字节,若占用 4 个字节,C程序的书写与运行将有很大的不同。显然,同一种程序设计语言的易移植性受语境影响。

2. 语法定义

语法定义通常有三种形式,即语法图、BNF 表示法与口语。

(1)语法图

语法图是用图解的形式来描述程序设计语言语法规则的工具。图 1-1 中展示了 C 语言关于函数定义、简单表达式与因式的语法图。需要说明的是,为简单起见,本书对所引用的

C 语言语法规则进行了一定的简化或修改。

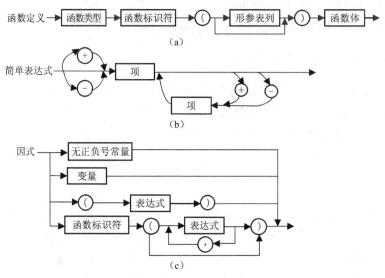

图 1-1　语法图示例

图 1-1 中的长方框表示语法成分,圆框表示将出现在程序中的符号。弧(有向图中连接两节点的媒介)表示后继关系,例如函数类型后继以函数标识符表示、函数标识符后继以圆括号"("表示等。显然图 1-1(a)的语法图描述了 C 语言函数定义的结构框架,图 1-1(b)的语法图描述了简单表达式的构成,而图 1-1(c)的语法图描述了四类因式,即无正负号常量、变量、用圆括号对括住的表达式以及函数调用。

语法图的优点是形象直观;不足是不紧凑、篇幅较大,尤其因为是非形式的,不利于语法分析程序的自动生成。

(2)BNF 表示法

BNF 表示法的规则取如下形式:

〈函数定义〉::=〈函数首部〉〈函数体〉

它读作:〈函数定义〉定义为〈函数首部〉后跟以〈函数体〉。

〈函数首部〉定义为:

〈函数首部〉::=〈函数类型〉〈函数标识符〉(〈形参表列〉)

或

〈函数首部〉::=〈函数类型〉〈函数标识符〉()

或者缩写为:

〈函数首部〉::=〈函数类型〉〈函数标识符〉(〈形参表列〉)

|〈函数类型〉〈函数标识符〉()

其中符号"|"表示"或者",上式完整读作:〈函数首部〉定义为〈函数类型〉〈函数标识符〉(〈形参表列〉)或者定义为〈函数类型〉〈函数标识符〉()。

〈形参表列〉定义为:

〈形参表列〉::=〈形参表列〉,〈形参〉

或

　　　〈形参表列〉::=〈形参〉

或者缩写为:

　　　〈形参表列〉::=〈形参表列〉,〈形参〉|〈形参〉

　　BNF 表示法是描述程序设计语言的形式体系,称为元语言。一般地,用来描述另外某种语言的语言称为元语言。符号"::="与"|"称为元语言连接符或元符号。这里用尖括号"〈"与"〉"括住的是语法实体,它们不是语言中实际存在的实体,而是元语言中为了分析程序结构而引进的语法概念,称为元语言变量,它们并不出现在程序中,如〈函数定义〉与〈形参〉等,后文将称之为非终结符号。它们每一个必定出现在规则左部(符号"::="左边部分)至少一次。不出现在规则左部的符号是可能出现在程序中的符号,今后将称为终结符号。

　　很明显,BNF 表示法描述的 C 语言函数定义的结构与语法图描述的是完全一致的。

　　BNF 表示法的特点是简洁、严谨、精确和无歧义。它首次应用于描述程序设计语言 ALGOL 的语法,获得了极大的成功。由于它与后文将讨论的上下文无关文法规则定义形式一致而备受关注。

　　通常为了更简洁与更易读,对 BNF 表示法进行扩充。这时引入一些新的元符号,即花括号"{"与"}"、方括号"["与"]",以及圆括号"("与")",称为扩充 BNF 表示法。这三类括号的用途分别如下。

　　当"{"与"}"用作元符号时,规则中用它们把符号串 x 括起来,即{x},其表示 x 将出现 0 次或多次。例如,关于〈形参表列〉的规则可重写为:

　　　〈形参表列〉::=〈形参〉{,〈形参〉}

　　因此,形参表列可以是单个形参,也可以是用逗号隔开的若干个形参。

　　当"["与"]"用作元符号时,规则中用它们把符号串 x 括起来,即[x],其表示 x 可能出现也可能不出现。例如,关于〈函数首部〉的规则可重写为:

　　　〈函数首部〉::=〈函数类型〉〈函数标识符〉"("[〈形参表列〉]")"

　　其中的方括号"["与"]"是元符号。一对圆括号各自用一对双引号括住,是为了表明这一对圆括号不是元符号,而是可在程序中出现的符号。当某符号出现在规则中既可作为元符号,也可作为终结符号时,对于后一种情况都得用双引号对括住。作为例子下面进一步给出对应于图 1-1(b)与(c)的扩充 BNF 表示法的规则:

　　　〈简单表达式〉::=[〈加法运算符〉]〈项〉{〈加法运算符〉〈项〉}

　　　〈因式〉::=〈无正负号常量〉|〈变量〉|"("〈表达式〉")"

　　　　　　　|〈函数标识符〉"("[〈表达式〉{,〈表达式〉}]")"

　　(3)口语

　　用口语方式定义程序设计语言的语法,是指用自然语言描述程序设计语言的语法成分,例如,对于 C 语言,函数定义可用口语定义为:

　　函数定义由函数首部与函数体顺次组成。

其中的函数首部又可定义为:

　　函数首部从函数类型开始,后跟以函数标识符,再跟以圆括号对,圆括号对内可能包含任选的形参表列。

　　显然,用口语方式定义的语法往往显得很不简洁,甚至累赘,也不直观,且易导致定义不确切。因此一般不用口语方式定义语法。

1.2.3　程序的执行

　　如前所述,程序是对计算任务的处理对象与处理规则的描述。一个程序应是正确的,这有两层含义:一方面是在书写上正确,即符合语法规则;另一方面是在含义上正确,即能够正确地理解与应用程序中各种语法成分的语义定义,并在逻辑上体现程序书写者的意图,因而在正确输入之后就能获得预期的运行效果。

　　归根结底程序只是字符序列或基本符号序列,高级语言程序通常可采用两种方式执行,即解释方式与翻译方式。

　　解释执行借助于解释程序来完成。解释程序是对程序的语句逐个地进行分析,根据每个语句的含义模拟地执行,按语义给出所模拟执行语句的相应效果,从用户角度看,好像在直接执行此语句。BASIC 语言是以解释方式执行程序的典型语言。

　　解释方式执行程序的优点是易于查错。因为若存在错误,总可以立即从正在模拟执行的程序中确定出错语句的位置,并分析错误的性质而加以改正。在程序执行过程中可以修改程序,这对开发与调试程序是很有帮助的。但不足是对于程序中的每个语句,每次模拟执行到它便必须对它进行分析以确定其含义,即使不是第一次遇上也是如此,因此对迭代结构中的每个语句必须重复分析,以致效率低,运行速度慢。解释执行方式适用于配备有分时操作系统的计算机。除某些特殊情况外,一般采用翻译执行方式。

　　翻译执行借助于一个翻译程序来完成。翻译程序对整个程序进行分析,将这个程序翻译成等价的机器语言(或汇编语言)程序,然后执行。所谓等价,即两者的执行效果完全一致。用某种程序设计语言所写的程序称源程序,写源程序的语言称源语言,而等价的低级语言程序称目标程序或结果程序,相应的低级语言称目标语言。源语言是汇编语言的翻译程序称为汇编程序。汇编程序把汇编语言程序翻译成等价的机器语言程序。源语言是 C 语言等高级语言的翻译程序特称为编译程序。编译程序把高级语言源程序翻译成等价的低级语言目标程序,这种方式也称为编译执行方式。源程序编译执行的示意图如图 1-2 所示。

图 1-2　源程序编译执行示意图

　　不言而喻,若目标程序是汇编语言程序,在运行前首先要由汇编程序将其翻译成等价的机器语言代码。通常不明确是机器语言还是汇编语言的目标程序,统称为目标程序,也称为目标机器代码。运行子程序是为了支持目标程序运行而开发的程序,例如计算三角函数值、计算数组元素地址等的程序,特别地,还有输入/输出和中断处理的程序,它们都是甚为复杂的。这些程序通常以库子程序的形式存在,需要时调用即可,因此通常称为运行子程序。所有运行子程序构成运行时的支持程序包,即运行时的支持系统。不同的编译程序有各自的运行时支持系统。目标程序必须在运行时支持系统的支持下才能运行。

编译方式执行源程序的优点是只需分析与翻译源程序一次,一旦获得目标程序便可反复运行,而不必重新翻译,即使翻译时花费较多时间也无妨。不足是当目标程序在运行中发现错误时,这些错误源于高级语言源程序,必须在源程序中找出相应的错误。为了易于找出错误并改正,同时提高运行功效,目前有两种做法:一种是如同 BASIC 等语言,提供解释与编译两种执行方式,调试时采用解释方式,一旦排除了程序中的错误,再采用编译方式,之后运行编译所得目标程序;另一种是如同 TURBO C 或 BORLAND C++等语言那样,对 C 语言或 C++语言等提供集成支持环境,集编辑、编译、运行与调试于一体,提供检查目标程序运行效果等的设施。

1.3 编译程序构造及有关概念

1.3.1 编译程序的构造

编译程序的功能是把高级语言源程序翻译成等价的低级语言目标程序,而源程序是由基本符号序列组成的,这些基本符号本身并不一定具有独立的含义,如字母与数字等,而且可能由若干字符组成,如"main"由 4 个字母组成,而"<="由"<"与"="组成,等等。因此编译程序必须执行的两个主要任务是分析与综合:对被编译的源程序进行分析,经过分析,综合出等价的目标程序。因此编译程序的构造可以分成两大部分,即前端与后端。前端完成分析,它又可分成词法分析、语法分析与语义分析几个部分;后端则完成综合,它进行目标代码生成与代码优化。

下面简单介绍各部分的功能。

(1)词法分析

编译程序分析工作从词法分析开始,完成词法分析工作的部分称词法分析程序,又称扫描程序。词法分析程序从左到右逐个字符地扫描(读入)源程序正文的字符,根据词法规则识别具有独立意义的各个最小语法单位——符号(单词),如标识符、无正负号常量与界限符等,并把它们转换成等长的内部形式(称属性字),以供下一阶段语法分析程序使用。词法分析程序往往还完成那些在语法分析之前需要做的其他工作,如删除注解之类的非必需信息,进行例如 C 语言程序中的文件包含、宏功能与条件编译等各项预处理工作。

(2)语法分析

完成语法分析的部分称语法分析程序,又称识别程序。它读入由词法分析程序识别出的符号,根据给定的语法规则,识别出各个语法结构。在进行语法分析时,识别出语法结构的同时也就检查了语法的正确性。如果存在语法错误,会给出相应的出错信息。当不存在语法错误时,语法分析程序将由词法分析程序产生的属性字序列(即属性字形式的符号序列)生成为另一种内部表示,如语法分析树或其他内部中间表示。

(3)语义分析

语法分析之后的工作是语义分析,这时以语法分析程序的输出(语法分析树或其他内部中间表示)作为输入进行语义分析及相应处理。一个程序涉及数据结构和控制结构,要分别对这两个方面进行语义分析。关于数据结构,要检查进行运算时的类型是否正确等,因此需确定类型,也就是确定标识符所代表数据对象的数据类型,进而检查运算分量类型的一致性和运算的合法性。关于控制结构,则根据程序设计语言所规定的语义,对它们进行相应的语义处理。例如对于加法运算,当检查得出两个运算分量都有定义,且它们的类型一致(相容)能进行加法运算后,生成执行加法的目标代码。一般地,当某语法结构的语义正确时,语义子程序完成相应翻译,生成正确地实现该结构含义的目标代码。但鉴于源程序编译仅进行一次,目标程序可能运行多次,为了改进目标程序的质量,这时也可能不生成目标代码,而是生成另一种内部中间表示代码,在代码优化阶段对这种内部中间表示代码进行优化,然后生成目标代码。因此内部中间表示代码是语义分析的产物,它可以是抽象语法树,但更经常生成的是逆波兰表示、四元式序列与三元式序列等。

概括起来,语义分析完成确定类型、类型检查、识别含义与相应的语义处理工作,并进行一些静态语义检查等。

语义分析工作通常由一些语义子程序完成。

为了更系统地实现语义分析,也为了如同语法分析那样更形式地表达语义分析,当前一般采用语法制导的翻译技术。

(4)代码优化

目前广为流行的一些编译程序都提供了较强的优化设施。代码优化是指编译时为改进目标代码质量而进行的各项工作。优化时对语义子程序生成的中间表示代码进行分析,把它变换成功能相同但功效更高的优化了的中间表示代码。之所以需要进行优化,是因为前面几个阶段处理的是源语言的共性,按照一般情况来生成中间表示,而源程序中各个语法结构往往可能存在一些特殊情况,包含有个性。要提高功效必须按个性而不是按共性来生成中间表示代码。

要强调的是,这里所说的优化是从目标代码生成的角度而言的,不包括算法的改进等。优化分为与机器无关的优化和与机器有关的优化两类。后文将重点讨论前一类。

不太复杂因而代价不是很高的一类优化称为窥孔优化,这类优化通常应用于目标语言代码。

(5)目标代码生成

目标代码可以在语义分析时生成,如果语义分析的结果是中间表示代码,就必须把中间表示代码变换成等价的目标程序,即目标语言代码。这就是目标代码生成部分的工作。显然目标代码生成总是与机器相关的,为了设计与实现目标代码生成程序,必须提供关于目标机器的细节信息。为了达到教学目的,我们基于一种虚拟机进行讨论。

从上面的讨论可见,一般来说,编译程序前端基本上与机器无关,而后端则往往与机器相关。

概括起来,一个编译程序由前端和后端组成,前端进行分析,完成词法分析、语法分析与语义分析,后端进行综合,完成目标代码生成与代码优化。前端一般是与机器无关的,而后端一般是与机器相关的。对应于各个要完成的基本工作分别有词法分析程序、语法分析程序、语义子程序、目标代码生成程序与代码优化程序,将这些部分有机地结合起来以完成对源程序的编译。

1.3.2　遍的概念

一个编译程序一般要完成上述五项基本工作,是涉及面广、结构庞杂的程序系统,因此往往称编译系统。对于内涵丰富、表达能力较强的高级程序设计语言,情况尤为复杂。因此考虑到下列因素:

1)编译程序所在宿主机的硬件因素,如可用内存容量的大小等;

2)设计目标,如编译速度、目标程序运行速度、查错改错能力及调试功能等;

3)参加编译程序研制的人数、人员能力及完成期限等;

通常把一个编译程序的工作分成若干阶段来完成,每一阶段都以源程序(第一阶段)或中间表示(上一阶段产生的输出结果)作为输入进行相应的处理,生成等价的中间表示作为输出。每个阶段读入整个输入并进行处理的过程称为遍(或趟)。第一遍的输入是源程序,最后一遍的输出是目标程序。一般不一定把所有与编译有关的基本工作放在唯一的一遍中,也不一定把每个基本工作作为独立的一遍来完成,往往是进行适当组合。例如,把词法分析作为第一遍,语法分析与语义分析作为第二遍,而目标代码生成与代码优化作为第三遍。

一个编译程序由几遍完成编译,便称为几遍编译程序。例如上述的是三遍编译程序。如果某个编译程序对源程序从头到尾扫描一次便完成词法分析、语法分析、语义分析、目标代码生成与代码优化等工作,它就是一遍编译程序,其工作示意图如图 1-3 所示。

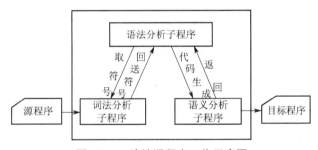

图 1-3　一遍编译程序工作示意图

1.3.3　编译程序的分类

如同存在着形形色色的程序设计语言一样,也存在着各种各样的编译程序。按照用途或侧重面,大致可把编译程序分成如下几类。

(1)诊断型编译程序

此类编译程序专门用来开发与调试程序,它们仔细地检查程序,发现程序中的错误,往往能自动校正一些小错误,例如遗漏逗号或括号等。即使只能在运行时才能察觉的一些错误,如不合法的下标、指针误用与不合法的文件管理等,诊断型编译程序也能在目标程序中生成可查出运行时错误并因运行时错误而放弃程序执行的代码。诊断型编译程序只在程序开发的初始阶段使用,当程序已接近完成或已完成时,其相应目标程序中不应再包含诊断用代码,此时应使用"产品型"编译程序,以提高运行速度。

（2）优化型编译程序

此类编译程序专门用来产生高功效的机器代码，其代价是增加编译程序的复杂性与编译时间。功效指时空功效，即期望目标程序占用的存储空间少，且运行时间短。然而要达到高功效有很多因素是相互抵触的。例如，一般情况下要速度快往往就得多占用存储空间，反之亦然。又如，对使用频率高的变量，让它们的值存放在寄存器中可减少存取时间，但在调用函数时需保护与恢复这些寄存器，又使函数的调用更费时。因此，没有最优目标程序可言，总是一种折中或是在某侧重面上的优化。很多优化型编译程序提供若干级优化供用户选择，以便以合理的代价获得所期望的优化效果。

（3）可重定目标型编译程序

通常一个编译程序是为一个特定的程序设计语言和一种特定的目标计算机而设计的，从源程序编译生成的目标程序只能在某种特定计算机上运行。当用同一种程序设计语言为不同型号的计算机设计编译程序时，原有编译程序因不适用而需重新开发。当然，事实上只需重写与机器相关的部分，与机器无关的部分大可不必重写。可重定目标型编译程序是不重写此编译程序中与机器无关的部分就可改变目标计算机的编译程序。因此可重定目标型编译程序是易移植的编译程序。

（4）交叉型编译程序

通常运行由编译程序生成的目标程序的计算机应与运行编译程序的计算机具有相同的型号。当一个编译程序在一种型号的计算机上运行，却生成在另一种型号的计算机上运行的目标程序时，这类编译程序便称为交叉型编译程序。

（5）增量型编译程序

通常编译程序对一个源程序进行编译时发现源程序中存在错误，便进行修改，然后从头开始重新编译。事实上，修改处可能很少，全部重新编译便造成了计算机资源的浪费。增量型编译程序在发现源程序错误时，仅从源程序修改处附近的正文开始重新编译，这样便可节省大量计算机资源。很明显，在集编辑、编译、运行与调试于一体的程序设计语言支持环境中采用增量型编译程序是十分合适的。

（6）应用并行技术的编译程序

通常对于单处理器计算机系统，编译程序处理的是顺序程序设计语言程序，生成的是顺序执行的目标程序。随着计算机技术的发展，出现越来越多的多处理器计算机，甚至多计算机系统，例如并行系统和分布式系统。相应地出现有支持并行和通信的高级程序设计语言，典型的有并发 PASCAL 和 ADA 等。为此，编译程序技术应能处理这样的语言，包括能处理并行和通信成分，实现共享变量、消息传递和同步等。关于应用并行技术还有另一层含义，也即在顺序程序中，自动寻找并行性，换句话说，编译程序将在原有的顺序程序中寻找并行执行的可能性。例如，对于数组，当对其一切元素赋以相同的初值时可并行进行。一般地，当数组元素可相互无关地独立计算时，便可能并行地处理，这样将使得程序运行效率大大提高。应用并行技术的编译程序通常作为研究生课程内容进行讨论。

1.3.4 实际应用中的编译程序

1. 程序开发支持环境

C 语言等早期编译程序的工作方式,一般采取编译连接方式,也就是在系统状态下键入编译命令,编译后得到可重定位的机器语言程序模块,即目标模块,此后应用连接命令以产生可执行目标代码,然后运行。这种工作方式的不足是把源程序的编辑、编译、运行与调试隔离开来,因而用户使用起来极为不便。近年来,一些编译程序,如 TURBO C 等,均以集成式程序开发环境的面貌出现,集源程序的编辑、编译、运行与调试于一体,使得这些工作可以十分方便地交错进行,因而大大提高了程序开发效率。

2. 预处理

在一个具体的源程序中,除高级程序设计语言标准文本中所规定的语法成分外,一般还包含与具体实现有关的一些成分。例如, C 语言程序中往往包含把其他文件中的内容安插到所指明位置处的包含(include)子句。另外还可能包含关于宏定义与条件编译的一些语句或命令。它们均以符号"#"打头,且都不是 C 语言本身的成分,必须在预处理阶段进行处理,然后再进入编译的第一阶段:词法分析。

3. 程序设计语言的非标准版本

对于某种特定语言的编译程序,不言而喻它编译的是这种特定语言的程序。然而,即使该特定语言有着标准文本,但编译程序处理的总是某种"方言",在某些符号的表示上与标准文本有所不同。譬如,乘幂运算有的用"↑"表示,有的用"**"表示。甚至在程序结构上有较大变化。一个典型的例子是 TURBO PASCAL,它把嵌套分程序结构的 PASCAL 语言扩充成了多文件的模块化 PASCAL 语言,程序不再由单一的嵌套分程序结构组成,而由编译单位组成,TURBO PASCAL 提供了编译单位间相互联系的设施。

因此,在使用一个实际的编译程序时,首先应该了解它所实现的语言版本,了解它与标准文本的区别。当然,我们要讨论的是编译程序的基本构造原理与方法,当涉及程序设计语言时,总是针对标准文本进行讨论。

1.4 形式语言理论与编译实现技术

粗略地说,形式语言是一种不考虑含义的符号语言,形式语言理论研究的是组成这种符号语言的符号串的集合,研究它们的表示法、结构及特性。按 Chomsky 文法分类法,文法可分成四大类,即短语结构文法、上下文有关文法、上下文无关文法与正则文法。而通常的程序设计语言,其符号(单词)的定义与正则文法相关联,语法定义与上下文无关文法相关联,而语义一般需用上下文有关文法来定义,只是为实现功效起见,让语义采用口语方式来定义。总之,程序设计语言与形式语言理论紧密相关,依据形式语言理论,编译程序的词法分析与语法分析等不同的阶段可以采用最合适的分析技术。

形式语言理论采用数学那样的符号形式表示和严格推理方法,应用形式语言理论来讨论程序设计语言及其编译程序构造,不仅可以使人了解一些编译实现技术如何应用,而且可以使人进一步理解为什么如此。感觉到了的东西,不一定能立刻理解它,理解了的东西才能更深刻地感觉它。感觉只解决现象问题,感性认识有待于发展到理性认识。因此,应从形式语言理论的角度来讨论和认识程序设计语言及其编译实现中的问题。

本章概要

本章讨论程序设计语言与编译程序间的联系,主要内容包括:高级程序设计语言的定义、源程序的执行及编译程序的构造。

高级程序设计语言程序的执行通常有解释与翻译两种方式。把高级程序设计语言源程序翻译成等价的低级语言目标程序的翻译程序称为编译程序。

由于高级程序设计语言程序归根结底是字符序列或基本符号序列,编译程序实质上是一种符号处理工具。基于程序设计语言的特征,一个编译程序由前端和后端两部分组成,前端进行分析,包括词法分析、语法分析与语义分析;后端进行综合,包括目标代码生成与代码优化。

按照用途与侧重面,存在若干不同种类的编译程序。当前的编译程序往往具有集编辑、编译、运行与调试于一体的程序设计语言集成支持环境。

相关概念:源语言与目标语言、源程序与目标程序、运行子程序、遍。

第 2 章　文法与语言

编译程序把某种高级程序设计语言源程序翻译成等价的低级语言目标程序。从字面上看,每个程序都是基本符号串,首先必须进行分析,即进行词法分析、语法分析与语义分析。分析时应该以一种精确而无歧义的方式进行,唯一地分析出各个符号(单词),进而唯一地分析出各个语法成分。可以说,任何语言的程序,都是在特定基本符号集(字母表)上定义的,按一定语法规则构成的基本符号串,语言则是所有这样的程序,即基本符号集上这样的符号串组成的集合。之所以能实现唯一地分析,依据是程序设计语言形式定义的文法规则。

第 2 章

当不考虑含义时,程序设计语言是一种符号语言,它具有一般形式语言的共同特征。形式语言理论研究的是组成符号语言的符号串的集合及它们的表示法、结构与特性。本章将对文法与语言给出形式的定义,其基础是形式语言理论中相关的概念。

2.1　符号串与符号串集合

程序是特定基本符号集(字母表)上按一定语法规则构成的基本符号串,语言是所有程序的集合。为了考察如何构造,首先讨论相关的概念。

2.1.1　字母表

定义 2.1　字母表是有穷非空的符号集合。

字母表包含了语言中允许出现的一切符号,当然其中至少要包含一个符号。显然,对于不同的语言可以有不同的字母表。例如,二进制数语言的字母表是{0，1};C 语言的字母表是由英文字母、数字、界限符及其他一些符号组成的基本符号集合。由于字母表是符号的有穷集合,通常在字母表的集合表示中把一切符号明确写出。通常用大写英文字母 A、B 等以及希腊字母 Σ 等表示字母表,例如,字母表 A={0，1},字母表 Σ={a, b, c, d},等等。

2.1.2　符号串

1. 符号串及其长度

定义 2.2　符号串是由字母表中的符号所组成的有穷序列。

例 2.1　例如,a、b、c、ab、ac、aaa 与 bbabc 等都是字母表{a, b, c}上的符号串。又如,字母表{0,1}上的符号串可以是 0、1、01、10、100 等,即一切二进制数(可能包含有前导零,例如 01)。

符号串总是建立在某个特定字母表上的,且只由字母表上的有穷多个符号组成。要注意的是,符号串中符号的出现顺序是重要的。例如, ab 与 ba 及 010 与 100 都是不同的符号串。通常用 t、u、v、w 与 x 等小写英文字母来表示符号串。

不包含任何符号的符号串,它称为空符号串,简称空串,用 ε 表示。

符号串 x 中所包含符号的个数称为符号串 x 的长度,用|x|表示。例如,符号串 abc 的长度|abc|=3,而符号串 010110 的长度|010110|=6。显然,|ε|=0。

2. 子符号串

假定有一个非空符号串,其中的若干个相继符号组成的部分称为其子符号串。一般可定义如下。

定义 2.3 设有非空符号串 u=xvy,其中符号串 v ≠ ε,则称 v 为符号串 u 的子符号串。

例 2.2 设字母表 Σ ={a, b, c, d, +, -, *, /, (,)} 上有符号串 x=a+b*(c+d),则 a、a+b* 与(c+d)等都是 x 的子符号串,且其长度分别为:|a|=1,|a+b*|= 4,|(c+d)|=5。

显然,对于定义 2.3 中的 u 与 v,有|u|≥|v|>0。

3. 符号串的头与尾

如果 z=xy 是一个符号串,则 x 是 z 的头,而 y 是 z 的尾。如果 y 非空,则 x 是 z 的固有头;如果 x 非空,则 y 是 z 的固有尾。

例 2.3 设字母表 A={a, b, c}上有符号串 x=abc,则 ε、a、ab 与 abc 都是 x 的头,且除 abc 外都是 x 的固有头;ε、c、bc 与 abc 都是 x 的尾,且除 abc 外都是 x 的固有尾。

当只对符号串中的头或尾感兴趣而对其余部分不感兴趣时,可以采用省略形式,例如只对头感兴趣,写作 z=x···,或只对尾感兴趣,写作 z=···x。如果为了突出 x 在符号串中的某处出现,可以类似地写作 z=···x···。当 x 中仅包含一个符号 T 时,则可分别写作:

$$z=T\cdots \qquad z=\cdots T\cdots \qquad z=\cdots T$$

4. 对符号串的运算

定义 2.4 设 x 与 y 是同一字母表上的两个符号串,把 y 的各个符号相继写在 x 的符号后所得到的符号串称为 x 与 y 的联结(或并置),记为 xy。

例 2.4 设在字母表{a, b, c}上有符号串 x=ab 与 y=cba,则 z=xy=abcba。这里, |x|=2, |y|=3,|z|=|xy|=5。易见|xy|=|x|+|y|。显然对于任何字母表上的符号串 x,有 εx=xε=x。

请注意,在不同字母表上的符号串不能进行联结运算。

当把某符号串相继地重复写若干次时便得到该符号串的方幂。方幂一般定义如下。

定义 2.5 设 x 是某字母表上的符号串,把 x 自身联结 n 次,即 z=xx···x(n 个 x),称为符号串 x 的 n 次方幂,记为 z=x^n。

例如,x^1=x,x^2=xx 与 x^3=xxx 分别对应于 n=1, 2 与 3。注意:当 n=0 时,x^0=ε,这时|x^0|=0。

例 2.5 设 x=ab,则 x^0=ε,x^3=ababab。

显然,x^n=xx^{n-1}=x^{n-1}x,且|x^n|=n|x|。

2.1.3 符号串集合

1. 符号串集合的定义

定义 2.6 若集合 A 中的一切元素都是某字母表 Σ 上的符号串,则称 A 为该字母表 Σ 上的符号串集合。

字母表上的符号串集合通常用大写英文字母 A、B、C 等表示。例如,用 B 表示字母表 {0,1}上的符号串集合,即二进制数集合。

符号串集合中的元素可以用枚举表示法在集合表示中明确地写出，例如，符号串集合 {1，11，111，1111}。当不可能穷尽一切元素时，可以用省略表示法，例如{1，11，111，1111,…}，也可用描述表示法来刻画一个符号串集合，这时必须指明该集合中的一切符号串所应满足的条件，即{x|x 满足条件 C}。例如，{x|x 全由 1 组成，且|x|≥1}与{1^i|i≥1}。

显然，可把字母表本身看成是该字母表上的符号串集合，其中一切符号串的长度均为 1。C 语言则是 C 基本符号集上的某个符号串集合。如果某个符号串集合中不包含任何元素，则它是一个空集，因此沿用通常的空集表示法，即用 Ø 表示。

2. 对符号串集合的运算

如同一般的集合，对符号串集合也可以进行各种集合运算，例如集合并、集合交与集合补，以及集合卡氏积等，这些概念早已为大多数读者所了解。此处介绍的是集合的乘积（或称连结）运算，因为将从它引出重要的概念:闭包与正闭包。

下面给出集合乘积的定义。

定义 2.7　两个符号串集合 A 与 B 的乘积 AB 定义为:

$$AB=\{xy|x \in A，且 y \in B\}$$

由此定义可知，乘积 AB 是满足 $x \in A$ 与 $y \in B$ 的一切符号串 xy 所构成的集合。

例 2.6　设 A={a,b},B={c,d,e},则 AB={ac,ad,ae,bc,bd,be}。

由于对任何符号串 x 有 εx=xε=x，因此{ε}A=A{ε}=A，但 ØA=AØ=Ø。

类似于符号串的方幂，可以定义符号串集合的方幂，特别地定义字母表 A 的方幂为: $A^0=\{ε\}，A^1=A，A^n=A^{n-1}A（n>0）$。显然，若 $x \in A^n$，则|x|=n。

3. 字母表的闭包与正闭包

设有字母表 A，由它作方幂 $A^0、A^1、A^2、\cdots、A^n\cdots$。A 的闭包定义如下。

定义 2.8　A 的闭包 $A^*=A^0 \cup A^1 \cup A^2 \cup \cdots \cup A^n \cup \cdots$。

由于 $A^n（n=0，1，2，\cdots）$中所有符号串的长度为 n，因此字母表 A 的闭包 A^*为字母表上一切长度为 n(n≥0)的符号串所组成的集合。

如果不允许包含空串 ε，则得到字母表 A 的正闭包，定义如下。

定义 2.9　A 的正闭包 $A^+=A^1 \cup A^2 \cup \cdots \cup A^n \cup \cdots$。

显然，$A^*=A^0 \cup A^+$，且 $A^+=AA^*=A^*A$。

例 2.7　设字母表 Σ={a,b,c}，依次写出长度为 1、2、… 的符号串，可得到 Σ 的正闭包 $Σ^+$:

$$Σ^+=\{a,b,c,aa,ab,ac,ba,bb,bc,\cdots\}$$

$Σ^+$中添入空串 ε 即得 $Σ^*$。

由于一个字母表的正闭包包含了该字母表中的符号所能组成的一切符号串，而语言是该字母表上的某个符号串集合，因此，在某个字母表上的语言是该字母表的正闭包的子集，且是真子集。对于 C 语言，可以说，C 语言是其字母表，也即基本符号集正闭包的真子集。

2.2　文法与语言的形式定义

2.2.1　文法的形式定义

如前所述，语言是字母表上的某个符号串集合，在这集合中的每个符号串都是按一定规则生成的,这些规则在这里称为重写规则,并将利用这些重写规则来形式地定义文法和语言。

1. 重写规则

定义 2.10　一个重写规则是有序对(U,u)。通常写作:

　　　U::=u

其中 U 是一个符号,称为重写规则的左部,而 u 是有穷非空符号串,称为重写规则的右部。

例 2.8　下面是重写规则的例子。

〈标识符〉::=〈字母〉	〈字母〉::=A　〈字母〉::=B　〈字母〉::=C
〈标识符〉::=〈标识符〉〈字母〉	〈数字〉::=0　〈数字〉::=1　〈数字〉::=2
〈标识符〉::=〈标识符〉〈数字〉	

在不产生混淆的情况下,为简单起见,重写规则简称为规则。在规则左部出现的符号称为非终结符号,不是非终结符号的符号称为终结符号。非终结符号可以出现在规则右部,而终结符号绝不会出现在规则左部。规则右部仅是由单个非终结符号的规则构成的特殊的一类,称为单规则。例如上述例子中,规则

　　　〈标识符〉::=〈字母〉

是一个单规则,其余均不是单规则。

当若干个规则的左部是相同的非终结符号时,对这些规则可采用缩写形式,例如例 2.8 中的规则可改写为:

　　　〈标识符〉::=〈字母〉|〈标识符〉〈字母〉|〈标识符〉〈数字〉

　　　〈字母〉::=A | B | C

　　　〈数字〉::=0 | 1 | 2

其中的“|”表示“或者”,也就是说,〈标识符〉有 3 个选择,即〈字母〉、〈标识符〉〈字母〉、〈标识符〉〈数字〉。 事实上,这里沿用了通常描述程序设计语言语法的 BNF 表示法。通常把 BNF 表示法称为元语言,因为它通常用来解释或描述程序设计语言。 符号“::=”与“|”等称为元语言连接符(元符号)。 当在规则中使用各种括号作为元符号时,则沿用了扩充 BNF 表示法。

在扩充 BNF 表示法中,几种括号的用途分别简述如下。

花括号对“{”与“}”用来指定重复次数。

例 2.9　关于标识符的规则显然允许构造任意长度的标识符,它们可改写为:

　　　〈标识符〉::=〈字母〉{〈字母数字〉}

　　　〈字母数字〉::=〈字母〉|〈数字〉

这表示〈字母数字〉可出现任意多次,因此规定了标识符可任意长。若限定标识符至多包含 6 个字母与数字,则可采用如下指明重复次数的表示法:

　　　〈标识符〉::=〈字母〉{〈字母数字〉}$_0^5$

它规定第一个字母后可跟 0 个到 5 个字母或数字,至多 5 个。

显然这一表示法比下列同样规定标识符至多由 6 个字母或数字组成的表示法更为简洁。

〈标识符〉∷=〈字母〉|〈字母〉〈字母数字〉|〈字母〉〈字母数字〉〈字母数字〉|

　　　　　〈字母〉〈字母数字〉〈字母数字〉〈字母数字〉|

　　　　　〈字母〉〈字母数字〉〈字母数字〉〈字母数字〉〈字母数字〉|

　　　　　〈字母〉〈字母数字〉〈字母数字〉〈字母数字〉〈字母数字〉〈字母数字〉

方括号对"["与"]"用来指明括住的内容可能出现也可能不出现。

例如下列规则:

　　　　〈函数首部〉∷=〈函数类型〉〈函数标识符〉"(" [〈形参表列〉] ")"

指明〈函数首部〉中可能出现也可能不出现〈形参表列〉。

注意:在该规则中,圆括号对"("与")"用双引号括住,表示其是可以在 C 程序中实际出现的源程序符号。

圆括号对"("与")"用来表示提因子。

当一个规则右部有若干个选择,且其中有公共的因子时,可以把公共因子提出到圆括号对外。例如下列规则:

　　　　E∷=E+T|E-T

可用圆括号对提因子而改写为:

　　　　E∷=(E+|E-)T　　或　　E∷=E(+|−)T

请注意,源语言符号与元语言符号在概念与表示法上存在区别。

2. 文法的定义

不言而喻,要完整地描述一个语言,一般必须有恰当个数的一组(重写)规则。下例是构造句子的一组规则。

例 2.10　构造句子的规则:

1)〈句子〉∷=〈主语〉〈谓语〉〈状语〉

2)〈主语〉∷=〈名词〉

3)〈谓语〉∷=〈动词〉

4)〈状语〉∷=〈介词〉〈名词〉

5)〈名词〉∷=Peter

6)〈名词〉∷=Berry

7)〈名词〉∷=river

8)〈动词〉∷=swims

9)〈介词〉∷=in

以上 9 个规则描述了如何构造该语言的各个成分,特别是指明了如何构造句子。显然〈句子〉这个语法实体与其他各语法实体不同,所有那些规则都是为定义〈句子〉而服务的,〈句子〉是所要定义的目标,因此称它为识别符号或开始符号。识别符号作为非终结符号,必定至少在一个规则的左部出现。

当给定了一组重写规则时,就说给定了一个文法。文法的定义如下。

定义 2.11　文法 G[Z]是有穷非空的重写规则集合,其中 Z 是识别符号,而 G 是文法名。

一般来说,以识别符号为左部的重写规则作为文法的第一个重写规则。当识别符号明显可见或无须关心时,可不写出识别符号 Z,而只写出文法名 G。例如,可以说上例中的一组规则定义了文法 G2.1[〈句子〉]或 G2.1。易见 G2.1 只是用来标志文法的名,识别符号 Z 刻画了一个文法所决定的语言的特征。

给定了一个文法 G,它的一切非终结符号所组成的集合通常记为 V_N,它的一切终结符号所组成的集合通常记作 V_T。显然 $V_N \cap V_T = \varnothing$。

定义 2.12　文法 G 的字汇表 $V=V_N \cup V_T$,即字汇表是出现于文法规则中的一切符号所组成的集合。

请注意,除非特别指明其他的含义,否则将一直沿用记号 V_N、V_T 与 V 分别表示非终结符号集、终结符号集与字汇表。

3. 应用文法产生语言的句子

除讲解语法与分析句子的语法结构外,其他时候是不会引用语法概念的。同样地,在写某种语言的程序时,也只会使用字汇表上的终结符号,而不把语法实体(非终结符号)写入程序中。文法中的规则可以帮助分析或构造句子,句子(程序)总是只由终结符号组成。文法是一种以有穷的方式描述潜在的无穷的(终结)符号串集合(语言)的手段。

生成句子的基本思想是:从识别符号开始,把当前产生的符号串中的非终结符号替换为相应规则右部的符号串,如此反复,直到最终全由终结符号组成。

例 2.11　以文法 G2.1[〈句子〉]为例介绍如何应用文法来生成句子。

〈句子〉⇒ 〈主语〉〈谓语〉〈状语〉	〈句子〉替换为〈主语〉〈谓语〉〈状语〉
⇒ 〈名词〉〈谓语〉〈状语〉	〈主语〉替换为〈名词〉
⇒ Peter〈谓语〉〈状语〉	〈名词〉替换为 Peter
⇒ Peter〈动词〉〈状语〉	〈谓语〉替换为〈动词〉
⇒ Peter swims〈状语〉	〈动词〉替换为 swims
⇒ Peter swims〈介词〉〈名词〉	〈状语〉替换为〈介词〉〈名词〉
⇒ Peter swims in〈名词〉	〈介词〉替换为 in
⇒ Peter swims in river	〈名词〉替换为 river

至此所得符号串中已全是终结符号,再无非终结符号可以被替换,这就是相应语言的一个句子。

归纳之,应用文法产生句子的步骤如下:

步骤 1　从识别符号开始,把它替换为以它为左部的某个规则的右部;

步骤 2　每次把替换所得的符号串中最左的非终结符号替换为相应规则右部的符号串;

步骤 3　重复步骤 2 直到再无非终结符号可被替换,最终所得的就是全由终结符号构成的句子。

值得注意的是,例 2.11 中如果在第 3 步不是按规则 5)而是按规则 6)进行替换,将得到另一个句子:

　　　　Berry swims in river

一般地,如果对于某一个非终结符号存在若干个右部不同的规则,按不同的选择进行替换就可产生不同的句子。现在如果作出另一种选择,请看得到什么结果。将第 3 步改为按规则 7)而不是规则 5)进行替换,第 8 步改为按规则 5)而不是规则 7)进行替换,产生的句子是:

river swims in Peter

这的确完全合乎文法,但其意思竟是"河在 Peter 中游泳"。荒唐可笑!可见文法是不涉及含义的单纯语法描述,语法上的正确不能保证语义上的正确。

上述替换过程称为推导或产生句子的过程,其中每一步称为直接推导或直接产生。

要说明的是,上述步骤 2 中总是替换所得符号串中最左的非终结符号(称为最左推导),也可以总是对最右的非终结符号进行替换(称为最右推导)。事实上对其中任何一个非终结符号都可进行替换。不过,建议按有规律的方式进行替换。

定义 2.13　设 G 是一文法,如果对于某些符号串 x 与 y,能写出

$$v=xUy \quad 与 \quad w=xuy$$

且 $U::=u$ 是 G 中的规则,则说符号串 v 直接推导到或直接产生符号串 w,记作

$$v \Rightarrow w$$

或者说,w 是 v 的直接推导,也可以叫作 w 直接归约到 v。

定义 2.13 中,$v、w \in V^+$,$x、y \in V^*$,可以有 $x=y=\varepsilon$,这样对文法 G 的任何规则

$$U::=u$$

有

$$U \Rightarrow u$$

因而总可由左部 U 直接推导到右部 u,或由右部 u 直接归约到左部 U。例如,〈句子〉直接推导到〈主语〉〈谓语〉〈状语〉,而〈主语〉〈谓语〉〈状语〉直接归约到〈句子〉。

对于上述定义,显然可以从以下两个方面来理解。

1)从 v 出发应用规则 $U::=u$,把 $v=xUy$ 中的 U 替换为右部的 u,即 v 直接推导到 w,这时长度可能增加,至少不会减小,即 $|w| \geqslant |v|$。

2)从 w 出发应用规则 $U::=u$,把 $w=xuy$ 中的 u 替换为左部的 U,即 w 直接归约到 v,这时长度可能减小,至少不会增加,即 $|v| \leqslant |w|$。

在例 2.11 中看到的正是关于〈句子〉的直接推导序列。

定义 2.14　如果对于符号串 v 与 w 存在一个直接推导序列:

$$u_0 \Rightarrow u_1 \Rightarrow u_2 \Rightarrow \cdots \Rightarrow u_n (n>0)$$

其中,$u_0=v$,$u_n=w$,则称符号串 v 推导到(或产生)符号串 w,或称 w 归约到 v,记作

$$v \Rightarrow + w$$

称这个直接推导序列是长度为 n 的推导,且称符号串 w 是相对于符号串 v 的一个字。

由此可以写出下列推导:

〈句子〉$\Rightarrow$ + Peter swims in river

且此推导长度为 8。当然也可以写出下列推导:

〈句子〉$\Rightarrow$ +〈主语〉〈谓语〉〈状语〉	长度为 1
〈句子〉$\Rightarrow$ +〈名词〉〈谓语〉〈状语〉	长度为 2
Peter〈动词〉〈状语〉$\Rightarrow$ + Peter swims in〈名词〉	长度为 3

等等。

定义 2.15　如果对于符号串 v 和 w,

$$v \Rightarrow + w \quad 或 \quad v=w$$

则记作

$$v \Rightarrow^* w$$

称符号串 v 广义推导到符号串 w,或称 w 广义归约到 v。

　　显然,直接推导 $\Rightarrow$ 的长度为 1,推导 $\Rightarrow$ +的长度 $\geqslant 1$,而广义推导 $\Rightarrow$ *的长度 $\geqslant 0$。

　　例 2.12　作为另一例子,考虑以 C 语言中的无正负号整数作为识别符号的文法 G2.2[〈无正负号整数〉]:

　　　　1)〈无正负号整数〉::=〈数字序列〉

　　　　2)〈数字序列〉::=〈数字序列〉〈数字〉

　　　　3)〈数字序列〉::=〈数字〉

　　　　4)〈数字〉::=0

　　　　5)〈数字〉::=1

　　　　6)〈数字〉::=2

　　　　7)〈数字〉::=3

　　　　8)〈数字〉::=4

　　　　9)〈数字〉::=5

　　　　10)〈数字〉::=6

　　　　11)〈数字〉::=7

　　　　12)〈数字〉::=8

　　　　13)〈数字〉::=9

　　　　V_T={0,1,…,9}　V_N={〈无正负号整数〉,〈数字序列〉,〈数字〉}

给出直接推导如下:

x	U	y		x	u	y
〈无正负号整数〉			$\Rightarrow$	〈数字序列〉		
〈数字序列〉			$\Rightarrow$	〈数字序列〉〈数字〉		
〈数字序列〉	〈数字〉		$\Rightarrow$	〈数字序列〉〈数字〉	〈数字〉	
〈数字序列〉	〈数字〉〈数字〉		$\Rightarrow$	〈数字〉		〈数字〉〈数字〉
〈数字〉	〈数字〉〈数字〉		$\Rightarrow$		1	〈数字〉〈数字〉
1	〈数字〉	〈数字〉〈数字〉	$\Rightarrow$	1	2	〈数字〉
12	〈数字〉		$\Rightarrow$	12	3	

由此建立下列推导:

　　　　<无正负号整数> $\Rightarrow$ <数字序列> $\Rightarrow$ <数字序列><数字> $\Rightarrow$ <数字序列><数字><数字>
　　　　　　　　 $\Rightarrow$ <数字><数字><数字> $\Rightarrow$ 1<数字><数字> $\Rightarrow$ 12<数字> $\Rightarrow$ 123

因此,<无正负号整数> $\Rightarrow$ + 123,推导长度为 7。

　　易见,每应用规则 2)一次:

　　　　x〈数字序列〉y $\Rightarrow$ x〈数字序列〉〈数字〉y

最终推导所得句子〈无正负号整数〉就将增加一位数字,重复应用需要的次数,就可推导得到所需长度的无正负号整数。在推导过程中,任意地选取规则 4)到 13),就可推导得到任意的无正负号整数。

当谈及某符号串的推导时,通常总是指从文法识别符号产生该符号串的直接推导序列。

定义 2.16　设 G[Z]是一文法,如果符号串 x 是从识别符号 Z 推导所得的,即

$$Z \Rightarrow^* x \quad x \in V^+$$

则称符号串 x 是该文法 G 的一个句型。如果一个句型 x 仅由终结符号所组成,即

$$Z \Rightarrow^* x \quad x \in V_T^+$$

则称该句型 x 为该文法 G 的一个句子或一个字。

由定义 2.16 可知,从识别符号出发进行推导所得到的一切符号串都是相应文法的句型,且对于任何文法,识别符号是最简单的句型。句子则是全由终结符号组成的句型。因此,⟨无正负号整数⟩、⟨数字序列⟩⟨数字⟩、⟨数字⟩⟨数字⟩⟨数字⟩、12⟨数字⟩与 123 等都是文法 G2.2 [⟨无正负号整数⟩]的句型,且仅仅 123 是句子。

请注意"句子"与⟨句子⟩的区别。这里的"句子"不被括在"⟨"与"⟩"中,因为它不是文法的非终结符号,而是一般的概念,即对符号串集合中特定元素的称呼,是可从识别符号推导得到的终结符号串的称呼,此称呼是固定不变的。至于⟨句子⟩则是文法的符号,即识别符号,它可以取名为⟨句子⟩,也可取名为⟨无正负号整数⟩或其他,这仅由语言或文法的特征所决定。

下面引进两个十分重要的概念:短语与简单短语。

定义 2.17　设 G[Z]是一个文法,w=xuy 是该文法的一个句型,如果有

$$Z \Rightarrow^* xUy, U \in V_N, 且 U \Rightarrow^+ u, \quad u \in V^+$$

则称 u 是句型 w 中相对于 U 的短语。如果满足 $Z \Rightarrow^* xUy$,且 $U \Rightarrow u$,则称 u 是句型 w 中相对于 U 的简单短语。

为了加深理解短语这一重要概念,下面进行一些说明。

首先,考察 v=xUy 与 w=xuy 的关系。由于 $U \Rightarrow^+ u$,显然有

$$xUy \Rightarrow^+ xuy$$

其次,由于 w=xuy 是一句型,故 $Z \Rightarrow^* xuy$,因此,

$$Z \Rightarrow^* xUy \Rightarrow^+ xuy$$

归纳关于短语的定义,有两个重点:一是 u 可归约到 U,二是原句型在归约后仍是一个句型。更确切地说,短语是句型中的这样一个可归约的子符号串,它使得原句型在它归约后所得的符号串仍是一个句型。类似地,简单短语是句型中这样一个可直接归约的子符号串,原句型在它直接归约后仍是一个句型。因此,

$$Z \Rightarrow^* xUy \Rightarrow xuy$$

例 2.13　对于文法 G2.2[⟨无正负号整数⟩],有推导

<无正负号整数> ⇒ <数字序列> ⇒ <数字序列><数字> ⇒ <数字序列>1

因此,

<无正负号整数> ⇒* <数字序列>,且<数字序列> ⇒+ <数字序列>1

所以句型<数字序列>1 中有相对于<数字序列>的短语,即子符号串<数字序列>1。

⟨无正负号整数⟩ ⇒* ⟨数字序列⟩⟨数字⟩,且⟨数字⟩ ⇒ 1

所以句型〈数字序列〉1 中有相对于〈数字〉的简单短语 1。

注意:上述定义中可(直接)归约与(直接)归约后仍为一个句型这两个条件缺一不可。尤其不能认为只要能归约,归约后所得的必是句型。例如,是否因为有〈无正负号整数〉⇒〈数字序列〉,便下结论:句型〈数字序列〉1 中的〈数字序列〉是简单短语?这显然是错误的,因为符号串〈无正负号整数〉1 不是句型。事实上,句型〈数字序列〉1 中的短语是〈数字序列〉1 与 1,简单短语是 1。如果不顾(直接)归约后仍为句型这一条件,任何规则 U∷=u 的右部符号串 u 出现在某句型中时都将是它所在句型中相对于左部非终结符号 U 的简单短语,当然这是不正确的。

一般来说,任一句型都可能包含若干个短语或简单短语,例如文法 G2.2 的句型(句子)123 中有相对于〈数字〉的三个简单短语,因为,

〈无正负号整数〉⇒*〈数字〉23,且〈数字〉⇒ 1

〈无正负号整数〉⇒* 1〈数字〉3,且〈数字〉⇒ 2

〈无正负号整数〉⇒* 12〈数字〉,且〈数字〉⇒ 3

定义 2.18　一个句型的最左简单短语称为该句型的句柄。

上例中, 1 是句型 123 中唯一的句柄。一般地,任何句型的句柄总是存在且唯一的,特例是仅由识别符号组成的句型。

4. 文法句子生成的实现

本节考虑如何用计算机程序实现句子的生成。由于句子是从识别符号出发进行推导而生成的,因此实质是推导的构造。要点是推导在计算机内的存储表示。鉴于输入符号串可以是任意的,推导长度也可以是任意的,宜于采用链表结构表示推导。例如,对于表达式文法 G[E]:

E∷=E+T|T　　　　T∷=T*F|F　　　　F∷=(E)|i

输出符号串 i+i*i 的推导如下:

E ⇒ E+T ⇒ T+T ⇒ F+T ⇒ i+T ⇒ i+T*F ⇒ i+F*F ⇒ i+i*F ⇒ i+i*i

可以引进链表结构表示的数据结构,其存储表示示意图如图 2-1 所示,显然,每一列(垂直链)对应一个句型,相邻两列对应一个直接推导,从左边列直接推导到右边列。

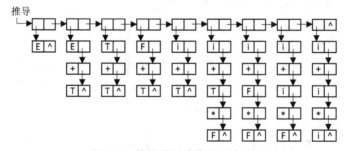

图 2-1　推导的链表表示示意图

其中包含两类结点,一类结点结构形如:

句型首符号结点指针	下一直接推导链头指针

另一类结点结构形如:

文法符号序号	后继符号结点指针

这是易于用 C 语言来实现的。例如,第一类结点可定义如下:

　　typedef struct　直接推导链首结点

　　{ struct　符号结点　*句型首符号结点指针;

　　　　struct　直接推导链首结点　*下一直接推导链头指针;

　　} 直接推导链首结点类型;

而第二类结点可定义如下:

　　typedef struct　符号结点

　　{ int　文法符号序号;

　　　　struct　符号结点　*后继符号结点指针;

　　} 符号结点类型;

　　推导可以是最左推导、最右推导或一般推导。为简单起见,考虑按最左推导来生成句子。建立最左推导的思路如下。

　　首先对文法识别符号建立垂直链,对应的句型作为当前句型。这时只需在当前句型(垂直链)中从上向下找出第一个非终结符号结点,对它进行替换,即替换为以它作为左部的规则的右部符号串。具体来说,复制当前句型(垂直链),找出进行替换的规则,以其右部符号串建立一个垂直链,把它链入(代替)进行替换的那个非终结符号所对应的结点,从而得到新的当前句型(垂直链)。如此继续,直到当前句型中不再包含非终结符号时结束。最后一个当前句型(垂直链)就是推导生成的句子。

　　显然,按这种存储表示,是十分容易输出整个推导的。

　　由于可能有多个规则的左部都是当前句型中进行替换的这个非终结符号,因此在尚未讨论分析技术的情况下,宜于采用交互方式由用户自己选择进行直接推导的规则。这涉及文法规则在计算机内的存放。

　　下面考虑文法如何存放在计算机内。介绍文法的几种存储表示。

　　文法由重写规则组成,规则主要由左部非终结符号和右部符号串组成,符号可以是单字符的,也可以是多字符的,因此直接对符号处理将十分麻烦。可以用整数代替符号,也就是用终结符号集中的序号代替终结符号,用非终结符号集中的序号代替非终结符号。问题在于序号都是从 1 开始的,在同一个规则的右部如何区别终结符号和非终结符号呢? 可以在非终结符号的序号上加上一个容易识别的值,例如 100。那样对于表达式文法 G [E]:

　　　　$E::=E+T$　　$E::=T$　　　　$T::=T*F$　　$T::=F$　　　$F::=(E)$　　　$F::=i$

$V_N=\{E, T, F\}$,E、T 和 F 的序号分别是 1、2 和 3。$V_T=\{+, *, (,), i\}$,+、*、(、) 和 i 的序号分别是 1、2、3、4 与 5。当对文法引进如下的数据结构(C 语言):

　　typedef struct

　　{ int 左部符号序号; int 右部[MaxRightPartLength+1];

　　　int 右部长度;

　　} 规则类型;

　　规则类型　文法[MaxRuleNum+1];

typedef char 符号类型[MaxLength+1];

　　符号类型 非终结符号集[MaxVnNum+1];

　　符号类型 终结符号集[MaxVtNum+1];

存放在文法[1]中的规则 E∷=E+T,在计算机内的存储表示是:

　　文法[1]: {101, {0,101, 1, 102 }, 3}

存放在文法[2]中的规则 E∷=T,在计算机内的存储表示则是:

　　文法[2]: {101, {0,102 }, 1}

　要注意的是,文法不能这样赋值,因为结构体类型的赋值必须通过分别对各个成员变量赋值来完成。例如,

　　文法[1]. 左部符号序号=101;

　　文法[1]. 右部[1]= 101;　文法[1]. 右部[2]= 1;　文法[1]. 右部[3]= 102;

　　文法[1]. 右部长度=3;

　一种简单的办法是通过赋初值来给出文法,例如给出整个表达式文法 G[E]:

　　规则类型 文法[MaxRuleNum+1]=

　　{ 　{0}, /*文法规则序号从 1 开始*/

　　　{101, {0,101, 1, 102 }, 3} 　,{101, {0,102 }, 1},

　　　{102, {0,102, 2, 103 }, 3} 　,{102, {0,103 }, 1},

　　　{103, {0,3, 101, 　4}, 3} 　,{103, {0, 　5}, 1}

　　};

当然,文法也可以设计成链式表示的数据结构,如图 2-2 所示(假定规则个数为 1)。

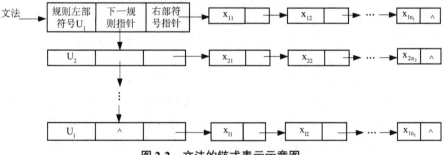

图 2-2　文法的链式表示示意图

例如,例 2.18 的表达式文法 G [E] 有如图 2-3 所示的数据结构。

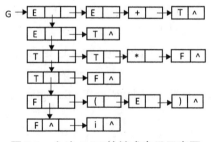

图 2-3　文法 G [E]的链式表示示意图

当一个非终结符号作为多个规则的左部时,为了便于按左部非终结符号找到所有的规则,应如何采用链表结构在计算机内存放文法呢? 请自行思考。

建立最左推导的程序控制流程示意图如图 2-4 所示,显然这不难用 C 语言实现。

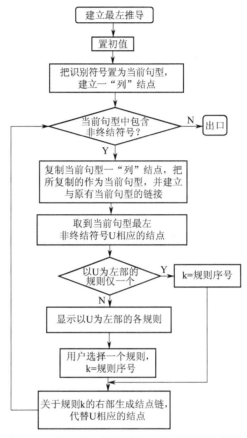

图 2-4　建立最左推导的程序控制流程示意图

2.2.2　语言的形式定义

假定 G[Z]是一文法,由该文法描述的语言用 L(G[Z])表示,则有如下定义。

定义 2.19　$L(G[Z]) = \{x \mid Z \Rightarrow^* x,$ 且 $x \in V_T^+\}$。

首先, $Z \Rightarrow^* x$,因而 x 是文法 G[Z]的一个句型。其次, $x \in V_T^+$,即 x 全由终结符号组成,所以 x 是文法 G[Z]的句子。可见由某文法描述的语言是该文法的一切句子的集合。不言自明,它是所有终结符号串组成的集合的一个真子集,即

$$L(G) \subset V_T^+$$

构成一个语言的句子集合可以是有穷的,也可以是无穷的。例如,文法 G2.1[〈句子〉]所描述的语言 L(G2.1[〈句子〉])是有穷的,它仅包含有穷个(9 个)句子;但文法 G2.2[〈无正负号整数〉]所描述的语言 L(G2.2[〈无正负号整数〉])却是无穷的,它包含无穷个句子(无正负号整数)。对照文法 G2.1 与 G2.2 不难发现,其根本区别在于文法 G2.2 中存在如下形式

的规则：

      <数字序列>∷=<数字序列><数字>

该规则中左部与右部皆出现非终结符号〈数字序列〉。这种借助于自身来定义的规则称为递归规则。除递归规则的概念外还有递归文法的概念。之所以能用有穷个规则来定义无穷的语言(符号串集合)，正是因为这种递归性的存在。

    定义 2.20   如果一个规则形如 U∷=…U…，则称该规则是递归的；如果规则形如 U∷=U…，则称为左递归；如果形如 U∷=…U，则称为右递归。如果对于某文法，存在非终结符号 U，如果 U $\Rightarrow$+…U…，则称该文法递归于 U；如果 U $\Rightarrow$+U…，则称文法左递归于 U；如果 U $\Rightarrow$+…U，则称文法右递归于 U。

    例 2.14   考察 C 语言中的规则递归与文法递归。

    C 语言中左递归规则有：

      <标识符表>∷=<标识符表>,<标识符>

右递归规则有：

      <因式>∷=!<因式>

C 语言文法右递归于〈语句〉，因为有：

      <语句>∷=<构造语句>

      <构造语句>∷=<条件语句>

      <条件语句>∷=if(<布尔表达式>)<语句> else <语句>

因此，〈语句〉$\Rightarrow$+…<语句>。

    还有文法递归于〈表达式〉，因为有：

      〈表达式〉$\Rightarrow$+(〈表达式〉)

    归结之，如果一个语言是无穷的，则描述该语言的文法必定是递归的。一般来说，程序设计语言都是无穷的，因此描述它们的文法必定都是递归的。

    可以说，文法给出了用有穷方式来描述潜在的无穷的语言的一种手段。

    一个文法，不论是递归定义的还是非递归定义的，一经给定，则它所描述的语言便唯一确定，因此一个文法的句子也称该文法所确定的语言的句子，无须对"文法的句子"与"语言的句子"严加区别。

    这里给出由文法确定语言的例子。

    设有文法 G[A]: A∷=bA|a，则该文法 G[A]所确定的语言是 L(G[A])={$b^i a|i \geqslant 0$}，下面加以证实。

    首先通过若干步推导，可得到文法 G[A]的长度最小的几个句子，即 a、ba、bba、…，可见与 $b^i a$ 当 i=0、1、2、…的情况相应。现在关于推导长度 n 应用归纳法，证实当推导长度为 n 时，可产生句子 $b^{n-1}a$，换言之，首先明确欲证结论为：

      A $\Rightarrow$* $b^{n-1}a$ (n≥1)

下面证明该结论成立。

    对于 n=1，结论显然成立，即 A $\Rightarrow$* a。

    设对于 n=k 结论成立，即 A $\Rightarrow$* $b^{k-1}a$。

    让 n=k+1。利用规则 A∷=bA，有 A $\Rightarrow$ bA。因为推导长度 n=k 时有 A $\Rightarrow$* $b^{k-1}a$，所

以，$A \Rightarrow bA \Rightarrow * b(b^{k-1}a)$，因此对于 n=k+1，有 $A \Rightarrow * b^k a$，即对于 n=k+1 结论也成立。

综合上述，根据归纳原理，结论对一切 n≥1 成立，即 $A \Rightarrow * b^{n-1}a(n≥1)$。在上面的归纳证明中，使用了文法中的一切规则 A::=bA 与 A::=a，且仅使用了这些规则，因此文法 G[A] 确定语言{$b^{n-1}a|n≥1$}，也即{$b^i a|i≥0$}。证毕。

由上可见，证实某个文法所确定的语言可以实施如下步骤：首先明确欲证结论，换句话说，从识别符号可以推导出怎样的句子；其次对推导长度进行归纳证明，证明结论成立；最后说明在归纳证明过程中使用了文法的所有规则，且仅仅使用了这些规则。当然对于一般的文法，证明要困难得多。

易见，文法 G′ [A]：

　　　　A::=Ba|a　　　　　　B::=Bb|b

同样确定语言{$b^i a|i≥0$}。

这表明对于一个给定的语言，可用若干个不同的文法描述。当语言以符号串集合形式给出时，为了便于讨论语言的分类，有必要考虑如何为语言构造相应的文法。

例 2.15　设 L3={$a^{2n}b|n≥1$}，这里 V_T={a, b}。试为其构造相应的文法。

若 n=1、2、…，则得到 L3 的句子，即 aab、aaaab、…，也即偶数个 a 后跟一个 b。显然可引进规则 Z::=Ab，这样可从识别符号 Z 推导出 Ab。现在要能从 A 推导出偶数个 a 组成的符号串：aa、aaaa、…。因此引进规则 A::=aa，然后让 A 的前后各加一个 a，有 A::=aAa。概括之，相应于语言 L3 的文法 G2.3[Z]是：

　　　　Z::=Ab　　　　A::=aAa　　　　A::=aa

读者不难自行证明文法 G2.3 确定的语言正是 L3。

易见文法 G2.3′ [Z′]：

　　　　Z′ ::=Ab　　　　A::=aaA　　　　A::=aa

确定相同的语言 L3。

例 2.16　设 L4={$a^i b^j c^k|i, j, k≥1$}，这里 V_T={a, b, c}。为了构造相应的文法，可写出其句子的一般形式如下：

　　　　a…ab…bc…c

其中 a、b 与 c 各包含 i、j 与 k 个。现在可按两种方式构造相应文法。

方式 1　把上述句子看作分别由 a、b、c 构成的三部分组成，它们可分别由非终结符号 A、B、C 推导而得。因此可有 S::=ABC，$A \Rightarrow * a^i$，$B \Rightarrow * b^j$ 与 $C \Rightarrow * c^k$。对于 A、B 与 C，显然可引进规则如下：

　　　　A::=Aa|a　　　　B::=Bb|b　　　　C::=Cc|c

概括之，有文法 G2.4′ [S]：

　　　　S::=ABC　　　　A::=Aa|a　　　　B::=Bb|b　　　　C::=Cc|c

方式 2　把上述句子看作由识别符号 S 推导而得，但包含 a 的部分由 A 推导而得，由 a 与 b 组成的部分由 B 推导而得，即

　　　　$S \Rightarrow * a^i b^j c^k$，　　　$A \Rightarrow * a^i$，　　　$B \Rightarrow * a^i b^j$

或

　　　　$S \Rightarrow * Bc^k$，　　　$A \Rightarrow * a^i$，　　　$B \Rightarrow * Ab^j$

因 i、j 与 k 均为任意值,即它们各自增减 1 情况均一样,故不难写出如下规则:

　　 S∷=Bc|Sc 　　　　 A∷=Aa|a 　　　 B∷=Ab|Bb

它们组成所欲构造的文法 G2.4[S]。

读者可尝试自行为语言{aⁱbⁱc^k|i,k≥1}构造文法。

例 2.17 　设 L6 ={aⁱbⁱcⁱ|i≥1},这里 V_T={a, b, c}。可为 L6 构造文法 G2.6[S]:

　　 S∷=abC 　　　 S∷=aSBC 　　 CB∷=BC

　　 bB∷=bb 　　　 bC∷=bc 　　　 cC∷=cc

有时宁愿把规则 CB∷=BC 换为如下三个规则:

　　 CB∷=CD 　　　 CD∷=BD 　　　 BD∷=BC

其效果完全一样,即替换前后确定的语言完全相同,且从后面所述形式语言分类的角度看,替换前后的两个文法同属 1 型,但后者的上下文有关性更为明显。

2.3　语言的分类

　　形式语言于 1956 年首先由乔姆斯基(Chomsky)进行描述,此后形式语言理论得到了迅速发展。该理论讨论了语言与文法的数学理论,按照对文法规则的不同定义形式,对语言和文法进行了分类,并且将每一类语言与一种特定种类的自动机一样的识别器联系起来。形式语言理论的形成与发展,对计算机科学的发展是一个推动,在程序设计语言的设计与编译实现以及计算复杂性等方面都有着重大影响。

　　本节将讨论语言的分类,给出各类语言所对应的自动机,并讨论形式语言分类与程序设计语言的联系,特别是对上下文无关文法的特性进行讨论。

2.3.1　Chomsky 文法类和语言类

1.Chomsky 分类法

一个语言是相应文法句子的集合,句子按照文法规则由识别符号推导而得。Chomsky 按照文法规则的定义形式对文法进行分类。

定义 2.21 　Chomsky 文法 G 是一个四元组(V_N, V_T, P, Z),其中:V_N 是非终结符号集;V_T 是由终结符号组成的字母表;P 是有穷非空的重写规则集;Z 是识别符号,Z ∈ V_N。

文法 G 对应的语言是能从该文法 G 的识别符号 Z 中产生的终结符号串(句子)组成的集合。

请记住,在下面的讨论中,V=V_N ∪ V_T。

定义 2.22 　如果对于某文法 G,P 中的每个规则具有下列形式:

　　 u∷=v

其中 u ∈ V^+,v ∈ V^*,则称该文法 G 为(Chomsky)0 型文法或短语结构文法,缩写为 PSG。

0 型文法或短语结构文法的相应语言称为(Chomsky)0 型语言或短语结构语言,又称递归可枚举集。

按照短语结构文法的定义,当应用规则 u∷=v 时,在某个上下文中将把符号串 u 重写(替换)为符号串 v,这里 v 可能为空串 ε。

定义 2.23　如果对于某文法 G,P 中的每个规则具有下列形式:

    xUy∷=xuy

其中 U ∈ V$_N$, x、y ∈ V*, u ∈ V$^+$, 则称该文法 G 为(Chomsky)1 型文法或上下文有关文法,也称上下文敏感文法,缩写为 CSG。

1 型文法或上下文有关文法的相应语言称为(Chomsky)1 型语言或上下文有关语言。

按照关于上下文有关文法的定义,当应用规则 xUy∷=xuy 时,只有在特定的上下文 x…y 中 U 才能被重写(替换)为符号串 u,因此说是上下文有关或敏感的。

例 2.17 中的文法 G2.6 是上下文有关的。

定义 2.24　如果对于某文法 G,P 中的每个规则具有下列形式:

    U∷=u

其中 U ∈ V$_N$, u ∈ V$^+$,则称该文法 G 为(Chomsky)2 型文法或上下文无关文法,缩写为 CFG。

2 型文法或上下文无关文法的相应语言称为(Chomsky)2 型语言或上下文无关语言。

按此定义,对于上下文无关文法,在推导中应用规则 U∷=u 时,无须考虑非终结符号 U 所在的上下文,总能把 U 重写(替换)为符号串 u,或把 u 直接归约到 U。定义中 u ∈ V$^+$,因此不允许有形如 U∷=ε 的规则,这类规则称为 ε 规则。由于在一个文法中删去或添加 ε 规则所产生的语言,除可能相差一个空串 ε 外,与原有语言是相同的,有时定义中让 u ∈ V*。关于 ε 规则,后面还有简短的讨论。

例 2.16 中的文法 G2.4′ 是上下文无关的。一般定义程序设计语言的文法是上下文无关的,如 C 与 PASCAL 便是如此。因此,上下文无关文法及相应语言引起人们较大的兴趣与重视。

定义 2.25　如果对于某文法 G,P 中的每个规则具有下列形式:

    U∷=T　　或　　U∷=WT

其中 T ∈ V$_T$,U、W ∈ V$_N$,则称该文法 G 为(Chomsky)3 型文法或正则文法(或正规文法),有时又称有穷状态文法,缩写为 RG。

3 型文法或正则文法的相应语言称为(Chomsky)型语言或正则语言(或正规语言)。

按照定义,当应用正则文法规则时,单个非终结符号只能重写(替换)为单个终结符号或单个非终结符号跟以单个终结符号。

请注意,有时正则文法的规则定义具有下列形式,即 U∷=T 或 U∷=TW,其中的 U、W 与 T 的意义同上。这时称这种形式的正则文法为右线性文法,而把原有形式的正则文法称为左线性文法。这两种形式的规则不能混用,否则便不是正则文法。本书只讨论左线性的正则文法。

显然,3 型文法类是 2 型文法类的特殊情况,2 型文法类是 1 型文法类的特殊情况。0 型、1 型、2 型与 3 型文法类是逐步对前一类文法的规则定义形式加限制而得的,因此这四类文法统称为短语结构文法。为了让读者有一个直观的认识,且看下列例子。

例 2.18　各类文法举例。

对于语言 L4={a^{i}b^{j}c^k|i,j,k≥1}可定义如下的相应文法 G2.4:

    G2.4=({A,B,S},{a,b,c},P4,S)

其中,P4:

　　　　$S::=Bc|Sc$　　$B::=Ab|Bb$　　$A::=Aa|a$

　　按定义,G2.4 是 3 型文法,L4 是 3 型语言。

　　对于语言 $L5=\{a^ib^ic^k|i,k\geq1\}$ 可定义如下的相应文法 G2.5:

　　　　$G2.5=(\{S,A\},\{a,b,c\},P5,S)$

其中,P5:

　　　　$S::=Ac|Sc$　　$A::=ab|aAb$

　　按定义,G2.5 是 2 型文法,L5 是 2 型语言。

　　对于语言 $L6=\{a^ib^ic^i|i\geq1\}$ 可定义如下的相应文法 G2.6:

　　　　$G2.6=(\{S,B,C,D\},\{a,b,c\},P6,S)$

其中,P6:

　　　　$S::=aSBC$　　　$S::=abC$

　　　　$CB::=CD$　　　$CD::=BD$　　　　$BD::=BC$

　　　　$bB::=bb$　　　　$bC::=bc$　　　　　$cC::=cc$

　　按定义,G2.6 是 1 型文法,L6 是 1 型语言。

　　显然,$\{a^ib^ic^k|i,j,k\geq1\}$ 是 3 型语言,也是 2 型、1 型、0 型语言;$\{a^ib^ic^k|i,k\geq1\}$ 是不能用 3 型文法描述的 2 型语言,但也是 1 型、0 型语言;$\{a^ib^ic^i|i\geq1\}$ 是不能用 2 型文法描述的 1 型语言,但也是 0 型语言。

　　一般地,存在有不是上下文有关的短语结构语言;存在有不是上下文无关的上下文有关语言;存在有不是正则的上下文无关语言。

　　显然 $\{a^ib^ic^k|i,j,k\geq1\}\supset\{a^ib^ic^k|i,k\geq1\}\supset\{a^ib^ic^i|i\geq1\}$。 这表明对文法规则定义形式的限制虽然加强了,但相应的语言反而更大,因此不能武断地认为文法限制越大则语言越小。事实上,正确的是:

　　　　3 型语言类 $\subset$ 2 型语言类 $\subset$ 1 型语言类 $\subset$ 0 型语言类

　　这里要指出的是,一个非 0 型的语言 L,当从其中删去或往其中添加一个空串 ε 时并不改变其语言类。

　　关于严格的短语结构文法与语言方面的工作较少,可不必考虑。

　　2.语言类对运算的封闭性

　　如前所述,语言是句子的集合,即符号串的集合,进而也是一般的集合。因此对语言可以进行一般的集合运算与符号串集合运算。

　　从形式语言分类角度出发,自然会考虑哪些运算能保持语言类不变的问题。如果知道对于某个给定的语言类,某种或某些运算是否保持这个语言类不变,将有助于更好地去表征刻画这个语言类,也将可以利用运算是否保持语言类不变去确定一个给定的复杂语言是否属于某个语言类。这即语言类对运算的封闭性问题,此处不进行详细讨论,仅给出关于语言类的封闭性概念。

　　对于某个给定的语言类中的语言,如果进行某种运算后映象得到的新语言保持与进行运算的原有语言有相同的语言类,则称该语言类对该运算是封闭的,否则称该语言类对该运算是不封闭的。可以证明不论哪一个语言类,即不论是正则语言类、上下文无关语言类、上下文有关语言类还是短语结构语言类,对并、乘积和闭包运算都是封闭的。也可以证明上下文无关语言类对交运算与补运算都不封闭,而正则语言类则形成一个布尔代数,即正则语言类对并、补与交运算均封闭。

2.3.2　形式语言与自动机

语言是某字母表上的一切符号串所组成集合的子集,即句子集合。自然地有一个识别句子的问题。对句子的识别也就是给予一个过程,它检查一个任意的符号串是否为属于该语言的句子。如果是,则回答"是"而停止;如果不是,则或者不终止,或者回答"否"。

过程是能机械地执行的有穷指令序列,总是能终止的过程称为算法。

如果能用一种算法或一个过程来识别字母表 Σ 上的某个语言的句子,便能产生此语言。这是因为能系统地产生 Σ* 中的一切符号串,并检查每个符号串,看它是否为该语言的句子,然后列表输出是该语言句子的那些符号串。 这种能识别或生成语言的识别器称为自动机。自动机给出了用有穷方式来描述潜在的无穷的语言的另一种手段。对于每一个 Chomsky 语言类,正好有一类自动机与它相对应。限于篇幅,仅简单列出自动机的名称。

3 型语言或正则语言与有穷状态自动机相对应。

2 型语言或上下文无关语言与下推自动机相对应。

1 型语言或上下文有关语言与线性界限自动机相对应。

0 型语言或短语结构语言与图灵机相对应。

关于有穷状态自动机,将在第 3 章中进一步讨论。

2.3.3　形式语言的分类与程序设计语言

这里讨论形式语言理论的目的是把它应用于程序设计语言及其编译实现,因此必要的是从形式语言的角度来分析某种程序设计语言的相应文法属于哪一类。以 C 语言为例,它可以用 BNF 表示法来描述,只能认为它与上下文无关文法紧密相关。但通常自然语言是上下文有关的,不论是汉语、英语还是其他语言,这是它们共同的特点,即使程序设计语言也有类似的情况。例如,由于规则

〈标号〉::=〈标识符〉

的存在,在分析过程中可以把〈标识符〉直接归约成〈标号〉,但这只有在其后面跟以冒号":"或其前面有关键字 goto 时才是合适的。从形式定义的角度来分析,更恰当的是给出规则:

goto〈标号〉::= goto〈标识符〉

和

〈标号〉:〈无标号语句〉::=〈标识符〉:〈无标号语句〉

这些规则正是属于上下文有关文法类的,对于数组标识符或函数标识符有类似的情况。

可以这样说,与词法有关的规则属于正则文法;与局部语法有关的规则属于上下文无关文法;而与全局语法和语义有关的部分往往要用上下文有关文法来描述。

一般来说,对于特定的一类语言应该用适合于此类语言的识别方法,例如与正则文法相关的程序设计语言词法部分宜采用正则识别技术。如前所述,语法部分一般是上下文有关的,是否应采用上下文有关识别技术呢?可以看到 C 语言等没有这样做,它们采用扩充 BNF

表示法以上下文无关文法来定义。这是因为上下文有关文法将使语法定义变得更为繁杂，且一般不能高效地进行分析。对于上下文有关语言类，除其特殊情况上下文无关类子集外，还不知道有哪些子集是能容易地进行分析的。正因为看到这些困难与麻烦，通常的程序设计语言都以上下文无关形式来描述，而把与上下文有关的限制包含在非形式描述的全局语法与语义定义中。

正因为与程序设计语言紧密相关的是 2 型文法（上下文无关文法）与 3 型文法（正则文法），今后将基于正则文法讨论词法分析问题，而基于上下文无关文法讨论语法分析问题。

2.3.4　对上下文无关文法的进一步讨论

鉴于上下文无关文法与程序设计语言紧密相关，对上下文无关文法的讨论也将有利于进一步深化对程序设计语言的认识，本节进一步考察上下文无关文法的一些性质。

1. 上下文无关文法的自嵌套性

定义 2.26　如果一个上下文无关文法 G 中存在具有下列特性的非终结符号 U：

$$U \Rightarrow^* xUy$$

其中，x、$y \in V^+$，则称 U 为自嵌套的非终结符号，包含自嵌套的非终结符号的文法 G 称为自嵌套的上下文无关文法。

关于自嵌套性有下列定理。

定理 2.1　若一个上下文无关文法 G 不是自嵌套的，则 L(G)是一个正则语言。

可见，对任何一个正则语言，必定可构造不是自嵌套的文法。自嵌套性把正则语言与严格的上下文无关语言区分开。

但应注意的是，一个有自嵌套性的文法并不意味着它所产生的语言必定不是正则的。例如，设有文法 G2.7=({S},{a,b},P,S)，其中，

　　　　P：S∷=aSa　　S∷=Sa　　S∷=Sb　　S∷=a　　S∷=b

显然文法 G2.7 是自嵌套的，因存在自嵌套的非终结符号 S：S $\Rightarrow^*$ aSa。但 G2.7 所产生的语言 L(G2.7)={a,b}$^+$是正则语言。

读者不难发现文法 G2.8=({Z,S,A},{0,1},P′,Z)，其中，

　　　　P：Z∷=0Z1|0S1　　S∷=A1|S1　　S∷=S1|A0　　A∷=0

有类似的情况，也就是说，尽管它具有自嵌套的非终结符号 Z，但它产生的语言实际上是正则语言 L(G2.8)={0^i1^j|i≥2,j≥2}。

这是为什么呢?事实上，要使一个上下文无关语言是严格的，即不可能由正则文法产生的，当且仅当该语言的一切文法都是自嵌套的才可以。如果能找到一个文法不是自嵌套的，该语言就不能认为是上下文无关的。易见，对于 L(G2.7)与 L(G2.8)都能找到不是自嵌套的文法。请读者自行为它们设计正则文法。

2. 与推导有关的两个特性

这里以定理形式给出上下文无关文法的两个十分有用的特性。

定理 2.2　对于上下文无关文法，如果存在句型 $x=x_1x_2\cdots x_n$，

　　　　$x_1x_2\cdots x_n \Rightarrow^* y$，

则必存在 $y_1,y_2,\cdots,y_n$，使得

$$x_i \Rightarrow^* y_i(i=1,2,\cdots,n)$$

且 $y=y_1y_2\cdots y_n$。

显然只需证明 n=2 的情形成立即可,因为 $x_1x_2\cdots x_n$ 可看成 x_1x_2',其中 $x_2' = x_2x_3\cdots x_n$。请读者关于推导长度 k 应用归纳法,自行证明。

定理 2.3 对于上下文无关文法,设 $x \Rightarrow^* y$。如果 x 的首符号是终结符号,则 y 的首符号也是终结符号;反之,如果 y 的首符号是非终结符号,则 x 的首符号也是非终结符号。

3. ε 规则

在 2 型文法的定义中,每一个规则形如 U∷=u。若 $u \in V^*$,则可能存在 ε 规则,即 U∷=ε 形的规则。对于有 ε 规则的文法有下列性质。

设 L 是由上下文无关文法 $G=(V_N, V_T, P, Z)$ 产生的语言,P 中可能包含 ε 规则,则 L 由这样的文法产生,在此文法中每一个规则的形式或者是 U∷=u ($u \in V^+$),或者是 Z∷=ε,且 Z 不出现在任何规则的右部中。

由此性质可知,具有 ε 规则的那些上下文无关文法与不具有 ε 规则的相应上下文无关文法之间的唯一差别是前者可能把 ε 作为相应语言的一个字。如前所述,对于非 0 型的所有语言,包括上下文无关语言,增添或删去一个等于空串 ε 的字,并不改变原来语言的语言类。

4. 上下文无关语言的可判定性

对于一个程序设计语言来说,重要的是能机械且高效地在有限的时间内判定一个符号串是否为语法上正确的程序,换句话说,就是判定一个符号串是否为属于该(程序设计)语言的句子。这就是可判定性问题。一般地,可判定性问题可以这样陈述:

设集合 L 是集合 S 的一个子集,而 x 是 S 的一个任意元素,问:是否可以机械而高效地判定 x 是否为 L 的一个成员?

对于上下文无关语言,这个问题的答案是肯定的。

2.4 文法等价与等价变换

2.4.1 文法等价的概念

从前面的讨论看到,给定一个文法,可唯一地确定相应的语言,但对于一个给定的语言,却可为其构造若干个不同的文法。例如,对于语言 $L=\{a^ib^jc^k|i,j,k \geqslant 1\}$ 可有

G2.4′ [S]: S∷=ABC   A∷=Aa|a   B∷=Bb|b   C∷=Cc|c

G2.4[S]: S∷=Sc|Bc   B∷=Bb|Ab   A∷=Aa|a

若两个文法的规则不尽相同,所产生的语言却完全相同,则称这两个文法为等价的。

定义 2.27 设 G 与 G′ 是两个文法,如果 L(G)=L(G′),则称文法 G 与 G′ 是等价的。

所以文法 G2.4[S] 与 G2.4′ [S] 等价。易见文法 G2.3[Z] 与 G2.3′ [Z′] 也等价:

G2.3[Z]: Z∷=Ab   A∷=aAa   A∷=aa

G2.3′ [Z′]: Z′∷=Ab   A∷=aaA   A∷=aa

它们都产生语言 $\{a^{2n}b|n \geqslant 1\}$。

当讨论编译实现的有关问题时,可以看到不是任何文法都可以应用某种分析技术的。对于一个给定的文法,仅当它满足某种分析技术的应用条件时,才可对该文法应用该分析技术。例如,对于文法 G2.4,不能应用自顶向下分析技术。为此需要对文法进行变换,使得变换后的文法与原文法等价,且满足某种要求。这种变换称为文法的等价变换。

文法等价变换的必要性在于:

1)使文法类与语言类一致;

2)消除文法二义性(二义性概念将在后面讨论);

3)使文法适合于应用某种分析技术;

4)使文法满足某种特殊需要。

尽管上下文无关文法等价问题不可判定,即不存在一个算法,它能判别两个文法是否等价,但下列几种情况的文法等价变换是可行的:

1)压缩文法等价变换;

2)增广文法等价变换;

3)消去单规则等价变换;

4)范式文法等价变换;

5)消去左递归等价变换。

本节重点讨论压缩文法等价变换与消去左递归等价变换。

2.4.2　压缩文法等价变换

1. 压缩了的文法

文法描述了如何从识别符号推导得到句子。同一语言可由不同的文法来产生,直观上应该用规则个数最少,最符合语言特征的文法来刻画。一般来说,文法中规则的个数应该是恰当的。过少,不足以完全描述一个语言;过多,又无必要。所有规则都应是有用的,即都应该有助于从识别符号去产生句子。程序设计语言中存在多余规则时,其中往往存在错误,多余规则的存在也往往使句子的分析复杂化且增加难度,因此应尽可能删除多余规则。本节将对文法加以一定的限制,以删除无助于产生句子的多余规则。

明显的多余规则有两种。一种是形如 U∷=U 的单规则,这种规则显然无必要,相反还会引起文法上的二义性,即文法上分析的不唯一,因此假定任何文法都不包含形如 U∷=U 的规则。当存在这类规则时,应当首先把它们删除。另一种是规则 U∷=u,其左部非终结符号 U 不出现在其他任何规则的右部,因此在句子的推导中不可能引用它,这种规则也应删除。例外是 U 为识别符号 Z 的情形,Z 可以不出现在任何规则的右部。

例如,对于文法 G2.9[Z]:

$$Z∷=Be \qquad A∷=Ae|A|e$$

$$B∷=Ce|Af \qquad C∷=Cf \qquad D∷=f$$

首先删除规则 A∷=A,又由于 D 不出现在任何规则的右部,应删除规则 D∷=f。

下面给出在文法中无 U∷=U 形规则的前提下规则不多余的判别条件。

若规则 U∷=u 是有用的规则,则其在推导中会被引用,即其左部非终结符号 U 必须在句子的推导中出现,且 u 能推导到终结符号串。为此,U 与 u 必须分别满足下列条件:

条件 1　$Z \Rightarrow^* xUy$,其中 x、$y \in V^*$,Z 为识别符号;

条件 2　$u \Rightarrow^* t$,其中 $t \in V_T^+$。

条件 1 要求 U 在句型中出现,条件 2 则进一步要求能从 u 推导出终结符号串。两个条件联合起来,有 $Z \Rightarrow^* xUy \Rightarrow xuy \Rightarrow^* xty$,因此规则 U∷=u 能应用在句子的推导中。显然,如果存在某个规则 U∷=u,它不满足上述两个条件之一,则该规则必是多余的,例如文法 G2.9 中的规则 C∷=Cf 是多余的。

定理 2.4　如果一个文法中的所有规则都满足上述两个条件,则该文法不包含多余规则。

有兴趣的读者可自行证明定理 2.4。

定义 2.28　如果文法 G 无多余规则,即每个规则 U∷=u 都满足上述条件 1 和条件 2,则称该文法是压缩了的。

今后将看到语法分析和语义分析是基于压缩了的文法进行的。

2. 无用规则的判别算法

要使一个文法不包含无用规则而成为压缩了的文法,必要的是检查一切规则是否满足上述条件 1 和条件 2,以删除相应的无用规则。可以采用对规则中的非终结符号加标记算法的方法来依次判别条件 1 与条件 2。

概括起来,对一个给定的文法进行压缩文法等价变换的规范步骤如下:

1)展开文法规则,并删除 U∷=U 形规则;

2)判别条件 1 和条件 2,执行加标记算法;

3)删除不满足条件的无用规则,得到等价的压缩了的文法。

要说明的是,在判别条件 1 和条件 2 时,可能因不满足条件 2 而删除一些规则后导致一些规则不满足条件 1,同样也可能因不满足条件 1 而删除一些规则后导致一些规则不满足条件 2。因此应反复判别条件 1 和条件 2,直到无规则可删。易见,进行压缩文法等价变换,删除的是无用规则,得到的压缩了的文法并不一定是"最优"的。

限于篇幅,请读者自行考虑如何实现无用规则的判别算法。

2.4.3　消去左递归等价变换

对于左递归,有规则左递归与文法左递归。规则左递归的例子有 E∷=E+T。一般地,U∷=U…。 文法左递归一般因存在形如 U∷=Vx 与 V∷=Uy|z 的规则而产生,一般地,$U \Rightarrow^+ U…$。

左递归的存在将导致自顶向下分析技术的失败,因此当采用自顶向下分析技术时,总是必须首先进行消去左递归的文法等价变换。下面分别讨论规则左递归的消去与文法左递归的消去。

1. 规则左递归的消去

(1)改写规则左递归成右递归

一个简单的例子是把规则 E∷=E+T|T 改写成 E∷=T+E|T,这样左递归规则便成了右递归规则,它消去了左递归,但并不改变所描述的语言。

在一般情况下,可以引进新非终结符号,例如对于 E∷=E+T|T,易由 $E \Rightarrow^+ T+T+…$

+T+T 得知,可改写成:

　　　　$E ::= TE'$　　　$E' ::= +TE' | \varepsilon$

　　例 2.19　对文法 G[E]:

　　　　$E ::= E+T | T$　　　$T ::= T*F | F$　　　$F ::= (E) | i$

可引进新非终结符号 E′ 与 T′ 而将 G[E]改写成 G′ [E]:

　　　　$E ::= TE'$　　　$E' ::= +TE' | \varepsilon$　　　$T ::= FT'$

　　　　$T' ::= *FT' | \varepsilon$　　$F ::= (E) | i$

　　一般地,改写规则如下。

　　如果 $U ::= Ux_1 | Ux_2 | \cdots | Ux_m | y_1 | y_2 | \cdots | y_n$,则

　　　　$U ::= y_1 U' | y_2 U' | \cdots | y_n U'$

　　　　$U' ::= x_1 U' | x_2 U' | \cdots | x_m U' | \varepsilon$

通常总让 ε 作为最后的选择。

　　（2）沿用扩充 BNF 表示法

　　规则 $E ::= E+T | T$ 表明 E 的构成首先是 T,然后每次在其后添加"+T"。 因此可将原规则改写成下列等价形式:

　　　　$E ::= T\{+T\}$

从而消去了左递归。事实上,一些程序设计语言在文法定义中为了避免规则左递归的存在而采用了扩充表示法。例如:

　　　　〈表达式〉$::=$〈项〉{〈加法运算符〉〈项〉}

　　一般地,可采用下列两个规则来消去规则左递归。

　　规则 1　提左因子。每当出现规则

　　　　$U ::= ux | uy | \cdots | uz$

把它替换为

　　　　$U ::= u(x | y | \cdots | z)$

这里的"("与")"是元语言符号。

　　规则 2　假定 $U ::= x | y | \cdots | z | Uu$,则可把它替换为

　　　　$U ::= (x | y | \cdots | z)\{u\}$

　　下面是应用这两个规则消去规则左递归的例子。

　　例 2.20　假定有规则

　　　　$E ::= T | -T | E+T | E-T$

应用规则 1 提因子,有

　　　　$E ::= (T | -T) | E(+T | -T)$

应用规则 2,有

　　　　$E ::= (T | -T)\{+T | -T\}$

或者再提右因子,并经整理,有

　　　　$E ::= (- | \varepsilon)T\{(+ | -)T\}$

　　2. 文法左递归的消去

　　上面讨论的几种方法可以用来消去规则左递归,但它们对文法左递归的消去都无能为

力。 一般情况下是难以消去文法左递归的,仅在某些特殊情况下存在消去文法左递归的算法。下面给出一个算法。

如果一个文法不包含回路(即形如 $U \Rightarrow +U$ 的推导),也不包含 ε 规则,则有下列消去文法左递归的算法。

步骤 1　把文法 G 的一切非终结符号以某种顺序排列成 U_1、U_2、$\cdots$、U_n;

步骤 2　以上列顺序执行下列程序(C 型):

```
for(i=1; i<=n; i=i+1)
{ for(j=1; j<=i-1; j=j+1)
    { 把形如 Ui::=Ujr 的规则改写成 Ui::=xj1r|xj2r|···|xjkr
        这里 Uj::=xj1|xj2|···|xjk 是对于 Uj 的一切规则;
    }
    消除关于 Ui 的规则左递归;
}
```

步骤 3　简化由步骤 2 得到的文法,即删去那些无用规则。

执行这一算法的结果是,对于规则右部的第一个符号,当它是非终结符号时,对于左部是 U_1 的规则只能是 U_2、U_3、$\cdots$、U_n,对于左部是 U_2 的规则只能是 U_3、U_4、$\cdots$、U_n、$\cdots$,对于左部是 U_{n-1} 的规则只能是 U_n;对于左部是 U_n 的规则,其右部第一个符号不可能是任何非终结符号。因此对于任何的 U,不可能有 $U \Rightarrow +U\cdots$。等价的新文法不再是文法左递归的。

例 2.21　设有文法 G2.10[S]:

　　　　S::=Sa|Tbc|Td　　T::=Se|gh

试消去其文法左递归。

步骤 1　把非终结符号排序成:

　　　　U_1=S　　U_2=T(n=2)

步骤 2　执行循环:

i=1,j=1:j>i-1,不执行关于 j 的循环,但关于 U_1=S 存在规则左递归,把它改写成右递归而消除规则左递归:

　　　　S::=(Tbc|Td)S′　　S′::=aS′|ε

i=2,j=1:有规则 T::=Se 呈 U_2::=U_1r 形,且 S::=(Tbc|Td)S′ 呈 U_1::=x_1|x_2 形,改写成 U_2::=x_1r|x_2r 形,连同 T::=gh,有:

　　　　T::=(Tbc|Td)S′e|gh

因此,T::=T((bc|d)S′e)|gh。

j 循环已结束,同样改写成右递归而消去关于 U_2=T 的规则左递归如下。

　　　　T::=ghT′　　T′::=(bc|d)S′eT′|ε

最后得到消去了文法左递归的等价文法 G2.10′[S]如下:

　　　　S::=T(bc|d)S′　　S′::=aS′|ε

　　　　T::=ghT′　　　　　T′::=(bc|d)S′eT′|ε

类似地沿用扩充 BNF 表示法可得到消去了文法左递归的等价文法 G2.10″[S]:

　　　　S::=T(bc|d){a}　　T::=gh{(bc|d){a}e}

　　当然由于对非终结符号的排序不同,消去文法在左递归后所得的文法在形式上可能不同,但它们都是等价的,因此如何排序是无关紧要的。但要注意的是,在消去左递归时,首先应判别是否为文法左递归,如果是文法左递归,则只需进行文法左递归的消去,因为消去文法左递归的同时也就消去了规则左递归。

　　例 2.22　设有文法 G2.11[A]:

$$A::=Ba|Cb|c \qquad B::=dA|Ae|f \qquad C::=Bg|h$$

试消去该文法的左递归。

　　首先判别该文法是否存在文法左递归。易见存在文法左递归,需应用文法左递归消去算法。

　　步骤 1　将一切非终结符号排序成 $U_1=A$, $U_2=B$, $U_3=C$;

　　步骤 2　执行循环:

　　$i=1$, $j=1$: $j>i-1$,不执行关于 j 的循环,且关于 $U_1=A$ 不存在规则左递归。

　　$i=2$, $j=1$: 有规则 $B::=Ae$ 呈 $U_2::=U_1r$ 形,且 $A::=Ba|Cb|c$ 呈 $U_1::=x_1|x_2|x_3$ 形,改写成 $U_2::=x_1r|x_2r|x_3r$ 形,即

$$B::=(Ba|Cb|c)e|dA|f$$

或

$$B::=Bae|Cbe|ce|dA|f$$

对其消去规则左递归,得到:

$$B::=(Cbe|ce|dA|f)\{ae\}$$

　　$i=3$, $j=1$: 无规则呈 $U_3::=U_1r$ 形,不进行改写。

　　$i=3$, $j=2$: 有规则 $C::=Bg$ 呈 $U_3::=U_2r$ 形,且规则 $B::=(Cbe|ce|dA|f)\{ae\}$ 呈 $U_2::=x_1$ 形,改写成 $U_3::=x_1r$ 形,得到:

$$C::=(Cbe|ce|dA|f)\{ae\}g|h$$

　　在此 j 循环结束后消去关于 U_3 的规则左递归,得到

$$C::=((ce|dA|f)\{ae\}g|h)\{be\{ae\}g\}$$

　　最后所得消去了左递归的等价文法 G2.11′[A]如下。

$$A::=Ba|Cb|c$$

$$B::=(Cbe|ce|dA|f)\{ae\}$$

$$C::=((ce|dA|f)\{ae\}g|h)\{be\{ae\}g\}$$

　　要注意的是,在消去左递归过程中右递归形式与扩充表示法不能混用。

　　概括起来,消去左递归的文法等价变换的规范步骤如下:

　　步骤 1　判别是规则左递归还是文法左递归,从而确定相应的算法;

　　步骤 2　按照确定的算法进行消去左递归的文法等价变换;

　　步骤 3　给出最终所得的消去了左递归的等价文法。

2.5 语法分析树与句型分析

2.5.1 语法分析树

对于一个程序设计语言,必要的是判别某个程序在语法上是否正确,这是句子的识别或分析问题。这里引进识别或分析的重要辅助工具——语法分析树。

1. 语法分析树的引进

在英语(或其他自然语言)课程中往往利用语法分解图的图解表示来帮助理解英语句子的结构,如图 2-5 所示。在这种语法分解图中把句子分解成各个组成部分以描述或分析句子的语法结构,因此是一种了解与分析句子语法的辅助工具。图 2-5 中分解的句子是由文法 G2.1[〈句子〉]所产生的。由此图中可以十分明显地看出句子是由〈主语〉后跟〈谓语〉再跟〈状语〉组成的,而 Peter 是名词作主语,in 与 river 分别是介词与名词,一起构成状语,swims 是动词作谓语。这种图解表示与以前定义的文法规则完全一致,却给人们更为直观与完整的印象。在基于形式语言理论的编译原理中也借助这类图解表示来分析句子的结构,只是给它另取名为语法分析树(简称语法树),这是因为从图形上看,语法分析树像一棵倒过来的树:根在上,叶在下。

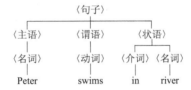

图 2-5 语法分解图示例

现在为文法 G2.12[S]:

$$S ::= AB \qquad A ::= aAb|ab \qquad B ::= cBd|cd$$

关于句子 abccdd 的推导

$$S \Rightarrow AB \Rightarrow AcBd \Rightarrow Accdd \Rightarrow abccdd$$

画出语法分析树,如图 2-6 所示。现引进描述语法分析树的几个术语如下。

(1)结点

每个符号(终结符号或非终结符号)对应于一个结点,该结点就以相应符号为其名,例如,结点 S、A 与 b 等。简单起见,不必为结点画出小圆。

(2)边

边是两结点间的连线。

(3)根结点

根结点是没有从上向下进入它的边,而只有从它向下射出的边的结点,在这里,根结点正是识别符号所对应的结点,即 S。

（4）分支

从某结点向下射出的边连同边上的结点称为分支。分支的名字是射出该分支的结点的名字。分支的各个结点称为分支结点。分支名字结点是分支结点的父结点，分支结点是分支名字结点的子结点。同一分支上的分支结点彼此是兄弟结点。最右边的兄弟结点最"年轻"。如图 2-6 所示，从结点 B 射出的三边及边上的结点 c、B 与 d 构成一个分支。上方的 B 是分支名字结点，是其下方的分支结点 c、B 与 d 的父结点。分支结点 c、B 与 d 彼此为兄弟结点，c 最"年长"，d 最"年轻"。

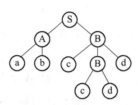

图 2-6 语法分析树示例

（5）子树

语法树的某结点连同从它向下射出的部分（如果有的话）称为该语法树的子树，该结点称为子树的根结点，例如，分别以 A 和 B 为子树根结点的子树。

（6）末端结点

语法树中再没有分支从它向下射出的结点称为末端结点。图 2-6 中共计有 6 个末端结点，即结点 a、b、c、c、d 与 d。 所有分支结点都是末端结点的分支称为末端分支。图 2-6 中语法树的末端分支共 2 个，即分支名字结点为 A，分支结点为 a 与 b 的分支，以及分支名字结点为 B，分支结点为 c 与 d 的分支。要注意的是，末端结点不一定是终结符号，非终结符号也可能成为末端结点。

相对于（语法）树与子树，分别有（语法）树的末端结点与子树的末端结点的概念。

2. 从推导构造语法分析树

今以文法 G2.12[S]的下列推导

$$S \Rightarrow AB \Rightarrow AcBd \Rightarrow Accdd \Rightarrow abccdd$$

为例画出相应的语法分析树。

从推导构造语法分析树的步骤如下。

步骤 1 以识别符号 S 作为根结点。由于 S 将被替换为 AB，从它向下画一分支，即两条边连同分支结点 A 与 B。该分支以 S 为名，以 A 与 B 为分支结点，表示第一个直接推导。

步骤 2 由于非终结符号 B 将被替换为 cBd，从结点 B 向下画一分支，这时是三条边连同三个分支结点 c、B 与 d，该分支以 B 为名，表示第二个直接推导。如果不再继续构造下去，则该分支是末端分支，其分支结点都是末端结点，包括非终结符号 B 也是。

步骤 3 类似地，每次从即将被替换的非终结符号的那个结点出发向下画一分支，该分支的分支结点从左到右形成一个取代分支名字的符号串。注意，当该符号串中不止一个符号时，相应于各符号的结点就按规则右部中这些符号出现的次序排列。该分支名字结点与分支结点正好对应于一个直接推导，且分支结点符号串是相对于分支名字的简单短语。 如此继续，画出相应于直接推导的分支，直到推导结束。最后得到的语法分析树正如图 2-6

所示。

概括之,从推导构造语法分析树的过程是:以识别符号作为根结点,从它开始对每一直接推导画一分支,这一分支的名字是直接推导中被替换的非终结符号名字,而分支的分支结点符号串是相对于分支名字的简单短语。直到已关于最后一个直接推导画出分支而再无分支可画出时构造过程结束。

从上述构造法可见,对于每个推导必存在一个语法分析树,语法分析树中的每个分支对应于一个直接推导,分支结点符号串是相对于分支名字的简单短语。

下面以定理形式给出关于子树的一个性质。

定理 2.5 子树的末端结点符号串是相对于子树根的短语。

易见,语法分析树的末端结点符号串从左向右读时是相对于识别符号的短语,也即句型,当全是终结符号时便是句子。

一个语法分析树是关于某文法句型的推导而构造的,因此称为关于某文法句型推导的语法分析树,但通常简单地称作关于某文法句型的语法分析树。例如,可以说"构造(文法 G2.2 的)句型〈数字序列〉〈数字〉5 的语法分析树",等等。

3. 从语法分析树构造推导

显然从语法分析树构造推导是从推导构造语法分析树的逆过程。构造语法分析树是逐次依直接推导增添分支直到推导结束的过程,那么其逆过程自然是从分支建立直接推导,然后从语法分析树中剪去这个分支直到无分支可剪的过程。为此,首先考察得到末端结点符号串的直接推导。对于图 2-6 中的语法分析树,末端结点符号串是 abccdd。最右末端分支表明推导序列中的最后直接推导是

abcBd $\Rightarrow$ abccdd

在得到这个直接推导后,从语法分析树中剪去这个最右末端分支,而得到对于 abcBd 的语法分析树。此时再次从最右末端分支可得到最后直接推导

abB $\Rightarrow$ abcBd

因此,

abB $\Rightarrow$ abcBd $\Rightarrow$ abccdd

类似地剪去相应的分支,得到对于 AB 的语法分析树。如此继续,每次重复地构造由语法分析树的最右末端分支所指示的那个最后直接推导,然后把相应的分支剪去,直到最后无分支可剪而得到整个推导。

概括之,从语法分析树构造推导是不断重复构造最后直接推导,并剪去相应分支直到无分支可剪的过程。按此构造法,对于每个语法分析树必定至少存在一个推导。当改变构造最后直接推导和剪去相应分支的顺序时将得到不同的推导。

例 2.23 下列两个推导都是可以从图 2-6 中所示语法分析树构造的推导:

S $\Rightarrow$ AB $\Rightarrow$ AcBd $\Rightarrow$ Accdd $\Rightarrow$ abccdd

与   S $\Rightarrow$ AB $\Rightarrow$ abB $\Rightarrow$ abcBd $\Rightarrow$ abccdd

这些推导之间的差别仅在于推导中应用规则的顺序不同;语法分析树并不指明严格的推导顺序。这种推导顺序的不同,对讨论无关紧要,因而把产生相同语法分析树的不同推导看作是彼此等价的。

4. 二义性

如上所述,即使是不同的推导,只要产生相同的语法分析树因而推导出相同的句型(句子),便认为它们是等价的。但如果对于同一个句型(句子),由于应用规则的顺序不同而产生不同的语法分析树,情况就截然不同,且看下面的讨论。

设有文法 G2.13[E]:

　　　　E∷=EAE|EME|(E)|i　　　A∷=+|−　　　M∷=*|/

不难想象,由此文法生成的句子相当于通常的算术表达式。

设有句子 i+i*i,可有推导:

　　　E ⇒ EAE ⇒ iAE ⇒ i+E ⇒ i+EME ⇒ i+iME ⇒ i+i*E ⇒ i+i*i

相应的语法树如图 2-7(a)所示。在这一推导中,关于 E 先选择 1,然后选择 2。如果先选择 2,然后选择 1,则有推导:

　　　E ⇒ EME ⇒ EAEME ⇒ iAEME ⇒ i+EME ⇒ i+iME ⇒ i+i*E ⇒ i+i*i

相应的语法分析树如图 2-7(b)所示,它显然是与图 2-7(a)不同的,这表明对于同一个句子 i+i*i 有两个不同的语法分析树,因而反映了这样的事实:该句子的分解不是唯一的。从含义看,前者先执行*,后者先执行+。这种情况表明存在二义性。下面给出二义性的定义。

定义 2.29　如果对于某文法的同一个句子存在两个不同的语法分析树,则称该句子是二义性的。包含二义性句子的文法称为二义性文法;否则称该文法是无二义性的,或称为无二义性文法。

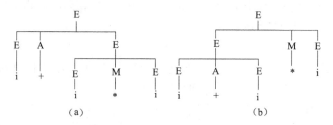

图 2-7　i+i*i 的两个不同语法分析树

为了使语法分析程序可靠,希望程序设计语言的文法是无二义性的,以便对每一个句子(程序)的分析都是唯一的。图 2-7 中所示二义性产生的根源在于信息不足,即没有明确规定运算符*与+的运算优先级,也没有对相同优先级的运算符规定是左结合还是右结合。为消除二义性,可类似于某些程序设计语言那样,在语义说明中规定运算的优先次序。在这里是对文法规则进行适当修改,让优先级与结合性在规则中反映出来。例如可将文法 G2.13[E]等价变换成 G2.13′[E]:

　　　　E∷=EAT|T　　　T∷=TMF|F

　　　　F∷=(E)|i　　　A∷=+|−　　　M∷=*|/

这样,对于 i+i*i,有如下推导:

　　　E ⇒ EAT ⇒ TAT ⇒ FAT ⇒ iAT ⇒ i+T

　　　　⇒ i+TMF ⇒ i+FMF ⇒ i+iMF ⇒ i+i*F ⇒ i+i*i

相应的语法分析树如图 2-8 所示。

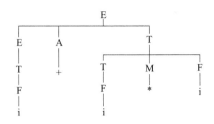

图 2-8 i+i*i 的语法分析树

文法 G2.13 与 G2.13′ 定义相同的语言,即算术表达式集合,但 G2.13′ 为句子构造语法分析树时是无二义性的。鉴于描述同一语言的文法可以是无二义性的,也可以是二义性的,而且可以在不改变句子集合的情况下改变二义性文法,使得生成同一个语言的文法是无二义性的。因此"语言是二义性的"说法是无意义的。

附带地在这里看到了语法定义对语义的影响。

是否任何语言都一定存在无二义性文法呢?未必。例如,对于语言

$\{a^ib^ic^j|i,j\geqslant 1\} \cup \{a^ib^jc^j|i,j\geqslant 1\}$

显然存在必为二义性的句子 $a^kb^kc^k(k\geqslant 1)$。如果关于某语言不存在无二义性文法,则称该语言为先天二义性的。

文法的二义性问题是不可判定的,即不存在一种算法能在有限步骤内确切地判定一个文法是否为二义性的。鉴于二义性不可判定,所能做的是寻找一组充分条件,使得满足这些条件的文法必定是无二义性的。当然这些只是充分条件,未必是无二义性的必要条件。

请注意二义性与多义性的区别。二义性是语法范畴的概念,即二义性是一个句子在语法分解时的不唯一,是针对同一场合而言的;至于多义性则往往是从语义角度讨论的,即同一个单词或句子在不同的场合可以有各种不同的含义或解释。不言而喻,即使一个句子是无二义性的,但由于单词含义的多义性,仍然可能不知道这句子指的是什么意思。

5. 语法分析树的存储表示与输出

语法分析树是句型分析的好工具,能够直观地剖析一个句子的结构,而且反映语法结构的层次概念。但它毕竟是图形表示,作为语法分析部分的输出结果,必然要考虑语法分析树在计算机内的存储表示。先以前面所提到的文法 G [E]:

E∷=E+T|T   T∷=T*F|F   F∷=(E)|i

的句子 i+i*i 为例,看看它的语法分析树情况。关于它的推导如下:

E ⇒ E+T ⇒ T+T ⇒ F+T ⇒ i+T=>i+T*F ⇒ i+F*F ⇒ i+i*F ⇒ i+i*i

可以画出相应的语法分析树如图 2-9 所示。

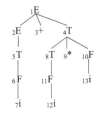

图 2-9 i+i*i 的语法分析树

从图 2-9 可知,语法分析树上任一结点的位置可由其父结点、紧邻的左兄结点与最右的子结点所确定,因此,语法分析树的数据结构可设计如下。

```
typedef  struct
{   int 结点序号;          int 文法符号序号;
    int 父结点序号;
    int 左兄结点序号;    int 右子结点序号;
} 语法树结点类型;
    语法树结点类型   语法分析树[MaxNodeNum];
```

当输出该语法分析树时,对照上述数据结构,很容易按表 2-1 所列形式输出。

表 2-1

结点序号	文法符号	父结点	左兄结点	右子结点
1	E	0	0	4
2	E	1	0	5
3	+	1	2	0
4	T	1	3	10
5	T	2	0	6
6	F	5	0	7
7	i	6	0	0
8	T	4	0	11
9	*	4	8	0
10	F	4	9	13
11	F	8	0	12
12	i	11	0	0
13	i	10	0	0

2.5.2 句型分析

1. 句型分析的概念

通过上面的讨论,可以对一个给定的句型从其推导来构造语法分析树,也可以反过来为一个给定的句型从其语法分析树来构造推导。对于上下文无关文法,语法分析树是句子结构分析极好的辅助工具,它的整体性与直观性强,而且语法分析树显示了隐含在文法中的句子语法结构的层次。

然而,对于语法分析树的讨论有一个前提:所讨论的符号串是文法的一个句型。现在的问题是:没有现成的语法分析树或推导,如何知道所给符号串是文法的句型?这就是句型分析问题。

所谓句型分析,也就是识别一个符号串是否为某文法的句型。它是某个推导或语法分析树的构造过程。进一步说,当给定某个符号串时,试图按照某文法的规则为该符号串构造推导或语法分析树,从而识别出它是该文法的句型;对于特例,当符号串全由终结符号组成时,要识别出句子。对于程序设计语言,句子是程序,句型分析的问题也就是识别输入符号串是否在语法上是正确无误的程序。

实现句型分析的程序称为分析程序,分析程序按分析算法进行分析工作。一般来说,分析程序总是以终结符号串作为输入进行分析,如果分析表明识别出是句子,则它给出推导或语法分析树作为输出;否则给出报错信息作为输出。由于分析程序识别文法的句子,因此又称识别程序,分析算法又称识别算法。

讨论句型分析的问题,目的是讨论程序设计语言编译实现的问题,期望利用某种分析技术,为某种程序设计语言构造识别程序,由它来识别用该程序设计语言所写的程序。程序总是从左到右地书写与阅读,因此通常总是从左到右地识别输入符号串,也就是首先扫描和处理符号串中最左边的第一个符号,然后向右逐个分析其后各个符号。因此讨论的都是从左到右的分析技术。

2. 分析技术

语法分析树从图形上看是倒画的树:根在上,叶在下。按照语法分析树的建立方式,分析技术可分为两大类,即自顶向下的与自底向上的。 自顶向下分析技术从文法的识别符号开始,把它作为语法分析树的根结点,试图自顶向下地构造一个语法分析树,使其末端结点符号串正好是输入符号串;而自底向上分析技术正好相反,它从输入符号串开始,以它作为语法分析树的末端结点符号串,试图自底向上地构造语法分析树,使得语法分析树的根结点正好是识别符号。

下面对两类分析技术分别进行简单介绍。

（1）自顶向下分析技术

自顶向下分析技术的基本思想是:从识别符号出发,试图由它推导出与输入符号串相同的终结符号串。自顶向下识别过程是一个不断建立直接推导的过程。

从图形上看,自顶向下识别过程就是以识别符号作为根结点,把它作为顶,试图从它开始向末端结点方向往下逐步建立语法分析树,最终目标是所得的末端结点符号串正是输入符号串。如果正是这样,这时识别出输入符号串是文法的句子;如果输入符号串不可能与语法分析树的末端结点符号串相匹配,则表明输入符号串不是句子而报错。

例 2.24　对于文法 G2.12[S]:

$$S::=AB\qquad A::=aAb|ab\qquad B::=cBd|cd$$

识别输入符号串 aabbcd 是否为句子。

以自顶向下分析技术构造语法分析树的步骤如下:

以识别符号 S 为根结点开始建立语法分析树。第一步构造直接推导 $S \Rightarrow AB$,以 S 为分支名字,向下构造分支,如图 2-10 中左边第二个树所示。以后每步总是把当前句型(末端结点符号串)xUy 中最左非终结符号 U 用规则 U::=u 的右部 u 去代替(直接推导),从而得到下一句型 xuy,并以 U 为分支名字作出相应分支。如此继续,直到最终句型(末端结点符号串)全由终结符号组成。对符号串 aabbcd 的分析过程如图 2-10 所示。可见 aabbcd 是文法 G2.12[S]的句子。这时可输出一个标志"是"(识别出句子)并给出语法分析树或推导。这是一个推导过程,每次总是对最左的非终结符号进行直接推导,对此有如下的定义。

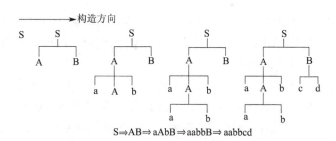

$$S \Rightarrow AB \Rightarrow aAbB \Rightarrow aabbB \Rightarrow aabbcd$$

图 2-10　自顶向下构造 aabbcd 的语法分析树过程

定义 2.30　在一个推导中,如果每步直接推导所被替换的总是最左(右)的非终结符号,则称这种推导为最左(右)推导。

最右推导示例:

$$S \Rightarrow AB \Rightarrow Acd \Rightarrow aAbcd \Rightarrow aabbcd$$

(2)自底向上分析技术

自底向上分析技术与自顶向下分析技术正好相反。这时从输入符号串出发,试图把它归约到识别符号。从图形上看,自底向上分析过程以输入符号串作为末端结点符号串,把它作为底,试图从它向着根结点方向往上构造语法分析树,使识别符号正是树的根结点。自底向上分析过程是一个不断进行直接归约的过程。

仍然以文法 G2.12[S]为例,识别输入符号串 aabbcd 是否为该文法的句子,只是这次采用自底向上分析技术。语法分析树构造过程如下:假定已把输入符号串 aabbcd 作为末端结点符号串构造了末端结点。这时第一步把最左的简单短语 ab 直接归约为 A,得到直接推导 aAbcd ⇒ aabbcd,产生句型 aAbcd;构造语法分析树,如图 2-11 右边第二个树所示。以后每步总是把当前句型 xuy 中的最左简单短语 u,用规则 U∷=u 的左部 U 去代替(直接归约),从而得到下一句型 xUy,并以 u 作为分支结点符号串作出相应分支及分支名字结点,直到完成语法分析树的构造,根结点是识别符号。对于输入符号串 aabbcd 进行自底向上分析的过程如图 2-11 所示。

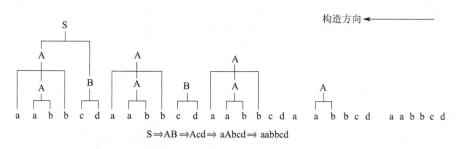

$$S \Rightarrow AB \Rightarrow Acd \Rightarrow aAbcd \Rightarrow aabbcd$$

图 2-11　自底向上构造 aabbcd 的语法分析树过程

显然结论是相同的:aabbcd 是文法 G2.12[S]的句子。不仅如此,尽管采用了两种不同的分析策略得到不同的推导,但却有完全相同的语法分析树。

类似于最左(右)推导,有最左(右)归约。

定义 2.31　在一个归约过程中,如果每步直接归约的总是最左的简单短语(句柄),则称这种归约为最左归约。

定义 2.32 在一个归约过程中,如果每步直接归约的总是最右的简单短语,则称这种归约为最右归约。

不难发现,最左(右)推导和最右(左)归约所得的结果是一样的,而且最左(右)归约中被直接归约的最左(右)简单短语,其右(左)边总是只包含终结符号。

为强调起见,这里重述最左归约的特性,即在自底向上分析过程中,如果总是直接归约当前句型的句柄,则句柄右端的符号串中总是只包含终结符号。

最右推导又称规范推导,后面关于规范推导的定义完全是同义反复。

这里要强调的是,不论是推导还是语法分析树,均不能反映它们是以自顶向下还是以自底向上分析技术构造的。标明采用哪种分析技术的简洁方式是在推导或语法分析树中标以序号来指明构造的先后次序。

3. 规范推导与规范归约

定义 2.33 如果某直接推导 $xUy \Rightarrow xuy$ 中,y 不包含非终结符号,则该直接推导称为规范的,记作 $xUy \underset{R}{\Rightarrow} xuy$;如果某推导 $v \Rightarrow^+ w$ 中,每个直接推导都是规范的,则称该推导为规范的,记作 $v \underset{R}{\Rightarrow}^+ w$。

定义 2.34 如果 $v \underset{R}{\Rightarrow} w$,则称 w 直接规范归约到 v;如果 $v \underset{R}{\Rightarrow}^+ w$,则称 w 规范归约到 v。

要提醒的是,每个句子都有一个规范推导,但并非每个句型都有规范推导。例如对于文法 G2.12[S]的句型 abB,存在一个唯一的推导:

$$S \Rightarrow AB \Rightarrow abB$$

它不是规范的。对有规范推导的句型,给出下列定义。

定义 2.35 可由规范推导推得的句型称为规范句型。

规范归约对于程序设计语言的编译实现是一个十分重要的概念,因为规范归约可以理解为边扫描边归约,也就是说,在从左到右逐个扫描(读入)输入符号串中的符号的过程中,当没有发现能直接归约的子符号串(句柄)时便继续扫描下去,一旦发现能进行直接归约时便进行归约。这对编译实现来说是很自然的,而且事实上在某些编译实现中已采纳了这种思想。

规范推导与规范归约统称为规范分析。

4. 句型分析的基本问题

在讨论自顶向下分析技术时,我们看到对于文法 G2.12[S]的非终结符号 A,规则右部包含了两个选择。对句子 aabbcd 分析的过程中,第一步选取 A∷=aAb 而非 A∷=ab,第二步又选取 A∷=ab 而非 A∷=aAb。显然如果不是这样,将导致错误的结论。必要的是在分析中每一步都对规则的右部作出正确的选择。对于自底向上分析技术,类似地有找出句柄和确定归约到什么的问题。

一般地,当识别程序进行识别时,必须解决下列基本问题。

1)在自顶向下分析过程中,假定要被替换的非终结符号是 U,而对于 U 存在规则 $U∷=u_1|u_2|\cdots|u_n$,如何确定用哪个 u_i($1 \leq i \leq n$)代替 U?

2）在自底向上分析过程中，每步应对哪个简单短语进行直接归约？如何找出它，并把它归约到哪个非终结符号？

在前面的例子中，是由人的思维作出了抉择。重要的是如何使计算机自动作出抉择。这些问题并非总是容易回答的。对于编译程序，必须采用系统的方法寻找合理的解决办法。下面几章的进一步讨论正是为了解决这些基本问题。

本章概要

本章讨论与编译实现相关的形式语言理论基本概念，主要内容包括：文法与语言的形式定义、文法与语言的分类、上下文无关文法的主要特性、文法的等价变换以及句型分析的概念。

文法是重写规则的集合，虽然规则个数有限，但通常文法是递归定义的（规则递归与文法递归），因此所产生的语言可以是无限的。读者应掌握文法的存储表示，并熟练掌握文法句子的生成。语言是文法句子的集合，句子是由识别符号推导出的终结符号序列，或说是全部由终结符号组成的句型。由句子的概念可以引申出推导与归约、短语、简单短语与句柄等概念。其他概念：字母表的闭包与正闭包。

基于一个文法的基本要素，引进了 Chomsky 文法（V_N, V_T, P, Z）。对规则的定义形式逐步加限制而引进 4 类 Chomsky 文法类与语言类。每一个 Chomsky 语言类都有一类自动机相对应。应多关注的是正则文法与上下文无关文法，前者是词法分析的基础文法，后者是语法分析的基础文法，尤其关注上下文无关文法的自嵌套特性和与推导有关的特性。扩充的压缩了的上下文无关文法是语义分析阶段语法制导翻译的基础文法。

若两个文法产生完全相同的语言，这两个文法就是等价的。每种分析技术的应用必须满足一定的前提与条件。要对某个文法应用某分析技术而又不满足应用前提与条件时，就必须先进行文法等价变换。读者应了解并熟练掌握消去左递归的文法等价变换。

句型分析是识别输入符号串是否为某文法句子的过程。这里引进了重要工具：语法分析树。语法分析树有众多用途，除了句型识别外，还可用于寻找句型中的短语、简单短语和句柄，以及寻找以后引进的优先关系等。读者应能熟练为文法句子画出语法分析树，熟练掌握推导和语法分析树的相互转化。按语法分析树建立的方向，分自顶向下与自底向上两大类分析技术，请读者注意两大类分析技术的基本实现思想与要解决的基本问题。为了使目标代码产生预期的效果，对一个特定句子的句型分析应是唯一的，相关的重要概念是二义性与二义性文法。手工进行句型分析时可以采用各种不同的方式，但宜于用有条理的系统方式，如最左推导与最右推导。要提醒的是，当仅给定一个语法分析树或一个推导时，如不能肯定它是以自顶向下还是以自底向上方式建立的，应该通过序号来指明。

其他相关概念：规范句型，规范分析。

习题1

1）设字母表 A={a}，其上有符号串 t=aa。试写出下列符号串及其长度：t^0, ttt, t^3 与 t^5。

2）试写出符号串 x=abcbbbcba 中以 b 打头且长度为 3 的子符号串。

3）试写出基本符号集上定义的下列 C 程序片段中以 t 打头、长度为 4 的子符号串。

　　int x,y;int t;

　　t=x; x=y; y=t;

提示:这是基本符号集上的符号串。

4）设字母表 B={0,1},其上有符号串 x=01、y=1001 与 z=1,试写出符号串 xz、zx、y^3x^3 与 $(zyx)^4$,指出它们各自的长度,并写出 $(zyx)^4$ 长度不超过 3 的头与尾。

5）试用各种不同的形式表示法描述 $1\frac{1}{3}$ 的一切精度的近似值集合。提示:形式表示法不涉及含义。

6）设字母表 X={0,1,2,3,4,5,6,7}, X^+ 与 X^* 各是什么集合? 各举出 4 个不同长度的符号串作为例子。

7）设有字母表 L={a, b,…, z}和 D={0, 1,…, 9}。试问 L(L ∪ D)* 中长度不大于 3 的一切符号串共有多少个? 请列出其中有代表性的 7 个符号串。

习题 2

1）假定 C 语言的数组的维数(下标个数)最多允许为 3。 试采用 BNF 表示法和扩充 BNF 表示法两种形式写出定义数组元素的规则。

2）设文法 G[⟨ id ⟩]的规则是:

　　⟨ id ⟩:: =a|b|c|⟨ id ⟩a|⟨ id ⟩c|⟨ id ⟩0|⟨ id ⟩1

试写出 V_T 与 V_N,并对符号串 a、ab0、a0c01、0a、11 与 aaa 给出可能的推导。

3）设 G[E]:

　　E :: =T|E+T|E-T

　　T :: =F|T*F|T/F

　　F :: =(E)|i

① 试给出关于(i)、i*i−i 与(i+i)/i 的推导。

② 试证明 E+T*F*i+i 是该文法的句型,然后列出它的一切短语与简单短语。

4）设文法 G:A :: =aAb|ab。试写出相应语言 L(G)的长度不超过 8 的一切句子,并证明

　　L(G)={$a^n b^n$|n≥1}

5）设文法 G[W]:

　　W :: =Aa　　　A :: =a|bA

其相应的语言是什么?请给出证明。

6）试为下列语言构造相应的文法。

① {$a^n b^m c^m d^n$|m, n≥1}

② {$a^m b^n$|n>m>0}

习题 3

1）试给出一个产生语言 L={w|w ∈ {0,1}⁺,且 w 不包含两个相邻的 1}的正则文法。

2）设一个语言是不以零打头的奇整数组成的集合,试写出产生该语言的文法。

3）下列文法中哪一个是自嵌套的,请说明理由。对于非自嵌套文法给出等价的正则文法。

① G₁=({A,B,C},{a,b},P₁,A)

P₁: A∷=CB|b　　B∷=CA　　　C∷=AB|a

② G₂=({A,B,C},{a,b},P₂,A)

P₂: A∷=CB|Ca　　B∷=bC　　C∷=aB|b

提示:当是非自嵌套文法时先给出正则语言,然后再写出等价的正则文法。

4）设对于某上下文无关文法,有 x ⇒* y。试证明性质:如果 x 的首符号是终结符号,则 y 的首符号也是终结符号;反之,如果 y 的首符号是非终结符号,则 x 的首符号也是非终结符号。

习题 4

1）试用不同的方法消去文法 G:

I∷=Ia|Ib|c

的规则左递归。

2）试消去文法 G[W]:

W∷=A0　　A∷=A0|W1|0

的文法左递归与规则左递归。

3）试消去文法 G[S]:

S∷=Qc|Rd|c

Q∷=Rb|Se|b

R∷=Sa|Qf|a

的文法左递归与规则左递归。

习题 5

1）设有文法 G[S]:

S∷=aAcB|BdS　　B∷=aScA|cAB|b　　A∷=BaB|aBc|a

试对下列符号串进行句型分析,识别其是否为文法 G[S]的句子。当是句子时,给出最左推导、最右推导与相应的语法分析树。

① aabcccab。

② ababccbb。

2）设文法 G[S]:

S ::=a|b|(T)　　　T ::=T,S|S

有语法分析树如习题 5-2 图所示,试构造相应的最左推导,并以表列形式给出语法分析树。

3）设文法 G[I]:

I ::=if B T|E　　　B ::=i

T ::=then E L　　　E ::=i|(E)　　　L ::=else I

试给出((i))与 if i then i else(i)的语法分析树。

4）试证明下列文法是二义性的。

① G[E]: E ::=i|(E)|EAE　　A ::=+|-|*|/。

② G[S]: S ::=iScS|iS|i。

5）设文法 G[Z]:

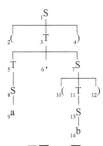

习题 5-2 图

Z ::=A　　　　　A ::=B|AiB

B ::=C|B+C|iC　　C ::=)A*|(

试用自顶向下与自底向上两种方式识别下列句子。

① (+(i。

② (+)(i*(i。

第 2 章上机实习题

1）文法的输入输出。

目标:掌握文法在计算机内的存储表示。

输入:任意的上下文无关文法。

输出:四元组形式的 Chomsky 文法。

要求:①文法的输入应简便;

②把所输入的文法存储在计算机内,将存储在计算机内的文法按四元组形式
（ V_N, V_T, P, Z ）输出。

说明:①一般文法的符号由多个字符组成,为简单起见,可仅为单字符符号,但应考虑到
易于扩充为多字符符号;

②文法规则中,符号用序号来表示,由此建立相应的数据结构。

2）建立推导。

目标:掌握推导的概念及其机内存储表示。

输入:任意的上下文无关文法和待建立推导的符号串。

输出:所输入符号串的相应推导,并给出是否为文法句子的结论。

要求:①按最左推导（或最右推导）建立推导;

②以文法 G[E]:

E ::=E+T|T　　T ::=T*F|F　　F ::=(E)|i

为实例;

③以易于阅读的方式给出推导。

说明:①文法可以以置初值方式设置好;

②建立推导的过程中采用交互方式选择文法规则。

第 3 章　词法分析

3.1　概况

3.1.1　词法分析与词法分析程序

第 3 章

编译程序要把源程序翻译成等价的目标程序,首先得进行词法分析,完成词法分析工作的程序称为词法分析程序,通常又称为扫描程序。概括地说,词法分析程序执行下列几项功能:读入源程序字符串,识别出具有独立含义的最小语法单位——单词(符号,如标识符、无正负号常数与界限符等),把单词变换成内部表示形式的属性字,从而把源程序变换成等价的属性字序列。因此词法分析程序的输入是源程序字符串,输出是等价的属性字序列。

多遍编译程序中,前一遍的输出作为下一遍的输入,总要有利于下一遍的工作。属性字设计为长度统一且为定长,便是出于此目的。词法分析程序往往还进行一些简单而力所能及的,又有利于下一遍的工作,如删除注解和空格等无效字符,以及进行某些预处理等。

在有些编译实现中,词法分析程序还处理源程序中的说明部分。不仅识别出说明部分中的单词,还对有关的标识符类型等说明信息进行处理,例如把它们刻画在属性字中以及把关于数组与结构体等类型的细节信息登记在相关表格中等。这样,在作为词法分析程序输出的中间表示的属性字序列中不再明显出现说明部分。尽管说明部分是与语义相关的,在词法分析时也进行了部分语义分析工作。严格说来,词法分析程序应只进行与词法分析相关的工作。因此,今后在输出的属性字序列中将明显包含说明部分的相应属性字,标识符与相应类型相关联等语义分析工作将留待在语义分析阶段进行。

词法分析程序与其后各阶段相比,较为简单,易实现。

3.1.2　符号的识别与重写规则的关系

对于 C 语言,符号包括如下几大类:标识符、无正负号常数、字符串、标号与界限符,其中界限符又包括关键字与专用符号两类。简单起见,这里只考虑仅包括下面定义的那些符号的简单情况,不考虑一般的无正负号常数(仅整数)等,且为了便于讨论进行了一定的简化。

定义各类符号的规则如下:

<标识符>∷=字母|<标识符>字母|<标识符>数字

<整　数>∷=数字|<整数>数字

<运算符>∷=+|-|*|/

<运算符>∷=<加号>+|<减号>-

<分隔符>∷= ;|,

<括　号>∷=()|[]|{}

〈加　号〉::=+

〈减　号〉::=-

其中的"字母"与"数字"均指某个具体字母与具体数字,不作为非终结符号(语法实体),所以不用尖括号对"〈"与"〉"括住。

这些规则刻画了单词(符号)的书写规则,指明单词是如何书写或如何构造的,因此通常也被看作词法规则(构词规则)。词法分析程序将基于这些规则来识别单词(符号)。

这些规则明显具有下列两种形式:

U ::=T　　与　　U ::=WT

其中 U 与 W 是非终结符号,而 T 是终结符号,所以由这些规则组成的文法是正则文法。这表明词法分析程序是基于正则文法的,可以采用与正则文法有关的分析技术来实现。

需要说明的是,诸如 if 与 for 等符号作为 C 语言的基本符号,是相应文法的终结符号。但对于词法分析程序来说,它们都是由多个固定字符(字母)组成的特定字符串,因此,类似于双字符运算符++,可以引进若干个正则文法规则来定义这些字符串,如:

〈for-1〉::= f

〈for-2〉::=〈for-1〉o

〈for〉　::=〈for-2〉r

可见,关键字的引进并不会带来实质性的麻烦。要注意的是,讨论词法分析时,字母表上的元素不再是符号,而是字符。词法分析程序的输入是字符串,本章中的终结符号是指字符,而"符号"指的是单词。

3.1.3　实现方式

当具体实现一个编译程序时,对词法分析程序的实现可以有如下几种考虑。

(1)完全融合方式

由于书写或构造符号(单词)的规则,如同一般的语法规则那样也由重写规则定义,且正则文法是上下文无关文法的特例,它们都可按上下文无关文法的方式来处理,因此可以不特别把有关符号的重写规则与有关一般语法成分的重写规则分别开来而是统一处理即可。

(2)相对独立方式

这时把词法分析程序作为语法分析程序的一个独立子程序。每当语法分析程序需要一个新符号时便调用这个子程序。当用递归下降分析技术等实现一遍编译程序时往往采用这种相对独立方式。

(3)完全独立方式

此时把词法分析程序作为单独的一遍来实现,从而把词法分析与语法分析工作截然分开。这时词法分析程序读入整个源程序字符串,把它加工成等价的属性字形式的符号串,作为下一遍中语法分析程序的输入。

编译程序以哪种方式实现词法分析完全取决于实现者的总体考虑。但存在一种倾向——把词法分析程序作为一遍独立出来,使词法分析与语法分析完全分开。这样做有利于编译程序结构清晰、条理化与语法分析的实现,也利于在小型机上实现较大的编译程序。这样做还有下列好处。

1）符号（单词）的语法可用正则文法加以描述，把词法分析与语法分析分开，就能建立最适用于正则文法的有效分析技术，特别是应用一些有效技术来自动构造词法分析程序。

2）建立高级语言时能独立研究词法与语法两方面的特性。

3）虽然可以用同一个语言，为每种不同的计算机编写一个词法分析程序，但实际上只需编写一个共同的语法分析程序，这时只要每一个词法分析程序产生的符号内部表示形式相同便可。

在讨论词法分析程序的实现之前，本章将首先讨论与词法分析程序密切相关的形式语言理论的相关概念，特别是有穷状态自动机的概念。

3.2　有穷状态自动机与正则表达式

3.2.1　状态转换图

1. 状态转换图的引进

通常为了识别标识符，可画出流程图，如图 3-1 所示。

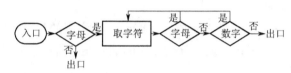

图 3-1　识别标识符的流程图

如果第一个字符不是字母，是不能识别出标识符的，当第一个是字母时表明取到的符号将是标识符，其后所跟的字母或数字是该标识符的组成部分。当取到的字符不再是字母或数字时便识别出一个标识符。现在引进状态的概念而换一种说法：在开始状态 S 下取到一个字母，便处于标识符状态 I，如果后面取到的仍是字母或数字，则继续处于标识符状态 I，直到不是字母或数字才离开标识符状态而到达终止状态 E，E 为终止状态，特别用双圈表示。如图 3-2 所示，这个图专门用来识别标识符，称为状态转换图，简称状态图。状态转换图是为了识别正则文法的句子而专门设计的有向图。它只包含有穷多个状态，即有穷多个结点，除了开始状态结点不代表任何非终结符号外，每个状态结点都代表文法的非终结符号，弧上的标记指明在射出弧的结点状态下可能出现的输入字符或字符类，它们当然不是非终结符号。

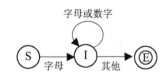

图 3-2　识别标识符的状态转换图

2. 状态转换图的构造

下面讨论如何为正则文法构造状态转换图。

状态转换图构造步骤如下。

步骤 1   以 S 为开始状态作结点(假定文法的字汇表中不包含符号 S)。

步骤 2   以每一个非终结符号为状态作结点。

步骤 3   对于形如 Q∷=T 的每个规则,引一条从开始状态 S 到状态 Q 的弧,其标记为 T;而对形如 Q∷=RT 的规则引一条从状态 R 到状态 Q 的弧,其标记为 T。其中 R 为非终结符号,T 为终结符号。

步骤 4   以识别符号结点为终止状态结点。

例 3.1   对于正则文法 G3.1[Z]:

$$Z∷=Za|Aa|Bb \qquad A∷=Ba|a \qquad B∷=Ab|b$$

按上述步骤,可构成状态转换图如图 3-3(a)所示。

今后将看到,一般说一个状态转换图可以有不止一个的开始状态,也可以有不止一个的终止状态。

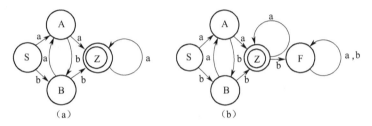

图 3-3   正则文法 G3.1 的状态转换图

3. 应用状态转换图识别句子

对于正则文法 G3.1[Z],假定有输入字符串 bababb,要识别它是否为其句子。显然,容易从下列推导:

$$Z \Rightarrow Bb \Rightarrow Abb \Rightarrow Babb \Rightarrow Ababb \Rightarrow Bababb \Rightarrow bababb$$

知道 bababb 是文法 G3.1[Z]的句子。对照状态转换图(图 3-3(a)),从开始状态 S 出发,沿着一个弧序列前进,可以有如图 3-4 所示的示意图。

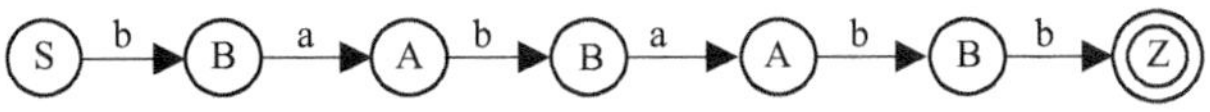

$$(S) \xrightarrow{b} (B) \xrightarrow{a} (A) \xrightarrow{b} (B) \xrightarrow{a} (A) \xrightarrow{b} (B) \xrightarrow{b} (Z)$$

图 3-4   沿弧序列前进示意图

或简单地写作: (S)b → (B)a → (A)b → (B)a → (A)b → (B)b → (Z)(下面将沿用这种简写形式)。一个字符串 x,它要是某文法的句子便必须能归约到该文法的识别符号;在应用状态转换图时,显然,x 要是相应文法的句子便必须能从开始状态出发,顺着弧的方向行进到终止状态。

一般地,识别步骤如下。

步骤 1   从开始状态开始,以它作为当前状态,并从 x 的最左字符开始,重复步骤 2 直到达到 x 的右端为止。

步骤 2   扫描 x 的下一字符(当前字符),在当前状态射出的各个弧中找出标记有该字符的弧,并沿此弧前进,以所达到的状态作为下一当前状态。

这时存在两种可能:一种可能是步骤2的某次重复中找不到一个弧,它的标记与当前字符相同,这时无法再行进下去,因而x不是句子;另一种可能是每次重复步骤2时都能找到一个弧,其标记与当前字符相同,因而能达到x的右端。这时,从开始到结束,整个弧序列上各弧的标记依序连成的字符串正是要分析的字符串。如果x是句子,那么最后的当前状态必须是终止状态。为强调起见,以定理的形式陈述这点。

定理 3.1 当识别一个字符串x时,如果能从状态转换图的开始状态出发行进达到x的右端,x为句子的充分必要条件是最后的当前状态为终止状态。

例如字符串ababaaa是文法G3.1的句子,但字符串bababbb不是,因为将发现行进到当前状态为Z时,当前字符是b,然而找不到从Z射出的弧标记为b。为避免每步检查是否有正确标记的弧,可以添入结点F代表失败状态,如图3-3(b)所示。由于Z后不能跟b,因此有一弧从Z到F,标记为b。

识别过程中,当前状态在某一输入字符下转换成另一状态作为下一当前状态,这就是状态转换图名称的由来。用状态转换图识别句子的过程,称为运行状态转换图。

为什么运行状态转换图可以识别正则文法的句子呢?首先要考察状态转换图识别句子的实质,然后再进一步考察这个过程。

设S是开始状态。对于(S)a → (A)与(A)a → (Z),状态的转换,实质上是把a直接归约到A,而把Aa直接归约到Z。从开始状态出发,逐步到达终止状态Z的过程也就是从终结符号串(输入字符串)出发,不断进行直接归约,直到归约到识别符号的过程。因此,这实质上是自底向上的识别算法。除第一步外,每一步的句柄都是当前状态的名字后跟正被扫描的字符,而句柄所要直接归约到的非终结符号是下一状态的名字。图3-5中展示了对句子ababaaa的分析及相应的语法分析树。

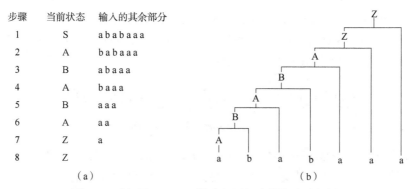

步骤	当前状态	输入的其余部分
1	S	ababaaa
2	A	babaaa
3	B	abaaa
4	A	baaa
5	B	aaa
6	A	aa
7	Z	a
8	Z	

(a)　　　　　　　　　　(b)

图 3-5　对句子 ababaaa 的分析及相应的语法分析树

对照对句子ababaaa的分析,可以清楚地看出识别过程中第一步总是把第一个字符直接归约成一个非终结符号,其后各步总是应用规则U∷=VT把句型VTt的头两个符号VT(句柄)直接归约成非终结符号U,在进行这个直接归约时,当前状态的名字是V,而下一当前状态的名字是U。

4. 应用状态转换图为正则语言构造正则文法

前面给出了从正则文法构造状态转换图的步骤,对于形如Q∷=T的规则,有从开始状态到状态 Q 的弧,弧上标记为 T,而对于形如 Q∷=RT 的规则,则有从状态 R 到状态 Q 的弧,弧上标记为 T。反之,如果一个状态转换图中有从状态 V 到状态 U 的弧,弧上标记为 T,显然必存在规则 U∷=VT。当从开始状态 S 到状态 U 有一弧,弧上标记为 T 时,则必存在规则 U∷=T。

为构造正则语言的正则文法,不言而喻,只需为正则语言画出状态转换图,从该状态转换图便可构造相应的正则文法。例如,对于正则语言 $\{(ab)^n b^2 | n \geq 0\}$,基于其句子的一般形式,借助于运行状态转换图思想,能够很自然地为其画出状态转换图,如图 3-6 所示。从它不难得到相应的正则文法 G[Z]:

$$Z∷=Cb \qquad C∷=Bb|b \qquad B∷=Ab \qquad A∷=Ba|a$$

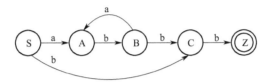

图 3-6　正则语言 $\{(ab)^n b^2 | n \geq 0\}$ 的相应状态转换图

类似地,应用运行状态转换图的思想,很容易为语言 $\{a^i b^j | i, j \geq 1\}$ 和 $\{a^i b^j c^k | i, j, k \geq 1\}$ 等构造相应的正则文法。

3.2.2　确定有穷状态自动机 DFA

如前所述,正则语言或 3 型语言与有穷状态自动机相对应。将看到有穷状态自动机正是对状态转换图进一步形式化的结果,它们对词法分析程序的构造,特别是词法分析程序的自动生成将带来很大的便利。

1. 定义

定义 3.1　一个确定的有穷状态自动机 DFA 是五元组(K,Σ,M,S,F),其中:

K 是有穷非空的状态集合。

Σ 是有穷非空的输入字母表。

M 是从 K×Σ 到 K 的映象。如果 M(R,T)=Q,则输入字符为 T 时,当前状态 R 将转换到状态 Q,Q 成为下一当前状态。

S 是开始状态,S ∈ K。

F 是非空的终止状态集合,F ⊆ K。

例 3.2　试为图 3-3(a)中的状态转换图构造确定有穷状态自动机。结果如下:

DFA D=({S,Z,A,B},{a,b},M,S,{Z})

其中,M: M(S,a)=A　　M(S,b)=B　　M(A,a)=Z　　M(A,b)=B

　　　　M(B,a)=A　　M(B,b)=Z　　M(Z,a)=Z

类似地,可从图 3-5 中的状态转换图构造确定有穷状态自动机如下:

DFA D2=(K,{a,b},M,S,{Z})

其中,K={S,A,B,C,Z}

　　　　M: M(S,a)=A　　M(S,b)=C　　M(A,b)=B

$$M(B,a)=A \qquad M(B,b)=C \qquad M(C,b)=Z$$

当某个 DFA 的输入字母表为 Σ 时,为强调起见,可以称该 DFA 为 Σ 上的一个 DFA。

2. 运行 DFA

对于 DFA 可以引进运行的概念。当运行一个 DFA 时,该 DFA 的输入是输入字母表 Σ 上的一个字符串,输出是一个逻辑值,或为"是"或为"否",表示该字符串是否为该 DFA 所接受。由于输入是一个字符串,而映象 M 仅指明状态与字符匹配时状态的转换,因此需要扩充映象的概念。

定义 3.2　扩充了的映象 M 定义如下:

$$M(R,\varepsilon)=R$$

其中 R 为任意状态;

$$M(R,Tt)=M(M(R,T),t)$$

其中 $t \in \Sigma^*$,$T \in \Sigma$。

第一个式子表示:当输入为空串 ε 时,原有状态保持不变。第二个式子表示:当状态为 R,输入字符串为 Tt 时,首先对字符串中第一个字符 T 应用映象 M 得到状态 $Q=M(R,T)$,然后再在状态 Q 下对输入字符串的其余部分 t 应用映象 M:$M(Q,t)$。这样的定义使得映象的定义域从 $K \times \Sigma$ 扩充到 $K \times \Sigma^*$。

关于字符串被 DFA 接受的概念有下列定义。

定义 3.3　对于某个 DFA $D=(K,\Sigma,M,S,F)$,如果 $M(S,t)=P$,$P \in F$,则称字符串 t 可被该 DFA D 所接受。

例 3.3　对字符串 ababaa 运行例 3.2 中的 DFA D 有:

$$M(S,ababaa)=M(M(S,a),babaa)=M(M(A,b),abaa)=M(M(B,a),baa)$$
$$=M(M(A,b),aa)=M(M(B,a),a)=M(A,a)=Z$$

所以字符串 ababaa 可被该 DFA D 所接受。

运行一个 DFA 的过程是识别一个字符串是否被该 DFA 所接受的过程。对于能被 DFA 接受的字符串集合有下列定义。

定义 3.4　由有穷状态自动机接受的字符串集合称正则集,对于(D)FA D,记为 L(D)。

下面不加证明地给出两个定理。

定理 3.2　如果句子 x 属于正则文法 G,则它能为 G 的相应 FA 所接受;反之,对于任何 FA D 存在一个正则文法 G,G 的句子正是该 FA D 所能接受的那些字符串。

由此定理理有 $L(G)=L(D)$。这表明正则语言就是正则集;运行 DFA 也就是识别一个字符串是否为相应正则文法的句子。

定理 3.3　接受正则语言 L 的最小状态自动机不计同构(即状态可重新命名)是唯一的。

这里最小状态自动机意指状态数最少的有穷状态自动机。通常可以设法减少有穷状态自动机的状态数而不改变自动机所接受的语言。

3. FA 在计算机内的表示

映象 M 指明了以某个状态作为当前状态而遇到下一输入字符时映象成的状态。它隐含了一切输入字符与一切状态,其中包括了开始状态与终止状态。因此可以认为给出了映象 M,就相当于给出了相应的 DFA,因而要在计算机内表示 FA,只需给出 M 在计算机内的表示。

（1）矩阵表示

M 是从 K×Σ 到 K 的映象,具有形式 M(R,T)=Q,用矩阵来表示,矩阵的行代表状态,列代表输入字符,矩阵的元素便是映象所得的新状态,这时只需将状态集合中的一切状态排序成 S_1、S_2、…、S_n,同时将输入字母表中的字符排序成 T_1、T_2、…、T_m。假定 B 是这样的一个矩阵,则对于 $M(S_i, T_j)=S_k$,有 $B_{ij}=k$。这个矩阵称状态转换矩阵,它指明了如何把一个状态转换成另一个状态。例 3.2 中 DFA D 的状态转换矩阵可列出如表 3-1 所示。

表 3-1

转换为　　　输入 状态	T_1=a	T_2=b
S_1=S	A	B
S_2=A	Z	B
S_3=B	A	Z
S_4=Z	Z	

请注意,约定 S_1 是开始状态,而终止状态的名单可另列于一个向量中。

状态转换矩阵很容易用二维数组来实现,例如,把状态定义为一种数据类型时,可把状态转换矩阵定义为:

状态　状态转换矩阵[状态集合][输入字符集合]

问题是:状态是符号名,输入字符也是作为输入字母表元素的字符,两者都不是整型值,都不能作为数组元素的下标。一个简单的方法是用状态的序号代替状态,用字符在输入字母表中的序号代替字符本身。例如对于上例,让状态的排序是 S_1=S、S_2=A、S_3=B 与 S_4=Z,以及输入字符的排序是 T_1=a 与 T_2=b,可定义如下。

int　状态转换矩阵[5][3]={{0,0,0},{0,2,3},{0,4,3},{0,2,4},{0,4,0}};

其中,元素值为 0 表示不存在转换到的状态。说明:序号都从 1 开始,因此增加了零行零列。

对于终止状态,可另引进相应的数据结构(一维数组)。

（2）表结构表示

M 的另一种表示法取表结构形式,在关于每个状态的表内指明从它射出的每个弧上的标记(终结符号)及达到的下一状态。该表的结构如图 3-7 所示。

假定某结点有 k 个射出弧,则相应的表长为 2k+2 个字。

第一个字存放状态名,第二个字存放射出弧个数 k,其后每两个字对应于一个射出弧,指明弧上的标记及所要转换成的状态相应的表首位置。

在这里没有明确区别有穷状态自动机与状态转换图。清楚的是,前者是后者的进一步形式化,后者是前者的非形式表示。

状态名
射出弧数 k
标记$_1$
指向下一状态$_1$
…
标记$_k$
指向下一状态$_k$

图 3-7　表结构示意图

这里看到的 FA,其 M 是 K×Σ 到 K 的单值函数,对于它,当前状态 R 与当前输入字符 T 唯一地确定 Q=M(R,T)作为下一当前状态。但在一般情形下,M 可能是多值函数,不再能由 M(R,T)唯一地确定下一当前状态。为此将在下一节引进非确定的 FA。

3.2.3 非确定有穷状态自动机 NFA

1. 背景

若映象 M 不是单值函数,表明以某个状态作为当前状态时,不能由当前输入字符唯一地确定下一当前状态,这意味着,从该状态发出的弧中至少有两个是有相同标记的。这种情况的产生显然是因为文法中包含了具有相同右部的规则,例如从图 3-8 可看到:

V∷=UT   和   W∷=UT

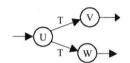

图 3-8 状态转换不唯一

对于正则文法 G3.2[Z]:

Z∷=Za|Aa|Bb   A∷=Ba|Za|a   B∷=Ab|Ba|b

存在规则有相同右部的情况,它的状态转换图如图 3-9 所示。不难看到,当前状态为 B 或 Z 时,输入字符是 a 便难以确定下一当前状态。由这种状态转换图构造所得的 FA 称为非确定的 FA,记为 NFA。

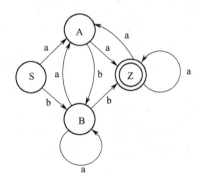

图 3-9 正则文法 G3.2 的状态转换图

2. 定义

定义 3.5   一个非确定的有穷状态自动机 NFA 是一个五元组(K,Σ,M,S,F),其中:

K 是有穷非空的状态集合;

Σ 是有穷非空的输入字母表;

M 是从 K×Σ 到 K 的子集所组成集合的映象;

S 是非空的开始状态集合,S⊆K;

F 是非空的终止状态集合,F⊆K。

NFA 与 DFA 的区别主要表现在两方面。一方面,NFA 可以有若干个开始状态,而 DFA 仅有一个;另一方面, NFA 的 M 是从 K×Σ 到 K 的子集所组成集合的映象,而不是到 K 的映象,即映象 M 将产生一个状态集合(可能为空集),而不是单个状态,例如:

$$M(R,T)=\{Q_1,Q_2,\cdots,Q_n\}$$

例 3.4   对于前述文法 G3.2[Z]可以构造

NFA N=({S,A,B,Z},{a,b},M,{S},{Z})

其中

M:M(S,a)={A}   M(S,b)={B}   M(A,a)={Z}   M(A,b)={B}

    M(B,a)={A,B}   M(B,b)={Z}   M(Z,a)={A,Z}   M(Z,b)=∅

类似地,可为文法 G3.3[Z]:

Z∷=Z0|T1|0|1   T∷=Z0|0

构造

NFA N=({S,T,Z},{0,1},M,{S},{Z})

其中

M:M(S,0)={T,Z}   M(S,1)={Z}   M(T,0)=∅   M(T,1)={Z}

    M(Z,0)={T,Z}   M(Z,1)=∅

3. 运行 NFA

类似于 DFA,可以引进运行 NFA 的概念,同样必要的是扩充映象的概念。

定义 3.6   扩充了的映象 M 定义如下:

$$M(R,\varepsilon)=\{R\}$$

其中 R 是任意的状态;M(R,Tt)是所有集合 M(Q_i,t)(1≤i≤n)的并集,即

$$M(R,Tt)=M(Q_1,t) \cup M(Q_2,t) \cup \cdots \cup M(Q_n,t)$$

其中,T ∈ Σ,t ∈ Σ*,而

$$M(R,T)=\{Q_1,Q_2,\cdots,Q_n\}$$

该定义使得 M 扩充为从 K×Σ* 到 K 的子集所组成集合的映象。

为了简单和直观起见, 我们用 M({$Q_1,Q_2,\cdots,Q_n$},t)来表示一切 M(Q_i,t)(i=1,2,$\cdots$,n)的并集:

$$\bigcup_{i=1}^{n}M(Q_i,t)$$

因而,假若 M(R,T)={$Q_1,Q_2,\cdots,Q_n$},则 M(R,Tt)=M({$Q_1,Q_2,\cdots,Q_n$},t)

如果对于某个 NFA 存在状态 P, P ∈ F,有 P ∈ M(S′, t), S′ ∈ S,则说字符串 t 可被该 NFA 所接受。

运行 NFA 的过程就是识别一个字符串是否被该 NFA 所接受的过程,即从某开始状态开始,反复根据当前状态与当前输入字符进行状态的转换,当能到达输入字符串右端时,检查是否达到终止状态集合中的某个终止状态。

例 3.5   对于输入字符串 t=babbabb,文法 G3.2[Z]的 NFA 的运行如表 3-2 所示。

表 3-2

步　骤	当前状态	输入的其余部分	可能的后继	选择
1	S	babbabb	B	B
2	B	abbabb	A,B	A
3	A	bbabb	B	B
4	B	babb	Z	Z
5	Z	abb	A,Z	A
6	A	bb	B	B
7	B	b	Z	Z

因此,t=babbabb 可为该 NFA 所接受。

类似于 DFA,对于 NFA 有下列定理。

定理 3.4　从任一正则文法 G 出发,能够构造出状态转换图及其 NFA,此 NFA 能接受 G 的任一句子;反之,对任一 NFA,能找到一个正则文法 G,使得 G 的句子正是该 NFA 所能接受的那些字符串。

类似地,运行 NFA 也就是识别一个字符串是否为相应正则文法的句子。

显然,运行 DFA 或 NFA 的过程都是以自底向上方式识别句子的过程,运行 FA 只是执行自底向上分析的另一个说法。

例 3.5 中,字符串 t=babbabb 可为那个 NFA 所接受,不难看出是因为在人的干预下每一步对即将转换成的状态作出了正确的选择。一般地,运行 NFA 时,当前状态和当前输入字符不再能唯一地确定转换到哪个状态,从状态转换图看,不知道在从同一个结点射出的若干条标记相同的弧中应选择哪一条,也就是说尽管知道当前句型的句柄是什么,但不知道应归约到什么,解决这个困难的一个办法是使 NFA 成为等价的 DFA。

4. 从 NFA 产生 DFA

对于一个 NFA,总是存在那样一些状态 R,对于它们有

　　　　M(R,T)={Q_1,Q_2,…,Q_n}

即,下一状态可能是 Q_1 或 Q_2,也可能是 Q_n。为了使得 NFA 成为 DFA,把这样的状态集合 {Q_1,Q_2,…,Q_n} 就看成一个状态,用[Q_1,Q_2,…,Q_n]来表示这单个状态。例如[A,B]与[A,Z]等(为简单起见,往往省略了其中的逗号,如[AB])。这单个状态代表所有可能的状态中的某一状态。在某种意义上讲,这是在平行地测试所有的可能情况。借着这种思想从 NFA 构造等价的 DFA。

定理 3.5　设 N=(K,Σ,M,S,F)是一个 NFA,它所接受的字符串集合是 L,则可定义一个 DFA N′=(K′,Σ,M′,S′,F′),其中,

K′ 是有穷非空的状态集合,它由 K 的一切子集组成。用[Q_1,　Q_2,…,　Q_m]表示 K′ 的元素,其中 Q_j ∈ K(j=1,2,…,m),且诸 Q 按某种规范顺序排列,例如,对于子集{Q_1,Q_2}={Q_2, Q_1},K′ 的元素是[Q_1,Q_2]。

N′ 的输入字母表 Σ 与 N 的相同。

M′ 是由下式定义的映象:

　　　　M′([R_1,R_2,…,R_i],T)=[Q_1,Q_2,…,Q_j]

这里 $M(\{R_1,R_2,\cdots,R_i\},T)=\{Q_1,Q_2,\cdots,Q_j\}$。

$S'=[S_1,S_2,\cdots,S_n]$，这里 $S=\{S_1,S_2,\cdots,S_n\}$。

$F'=\{[S_j,S_k,\cdots,S_l]|[S_j,S_k,\cdots,S_l]\in K'$ 且 $\{S_j,S_k,\cdots,S_l\}\cap F\neq\varnothing\}$。

F' 中每个状态的名必须包含 F 中状态的名。

此 N′ 所接受的字符串集合与 N 所接受的相同，即 L。

从定理 3.5 可知，若 L 是为某 NFA 所接受的字符串集合，则必定存在接受 L 的 DFA。

例 3.6　从例 3.4 中的 NFA 构造 DFA 如下：

DFA $N'=(K',\{a,b\},M',[S],F')$

其中，$K'=\{[A],[B],[S],[Z],[AB],[AS],[AZ],[BS],[BZ],[SZ],$
$[ABS],[ABZ],[ASZ],[BSZ],[ABSZ]\}$

M'：

$M'([A],a)=[Z]$	$M'([A],b)=[B]$	$M'([BZ],a)=[ABZ]$	$M'([BZ],b)=[Z]$
$M'([B],a)=[AB]$	$M'([B],b)=[Z]$	$M'([SZ],a)=[AZ]$	$M'([SZ],b)=[B]$
$M'([S],a)=[A]$	$M'([S],b)=[B]$	$M'([ABS],a)=[ABZ]$	$M'([ABS],b)=[BZ]$
$M'([Z],a)=[AZ]$		$M'([ABZ],a)=[ABZ]$	$M'([ABZ],b)=[BZ]$
$M'([AB],a)=[ABZ]$	$M'([AB],b)=[BZ]$	$M'([ASZ],a)=[AZ]$	$M'([ASZ],b)=[B]$
$M'([AS],a)=[AZ]$	$M'([AS],b)=[B]$	$M'([BSZ],a)=[ABZ]$	$M'([BSZ],b)=[BZ]$
$M'([AZ],a)=[AZ]$	$M'([AZ],b)=[B]$	$M'([ABSZ],a)=[ABZ]$	$M'([ABSZ],b)=[BZ]$

$F'=\{[Z],[AZ],[BZ],[SZ],[ABZ],[ASZ],[BSZ],[ABSZ]\}$

例如，字符串 abababa 可以通过运行该 DFA 而被识别出是相应文法的句子。

在上述 DFA 中，终止状态集 F' 中包括了与原有 NFA 的终止状态 Z 有关的一切状态，例如[Z]、[AZ]与[ABZ]等共计 8 个状态。事实上，当画出相应状态转换图时将发现[SZ]、[ASZ]、[BSZ]与[ABSZ]等是绝不能从开始状态出发沿一弧序列达到的状态，它们都将被删去。类似地，[AS]、[BS]与[ABS]也都是绝不会达到的状态，都应被删去。

一般地，当某 NFA 的状态集合 K 包含 n 个状态时，相应 DFA 的状态集合 K' 将包含 2^n-1 个状态，当 n 较大时，状态个数十分可观。如上所见，从开始状态出发，不能沿一个弧序列达到的状态都可以也应该被删去；另一方面，如果从某个状态出发，并不能沿着某个弧序列达到终止状态，那么这样的状态也应该被删去。因此，可以查看映象 M'，把上述两种情况的状态删去，从而使删去的工作能够在画出相应 DFA 令人眼花缭乱的状态转换图之前完成。

为简化从 NFA 构造相应 DFA 的工作，简单而有效的方法是采取列表方式，列出状态及输入字符下的相应状态转换。首先从相应 DFA 的开始状态开始，列出状态的转换，以后每次总是对表中被转换成的状态列出状态的转换，直到再无新的状态被添加。今以例 3.4 中的 NFA 为例，用列表法从它构造 DFA。可列表如表 3-3 所示。

表 3-3

转换为　　　　输入 状态	a	b
[S]	[A]	[B]
[A]	[Z]	[B]
[B]	[AB]	[Z]
[Z]	[AZ]	
[AB]	[ABZ]	[BZ]
[AZ]	[AZ]	[B]
[BZ]	[ABZ]	[Z]
[ABZ]	[ABZ]	[BZ]

该表刻画了 DFA 的映象 M′，列出了一切状态及在输入字符下状态的转换。如果考虑相应 NFA 状态集合的一切子集，状态数是 4，相应 DFA 将包含 15=2^4−1 个状态。显然现在大大简化了。该 DFA 的状态转换图如图 3-10 所示，注意，图中各结点的状态名省略了方括号对。

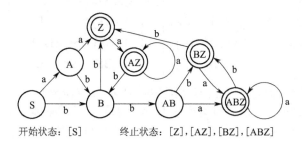

开始状态：[S]　　　　终止状态：[Z],[AZ],[BZ],[ABZ]

图 3-10　NFA N 确定化后的状态转换图

现在 DFA 可写出如下。

DFA N′ =(K′ ,{a,b},M′ ,[S],F′)

其中，K′ ={[S],[A],[B],[Z],[AB],[AZ],[BZ],[ABZ]}

M′ :

M′ ([S],a)=[A]	M′ ([S],b)=[B]	M′ ([AB],a)=[ABZ]	M′ ([AB],b)=[BZ]
M′ ([A],a)=[Z]	M′ ([A],b)=[B]	M′ ([AZ],a)=[AZ]	M′ ([AZ],b)=[B]
M′ ([B],a)=[AB]	M′ ([B],b)=[Z]	M′ ([BZ],a)=[ABZ]	M′ ([BZ],b)=[Z]
M′ ([Z],a)=[AZ]		M′ ([ABZ],a)=[ABZ]	M′ ([ABZ],b)=[BZ]

F′ ={[Z],[AZ],[BZ],[ABZ]}

概括起来，从 NFA N 构造 DFA N′ 的步骤如下。

步骤 1　把一切开始状态 $S_1,S_2,...,S_m$ 合并成一个新的开始状态 $[S_1,S_2,\cdots,S_m]$。

步骤 2　从新开始状态出发，列表求出其他一切新状态。

步骤 3　以状态名中包含原有终止状态名的一切新状态作为新终止状态。

步骤 4　构造 DFA N′ 。

因为总可为 NFA 构造一个接受同一正则集的 DFA,因此往往把 NFA 与 DFA 统称为 FA 而不加区别。

下面引进自动机等价的概念。

定义 3.7　设 A 与 A′ 是两个有穷状态自动机,如果 L(A)=L(A′),即接受相同的语言,则称这两个有穷状态自动机 A 与 A′ 等价。

因此,任一 NFA 与相应的 DFA 是等价的。关于有穷状态自动机的等价性,有如下定理。

定理 3.6　存在判定两个有穷状态自动机是否等价的算法。

在上面为 NFA 构造等价的 DFA 时可以看到,非开始状态的[AS]与[SZ]等因无进入的弧而被删去,得到等价而状态数较少的 DFA。这表明,尽管接受相同的正则集,但两个 DFA 的状态数会有所不同。自然会问:是否能化简 DFA A,也就是说是否可找到一个状态数为最少的 DFA A′,使得 L(A)=L(A′)。答案是肯定的。

化简 DFA,即最小化,关键在于把它的状态集分成一些两两互不相交的子集,使得任何两个不同子集中的状态都是可区别的,而同一子集中的任何两个状态都是等价的。这样以一个状态作为代表而删去其他等价的状态,也就获得了状态个数最少的 DFA。

限于篇幅,对 DFA 化简问题不进行详细讨论。

3.2.4　正则表达式

1. 引进的必要性

对于程序设计语言,程序中的符号是由正则文法产生的。现在引进一种适合于描述符号的表示法——正则表达式。采用正则表达式的原因是:

1)词法规则简单,无需上下文无关文法那样的表示法,用正则表达式表示法去理解正在被定义的是什么符号集合又比领会由正则文法规则集合定义的语言更容易;

2)从正则表达式构造高效识别程序比上下文无关文法更容易;

3)可以从某个正则表达式自动地构造识别程序,它识别的正是用该正则表达式表示的字符串集合中的字符串,从而减轻实现词法分析时工作的单调、乏味程度;

4)可用于其他各种信息流的处理,例如已应用于某些模式识别程序、文献目录检索系统以及正文编辑程序等。

2. 正则表达式的定义及其性质

（1）定义

定义 3.8　设有字母表 Σ。Σ 上的正则表达式递归地定义如下。

1)ε 与 Ø 都是 Σ 上的正则表达式,这里 ε 是空串,而 Ø 是空集;

2)对于任何 $a \in \Sigma$,a 是 Σ 上的正则表达式;

3)如果 e_1 与 e_2 是 Σ 上的正则表达式,则(e_1)、e_1e_2、$e_1|e_2$ 与 $\{e_1\}$ 都是 Σ 上的正则表达式。

定义中 1)和 2)定义了原子正则表达式,而 3)则表明字母表 Σ 上的正则表达式可由原子正则表达式或较简单的正则表达式通过加括号、连接、联合与闭包运算构成更一般的正则表达式。特别地,作为一种缩写,可以定义 $\{e\}^n$ 为 Σ 上的正则表达式,它等价于正则表达式

$$\varepsilon|e|ee|\cdots|e\cdots e$$

在最后的选择中,e 重复 n 次。

例 3.7 设 $\Sigma_1=\{0,1\}$，则 $(0|1)\{0|1\}$ 是 Σ_1 上的正则表达式。

例 3.8 设 $\Sigma_2=\{A,B,0,1\}$，则 $(A|B)\{A|B|0|1\}^5$ 是 Σ_2 上的正则表达式。

定义 3.9 正则表达式 e 的值是字母表上的正则集，记作 $|e|$，定义如下：

$$|\varnothing|=\varnothing \qquad\qquad |\varepsilon|=\{\varepsilon\}$$
$$|a|=\{a\} \qquad\qquad |(e)|=|e|$$
$$|e_1e_2|=|e_1||e_2|=\{xy|x\in|e_1|\text{且 }y\in|e_2|\}$$
$$|e_1|e_2|=|e_1|\cup|e_2|=\{x|x\in|e_1|\text{或 }x\in|e_2|\}$$
$$|\{e\}|=|e|^* \qquad （即|e|的闭包）$$

读者可自行定义正则表达式 $\{e\}^n$ 的值。

例 3.9 $(0|1)\{0|1\}$ 的值是由一切只包含 0 与 1 的任意序列组成的正则集，即二进制数集合。

例 3.10 $(A|B)\{A|B|0|1\}^5$ 的值是这样一个正则集，其中每个字符串都以字母 A 或 B 打头，后跟以至多 5 个字母（A 或 B）或数字（0 或 1）。

（2）等价

定义 3.10 如果两个正则表达式 e_1 与 e_2 表示的正则集相同，即值相等，则称它们是等价的，记为 $e_1=e_2$。

例 3.11 正则表达式等价的例子有：

$$b\{ab\}=\{ba\}b$$
$$\{a|b\}=\{\{a\}\{b\}\}$$

由此定义可得，两个等价的正则表达式定义相同的正则集。

（3）正则表达式的性质

设 e、e_1、e_2 与 e_3 均为某字母表上的正则表达式，则有：

零正则表达式：$e|\varnothing=\varnothing|e=e$	结合律：$e_1|(e_2|e_3)=(e_1|e_2)|e_3$
$\qquad\qquad e\varnothing=\varnothing e=\varnothing$	$\qquad\quad e_1(e_2e_3)=(e_1e_2)e_3$
单位正则表达式 ε：$\varepsilon e=e\varepsilon=e$	分配律：$e_1(e_2|e_3)=e_1e_2|e_1e_3$
交换律：$e_1|e_2=e_2|e_1$	$\qquad\quad (e_1|e_2)e_3=e_1e_3|e_2e_3$

（4）正则表达式与语法规则的关系

一个正则表达式的值是正则集，实际上，它是正则语言的另一种表示法。易见，除了 $\varnothing$ 外，一个正则表达式的含义类似于关于一个非终结符号的规则右部的含义，例如，对于 $B::=0\{+1\}$，由非终结符号 B 所产生的字符串集合与正则表达式 $0\{+1\}$ 所定义的字符串集合是相同的。至于正则集 $\varnothing$，它对应于不包含任何字符串的正则语言，引进主要是为了理论上的完备性。

联系到程序设计语言，字母{字母|数字}是字母表 $\Sigma=\{$字母,数字$\}$ 上的正则表达式，也是扩充 BNF 表示法表示的语法规则〈标识符〉::=字母{字母|数字}的右部，不论作为正则表达式还是作为规则的右部，它所定义或产生的正是一切标识符组成的集合。其他还有定义无正负号整数的正则表达式（数字{数字}）等等。

正则表达式字母{字母|数字}^{5} 显然可用来描述对长度有限制（不超过 6）的标识符的

集合。

确实,正则表达式是描述词法符号的方便工具。

（5）正则表达式与有穷状态自动机的等价性

一个正则表达式代表某个有穷字母表上的一个正则集;同一个有穷字母表上的有穷状态自动机接受的也是正则集。两者如何联系起来? 可以用构造法证明:对于一个正则表达式 e 能构造一个有穷状态自动机 A,使得 L(A)=|e|,反之,对于一个有穷状态自动机 A,能构造一个正则表达式 e,使得|e|=L(A),因此,正则表达式与有穷状态自动机确实定义或接受相同的字符串集合——正则集,从而肯定了正则表达式与有穷状态自动机的等价性,也表明任何正则文法产生的正则语言可以用单个正则表达式来定义。

3. 由正则文法直接生成正则表达式

对于一个给定的正则文法 G,要为它构造相应的正则表达式 e,使得 L(G)=|e|。通常首先由该正则文法 G 构造相应的 FA A,然后再构造相应的正则表达式 e,这时 L(A)=|e|。事实上,正则表达式可以直接从正则文法来构造。限于篇幅,这里不作进一步讨论。

3.3　词法分析程序的实现

3.3.1　符号与属性字

1. 属性字的一般结构

如前所述,词法分析程序的主要工作是进行词法分析。它的输入是源程序字符串,输出是与源程序等价的符号(单词)序列。此符号序列可以有各种不同的内部表示形式(只要不同的符号都有唯一的表示,能彼此区别开,且便于以后阶段语法分析的工作)。确切地说,词法分析程序的输出是属性字序列,属性字的设计是词法分析程序实现的重要方面。

属性字是符号(单词)的内部表示,一般包括两部分,一部分是符号类,指明一个符号属于哪一类;另一部分是符号值,指明符号本身是什么。也就是说,属性字是一个二元组,其结构如图 3-11 所示。

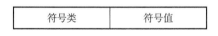

| 符号类 | 符号值 |

图 3-11　属性字结构示意图

2. 属性字的设计

由于不处理说明部分,词法分析程序单纯进行单词识别,区别开不同单词的工作相对简单,属性字的结构也较简单。

如上所述,属性字由符号类和符号值两部分组成,符号类通常用整数编码表示,符号值就是符号本身。对于关键字、括号与运算符之类的专用符号,显然,一个符号类唯一地对应一个符号值,即符号本身,它们被称为特定符号类。对于语法分析程序处理的上下文无关文法,标识符只是一个终结符号,无需考虑是哪一个具体的标识符,因此把标识符统归为一类。然而,一个标识符类可对应于任意多个符号值,即具体的标识符,因此标识符是非特定符号类。鉴于标识符长度可为任意长,为了便于语法分析阶段的工作,在具体实现中,符号值部分往往不是直接给出标识符本身,而是给出标识符在标识符表或符号表中的登录项序号或指针。对于无正负号整数,其也是非特定符号类,类似地属性字符号值部分不是给出二进制表示的无正负号整数本身,而是它在无正负号整数表中的登录项序号或指针。这样,标识符与无正负号整数的属性字都等长。

符号类识别不同类的符号,符号值识别同类的不同符号。

特定符号类的符号也有长度不等的情况,如 while 与 do,它们由不同个数的字符组成。为有统一的长度,它们往往也用登录所有不同符号的表的序号来表示符号值,由于每个特定符号其符号类已唯一地确定了该特定符号,是否在属性字中给出特定符号本身或序号无关紧要,给出是为了易读。总之,不论是特定符号类,还是非特定符号类,属性字都有统一而固定的长度。

表 3-4 中给出不指明是特定符号类还是非特定符号类的各类符号编码。

表 3-4

符号类	编码	助记忆名	符号类	编码	助记忆名
无定义	0	$UND	(	17	$LPAR
标识符	1	$ID	)	18	$RPAR
整数	2	$NUM	[	19	$LS
+	3	$PLUS	]	20	$RS
−	4	$MINUS	{	21	$LB
*	5	$STAR	}	22	$RB
/	6	$SLASH	:	23	$COLON
<	7	$LT	;	24	$SEMICOLON
<=	8	$LE	,	25	$COMMA
>	9	$GT	void	26	$VOID
>=	10	$GE	int	27	$INT
==	11	$EQ	float	28	$FLOAT
!=	12	$NEQ	char	29	$CHAR
&	13	$ADDR	if	30	$IF
&&	14	$AND	else	31	$ELSE
||	15	$OR	while	32	$WHILE
=	16	$ASSIGN	do	33	$DO

例 3.12　试为程序

```
void main( )
{ int   x,AB,C;
    x=(AB+C*C)/8;
}
```

写出相应的属性字序列。

按照表 3-4,可写出如表 3-5 所示的属性字序列。作为对照,同时写出符号序列。

表 3-5

输入符号	属性字序列	输入符号	属性字序列
void	26, "void"	=	16,"="
main	1,"main"	(	17,"("
(	17, "("	AB	1, "AB"
)	18, ")"	+	3, "+"
{	21, "{"	C	1, "C"
int	27, "int"	*	5, "*"
x	1,"x"	C	1, "C"
,	25, ","	)	18,")"
AB	1,"AB"	/	6, "/"
,	25, ","	8	2, "8"
C	1,"C"	;	24,";"
;	24, ";"	}	22,"}"
x	1,"x"		

要说明的是,为直观起见,在上述属性字序列中符号值不是相应表的序号,而是符号本身(字符串)。

在表 3-4 中给出的符号类编码采用自然数顺序编号。但事实上,编码是可以采取灵活方式的,唯一的限制是每一个符号类有唯一的编码,能保证从符号类编码了解这是什么符号。下面从两方面重新设计属性字中的符号类编码。

鉴于语法分析程序对特定符号类与非特定符号类两大类符号的处理有所不同,在属性字符号类中包含大类的信息将使处理简化,为此在属性字符号类中给出大类标志,例如,1表示特定符号类,0 表示非特定符号类。因此,特定符号类属性字的一般形式如图 3-12 所示。非特定符号类属性字的一般形式如图 3-13 所示。

1	符号类	符号值

图 3-12　特定符号类属性字的一般形式

0	符号类	符号值

图 3-13　非特定符号类属性字的一般形式

现在进一步让特定符号类中符号的有关信息加于属性字符号类中。例如,区分是说明符(如"int"等)还是非说明符(如"{"等),是运算符(如"+"与"−"等)还是非运算符(如";"等)。对于运算符还可加入运算符优先级信息等等。假定一个属性字的统一长度是 32 位,对于特定符号类的属性字构造如下所示:

$$\varepsilon_0\varepsilon_1\varepsilon_2\varepsilon_3\cdots\varepsilon_6\varepsilon_7\cdots\varepsilon_{15}\varepsilon_{16}\cdots\varepsilon_{31}$$

其中,$\varepsilon_0=1$:特定符号类　　$\varepsilon_0=0$:非特定符号类

　　$\varepsilon_1=1$:说明符　　　　$\varepsilon_1=0$:非说明符

　　$\varepsilon_2=1$:运算符　　　　$\varepsilon_2=0$:非运算符

　　$\varepsilon_3\varepsilon_4\varepsilon_5\varepsilon_6$:运算符优先级信息

$\varepsilon_7 \cdots \varepsilon_{15}$：符号类编码　　　　　　$\varepsilon_{16} \cdots \varepsilon_{31}$：符号值

运算符优先级定义如下：

8：+　-（单目）	4：==　!=
7：*　/	3：&&
6：+　-	2：||
5：<　<=　>　>=	1：=

例 3.12 中的程序的属性字序列可有如表 3-6 所示的形式。

表 3-6

符号类					符号值	符号类					符号值
1	0	0	0	26	"void"	1	0	1	1	16	"="
0	0	0	0	1	"main"	1	0	0	0	17	"("
1	0	0	0	17	"("	0	0	0	0	1	"AB"
1	0	0	0	18	")"	1	0	1	6	3	"+"
1	0	0	0	21	"{"	0	0	0	0	1	"C"
1	1	0	0	27	"int"	1	0	1	7	5	"*"
0	0	0	0	1	"x"	0	0	0	0	1	"C"
1	0	0	0	25	","	1	0	0	0	18	")"
0	0	0	0	1	"AB"	1	0	1	7	6	"/"
1	0	0	0	25	","	0	0	0	0	2	"8"
0	0	0	0	1	"C"	1	0	0	0	24	";"
1	0	0	0	24	";"	1	0	0	0	22	"}"
0	0	0	0	1	"x"						

　　词法分析程序在生成属性字序列过程中,需要使用字符表、符号机内表示对照表、标识符表及无正负号整数表。

（1）字符表

字符表中列出在源程序中可能出现的一切字符,词法分析程序输入源程序字符串扫描字符时查看此表。显然,字符表中的一切字符构成文法的字母表。

（2）符号机内表示对照表

此表中给出源程序中可能出现的一切特定符号及相应的机内表示,即特定符号类编码。词法分析程序识别出特定符号时查看此表。若未查到,说明识别出不是合法的符号;若查到,则取相应的符号类编码以形成相应的属性字。对于 C 语言,此表内的特定符号将包括关键字与其他各类专用符号。但为功效起见,一般都为关键字单独建立关键字表。

（3）标识符表

标识符表用来登录源程序中出现的一切标识符。为处理方便起见,通常也把系统定义的一些标识符如 abs、sin、printf、scanf 以及 read 与 write 等预先放入标识符表中。每个特定的标识符在标识符表中只登录一次,这样源程序中出现的标识符就可与该标识符在表中登录的序号对应起来,在属性字中填入的序号唯一地确定相应的标识符,从而使得在属性字符号值处无需填入标识符本身。不言而喻,标识符往往与类型等属性信息相关联,那么这些属性信息如何与标识符相关联? 今后将看到,通过引进符号表把标识符与相应属性信息相关联。事实上,符号表是标识符表的扩充。

（4）无正负号整数表

当词法分析程序识别出一个无正负号整数时,将把它登录在无正负号整数表中,以此表的序号作为其属性字符号值。如同标识符表一样,一个无正负号整数仅登录一次,因而一个序号对应于唯一的无正负号整数。一般情况下,不仅有整数,还可以有实数,因此一般构造常量表,登录无正负号整数与无正负号实数,甚至登录有正负号的整数和实数。对于 C 语言的字符串,还应引进字符串表以登录在源程序中出现的一切不同的字符串常量。为功效起见,可把常量的类型信息（整型与实型）也登录在常量表中。

3.3.2　标识符的处理

对标识符的处理是词法分析程序较为关键的问题,因为标识符出现在源程序中不同的语法位置上,确切地说,出现在说明部分与语句部分将有不同的处理。对于 C 语言等由函数定义组成的语言,同一个标识符在不同的上下文可以代表不同的数据对象。为了方便后面阶段的工作,词法分析程序应作出相应的处理。一般来说,对标识符的处理要考虑下列几个问题,即定义性出现与使用性出现、标识符作用域以及标识符属性字符号值的确定等。

1. 定义性出现与使用性出现

词法分析期间,对标识符构造属性字时,必要的是与同一属性相关联的同一标识符必须有相同的属性字,以便代表相同的数据对象。这意味着第一次扫描到某一标识符时,对该标识符构造属性字,此后,再次扫描到此标识符时只需复制已构造的属性字。鉴于 C 语言要求任何标识符必须显式定义,且一般都遵守说明在前使用在后的原则,可以对标识符进行如下处理:区分开标识符的定义性出现与使用性出现。当标识符定义性出现时,为标识符构造属性字,这时把标识符及其属性字内容登录到标识符表中;当标识符使用性出现时,便在标识符表中查得该标识符相应的属性字内容并进行复制。

什么是定义性出现? 当源程序中某标识符在说明部分的说明性语句中首次被说明而与类型等属性信息相关联时,此标识符是定义性出现。什么是使用性出现? 不是定义性出现的标识符都是使用性出现。正确的源程序中,一个标识符的定义性出现只能发生一次。

要注意的是,并不是说标识符出现在说明性语句中总是定义性出现。例如:

```
struct T{ int x;   int y; };
struct T   A;
```

其中,第二行说明性语句的标识符 T 便不是定义性出现,而是使用性出现,因为这时不是让 T 与某类型属性相关联。当标识符出现在控制语句中时总是使用性出现,只需复制所构造的属性字即可。

例 3.13　设有 C 程序如下:

```
/* PROGRAM   reversemn */
```

```
int A[100];
void   reverse(int i, int j)
{ int t;
  while(i<j)
  { t=A[i];   A[i]=A[j];   A[j]=t;
    i=i+1;   j=j-1;
  }
}
main( )
{ int m, n, i;
  printf("Input m, n\n");
  scanf("%d, %d", &m, &n);
  for(i=1; i<=m+n; i=i+1)
     scanf("%d", &A[i]);
  reverse(1, m);
  reverse(m+1, m+n);
  reverse(1, m+n);
  for(i=1; i<=m+n; i=i+1)
     printf("%5d", A[i]);
}
```

经过词法分析,可有如表 3-7 所示的标识符表。标识符表中的登录内容由标识符及相应的属性字组成,它们都在标识符定义性出现时填入(主函数名 main 等系统定义的标识符除外)。当某标识符使用性出现在源程序中时,只需把相应属性字复制到属性字序列中即可。

表 3-7

A					
0	0	0	0	1	"A"
reverse					
0	0	0	0	1	"reverse"
i					
0	0	0	0	1	"i"
j					
0	0	0	0	1	"j"
t					
0	0	0	0	1	"t"

续表

m					
0	0	0	0	1	"m"

n					
0	0	0	0	1	"n"

i					
0	0	0	0	1	"i"

要说明的是,为简洁起见,系统定义的标识符(如 main 与 scanf 等)被省略,未出现在标识符表中,具体实现中它们往往先于程序编写人员定义的标识符被登录在标识符表中。为了直观,在属性字符号值部分仍然写出了符号本身,在具体实现中则应是某种编号,如常量表序号,特别是对于数组变量标识符 A,将是数组信息向量表序号,而对于函数标识符 reverse,将是函数信息表序号,等等。关于这些信息表的结构这里不进行详细讨论,请读者自行考虑。

表 3-8 给出关于 reverse 的函数定义的相应属性字序列。

表 3-8

符号类					符号值	符号类					符号值
1	0	0	0	26	"void"	0	0	0	0	1	"i"
0	0	0	0	1	"reverse"	1	0	1	5	7	"<"
1	0	0	0	17	"("	0	0	0	0	1	"j"
1	1	0	0	27	"int"	1	0	0	0	18	")"
0	0	0	0	1	"i"	1	0	0	0	21	"{"
1	0	0	0	25	","	0	0	0	0	1	"t"
1	1	0	0	27	"int"	1	0	1	1	16	"="
0	0	0	0	1	"j"	0	0	0	0	1	"A"
1	0	0	0	18	")"	1	0	0	0	19	"["
1	0	0	0	21	"{"	0	0	0	0	1	"i"
1	1	0	0	27	"int"	1	0	0	0	20	"]"
0	0	0	0	1	"t"	1	0	0	0	24	";"
1	0	0	0	24	";"	…					
1	0	0	0	32	"while"	1	0	0	0	22	"}"
1	0	0	0	17	"("	1	0	0	0	22	"}"

说明部分在属性字序列中保留有相应内容,起说明作用的函数定义也一样,编译程序了解这是函数定义,从而在后面阶段能生成进入函数体与返回的目标代码。

现在假定在该函数定义外也说明有一个整型变量 t,那么对于此 t 的属性字将与该函数定义中的 t 的属性字有相同的内容,如图 3-14 所示。

| 0 | 0 | 0 | 0 | 1 | "t" |

图 3-14　t 属性字

如何区别开代表不同数据对象的同一标识符 t 的两次出现呢?又如何区别例 3.13 中两个函数定义内同一个标识符 i 的两次出现呢? 这属于标识符作用域的问题。

2. 标识符作用域

标识符的作用域是标识符与某种类型等属性信息相关联的有效范围。C 语言是以函数定义为基本程序单位的语言,因此每个函数定义可以看作一个作用域。在不同函数定义内定义的变量,其标识符的作用域就是它所在的函数定义,在其他函数定义内便无定义。对于 C 语言,作用域概念只不过是相对简单而已,事实上,C 语言也有嵌套作用域概念,全局量在最外层(0 层)定义,函数定义就是嵌套的内层(1 层),由于复合语句(用花括号对括住的语句序列)内可以有说明性语句,从而构成新一层作用域,形成更多重嵌套作用域,使问题复杂化。且看前面的例 3.13。

第 2 行中,"int A[100];"定义 A 的类型为一维整型数组,其作用域是整个程序,程序中出现的 A,都是此 A。第 3 行中的 i 与 j 被定义为 reverse 函数定义中的形式参数,与下一行中"int t"定义的 t 一样,作用域都是所在的 reverse 函数定义。在 main 函数中由"int m, n, i;"定义的 m、n 与 i 的作用域都是 main 函数定义。要注意的是,其中的 i 与第 3 行中的 i 尽管字面上是一样的标识符,但代表的是完全不同的数据对象。也就是说,两者的作用域是完全不同的。

C 语言的作用域概念可以参照 PASCAL 语言,采用静态作用域法则,并且按"最接近的嵌套"约定确定作用域。所谓静态是指仅根据程序正文决定与标识符相关联的类型等属性。外层定义的标识符可自动在内层中继承——只要在内层中不对该标识符重新定义。换言之,当外层中定义的标识符在内层中又被重新定义时,则内层中出现的该标识符都与内层中定义的类型等属性信息相关联。因此,尽管相同拼写的标识符使用性出现在内外层中,但在内外层中具有两种不同的含义时,应视为不同的标识符。至于最接近的嵌套是指如下约定:

1)复合语句 B 中被定义标识符的作用域包括 B;

2)如果一个标识符 x 不是在复合语句 B 中定义的,那么 B 中使用性出现的 x 的作用域是 B 的外围中包含对 x 的定义,却比其他包含对 x 的定义的复合语句(或函数定义)更接近被嵌套的 B 的复合语句。

鉴于此,为了实现正确地确定标识符的作用域,一个简单而可行的办法是利用后进先出栈。这里不给出详细的实现算法,仅以例子说明分析过程中栈的变化,请读者自行体会。注意,为简单起见,仅考虑单文件的 C 程序,且把函数定义看作复合语句。

设有 C 程序如下:

```
int x, y;                    void f2(int p2)              （3）
void   f1(float k)           { float x, z, s;   int k;
{ char s;           （1）       …
    …x…s…                      switch(p2)
    …k…y…                      {  …
}                   （2）          case k:
                                  { int t;                （4）
                                      …t…y…
                                      …x…s…z…            （5）
                                  }
                                  …
                               }
                               …
                             }                           （6）
```

当扫描到（1）处时,标识符栈的内容如图 3-15（a）所示。这时对于其后的 k 与 s 可在当前层（1 层）中查到,因此分别与 float 型与 char 型相关联,复制相应的属性字。然而,对于标识符 x 与 y,当前层（1 层）中查不到,需越过间隔继续在外层（0 层）中查找。这时查到,遂复制相应的属性字。当扫描到（2）处的"}"时,已达复合语句的结束处,这时把栈中的当前层退去,即自栈顶向下上退去栈内容直到遇上的第一个间隔止,也退去此间隔,如图 3-15（b）所示。当处理到（3）中的 f2 时,同属 0 层,因此把它连同相应属性字信息下推入栈。形参属内层,是新的一层,因此下推一间隔,自此开始新的当前层（1 层）。注意,即使无形参,甚至函数 f2 无说明性语句,也需下推一间隔作为新的当前层开始。扫描完函数 f2 的参数部分之后,栈如图 3-15（c）所示。当扫描到（4）时,进入新一层复合语句（2 层）,栈如图 3-15（d）所示,因而扫描到（5）时,标识符 t 将在当前层查到且与 int 型相关联,标识符 x、s 与 z 则越过间隔而在紧外层（1 层）查到,都与 float 型相关联。然而标识符 y 却在最外层（0 层）中查到,与 int 型相关联。当处理完（5）后的"}"时,结束 2 层,仅存 0 层与 1 层。当达到（6）处理完符号"}"时,栈如图 3-15（e）所示。

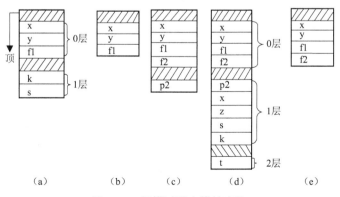

图 3-15　扫描过程中栈的变化

具体实现中,为了便于后面阶段的处理,在关于标识符的属性字中可包含嵌套层次(层号)的信息。为了保留复合语句嵌套的信息,即使扫描到结束复合语句的"}",往往也不上退去标识符栈的当前层。这时栈如图 3-16 所示。

3. 标识符属性字符号值的确定

如前所述,不同的符号应有不同的属性字。对于特定符号来说,一个特定符号有唯一的属性字。但对于非特定符号,例如标识符,所有不同的标识符都是标识符类。为区别同一符号类中的不同符号,必须利用符号值。符号值引进的目的正在于区别同一类符号中各个不同的符号。属性字符号值可简单地如下确定。

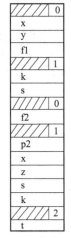

图 3-16　具体实现中的栈

由于不处理说明部分,词法分析程序仅识别开各个单词(符号),并不识别一个标识符与什么类型的属性相关联,属性字序列中保留了说明部分的相应属性字。因此在词法分析阶段,就以标识符在标识符表中的序号作为标识符的属性字符号值。在语义分析阶段,把标识符与类型等属性信息相关联时再为各类构造类型引进各自的信息表(如数组信息向量表与函数信息表等),以各类信息表的序号作为标识符的属性字符号值。

对于常量,类似地,可以以常量表序号作为属性字符号值。

显然这样确定的符号值连同嵌套层次及符号类可区别开不同的符号。

3.3.3　词法分析程序的编写

至此,考虑词法分析程序的编写问题,重点讨论如何手工编写。

1. 词法分析程序手工编写的基本思路

当设计了属性字后,设计相应的各种表格,这时必要的是画出词法分析程序的总控流程图,进而给出各个相关子程序的控制流程示意图,从而为词法分析程序的控制过程和程序结构提供一个清晰的构思。

一个词法分析程序,其基本部分由子程序组成,包括取字符子程序、取符号子程序、查造标识符表子程序、查造常量表子程序和查符号机内表示对照表子程序等。下面对这些子程序进行简略介绍。

(1)取字符子程序

其功能是从源程序文件中取一个有效字符。为了提高功效,减少对文件的频繁存取,通常设立一个缓冲区,从源程序文件中一次输入缓冲区大小个数的字符,每当调用取字符子程序时,便从缓冲区读出一个字符。当缓冲区中的字符全部被读出(扫描)时,便再次将字符从源程序文件中输入缓冲区。取字符子程序将弃去一些不可见的控制字符,如向后空格字符与列表字符等。至于扫描到的不合法字符,则或者简单地删去,或者发出报错信息,同时指明其在源程序中的位置。

对于缓冲区,一般设立两个指针,一个指向当前正被识别(扫描)的符号的起始位置,称为起始指针,另一个指向正被扫描的字符,称为扫描指针。初始时,起始指针与扫描指针都指向缓冲区开始位置,之后,扫描指针随着扫描而前移。当识别出一个符号时,起始指针便前移到指向下一个符号的起始位置,扫描指针则继续指向正被扫描的字符。设置两个指针有利于回溯,重新识别当前符号。

识别一个符号时,有可能在扫描指针指向缓冲区最末字符时还未取到该符号的末字符。这时应从源程序文件中读一列字符到缓冲区。显然缓冲区原有内容将被替换为新内容,起始指针将指向不正确位置,开始该符号的若干字符也难以恢复。因此,通常采用双缓冲区技术,即把缓冲区分成包含相同字符个数的左右两半。当在左半缓冲区中读入符号,尚未取到整个符号便达到缓冲区末字符位置时,便在右半缓冲区中读入源程序字符序列,而后在右半缓冲区中继续扫描直到符号被识别出。当在右半缓冲区读入符号,尚未取到整个符号便达到缓冲区末字符位置时情况类似。

（2）取符号子程序

其功能是读入若干字符,当识别出一个单词（符号）时生成相应的属性字。为识别开各个单词,该子程序首先识别出各单词的开始字符,然后扫描后继各字符构成相应单词。

由于 C 语言中关键字在书写上与标识符无区别,当扫描识别一个以字母打头并由字母组成的字符串时,首先查关键字表,如果查到,是关键字,生成相应的属性字;如果未查到,则识别出标识符,便调用查造标识符表子程序,生成相应的属性字,该属性字的符号值按 3.3.2 节中所述的内容来确定。

对于专用符号的处理是简单的,只需注意到双字符专用符号的存在,进行相应处理即可。

取符号子程序往往还应删去源程序中的注解。

鉴于在识别出标识符、无正负号整数以及某些单字符特定符号时已取到下一字符,而在识别出某些双字符特定符号时却未取到下一字符,为统一起见,对取符号子程序作如下约定。

约定 1 进入取符号子程序时已取到当前符号的第一个字符。

约定 2 离开取符号子程序时已取到当前符号的后继字符。

一般在语法分析时也有类似的约定。

（3）查造标识符表子程序

其功能是当标识符为定义性出现时登录到标识符表中,形成相应的属性字信息;当是使用性出现时查标识符表,取出相应的属性字信息。这时必要的是结合标识符作用域概念。一般地,定义性出现一定是首次出现,当是定义性出现且在标识符表中查到已有登录时表明是标识符重定义。使用性出现一般必为非首次出现,若这时未在标识符表中查到,表明该标识符无定义。易见,重要的是确定标识符的作用域,可参考前面关于作用域的讨论。

（4）查造常量表子程序

其功能是当一个特定的常量在第一次被扫描到时将它登录到常量表中。不论是第一次被扫描到还是以后被扫描到,均回送此常量在常量表中的序号,以此作为属性字符号值。常量的类型可一并登录在常量表中,在属性字中不包含类型等属性信息的简单情形下,这会带来一些便利。显然,常量的类型在取符号时是容易确定的。

一般来说,在表达式中出现的常量（整型或实型）均无正负号,然而在更一般的情形下允许有正负号的实数与整数,例如常量（宏）定义中的常量等。

（5）查符号机内表示对照表子程序

其功能是在取到一个特定符号时查看符号机内表示对照表,以确定是哪一个特定符号,从而回送相应的机内表示(属性字)。为使单字符符号与双字符符号的处理一致,可在单字符符号后添加一个空格字符,使对照表中一切特定符号的长度均为 2。

以上述诸子程序为核心组成部分,补充以若干子程序(如查关键字表子程序与预处理子程序等)即可实现词法分析程序。

词法分析程序控制流程图如图 3-17 所示,其中取符号子程序的控制流程图如图 3-18 所示。

当取符号时,如果当前字符不构成合法的单词(符号),表明存在错误,需进行出错处理。一种简单的处理办法是删去当前字符,从下一个字符开始重新取符号,即以 SS[2] 作为当前字符,重新进行置初值等一系列工作。

不论如何处理,都必须给出出错字符和出错位置等信息,以便修改。

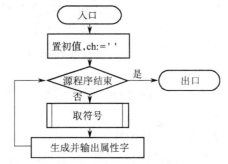

图 3-17　词法分析程序控制流程图

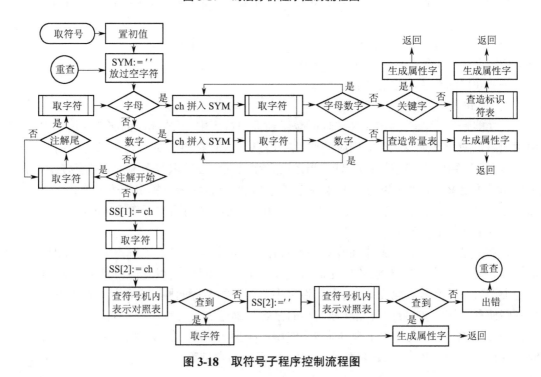

图 3-18　取符号子程序控制流程图

概括起来,手工实现词法分析程序的基本思路是:

1)确定所要实现的程序设计语言(或其子集);

2)设计属性字,并设计各类表格,如标识符表、常量表、符号机内表示对照表与关键字表等;

3)画出总控流程图,确定各个子程序的功能并画出程序控制流程图;

4)最终编程并设计一些调试实例进行调试,完成词法分析程序。

2.词法分析程序实现的考虑

编写词法分析程序时,在考虑程序总体结构的同时,还要考虑相应的数据结构。如前所述,将涉及源程序字符序列、属性字序列、标识符表与常量表,以及符号机内表示对照表与关键字表等,另外还有暂存所识别符号的变量。下面择要给出部分数据结构,为了便于理解和记忆,采用中文符号名,这样读者不会因英文单词不熟悉而感到不便,希望读者能习惯这样的写法。为直观起见,让属性字符号值就是符号本身。

关于属性字序列可引进下列数据结构:

```
typedef struct
{符号类　属性字符号类;
   char 符号[MaxSymbolLength]; /*属性字符号值,即符号本身*/
} 属性字;
```

其中符号类(类型)定义如下:

```
typedef    struct
{int 符号大类;       /*1:特定符号类   0:非特定符号类*/
 int 说明符标志;    /*1:说明符,       0:非说明符 */
 int 运算符标志;    /*1:运算符,       0:非运算符 */
 int 运算符优先级;
 int 符号类编码;
} 符号类;
```

这样既便于扩充,也便于简化。

属性字序列定义如下:

```
   属性字    属性字序列[MaxAttriWordNum]; /*属性字:Attribute Word*/
```

其中 MaxAttriWordNum 是可允许的属性字序列最大长度。

基于属性字类型,定义标识符表条目类型如下:

```
typedef    struct
{ char 标识符[MaxIdLength]; /*标识符:identifier*/
   属性字    标识符属性字;
   int 条目序号;
} 标识符表条目;
```

标识符表可定义如下:

```
   标识符表条目    标识符表[MaxIDTNum]; /*标识符表:IDT*/
```

作为练习,实现词法分析程序时,可以简化处理,例如假定标识符总有定义且是唯一的定义,便可省略查造标识符表子程序的编写,或者简单地在使用性出现而调用该子程序时仅简单返回标识符本身或标识符属性字,例如,返回如图 3-19 所示的标识符属性字,这时便无需引进标识符表。

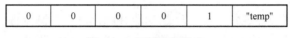

| 0 | 0 | 0 | 0 | 1 | "temp" |

图 3-19　标识符属性字

对于简化的词法分析程序,必不可少的表格是符号机内表示对照表。该表显然与属性字序列有类似的数据结构,事实上,它是填入了符号及相应机内表示(属性字表示)的固定不变的表,可以设计符号机内表示对照表的数据结构如下。

　　　　属性字　符号机内表示对照表[MaxSymbolNum]; /*Symbol:符号*/

由于此表中仅包含单字符符号与双字符符号,可统一成双字符符号,而且可以以(C 语言)置初值的方式设置该表。例如:

　　　　属性字　符号机内表示对照表[MaxSymbolNum]=
　　　　{ {{1, 0, 1, 6, 3}, "+ "}, {{1, 0, 1, 6, 4}, "- "}, {{1, 0, 1, 7, 5}, "* "},
　　　　　{{1, 0, 1, 7, 6}, "/ "}, {{1, 0, 1, 5, 7}, "< "}, {{1, 0, 1, 5, 8}, "<="},
　　　　　{{1, 0, 1, 5, 9}, "> "},　　　　…,　　　　{{1, 0, 0, 0, 25}, ", "}
　　　　};

至于关键字,因其形似标识符,且长度又不尽相同,可单独建立一个关键字表,在识别出一个字母字符串时查关键字表,查到时是关键字,查不到则为标识符。

显然,关键字表有类似的数据结构,且可类似地用置初值的方式设置该表。这样,查关键字表的 C 程序如下。

```
int   IsKeyword(char SYM[MaxKeywordLength] ) /*Keyword:关键字*/
{ int   j;
   for (j=1; j<=MaxKeywordNum; j=j+1) /*相等( 查到 )时退出循环*/
     if(!strcmp (关键字表[j]. 关键字, SYM))   return   j;
   return   0;
}
```

基于上述设计的数据结构,对照词法分析程序总控流程图和取符号子程序控制流程图等,便可实现词法分析程序。

3.4　词法分析程序的自动生成

词法分析程序自动生成系统的典型代表是 LEX 系统,它已广泛应用于自动生成各种程序设计语言的词法分析程序。LEX 系统充分体现了词法分析程序自动生成的实质是从正则表达式来生成等价的确定有穷状态自动机。重要的是能灵活和足够强有力地表达与程序设计语言各类符号有关的各种正则表达式。

本章概要

本章讨论编译程序的第一阶段——词法分析。主要内容包括概况、有穷状态自动机与正则表达式以及词法分析程序的实现。

词法分析的基础文法是正则文法,其基本功能是扫描(读入)源程序字符串、识别开各个符号(单词),并把它们变换成等价的内部表示——属性字。词法分析时通常要进行简单而力所能及、又有利于下一阶段分析的工作,例如删除注解与空格等无效字符,以及进行某些预处理。词法分析程序的输入是源程序字符串,输出是等价的中间表示——属性字序列。词法分析的实质是正则文法句子的识别。

本章的重点是有穷状态自动机,它是形如$(K, \sum, M, S, F)$的五元组,有确定的与非确定的两类。读者应熟知两者间的根本区别,且能把非确定的有穷状态自动机确定化。注意,确定化时应采用列表法。读者应能熟练地从正则文法画出状态转换图或写出有穷状态自动机,反之亦然。状态转换图是有穷状态自动机的非形式表示,有穷状态自动机则是状态转换图的形式描述。读者应掌握状态转换图或有穷状态自动机的存储表示,一个重要概念是运行,运行状态转换图与运行有穷状态自动机。为了有利于自动生成词法分析程序,引进正则表达式的概念。正则表达式较形象地描述了单词(符号)的组成。与正则表达式相关的重要概念是正则表达式的值与等价。正则表达式与有穷状态自动机的等价性表明两者相关的都是正则集。

词法分析程序可用手工实现,也可自动生成。手工实现时的基本思路是:首先基于某程序设计语言(或其子集)设计属性字,然后设计各类表格(如标识符表、常量表、符号机内表示对照表等),再画出总控流程图及取符号、取字符与查造标识符表等子程序的程序控制流程图,最终完成编程及其调试,要重点关注的是标识符的处理。词法分析程序自动生成的实质是:从正则表达式生成等价的确定有穷状态自动机。

习题 6

1)试为下列正则文法 G[W]:

　　　　W ::= Ua|Vb　　U ::= Va|c　　V ::= Ub|c

画出相应的状态转换图。

2)试从下列状态转换图(习题 6-2 图)构造相应的正则文法。

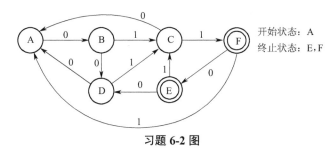

习题 **6-2** 图

提示:状态 A 既是开始状态,又可看作一般状态;任何文法的识别符号是唯一的,对于两个终止状态的情况,可引进一个新的非终结符号作为识别符号。

3)试为 2)中的状态转换图写出相应的有穷状态自动机。它能接受字符串 0011011 吗?

4)构造一个 FA,它接受{0,1}上满足下列条件的所有字符串,该条件是:字符串中的每个 1 都有 0 紧随其后。然后再构造相应的正则文法。

5)为 1)所画的状态转换图构造相应的有穷状态自动机。它是确定的吗? 其相应语言是什么?

6)设有 NFA,其状态转换图如习题 6-6 图所示,试为其构造 DFA。

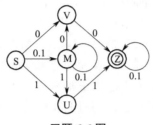

习题 6-6 图

7)设有 NFA A=({q_0,q_1,q_2},{a,b},M,{q_0},{q_1}),其中 M 为

$M(q_0,a)=\{q_1,q_2\}$　　　$M(q_0,b)=\{q_0\}$

$M(q_1,a)=\{q_0,q_1\}$　　　$M(q_1,b)=\varnothing$

$M(q_2,a)=\{q_0,q_2\}$　　　$M(q_2,b)=\{q_1\}$

试为其构造 DFA,它能接受 bababab 与 abababb 吗?

8)为下列状态转换图(习题 6-8 图)构造等价的 DFA,要求写出关键步骤。

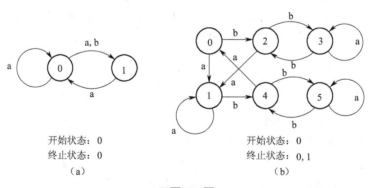

开始状态:0　　　　　　　　　　　　　开始状态:0
终止状态:0　　　　　　　　　　　　　终止状态:0,1
　　(a)　　　　　　　　　　　　　　　　(b)

习题 6-8 图

9)设 e、e_1 与 e_2 是某字母表上的正则表达式,试证明下列等价关系成立:

e|e=e

{e}=ε|e{e}

{e_1e_2}e_1=e_1{e_2e_1}

第 3 章上机实习题

1）从正则文法构造有穷状态自动机。

目标：掌握有穷状态自动机的概念、存储表示及其与正则文法的联系。

输入：任意的正则文法。

输出：相应的有穷状态自动机。

要求：①识别有穷状态自动机是确定的还是非确定的；

　　　②以相应的五元组形式输出。

说明：①建议检查输入的是否为正则文法；

　　　②为便于调试，可以以赋初值的方式给出正则文法。

2）运行有穷状态自动机。

目标：掌握运行有穷状态自动机的概念。

输入：任意的有穷状态自动机和待识别的字符串。

输出：对输入字符串运行相应有穷状态自动机的过程。

要求：①以简便方式输入有穷状态自动机；

　　　②除给出运行过程，还给出识别结论（输入字符串能否为相应有穷状态自动机所接受）。

说明：①对于非确定的有穷状态自动机的运行采用交互方式；

　　　②以简便形式输出运行过程。

3）关于 C 语言小子集的词法分析程序的实现。

目标：掌握词法分析程序的设计和实现。

输入：一段任意的 C 语言（小子集）程序（字符串）。

输出：表列形式的相应属性字序列。

要求：①不处理说明部分，但属性字的符号类中除了编码外，应包含更多的信息（如运算符优先级等）；

　　　②小子集中包含的符号类应有典型性，且尽可能丰富；

　　　③为了方便输入，提供帮助信息，说明可以有哪些符号，属性字结构如何等。

说明：①为直观起见，属性字中的符号值可以是符号本身，而不是助忆符；

　　　②符号的种类及符号的编码是事先规定的，可考虑扩充的可能性；

　　　③可适当进行简化，例如标识符恒有定义，且第一次出现作为定义性出现，其余每次出现都是使用性出现；

　　　④为了便于调试，符号机内表示对照表与关键字表可以以赋初值的方式给出。

第4章　语法分析——自顶向下分析技术

4.1　概况

第4章

一个编译程序在对某个源程序完成了词法分析工作之后,就进入语法分析阶段,这一阶段要分析检查该源程序是否为语法上正确的程序,并生成相应的内部中间表示供下一阶段使用。程序设计语言作为一般形式语言的特例,程序语法正确性的检查正是文法句子的识别,语法分析问题也就是句型识别问题。按照识别句子时语法分析树建立的方式,有自顶向下与自底向上两大类分析技术,本章重点讨论自顶向下的情况。

4.1.1　自顶向下分析技术及识别算法

句型分析,即识别一个符号串是否为某文法的句型,是某个推导或语法分析树的构造过程。从推导角度看,自顶向下识别算法是从识别符号出发,试图构造一个推导,由它推导出与输入符号串相同的符号串。自顶向下识别过程是一个不断建立直接推导的过程,每一步都是把句型中的某个非终结符号替换为相对于该非终结符号的简单短语。如果每步直接推导被替换的总是最左的非终结符号,这种推导是最左推导。类似地有最右推导和规范推导,这时句型中句柄右边总是全部由终结符号组成。

从语法分析树角度看,自顶向下分析过程将以识别符号为根结点,试图向下构造一个语法分析树,其末端结点符号串正好与输入符号串相同。自顶向下识别过程是一个不断添加语法分析树分支的过程,这时,每一步都在对正构造的语法分析树中对应于非终结符号的末端结点向下构造一个分支。

识别算法基于识别技术而制定。在进一步讨论自顶向下分析技术之前,首先说明这些分析技术讨论的前提。

4.1.2　讨论的前提

语法分析是继词法分析之后进行的,语法分析程序的输入是中间表示形式的符号串(属性字序列),不再对符号构造情况感兴趣,因而标识符、整数及各种界限符等都是以终结符号的地位出现在讨论中的。众所周知,字符需用引号对括住,如作为字符的+表示为'+'。现在,作为符号的+无需也不应该用引号对括住,简单地写作+即可。请读者注意表示法上的这一区别。虽然语法分析阶段的输入是属性字序列,但鉴于属性字只是符号的内部中间表示,为简明起见,也不失一般性,讨论语法分析时仍以符号串作为输入,而不考虑符号的表示细节。

程序设计语言程序通常包含平衡的(与)对、匹配的{与}对,以及对应的 if-else 等嵌套结构,这些结构是不能用正则文法或正则表达式描述的。上下文无关文法是描述嵌套结构的有效手段,通常的程序设计语言一般以上下文无关文法来描述,讨论自然以上下文无关文法为基础。事实上,语法分析树与推导的概念本身就是建立在上下文无关文法的基础上的。

这里回顾上下文无关文法与推导相关的如下性质,显然它是自顶向下分析技术可行的理论依据。

对于上下文无关文法,如果存在句型 $x=x_1x_2\cdots x_n$, $x_1x_2\cdots x_n \Rightarrow^* y$,则必存在 $y_1, y_2, \cdots, y_n$,使得 $x_i \Rightarrow^* y_i$($i=1,2,\cdots,n$),且 $y=y_1y_2\cdots y_n$。

因此,如果对于某个上下文无关文法 G[Z],存在规则 $Z::=X_1X_2\cdots X_n$,且 y 为句子,即 $Z \Rightarrow^* y$, $y \in V_T^+$,那么,如果有 $X_1X_2\cdots X_n \Rightarrow^* y$,则必存在 $y_1, y_2, \cdots, y_n$,使得 $X_i \Rightarrow^* y_i$($i=1,2,\cdots,n$),且 $y=y_1y_2\cdots y_n$。

这里还要说明的一点是,分析过程是从左到右逐个符号地进行的。通常人们总是从上到下、从左到右地阅读和书写程序,在语法分析时也将从输入符号串的第一个符号开始以从左到右的方式进行。

请记住约定: V_N 是终结符号集, V_N 是非终结符号集, V 是字汇表,且 $V=V_T \cup V_N$。

4.1.3　要解决的基本问题

自顶向下分析过程实质上是不断建立直接推导的过程,分析的每一步都是以某规则的右部符号串去替换句型中相应的非终结符号,可以说是对该非终结符号进行展开。当对于同一个非终结符号 U,存在若干个重写规则 $U::=u_1|u_2|\cdots|u_n$ 时,要对 U 进行展开,那么应按哪一个规则展开呢? 必须选取其中某一个 u_i 来代替 U。既然是自动分析,实现语法分析就不能掺入任何的人为干预。自顶向下分析技术正是为了解决这一基本问题——确定替换 U 的 u_i($1 \leqslant i \leqslant n$)。

4.2　带回溯的自顶向下分析技术

4.2.1　基本思想

首先通过示例来看如何应用自顶向下分析技术,由此来考察其基本思想。

设有文法 G4.1[S]:

$$S::=aBC \qquad B::=ib|b \qquad C::=DE|FG|c$$
$$D::=d \qquad E::=eh \qquad F::=de \qquad G::=t$$

假定输入符号串为 x=abdet。按自顶向下分析技术,让识别符号 S 为根结点,试图从它出发向下构造语法分析树。让一个指针指向第一个输入符号 a,并从 S 向下作分支,有语法分析树如图 4-1(a)所示。

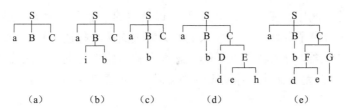

图 4-1 x=abdet 的语法分析树构造过程

期望 S 的子结点符号串与输入符号串相匹配。S 最左的第一个子结点为 a,与指针指向的输入符号相匹配,因此指针调整到指向第二个输入符号,让 S 的第二个子结点 B 与输入符号串其余部分去匹配。由于 B 是非终结符号,从 B 引出分支。关于 B 的规则有两个,排除人的因素,先按第一选择作分支去匹配输入符号串,得到图 4-1(b)所示的语法树。B 的最左子结点 i 与指针指向的输入符号 b 不匹配,删去所作分支,而按第二选择重作分支去匹配输入符号串,这时语法树如图 4-1(c)所示。现在 B 的唯一子结点与指针指向的输入符号 b 相匹配。让指针调整到指向下一个输入符号(d),并让 S 的第三个子结点 C 去与其余输入符号(det)进行匹配。按 C 的第一选择 DE 作分支,又可按第一子结点 D 作分支,它的子结点正好与指针指向的输入符号 d 相匹配,指针右移,并对 E 作分支。所得语法树如图 4-1(d)所示。显然当进行到 E 的第二个子结点 h 时与指针最终所指向的 t 不匹配,表明虽然 D 可匹配,但 E 不匹配,也即 C 的当前选择是错误的,应回头选取其他选择。为此抹去从 C 所作的这一分支,且指针回退到原来正待与 C 去匹配的那个输入符号(d)的位置,这正是试探 C 的选择时的初始位置。现在以 C 的第二选择 FG 从 C 重作分支。类似于前述步骤,重新让 C 的各个子结点去与输入符号串的其余部分(det)相匹配,最终可画出如图 4-1(e)所示的语法分析树。F 的两个子结点与输入符号 d 和 e 相匹配,而 G 的子结点与余留的唯一输入符号 t 相匹配,因此 C 完成了与输入符号串其余部分 det 的匹配。这时发现指针已指向最右输入符号,S 也再无子结点,所以完成了输入符号串 x 的语法分析树的构造,表明 x 是文法 G4.1 的句子。

在上述过程中,每当对于某个非终结符号的某个选择匹配失败时必须抹去所作的失败分支,并把输入符号串指针回退到试图与当前失败的选择进行匹配的那些符号的开始位置,从而选取另一选项再行尝试。

当用某个非终结符号的某个选择去进行匹配而失败时,删去失败的分支并回头查看输入符号,以便与其他选择相匹配,这种过程称回溯。由上例可见,这种自顶向下分析技术是一个不断试探的过程,必然存在回溯,因此称为带回溯的自顶向下分析技术。为了能正确地回退到输入符号串中的位置,引进另一新指针指向当前正待匹配的输入符号的位置,当尝试失败时,把推进了的输入符号串指针回退到这新指针指向的位置。当当前句型中的一个符号与输入符号串的某些符号相匹配时,该指针便指向正待匹配的下一个符号的位置。显然,除了输入符号串指针外,为了回溯,仅引进一个指针是不够的。事实上,由于每次选取的选择都有失败的可能,因此必须为每个选择引进一个指针,当选择成功时撤消所引进的指针。

假定在语法分析树构造过程中应用了规则:

$$U ::= X_1 X_2 \cdots X_k$$

那么对于每一个子结点 X_i 有一个目标,就是找到 x_i:

$$X_i \Rightarrow^* x_i$$

$x_i(i=1,2,\cdots,k)$能覆盖部分输入符号串。

现在给出带回溯的自顶向下分析技术的一般思想。

一般地,设文法 G[Z]有规则

$$Z::=X_1X_2\cdots X_n|Y_1Y_2\cdots Y_m|\cdots|Z_1Z_2\cdots Z_l$$

对于给定的输入符号串 x,逐个地选取规则右部的各个选择,试图建立语法分析树。例如对于第一个选择,$Z \Rightarrow X_1X_2\cdots X_n$,假如有

$$X_i \Rightarrow^* x_i(i=1,2,\cdots,n)$$

且 $x=x_1x_2\cdots x_n$,因此, $Z \Rightarrow^* x$, $x \in V_T^+$,则 $X_1X_2\cdots X_n$ 是正确的选择,否则尝试其他选择 $Y_1Y_2\cdots Y_m$ 等。可见,问题归结为如何找出 $x_1,x_2,\cdots,x_n$。

假定 $Z \Rightarrow X_1X_2\cdots X_n$ 是成功的,则按照上下文无关文法的性质,将有 $x=x_1x_2\cdots x_n$ 使得

$$X_i \Rightarrow^* x_i(i=1,2,\cdots,n)$$

因此首先找出推导 $X_1 \Rightarrow^* x_1$,满足 $x=x_1\cdots$,这时盖住 x_1,再找出推导 $X_2 \Rightarrow^* x_2$,此时 $x=x_1x_2\cdots$,继续下去,只要能找到推导 $X_{i-1} \Rightarrow^* x_{i-1}$,便盖住 x_{i-1},并找出推导 $X_i \Rightarrow^* x_i$。当找到 $X_n \Rightarrow^* x_n$ 时,则识别成功。这一思路如图 4-2 所示。

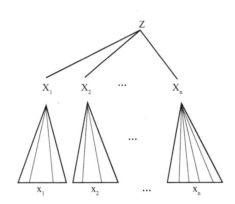

图 4-2　带回溯的自顶向下分析技术的思路

如果在某一步找不到 $X_i \Rightarrow^* x_i$,则表明 $X_{i-1} \Rightarrow^* x_{i-1}$ 是错误的,应另找一个推导 $X_{i-1} \Rightarrow^* x'_{i-1}$,当找到时再由此找出 $X_i \Rightarrow^* x'_i$,否则表明 $X_{i-2} \Rightarrow^* x_{i-2}$ 是错误的,再次重新寻找 $X_{i-2} \Rightarrow^* x'_{i-2}$,等等。如果发现对于满足 $x=x_1\cdots$ 的任何 x_1 找不到 $X_1 \Rightarrow^* x_1$,这表明选取第一个选择是错误的,应选取第二个选择 $Y_1Y_2\cdots Y_m$。重复上述步骤,直到最终找到一个推导正好推导出输入符号串,因而输入符号串是句子;或者对于 Z 的一切选择都宣告失败,因而输入符号串不是句子。

借推导来叙述这一分析过程可概括如下。

1)从识别符号开始,构造直接推导序列;

2)构造过程中,对每步直接推导所得符号串(句型)的每个符号从左到右逐个尝试,进一步作出(广义)推导,使得能正好无重选、也无遗漏地覆盖整个输入符号串。构造下一步

直接推导时,对于上一步推导所得符号串中的非终结符号,总是逐个尝试相应规则右部的各个选择,看它能否完成覆盖。每当一个选择失败就选取下一选择再行试探。

3)假定在推导过程中已有

$$X_k \Rightarrow {}^* x_k (k=1,2,\cdots,i-1)$$

这时的输入符号串形如 $x=x_1x_2\cdots x_{i-1}y$,其中 y 是还未涉及部分。推导 $X_i \Rightarrow {}^* x_i$ 是这样来寻找的:这时存在两种可能,一是 X_i 为终结符号,则把 X_i 与 y 的第一个符号 T 相比较,如果相匹配,$X_i \Rightarrow {}^* x_i(x_i=T)$,成功;二是 X_i 为非终结符号,则从 X_i 出发,尝试构造一个推导,使得

$$X_i \Rightarrow {}^* x_i$$

且 $x=x_1x_2\cdots x_iy'$ ($y=x_iy'$)。显然这一构造过程类似于从识别符号开始构造推导。

在构造推导的过程中,同时为每个直接推导建立相应的分支,最终完成推导建立的同时,也完成了相应语法分析树的建立。

4.2.2　语法分析树的建立及其表列表示

如前所见,对于文法 G4.1[S],应用自顶向下分析技术对输入符号串 aibdet 进行句型分析,分析结束时所得语法分析树如图 4-3(a)所示,其中标明了结点的序号。

如前所述,一个语法分析树中每个结点的位置可由其父结点、左兄结点与右子结点来确定,因此可用如图 4-3(b)所示的表列来表示语法分析树。请注意语法分析树中结点的序号,也即结点建立的次序。它与不考虑分析技术而单纯从推导来构造语法分析树时构造结点的次序不同。应用自顶向下分析技术时,一个分支中各分支结点的编号不是顺次编号的,例如,以结点 S 为分支名字结点的分支,它的三个分支结点是 a、B 与 C,编号分别是 2、3 与6,不是 2、3 与 4。这是因为从前面带回溯的自顶向下分析技术的实现思想可见,在建立结点 B 之后,不是立即建立结点 C,而是在建立结点 C 之前,先建立以结点 B 为分支名字结点的分支,因此编号为 4 与 5 的结点分别是结点 B 的子结点 i 与 b。概括起来,按照自顶向下分析技术建立语法分析树时总是从左到右、从上向下地按深度优先的顺序建立结点。

结点序号	文法符号	父结点	左兄结点	右子结点
1	S	0	0	6
2	a	1	0	0
3	B	1	2	5
4	i	3	0	0
5	b	3	4	0
6	C	1	3	10
7	F	6	0	9
8	d	7	0	0
9	e	7	8	0
10	G	6	7	11
11	t	10	0	0

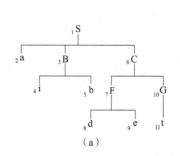

（a）　　　　　　　　　　　　　　（b）

图 4-3　语法分析树及其表列表示

4.2.3　问题及其解决

上述自顶向下分析技术是面向目标的、试探的,因而是回溯的。它实现思想简单,易学易掌握,但因存在局限性而难以实用。其局限性主要来源于效率问题和左递归问题。

左递归是程序设计语言的语法规则中并不少见的形式,例如,对于表达式不采用扩充表示法时可有如下规则:

　　　　<表达式>∷=<表达式><加法运算符><项>|<项>

或简单地表示为 E∷=E+T|T,其中 E 表示表达式,T 表示项。按自顶向下分析技术的实现思想,首先以规则右部第一个选择 E+T 进行试探,以其中最左第一个符号 E 为目标,因此又对以 E 为左部的规则的右部第一个选择 E+T 进行试探,从而又以最左第一个符号 E 为目标,这时又将对第一个选择 E+T 进行试探。如此继续,语法分析树将如图 4-4 所示,显然分析将永无止境。自顶向下分析技术显然是不能应用于左递归文法的。要应用自顶向下分析技术,必须避免左递归。

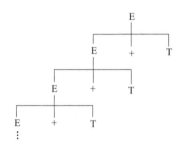

图 4-4　对左递归规则的分析

至此,可以概括地说,带回溯的自顶向下分析技术有易学易掌握的优点,它适用于各种不同的语言。在实际应用中的局限性主要在于左递归及低效。效率低下主要源自回溯,而左递归则是自顶向下分析技术的致命问题。但左递归是可以消去的,回溯造成的低效及其他一些问题使得这种分析技术只有理论意义而无实用价值,根本的改进是消去回溯。

已存在若干种无回溯的自顶向下分析技术,如递归下降分析技术、预测分析技术及状态矩阵分析技术等,后面将讨论前两种分析技术。

4.3　无回溯的自顶向下分析技术

4.3.1　先决条件

这里将讨论无回溯的自顶向下分析技术,为了能把它们应用于某个具体的语言,要求描述该语言的文法满足下列条件。

1)无左递归性,既无规则左递归,也非文法左递归,即不存在这样的非终结符号 U,对于它有 U∷=U⋯ 或 U⇒+U⋯。

2)无回溯性,对于任一非终结符号 U 的规则右部 $x_1|x_2|\cdots|x_n$,相对于 $x_1, x_2, \cdots, x_n$ 的各字

的头终结符号集合总是两两不相交的,即

如果 $x_i \Rightarrow^* Au$ 和 $x_j \Rightarrow^* Bv, i \neq j(1 \leq i, j \leq n)$,且 $A, B \in V_T$,则 $A \neq B$。

当一个语言的文法满足上述两个条件,就可能为该语言构造一个不带回溯的自顶向下识别算法。如果不满足,应进行文法的等价变换,使变换后的等价文法满足上述两个条件。对于左递归性的消除,可采用前述的等价变换方法。回溯性可能在消除左递归性的同时被消除。如果并没有被消除,则应根据文法的具体情况进行等价变换。例如,如果有

U∷=xy|xz

可通过提因子的方法消除回溯性,即提因子得到 U∷=x(y|z),引进新的非终结符号 V,使原有规则变为

U∷=xV   V∷=y|z

4.3.2　递归下降分析技术

1. 实现思想

递归下降分析技术是一种无回溯的自顶向下分析技术,它的实现思想是:让一个识别程序由一组子程序组成,其中每个子程序对应于文法的一个非终结符号;根据文法的递归定义,这些子程序往往是递归子程序。这种分析技术称为递归下降分析技术,相应的识别程序称为递归下降识别程序。

在递归下降识别程序中的每个子程序都对应于文法的一个非终结符号,更确切地说,为各个非终结符号设计一个子程序,每个子程序分析相对于相应非终结符号的短语。例如,当进入关于非终结符号〈语句〉的递归子程序时,便期待句子(程序)中开始出现相对于〈语句〉的短语,这时必要的让识别程序知道句子(程序)正期待相应短语的位置。递归下降分析技术是面向目标的,这个目标是子程序所相应的非终结符号,也是预测的,预言能找到这个相对于该非终结符号的短语。

当递归下降识别程序工作时,它把句子(程序)中从所指出处开始的符号同关于非终结符号 U 的规则右部进行比较,从而找出相对于它的短语。由于规则右部可以包含非终结符号,因此往往可能在一个子程序中调用识别子目标的其他子程序。特别是,当文法关于某个非终结符号递归时,关于该非终结符号的(递归)子程序将直接或间接地调用该子程序本身。

2. 递归下降识别程序的构造

例 4.1　递归下降识别程序的例子。

对于文法 G4.2[E]:

E∷=E+T|T   T∷=T*F|F   F∷=(E)|i

消去左递归同时也消去了回溯性后的等价文法 G4.2′ [E]:

E∷=TE′   E′∷=+TE′ |ε   T∷=FT′

T′∷=*FT′ |ε   F∷=(E)|i

应用递归下降分析技术,关于每个非终结符号构造相应的子程序,由该子程序来识别相对于该非终结符号的短语。程序控制流程图如图 4-5 所示。

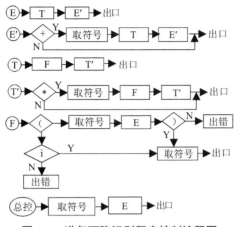

图 4-5　递归下降识别程序控制流程图

以 C 型语言写出递归下降识别程序如下（为突出要点，省略了说明性语句）。

```
/* PROGRAM RecursiveDescent */        void F( )
void GetSymbol( ){ … }                { if(sym==i) GetSymbol( );
void Error( ){ … }                      else
void E( ){ T( ); E1( ); }               if(sym==( )
void E1( )                              { GetSymbol( );  E( );
{ if(sym==+)                              if(sym==) ) GetSymbol( );
  {GetSymbol( ); T( ); E1( ); }           else Error( );
}                                       } else
void T( )                                 Error( );
{ F( ); T1( ); }                      }
void T1( )                            void main( )
{ if(sym==*)                          { GetSymbol( );   E( ); }
  { GetSymbol( ); F( ); T1( ); }
}
```

其中 Error 为出错处理函数，GetSymbol 为取符号函数，把当前扫描的符号读入变量 sym 中。注意：为突出递归下降分析技术的实现思想，未给出这两个函数的实现细节，且概念上*等都是符号。

　　构造递归下降识别程序时需注意下列两点：ε 规则的处理与子程序构造约定。

　　首先，一般情况下，如果规则呈 U::=Vα|Wβ 形，其中 V，W ∈ V_N，则对于当前输入符号 T，仅当 V ⇒* T…时 T 与 Vα 匹配，或当 W ⇒* T…时，T 与 Wβ 匹配，除这两种情况的 T 外，都将出现错误。若规则呈 U::=u|ε 形，则当 u ⇒* T…时，T 与 u 匹配，否则，任何的 T 都与 ε 匹配，即在当前输入符号不与 u 匹配时，便认为按规则 U::=ε 展开，ε 规则的存在使得无需任何输入符号便可与当前目标（非终结符号）匹配，因此不出现出错情况。

　　其次，如同构造词法分析程序的子程序时有构造约定，对于组成递归下降识别程序的子程序也有类似的构造约定。由于这些子程序处理的是句型中相对于规则左部非终结符号的短语,现在约定:在进入一个子程序时,已取得当前所处理的短语的第一个(输入)符号,当从子程序返回时已取得该短语的后继第一个(输入)符号。因此,每当一个终结符号与输入符号匹配时就应调用函数 GetSymbol,扫描下一个当前输入符号。

例 4.2　设有文法 G4.3[S]:

S∷=S;T　　　　　　　　S∷=T

T∷=if e then S else S　　T∷=if e then S　　T∷=a

试为其构造递归下降识别程序。

其构造步骤如下。

步骤 1　首先检查该文法是否满足应用的先决条件,即无左递归性与回溯性。

显然文法 G4.3 既有左递归性,又不满足无回溯性。进行文法等价变换,得等价文法 G4.3′ [S]如下:

S∷=TS′　　　　　　　　S′∷=;TS′ |ε

T∷=if e then S T′ |a　　T′∷=else S|ε

经检查,它满足既无左递归性也无回溯性条件。

步骤 2　为各非终结符号编写相应子程序。先画出如图 4-6 所示的流程图。

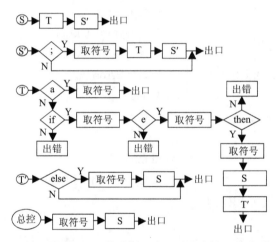

图 4-6　文法 G4.3 的递归下降识别程序控制流程图

相应的递归下降识别程序如下(省略了说明性语句)。

```
/* PROGRAM   RDForG4.3 */          if(sym==e)
void GetSymbol( ){ … }               { GetSymbol( );
void Error( ){ … }                     if(sym==then)
void S( )                              { GetSymbol( ); S( ); T1( );
{ T( ); S1( ) }                        } else Error( );
void S1( )                           } else   Error( );
{ if(sym==;)                       } else Error( );
```

```
    { GetSymbol( ); T( ); S1( ); }              }
    }                                           void T1( )
    void T( )                                   { if(sym==else)
    { if(sym==a) GetSymbol( );                  { GetSymbol( );    S( ); }
      else                                      }
        if(sym==if)                             void main( )
        { GetSymbol( );                         { GetSymbol( );    S( ); }
```

3. 应用递归下降分析技术句型分析

当为一个文法构造了递归下降识别程序时,便可利用它来进行句型分析,识别输入符号串是否为该文法的句子。这时将调用总控程序,即调用 C 程序中的主函数,然后进入相应于识别符号的子程序。显然,各子程序之间的调用关系难以用文字表达,当输入符号串较长较复杂时情况尤为突出。为说明句型分析过程,下面以文法 G4.2′ [E]的递归下降识别程序对输入符号串 i*i 的句型分析为例,用图解表示来说明分析过程(图 4-7)。用符号#表示已达到输入符号串右端。从图 4-7 可见,最终执行完函数 E 且成功结束,因此识别出输入符号串 i*i 是文法 G4.2′ [E],也即文法 G4.2[E]的句子。请读者以输入符号串 i+i*i 为例自行进行识别。

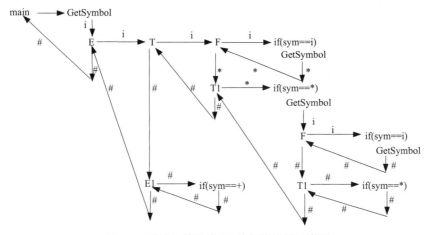

图 4-7　对输入符号串 i*i 的句型分析示意图

在句型分析过程中,应生成语法分析树或推导。因此,为了能实用,写完整递归下降识别程序,即添加有关变量的说明性语句后,还需加入生成相应语法分析树或推导或其他中间表示的语义部分。假定生成语法分析树,则可以当进入关于某非终结符号的子程序时,生成相应的结点,例如,对关于文法 4.2 的若干函数定义可作如下修改:

```
    void E( )
    { MakeNode(E); T( ); E1( ); }
    void T1( )
    { MakeNode(T1);
```

```
    if(sym==*)
    { MakeNode(*); GetSymbol( ); F( ); T1( ); }
    else MakeNode(ε);
}
```

问题是如何建立结点之间的联系,也就是确定结点之间的父子兄弟关系。可以通过对一些典型例子的分析来明确构造语法分析树的算法。这里不作讨论,有兴趣的读者可以自行探讨。

从前面的讨论可以看到,递归下降分析技术有如下优点:

1)实现思想简单清晰明了,各子程序的流程图几乎就是文法规则的图解描述;

2)能灵活地在各子程序中添加语义处理工作,例如,生成语法分析树或推导;

3)当能用某种程序设计语言写出所有这些子程序(包括递归子程序)时,可以用该语言的编译系统来生成整个识别程序,而且如果递归子程序的实现是高功效的,则相应的递归下降识别程序也是高功效的。

尽管需要手工编写这些程序并进行调试,但这种分析技术因简单和切实可行而被很多编译程序采用。

4.3.3　预测分析技术

1. 预测分析技术与预测识别程序

递归下降识别程序由一组(递归)子程序组成,它的实现极大程度上取决于递归子程序的实现。递归子程序实现的功效决定了这类识别程序的功效,而且当用高级语言书写这类识别程序时,更取决于该语言有无递归子程序设施。因此,对于更一般的情况引进另一种有效的分析技术——预测分析技术。

预测分析技术也是一种无回溯的自顶向下分析技术,它使用一张分析表和一个栈联合进行控制来实现递归下降分析技术。其中分析表是一个二维数组 A,第一维对应于非终结符号,第二维对应于终结符号或输入结束标志符号#,其元素 A[U][T]或者是一个关于 U 的规则,指出当非终结符号 U 面临输入符号 T 时应选取的选择,或者是一个报错标志,表明让 U 与 T 匹配是错误的。栈用来存放分析过程中动态产生的文法符号序列,因而记录了分析经历。

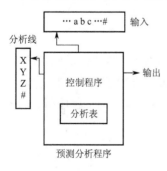

图 4-8　预测识别程序模型

预测识别程序是应用预测分析技术实现的识别程序,它的输入是将要识别的符号串,后跟以符号#,输出是一个直接推导序列。图 4-8 展示了预测识别程序的模型。

请注意,在各种分析技术的实现中,总是让输入符号串后面紧跟一个符号#标志输入的结束。某些分析技术中还要求在输入符号串之前也有符号#。例如预测分析技术便是如此,预测识别程序的控制程序将把这个符号#事先下推入栈。因此符号#被称为左右端标志符号,它不是文法符号,是由识别程序自动添入的。

2. 预测分析过程

预测识别程序包含一个控制程序,它可以编写如下(C 型)。

```
    /* PROGRAM PredictiveParser */         else /* x ∈ V_N */
void main( )                                  if(A[X][a]=='X ::=X_1X_2···X_k')
{ PUSH(#);PUSH(Z);/*Z 是文法的识别符号*/        { POP(S);
   a=下一符号;                                    PUSH('X_kX_{k-1}···X_1');
   Flag=TRUE;                                     /*规则右部按反序下推入栈*/
   /* Flag 是特征:继续否, TRUE:1, FALSE:0 */        打印输出规则 X ::=X_1X_2···X_k;
   while(Flag)                                   }
   { X=TOP(S);       /* S 是符号栈 */           else 出错处理;
     if(X ∈ V_T ∪ { # })                   }   /* while */
        if(X==a)                           STOP   /* 成功而结束 */
           if(a==#) Flag=FALSE;            }
           else { POP(S);   a=下一符号; }
        else 出错处理;
```

在任何时刻,栈顶符号 X 与当前输入符号 a 决定了控制程序所应执行的分析动作。存在以下四种可能的动作。

1)如果 X=a=#,则分析成功而结束。

2)如果 X=a ≠ #,则从栈中上退去 X,并把输入指针推进到指向下一个输入符号。

3)如果 X 为非终结符号,且分析表 A 的元素 A[X][a]='X ::=X_1X_2···X_k',则把栈顶的 X 替换为 X_kX_{k-1}···X_1(注意,依反序下推入栈,使 X_1 在栈顶)。

4)对于所有其他情况,即 X ∈ V_T 且 X ≠ a,或者 X ∈ V_N 且 A[X][a]=ERROR(空白元素),调用一个出错处理程序,使得分析能继续下去或结束。

识别程序每次都执行上述四个动作之一,相关的语义仅在一种情况中考虑,即查到分析表的元素是一个重写规则而执行动作 3)时。在上述程序中进行的语义工作为打印输出重写规则,在实用的预测识别程序中语义工作可以包括生成相应的内部中间表示等。

下面举例说明。

例 4.3　对于文法 G4.2′ [E]:

$$E ::=TE' \qquad E' ::=+TE' |ε \qquad T ::=FT'$$
$$T' ::=*FT' |ε \qquad F ::=(E)|i$$

采用预测分析技术构造的预测分析表如表 4-1 所示。

表 4-1

规则＼输入　栈顶	+	*	(	)	i	#
E			E ::=TE′		E ::=TE′	
E′	E′ ::=+TE′			E′ ::=ε		E′ ::=ε
T			T ::=FT′		T ::=FT′	

规则＼输入 栈顶	+	*	(	)	i	#
T′	T′∷=ε	T′∷=*FT′		T′∷=ε		T′∷=ε
F			F∷=(E)		F∷=i	

设输入符号串为 i+i*i,则分析过程如表 4-2 所示。

表 4-2

步骤	栈	输入	输出	步骤	栈	输入	输出
0	#E	i+i*i#	E∷=TE′	9	#E′T′i	i*i#	
1	#E′T	i+i*i#	T∷=FT′	10	#E′T′	*i#	T′∷=*FT′
2	#E′T′F	i+i*i#	F∷=i	11	#E′T′F*	*i#	
3	#E′T′i	i+i*i#		12	#E′T′F	i#	F∷=i
4	#E′T′	+i*i#	T′∷=ε	13	#E′T′i	i#	
5	#E′	+i*i#	E′∷=+TE′	14	#E′T′	#	T′∷=ε
6	#E′T+	+i*i#		15	#E′	#	E′∷=ε
7	#E′T	i*i#	T∷=FT′	16	#	#	
8	#E′T′F	i*i#	F∷=i				

因此识别出输入符号串 i+i*i 是文法 G4.2′[E]的句子。

下面讨论在应用预测分析技术进行句型分析时语法分析树的构造问题。以输入符号串 i+i 为例,剖析分析过程,形成语法分析树的构造算法。

对于 i+i 有如下的推导:

$$E \Rightarrow TE' \Rightarrow FT' E' \Rightarrow iT' E' \Rightarrow iE' \Rightarrow i+TE' \Rightarrow i+FT' E' \Rightarrow i+iT' E' \Rightarrow i+iE' \Rightarrow i+i$$

不涉及语法分析技术,单纯从该推导可构造语法分析树如图 4-9(a)所示。但按自顶向下构造语法分析树的预测分析技术,应有语法分析树如图 4-9(b)所示,同一规则右部的符号不是依次构造相应的结点。例如,在图 4-9(b)中,对于第一个直接推导 E⇒TE′,关于 T 建立的结点序号是 2,但并不立即关于 E′ 建立序号为 3 的结点,而是关于 T 展开,对于直接推导 TE′⇒FT′ E′,建立关于 F 的结点。因此,序号为 3 的结点是 F,而不是 E′,关于此 E′ 的结点依实际建立的次序,序号应是 7。

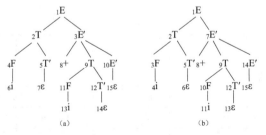

(a)   (b)

图 4-9　不应用识别技术与应用识别技术为 i+i 构造的语法分析树

　　为了保证正确构造语法分析树,正确反映结点间的父子兄弟关系,可以这样处理:引进结点序号与结点实际建立顺序(序号)。

　　构造语法分析树的基本思想如下。

　　在每个分析步中,对分析栈顶的文法符号确定其相应结点的实际建立顺序。当分析栈顶是一个非终结符号,因而要按其展开时,建立该非终结符号的相应结点(确定其实际建立顺序),并为相应规则右部的符号串生成相应的结点,确定结点序号(注意:并非确定结点实际建立顺序)。例如,初始时,分析栈顶为识别符号 E,其相应结点序号为 1,因又是在分析栈顶的符号,所以确定其实际建立顺序为 1。这时预测分析表元素为 E∷=TE′,因此,退去分析栈顶的符号 E,把该规则右部符号串按反序下推入分析栈,栈顶是符号 T,这时生成规则右部各符号的相应结点,即关于 T 与 E′ 的结点序号分别为 2 与 3。但此时还未确定它们的实际建立顺序。下一分析步,栈顶符号是 T,为它确定实际建立顺序是 2,把 T 从分析栈中退去,并按反序下推入相应规则 T∷=FT′ 的右部符号串,分析栈顶符号现在是 F,关于 F 与 T′ 生成相应的结点,结点序号分别为 4 与 5。上述符号 E′ 的相应结点的实际建立顺序需直到此 E′ 在分析栈顶时才能确定。

　　当结束对一个输入符号串的句型分析时,根据结点序号与结点实际建立顺序的对应关系进行替换,产生一个按实际建立顺序构造的语法分析树。为此可引进一个过渡的语法分析树和一个作为最终结果输出、按实际建立顺序的语法分析树。

　　可以引进语法分析树的数据结构如下(C 型语言):

　　　　struct 语法树结点类型

　　　　{ int 结点序号;　　　　　int 文法符号序号;

　　　　　int 父结点序号;　　　　int 左兄结点序号;

　　　　　int 右子结点序号;　　　int 实际建立顺序;

　　　　} 语法分析树[MaxNodeNum];

其中文法符号序号像前面一样处理,即终结符号的序号是它在终结符号集中的序号,而非终结符号的序号是它在非终结符号集中的序号再加上一个易识别的值(如 100)。MaxNode-Num 是允许的最大结点个数。

　　因为结点中包含了文法符号的信息,还包含了结点之间联系的信息,所以分析栈中给出结点序号而不是文法符号序号。

　　可设计分析栈的数据结构如下。

　　　　struct

　　　　{ int 分析栈内容[MaxDepth];

　　　　　int top; /* 分析栈栈顶指针*/

　　　　} 分析栈;

　　应用预测分析技术进行句型分析生成语法分析树的识别程序控制流程示意图如图4-10 所示。

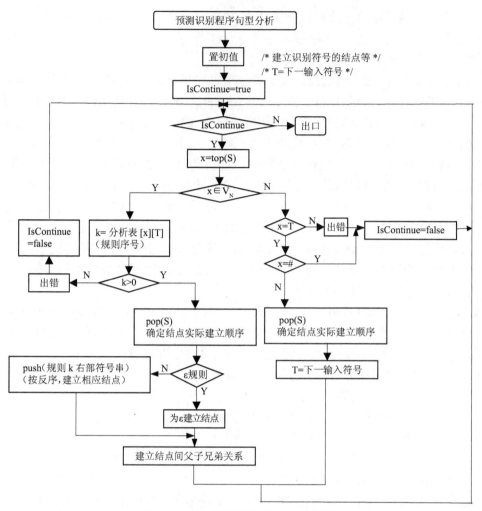

图 4-10 预测识别程序控制流程示意图

如果在分析结束时需显示分析过程,则可以在每一分析步时记录栈内容、输入的未处理部分(只需记录指明当前正处理的输入符号串位置)及输出(规则序号)。如果要在分析过程中生成推导,该如何处理? 请自行思考。提示:请参照推导与分析栈的内容。例如:

推导:

$E \Rightarrow TE' \Rightarrow FT' E' \Rightarrow iT' E' \Rightarrow iE' \Rightarrow i+TE' \Rightarrow i+FT' E' \Rightarrow i+iT' E' \Rightarrow i+iE' \Rightarrow i+i$

栈内容:

$E \Rightarrow TE' \Rightarrow FT' E' \Rightarrow iT' E' \Rightarrow \underline{i}T' E' \Rightarrow \underline{i}E' \Rightarrow \underline{i}+TE' \Rightarrow \underline{i+}TE' \Rightarrow \underline{i+}FT' E'$
$\Rightarrow \underline{i+}iT' E' \Rightarrow \underline{i+i}T' E' \Rightarrow \underline{i+i}E' \Rightarrow \underline{i+i}$

提示:其中加下画线的终结符号是被上退去的内容,因此可把这些被上退去的终结符号存入一个暂存区中。

3. 预测分析表的生成

显然,实现预测分析技术的关键是预测分析表,这里讨论如何生成。

（1）分析

从表 4-1 的预测分析表中可以看到：

$$A[E][i]='E::=TE''　与　A[E'][+]='E'::=+TE''$$

这表明可以有推导 $E \Rightarrow TE' \Rightarrow +i\cdots$ 和 $E' \Rightarrow +TE' \Rightarrow *+\cdots$，或者 $E \Rightarrow +i\cdots$ 和 $E' \Rightarrow ++\cdots$。即 i 与+分别是相对于 E 与 E' 的短语的头终结符号。A[E][+]不是一个重写规则，正是因为+不能是相对于 E 的短语的头终结符号。通过对分析表的分析，不难看到只有当 T 是相对于 U 的短语的头终结符号，即 $U \Rightarrow +T\cdots$ 且 $T \in V_T$ 时才存在元素 A[U][T]为一个重写规则。

另一方面，ε 规则的存在使事情变得复杂一点。例如，设有 $U::=U_1U_2\cdots U_n$。如果 $U_1 \Rightarrow *\varepsilon$，则相对于 U 的短语的头终结符号集包括了相对于 U_2 的短语的头终结符号，现在 U_2 是 U_1 的后继符号，因此定义两个集合如下，其中假定 $u \in V^*, U \in V_N$，且 Z 是识别符号。

定义 4.1　$FIRST(u)=\{T|u \Rightarrow *T\cdots, T \in V_T\}$，特别地，如果 $u \Rightarrow *\varepsilon$，则规定 $\varepsilon \in FIRST(u)$。

定义 4.2　$FOLLOW(U)=\{T|Z \Rightarrow *\cdots UT\cdots, T \in V_T \cup \{\#\}\}$，特别地，如果 $Z \Rightarrow *\cdots U$，则规定# $\in FOLLOW(U)$。

从上述定义，对于任何符号串 u，FIRST(u)是相对于 u 的一切可能的字的头终结符号所组成的集合，可能还包括 ε；而对于一切非终结符号 U，FOLLOW(U)是在出现 U 的一切句型中紧接 U 之后的终结符号所组成的集合，可能还包括#。

（2）构造 FIRST(u)与 FOLLOW(U)

首先考虑为一切文法符号 X 构造 FIRST(X)。可采用下列步骤直到再无终结符号或 ε 能被添入任何 FIRST 集合中。不言而喻，在初始时刻，任何 FIRST(u)与 FOLLOW(U)都是空集。

步骤 1　如果 $X \in V_T$，则 $FIRST(X)=\{X\}$。

步骤 2　如果 $X \in V_N$，并存在规则 $X::=T\cdots$，$T \in V_T$，则把 T 添入 FIRST(X)，如果存在规则 $X::=\varepsilon$，则把 ε 也添入其中。

步骤 3　如果存在规则 $X::=X_1X_2\cdots X_k$，则对于满足下列条件的一切 i($1 \leqslant i \leqslant k$)，把 $FIRST(X_i)$ 中的每一个非 ε 符号添入 FIRST(X)。该条件是：$X_1, \cdots, X_{i-1}$ 都是非终结符号，且 $FIRST(X_j)$ 包含 ε，j=1,2,$\cdots$,i-1（即 $X_1X_2\cdots X_{i-1} \Rightarrow *\varepsilon$）。如果 $\varepsilon \in FIRST(X_j)$,j=1,2,$\cdots$,k，则把 ε 添入 FIRST(X)。

现在可以对任意的符号串，特别是文法规则的右部符号串 $u=X_1X_2\cdots X_n$ 构造 FIRST(u)如下。

把 $FIRST(X_1)$ 的一切非 ε 符号添入 $FIRST(X_1X_2\cdots X_n)$。如果 $\varepsilon \in FIRST(X_1)$，则把 $FIRST(X_2)$ 的一切非 ε 符号添入 $FIRST(X_1X_2\cdots X_n)$。如果 $\varepsilon \in FIRST(X_1)$ 且 $\varepsilon \in FIRST(X_2)$，则把 $FIRST(X_3)$ 的一切非 ε 符号添入 $FIRST(X_1X_2\cdots X_n)$，如此继续。一般地，如果对于 $1 \leqslant j \leqslant i-1$，有 $\varepsilon \in FIRST(X_j)$，则把 $FIRST(X_i)$ 的一切非 ε 符号添入 $FIRST(X_1X_2\cdots X_n)$。最后，如果对于一切 i($1 \leqslant i \leqslant n$)，$\varepsilon \in FIRST(X_i)$，则把 ε 添入 $FIRST(X_1X_2\cdots X_n)$。

例 4.4　对于文法 G4.2' 有

$$FIRST(E)=FIRST(T)=FIRST(F)=\{(, i\}$$

$$FIRST(E')=\{+,\varepsilon\}　　　FIRST(T')=\{*,\varepsilon\}$$

　　　　FIRST(TE′)={(, i}　　　FIRST(+TE′)={+}

　　　　FIRST(FT′)={(, i}　　　FIRST(*FT′)={*}

　　　　FIRST((E))={(}　　　　FIRST(i)={i}

　　为对所有非终结符号 U 计算 FOLLOW(U),可重复应用下列步骤直到再无终结符号或#能被添入任何 FOLLOW 集合中。

　　步骤 1　# ∈ FOLLOW(Z),Z 是文法的识别符号。

　　步骤 2　如果存在规则 U∷=xWy,则 FIRST(y)中除 ε 外的一切符号都属于 FOLLOW(W),其中 W ∈ V_N。

　　步骤 3　如果存在规则 U∷=xW 或 U∷=xWy,其中 FIRST(y)包含 ε(即, y ⇒* ε),则 FOLLOW(U)中的一切符号都属于 FOLLOW(W),其中 W ∈ V_N。

　　例 4.5　对于文法 G4.2′,有

　　　　FOLLOW(E)=FOLLOW(E′)={), #}

　　　　FOLLOW(T)=FOLLOW(T′)={+,), #}

　　　　FOLLOW(F)={+, *,), #}

　　（3）构造预测分析表

　　1)剖析。构造分析表元素的思想是简单的。假定存在规则 U∷=u。若 a ∈ FIRST(u),则每当栈顶元素为 U 而当前输入符号为 a 时,识别程序就要把 U 展开成 u,因此分析表有元素 A[U][a]='U∷=u'。复杂的是 u ⇒* ε 的情况,这时如果当前输入符号 a 属于 FOLLOW(U),或者已达到输入符号串的右端标志符号#,且# ∈ FOLLOW(U),则也要把 U 展开成 u,因此有元素 A[U][a]='U∷=u'或 A[U][#]='U∷=u'。

　　2)预测分析表构造算法。为文法 G 构造预测分析表的步骤如下。

　　步骤 1　对文法的每个规则 U∷=u,执行步骤 2 与步骤 3。

　　步骤 2　对每个终结符号 a ∈ FIRST(u),让 A[U][a]='U∷=u'。

　　步骤 3　如果 ε ∈ FIRST(u),则对 FOLLOW(U)中的每个终结符号 b 或#,让 A[U][b]='U∷=u'或 A[U][#]='U∷=u'。

　　步骤 4　把 A 的每个未定义元素置为 ERROR(用空白表示)。

　　最后结束时所得的 A 便是所需的预测分析表。

　　当对文法 G4.2′ 应用此构造算法时,所得到的预测分析表如表 4-1 所示。

　　例 4.6　设有文法 G4.5[S]:

　　　　S∷=i(C)SS′ |a　　　S′∷=eS|ε　　　C∷=b

试为其构造预测分析表。

　　首先判别该文法是否满足应用预测分析技术的先决条件:无左递归性与无回溯性。显然是满足的。

　　其次,构造 FIRST 集合与 FOLLOW 集合。

　　　　FIRST(i(C)SS′)={i}　　　FIRST(a)={a}

　　　　FIRST(eS)={e}　　　　　FIRST(b)={b}

　　　　FIRST(S)={i,a}　　　　　FIRST(S′)={e,ε}

　　　　FIRST(C)={b}

FOLLOW(S)={#,e}=FOLLOW(S′)

最后,填分析表,如表 4-3 所示。

表 4-3

规则 / 栈顶　　　输入	i	a	b	e	#
S	S∷=i(C)SS′	S∷=a			
S′				S′∷=eS S′∷=ε	S′∷=ε
C			C∷=b		

其中, A[S′][e]包含两个值,即'S′∷=eS'与'S′∷=ε',这是因为对于 S′∷=eS 有 e ∈ FIRST(S′),但对于 S′∷=ε 又有 e ∈ FOLLOW(S′)。如果考察引进该文法的背景便不足为怪。这时如果消除 ε 规则,有等价的文法 G4.5′[S]:

　　　　S∷=i(C)S|i(C)SeS|a　　　　C∷=b

把 i、b、S 与 e 分别看作 if、〈逻辑表达式〉、〈语句〉与 else,则关于 S 的前两个选择相当于 C 语言中条件语句的定义。如果有语句

　　　　if(C₁) if(C₂) S₁ else S₂

不能肯定 else 是与第一个 if 还是与第二个 if 相匹配。为了解决这个问题,规定 else 与其左边最接近却又还未与 else 匹配过的 if 相匹配。这里的情形类似,对于这种二义性,可由选定一个选择来消除,例如宁愿选取 S′∷=eS 而删去 S′∷=ε。

现在引进一个重要的文法类,定义如下。

定义 4.3　如果某文法,其预测分析表无多重定义的元素,则称该文法为 LL(1)文法。

一个 LL(1)文法是无二义性的,它所定义的语言恰好是它的分析表所能识别的全部句子。以定理形式给出 LL(1)文法的重要性质如下。

定理 4.1　一个文法 G 是 LL(1)的,当且仅当对于 G 的每个非终结符号 U,它的任何两个不同的重写规则 U∷=x 与 U∷=y,下面的条件成立。

条件 1　FIRST(x) ∩ FIRST(y)= ∅ 。

条件 2　x ⇒* ε 与 y ⇒* ε 不能同时成立。

条件 3　 如果 y ⇒* ε,则 FIRST(x) ∩ FOLLOW(U)= ∅ 。

事实上,LL(1)文法类是 LL(k)文法类 k=1 时的特殊情况。

4. 实现考虑:预测分析表在计算机内的存放

在应用预测分析技术进行句型分析时,必须考虑的一个问题是预测分析表在计算机内的存放问题,或者说机内存储表示问题。

分析表是一个二维数组,第一维是可能出现在分析栈顶的非终结符号,第二维是输入符号,分析表元素则是分析栈顶非终结符号在当前输入符号下按其展开的规则。为了便于用二维数组实现,符号都用序号表示。非终结符号 U 是在非终结符号集 V_N 中的序号;输入符

号,即终结符号,是在终结符号集 V_T 中的序号。输入符号串的左右端标志符号#的序号可以让它为 0。分析表元素也没必要按作为规则的符号串存放,可以用规则序号作为分析表元素,序号为 0 表示无规则。

预测分析表的数据结构可以设计如下(C 语言):

　　　　int 预测分析表[MaxVnNum][MaxVtNum];

其中 MaxVnNum 和 MaxVtNum 分别是可允许的非终结符号和终结符号的最大个数。

预测分析表可以自动生成,或从预测分析技术识别程序运行时的界面上输入。出于实习目的,更简便的是以置初值的方式给定。这时要注意的是一切终结符号与非终结符号的序号都从 1 开始,且它们的排序及一切规则的排序必须与预测分析表一致。让左右端标志符号#的序号是 0。例如,表 4-1 中的预测分析表可以如下地以 C 语言赋初值方式设置:

　　　　int A[5+1][6]=
　　　　{ {0},
　　　　　{ 0, 0, 0, 1, 0, 1},{3, 2, 0, 0, 3, 0},{0, 0, 0, 4, 0, 4},
　　　　　{ 6, 6, 5, 0, 6, 0},{0, 0, 0, 7, 0, 8}
　　　　};

提醒:左右端标志符号#的序号是 0,因此在表 4-1 中符号#应看作是在最左边第一列。

关于文法规则,从第 2 章相关部分可知,其数据结构可定义为(C 语言):

　　　　typedef　struct
　　　　{　int 左部符号序号; int 右部[MaxRightPartLength+1];
　　　　　　int 右部长度;
　　　　} 规则;
　　　　规则　文法[MaxRuleNum+1];

因此,对于文法 G4.2′,可如下地以 C 语言赋初值方式设置:

　　　　规则 文法[9]=
　　　　{　{0},
　　　　　{101,{0, 103, 102}, 2}, {102,{0, 1, 103, 102}, 3},
　　　　　{102, {0}, 0},　　　　　　{103,{0, 105, 104}, 2},
　　　　　{104, {0, 2, 105, 104}, 3}, {104, {0}, 0},
　　　　　{105, {0, 3, 101, 4}, 3},　 {105, {0, 5}, 1}
　　　　};

其中规则序号从 1 开始,且按出现的次序顺序编号,V_N={E, E′, T, T′, F}, V_T={+, *, (,), i}。为简化,一切符号都以单字符表示,因此,对于 E′ 与 T′ 可以分别用其他单个字母代替。另外,请注意 ε 规则,例如, E′ :: =ε,其内部表示为{102, {0}, 0},右部长度是 0,存放规则右部的数组中仅包含一个 0。

从程序设计的角度看,可以简化预测分析技术的预测分析表以提高识别算法的功效。简化从以下两方面着手:首先,当栈顶元素为 U 而输入符号为 a,且 A[U][a]='U :: =u'时,可以看到规则的左部 U 正是栈顶的符号,因此在表中只需按进入栈的顺序(与规则右部反序)给出将替换栈顶的右部诸符号;其次,当所选规则右部 u 的头符号是终结符号时必定与当前输入符号相同,因此符号 a 无需进栈,因此不需出现在分析表元素中。

当把简化过的预测分析表改写成所谓的状态矩阵的新表格时,预测分析技术将改进成状态矩阵分析技术,这里对此不作讨论。

本章概要

本章讨论自顶向下的语法分析技术,主要内容包括:概况、带回溯的自顶向下分析技术与无回溯的自顶向下分析技术。强调的是自动、机械地进行句型分析。

自顶向下语法分析是从根结点出发自上向下地试图构造语法分析树,或从识别符号出发试图建立推导的过程。其基础文法是上下文无关文法,输入是中间表示形式的符号串(属性字序列),输出是语法分析树或推导形式的内部中间表示。读者必须明确各类语法分析技术要解决的基本问题,了解各类语法分析技术的应用前提及应用条件。为应用某语法分析技术,必须首先判别条件是否满足,不满足时进行文法等价变换。带回溯的自顶向下分析技术由于效率低下等原因往往不被采用,读者仅需了解其基本实现思想及其问题所在。重点是无回溯的递归下降分析技术与预测分析技术,它们的应用条件是无左递归性与无回溯性。

递归下降分析技术的基本实现思想是为每个非终结符号设计一个子程序,由它来处理相应句型中相对于该非终结符号的短语。重点是递归下降识别程序的构造,这可以用某程序设计语言书写,也可以用流程图表示。构造前必须先判别应用条件满足与否,在构造时应注意右端以非终结符号开始的规则及 ε 规则的处理。请注意子程序设计中的两个构造约定。

预测分析技术的基本实现思想是用一个分析表和一个栈联合进行控制来实现递归下降分析技术。重点是预测分析表的构造及应用预测分析技术进行句型识别。在构造预测分析表时要注意的是 ε 规则的处理。预测分析技术也称 LL(1)分析技术。预测分析表无多重定义元素的文法称为 LL(1)文法。读者应熟练掌握应用预测分析技术进行句型分析,并掌握语法分析树的构造。

习题 7

1)试用 4.2 节中带回溯的自顶向下识别算法识别文法 G[Z]:

Z :: =E　　　　　　　E :: =T+E|T

T :: =F*T|F　　　　　F :: =(E)|i

的句子 i*(i+i)。试给出树和表列两种形式的语法分析树。

2)设文法 G[S]:

S :: =a|b|(T)　　　　　T :: =T, S|S

试应用递归下降分析技术以流程图形式写出识别程序。

3)试为文法 G[P]:

P :: ={ S }　　　　　　S :: =A|C

　　　　A∷=V=E　　　　　　　C∷=if(E) S

　　　　E∷=E+V　　　　　　　E∷=V　　　　　V∷=i

采用 C 型语言构造递归下降识别程序(省略说明性语句等细节)，并识别输入符号串{ if (i) i=i+i}是否为该文法的句子。

　　4)试为文法 G[E]：

　　　　E∷=TE′　　　　　　　E′∷=+E|ε

　　　　T∷=FT′　　　　　　　T′∷=/T|ε

　　　　F∷=PF′　　　　　　　F′∷=*F|ε

　　　　P∷=(E)|a|b

构造递归下降识别程序，并识别输入符号串 a*b/b+a 是否为该文法的句子。

　　5)试为题 4)中的文法 G[E]计算各个 FIRST 与 FOLLOW 集合，且构造预测分析表。该文法是否为 LL(1)文法？

　　6)试为文法 G[S]：

　　　　S∷=SaB|bB　　　　　A∷=S|a　　　　　　B∷=Ac

构造预测分析表，并识别输入符号串 bacaac 是否为该文法的句子，并给出识别过程。

　　7)设文法 G[E]：

　　　　E∷=T+E|T−E|T　　　　T∷=F*T|F/T|F　　　　F∷=(E)|i

试问能否直接应用预测分析技术来实现其识别程序？ 请简略说明原因。请设法为该文法构造预测分析表，给出构造过程，并识别输入符号串 i*i−(i+i)/i 是否为该文法的句子。

第 4 章上机实习题

　　应用预测分析技术识别句子。

　　目标：掌握应用预测分析技术进行句型分析。

　　输入：任意的 LL(1)文法及其预测分析表、待识别的符号串。

　　输出：识别结论(输入符号串是否为所给文法的句子)及相应的推导。

　　要求：①可适应不同的文法与预测分析表；

　　　　　②给出推导过程；

　　　　　③调试时以文法 G4.2′ [E]及表 4-1 中的预测分析表为实例。

　　说明：①预先构造好预测分析表，且文法与预测分析表可用赋初值方式设置好；

　　　　　②可以考虑是句子时输出表列形式的语法分析树。

第 5 章　语法分析——自底向上分析技术

5.1　概况

第 5 章

5.1.1　自底向上分析技术及识别算法

　　本章讨论自底向上分析技术。如前所述,按自底向上分析技术,从输入符号串出发,试图把它归约到识别符号。因此,类似于自顶向下的情况,现在依然试图构造一个推导,不同的是,不是从识别符号出发,在每一分析步对相应句型中的某个非终结符号进行展开,把它替换为相应规则的右部,而是从输入符号串出发,在每一分析步对相应句型中的某个简单短语(或短语)进行归约。如果最终能归约到识别符号,则该输入符号串是相应文法的句子,否则就不是。

　　当分析过程中,每步被归约的总是最左的简单短语,这种归约是最左归约,类似地有最右归约。最左归约与最右推导一致,都是规范分析。

　　从语法分析树的角度出发,自底向上分析过程将以输入符号串作为语法分析树的末端结点符号串,试图向着根结点方向往上构造语法分析树,使识别符号正是语法分析树的根结点。这时,在每一步中,以正构造的语法分析树中对应于简单短语的若干结点作为分支结点符号串,往上构造一个分支及相应的分支名字结点。如果最终构成一个语法分析树,且其根结点正是识别符号,则该输入符号串被识别出是相应文法的句子,否则就不是。

　　目前已有多种自底向上分析技术,如简单优先分析技术、算符优先分析技术与转换矩阵分析技术等,特别地还有适于自动生成的 LR(k) 分析技术。基于自底向上分析技术对输入符号串进行语法分析的算法称为自底向上识别算法。各类分析技术有相应的识别算法。本章将重点讨论算符优先分析技术与 LR(k) 分析技术。

　　采用自底向上分析技术,如前所述,要解决的两个基本问题是:在分析过程的每一步中,如何找出进行(直接)归约的(简单)短语?把所找出的(简单)短语(直接)归约到哪一个非终结符号?

　　在讨论前,先给出关于分析技术的讨论前提。

5.1.2　讨论前提

　　如同自顶向下分析技术,对于采用自底向上分析技术的识别程序,它的输入同样是中间表示形式的符号串(属性字序列),其中标识符、整数及各种界限符都以终结符号的地位出现在讨论中。当识别出某个输入符号串是相应文法的句子时,将生成相应的语法分析树或推导,或其他形式的中间表示。当分析结果表明不是相应文法的句子时,可以给出报错信息。

讨论的对象同样是上下文无关文法及相应语言。如前所述,这是因为各种程序设计语言主要是用上下文无关文法来描述的。对于自底向上分析技术,进一步强调所讨论的文法都是压缩了的,文法中任何一个规则 U∷=u 都能应用于句子的生成,即其左部非终结符号 U 出现在句型中,且其右部 u 能推导到终结符号串,因此,

$$Z \Rightarrow^* xUy \text{ 且 } u \Rightarrow^+ t \, (t \in V_T^+)$$

除了明确输入及所讨论的文法与语言外,还对识别过程给出如下规定。

识别过程是从左到右、自底向上进行的,一般都将采用规范归约;除了特别指明以外,每一步总是对句柄(最左的简单短语)进行直接归约。在自底向上分析过程中产生的所有句型全是规范的,产生的整个推导也是规范的。

各种自底向上分析技术之所以可行,正是因为对于任何一个句子必定存在一个规范分析。

当应用自底向上分析技术进行句型分析时,通常基于移入-归约法。

5.1.3　基本实现方法:移入-归约法

应用自底向上分析技术时的基本实现方法,即移入-归约法以下例说明。

例 5.1　设有文法 G5.1[E]:

　　E∷=E+E|E*E|(E)|i

已知输入符号串 i*i+i 是该文法的句子,相应的自底向上规范分析过程如下:

句型	句柄	归约用规则
$i_1*i_2+i_3$	i_1	E∷=i
$E*i_2+i_3$	i_2	E∷=i
$E*E+i_3$	E*E	E∷=E*E
$E+i_3$	i_3	E∷=i
E+E	E+E	E∷=E+E
E		

为了使读者能明确哪一个 i 被归约,对各个 i 加了下标。采用移入-归约法时通常引进一个后进先出栈来存放符号,每次把当前输入符号下推入栈(移入),然后查看栈顶的符号串是否形成一个句柄。当形成一个句柄时,便对此句柄进行直接归约,把它替换为相应的非终结符号(归约),否则继续把输入符号下推入栈(移入)。如此继续,直到达到输入符号串的右端。对于例 5.1,栈的变化情况如表 5-1 所示。注意,引进了符号#,如前所述,它并非文法符号的特殊符号——左右端标志符号,它自动被添加在输入符号串的前后,标志输入符号串的两端。作为栈底标志符号,开始识别时预先把左端标志符号#下推入栈。

表 5-1

步骤	栈	输入	动作	规则
（1）	#	i*i+i#	移入	
（2）	#i	*i+i#	归约	E∷=i
（3）	#E	*i+i#	移入	
（4）	#E*	i+i#	移入	
（5）	#E*i	+i#	归约	E∷=i
（6）	#E*E	+i#	归约	E∷=E*E
（7）	#E	+i#	移入	
（8）	#E+	i#	移入	
（9）	#E+i	#	归约	E∷=i
（10）	#E+E	#	归约	E∷=E+E
（11）	#E	#	接受	

一般地,动作共有四类,即移入、归约、接受与报错。

1）移入:读入下一个输入符号并把它下推入栈。

2）归约:当栈顶的(部分)符号串形成一个句柄时,对此句柄进行直接归约,这时栈顶的符号是句柄的右端,把形成句柄的符号串替换为相应的非终结符号。

3）接受:当识别程序发现栈顶除了栈底标志符号#外仅有识别符号,输入也已达到右端标志符号#,从而识别出输入符号串是句子时,执行接受动作而结束识别工作。

4）报错:当识别程序发现一个错误,因此输入符号串不是句子而无法继续识别工作时,调用出错处理子程序进行处理或停止。

从表 5-1 可见,在应用移入-归约法进行分析的过程中,当栈顶的部分符号还不形成句柄时便把输入符号下推入栈(移入),一旦栈顶的若干符号形成句柄便进行归约。如此继续,直到接受或报错,因此该方法称为移入-归约法。

这里要强调的是,自底向上分析技术采用移入-归约法而实现句型分析,但移入-归约法绝不是一种分析技术,因为上例中的分析过程是在人的干预下进行的,它本身不能解决自底向上分析技术所必须解决的两个基本问题,移入-归约法仅仅是适用于各种自底向上分析技术的一种基本实现方法。

显然,这种基本实现方法必须配合基本实现工具——栈才能实现句型分析。

5.2 算符优先分析技术

5.2.1 算符优先分析技术的引进

众所周知,通常的算术表达式的求值规则是先乘除后加减。因此, 2+3×5 的求值次序必定是 2+(3×5)=17。对于 9-7+5,尽管+与-同属一个运算符优先级,但由左结合性,求值次序必定是(9-7)+5=7。这两种情况概括起来表明,不论参加运算的对象是什么,运算符完全确定了运算次序。联想到描述表达式的文法 G5.2[E]:

E∷=E+T | T   T∷=T*F | F   F∷=(E) | i

的句型 E+T*F，直观地，根据+和*这两个符号所代表运算符的含义，断定不能先执行加法，因此+不在句柄之中，T*F 才是句柄。这表示，*先归约，+后归约。

鉴于只通过运算符优先级的比较及结合性的规定，就完全确定了表达式的求值次序，参加运算的对象完全不起作用，自然地设想在运算符之间引进优先关系，由优先关系确定符号被归约的先后次序。问题在于一般形式语言中的运算符是什么？运算对象又是什么？显然可以让文法中的终结符号是运算符，而非终结符号是运算对象。这种仅在终结符号之间引进优先关系的优先分析技术称为算符优先分析技术。在算符优先分析技术的讨论中，将把术语"终结符号"视为与"运算符"是等同的，而把术语"非终结符号"视为与"运算对象"是等同的。

5.2.2　算符文法

1. 定义

算符优先分析技术只适用于某类文法，那就是算符优先文法。在引进算符优先文法之前，先讨论一个基本类的文法：算符文法。众所周知，在一个表达式中是不可能连续出现两个或更多的运算对象的。类似地，算符优先分析技术只能应用于规则右部中任何两个非终结符号之间必定出现有终结符号的文法。这样的文法称为算符文法，定义如下。

定义 5.1　如果文法 G 中没有形如

$$U::=\cdots VW\cdots$$

的规则，其中 U、V、$W \in V_N$，则该文法 G 称为算符文法，缩写为 OG。

从定义 5.1 可知，在算符文法中不存在右部包含两个相邻非终结符号的规则，换句话说，任何规则右部中的任何两个非终结符号之间必须有终结符号（可能不止一个）。

2. 性质

下面以定理形式给出算符文法的若干性质。

定理 5.1　对于算符文法，不存在包含两个相邻非终结符号的句型。

定理 5.2　在算符文法的任何句型中，不存在其紧前与紧后是非终结符号的短语。

由定理 5.2，对于算符文法，其句型的一般形式显然可写成：

$$[N_1]T_1[N_2]T_2\cdots[N_n]T_n[N_{n+1}]$$

其中 $T_i \in V_T$，$N_i \in V_N$，N_i 可能出现也可能不出现（$i=1, 2, \cdots, n+1$）。

3. 对 C 语言的简单讨论

描述 C 语言的文法是否为算符文法？显然不是。例如条件语句可用下列规则定义：

　　　　〈条件语句〉::= if(〈逻辑表达式〉)〈语句〉|
　　　　　　　　　　　if(〈逻辑表达式〉)〈语句〉〈否则部分〉
　　　　〈否则部分〉::=else〈语句〉

又如，〈项〉::=〈因式〉{〈乘法运算符〉〈因式〉}，或者写成非扩充表示形式：

　　　　〈项〉::=〈项〉〈乘法运算符〉〈因式〉|〈因式〉
　　　　〈乘法运算符〉::= * | / | % | && | ||

规则右部中包含两个相邻的非终结符号。然而，不难对它们进行文法等价变换以符合算符文法的定义。

5.2.3 算符优先关系与算符优先文法

1. 算符优先关系

根据句型中两个相邻终结符号 T_k 与 T_l 被归约的先后顺序,可以引进三种算符优先关系,分别记为:

$$T_k \ominus T_l \qquad T_k \olessthan T_l \qquad T_k \ogreaterthan T_l$$

$T_k \ominus T_l$ 表示 T_k 与 T_l 优先级相同,它们同时被归约;$T_k \olessthan T_l$ 表示 T_k 优先级大于 T_l,也可称 T_k 优先于 T_l,T_k 先于 T_l 被归约;而 $T_k \ogreaterthan T_l$ 表示 T_k 优先级小于 T_l,T_k 后于 T_l 被归约。$\ominus$、$\olessthan$ 与 $\ogreaterthan$ 这三者称为算符优先关系。如果对于某两个终结符号 T_i 与 T_j 不存在句型$\cdots T_i T_j \cdots$ 或$\cdots T_i N T_j \cdots$($N \in V_N$),则称有序对(T_i, T_j)之间不存在算符优先关系。

例如,对于文法 G5.2[E],由于句型 i*i+i 中,星号*前的 i 被归约为 F,因此 $i \ogreaterthan *$。又因句型 E+T*F 中子符号串 T*F 首先被归约,因此 $+ \olessthan *$。

请注意,算符优先关系 $\ominus$、$\olessthan$ 与 $\ogreaterthan$ 不是对称的。假定 R 是某优先关系 $\ominus$、$\olessthan$ 或 $\ogreaterthan$,不能由 $T_i R T_j$ 推得 $T_j R T_i$。

下面给出算符优先关系的定义。

定义 5.2 设文法 G 是一个算符文法,T_j 与 T_i 是两个任意的终结符号,而 U、V、W $\in V_N$,定义算符优先关系如下:

$T_j \ominus T_i$ 当且仅当文法 G 中存在形如 U::$=\cdots T_j T_i \cdots$ 或 U::$=\cdots T_j V T_i \cdots$ 的规则;

$T_j \olessthan T_i$ 当且仅当文法 G 中存在形如 U::$=\cdots T_j V \cdots$ 的规则,其中 V $\Rightarrow +T_i \cdots$ 或 V $\Rightarrow +W T_i \cdots$;

$T_j \ogreaterthan T_i$ 当且仅当文法 G 中存在形如 U::$=\cdots V T_i \cdots$ 的规则,其中 V $\Rightarrow +\cdots T_j$ 或 V $\Rightarrow +\cdots T_j W$。

例 5.2 设有文法 G5.3[Z]:

$$Z::=E \qquad E::=T|E+T \qquad T::=F|T*F \qquad F::=(E)|i$$

$V_T=\{+, *, (,), i\}$。由第 4 个规则的第一个选择,显然有$(\ominus)$,且为该文法唯一的 $\ominus$ 关系。

因为存在推导:

$$Z \Rightarrow E \Rightarrow E+T \Rightarrow E+F \Rightarrow E+i$$

$$Z \Rightarrow E \Rightarrow E+T \Rightarrow E+T*F \Rightarrow E+T*(E) \Rightarrow E+T*(E+T)$$

$$Z \Rightarrow E \Rightarrow E+T \Rightarrow E+T+T \Rightarrow E+T+F \Rightarrow E+T+(E)$$

可以得到下列算符优先关系:$+\olessthan i$、$+\olessthan *$、$*\ogreaterthan ($、$(\olessthan +$ 与 $+\ogreaterthan +$ 等。更方便的是从语法分析树来寻找算符优先关系。例如,从图 5-1 所示的语法分析树一眼便可看出:$+\ogreaterthan +$、$+ \olessthan ($ 与 $(\ominus)$ 等。 构造相当数量的有代表性的语法分析树可找出关于文法 G5.3 的一切算符优先关系。当将一切终结符号进行排序后,如同一般关系的布尔矩阵那样,类似地可用一个矩阵,例如 B 来表示。该矩阵 B 的元素 B_{ij} 或者是无定义的,或者是对应于有序对(T_i, T_j)的 $T_i R T_j$,这里 R=$\ominus$、$\olessthan$ 或 $\ogreaterthan$。该矩阵称为文法的算符优先矩阵。文法 G5.3 的算符优先矩阵如图 5-2 所示。

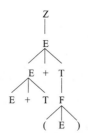

图 5-1　E+T+(E)的语法分析树

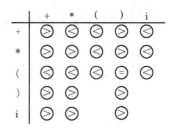

图 5-2　文法 G5.3 的算符优先矩阵

算符优先矩阵中不能填入算符优先关系的元素表明相应的一对终结符号间不存在算符优先关系,因而不可能作为一个句型中的两个相邻终结符号出现。概括地说,文法的算符优先矩阵是指明一个文法的每对终结符号间算符优先关系的矩阵。

2. 构造算符优先关系

通过构造相当数量的语法分析树来构造算符优先关系的办法是不可取的,应该系统地而不是盲目地构造一切优先关系,为此需寻求某种构造方法。

优先关系 $\doteq$ 是容易构造的,只需查看一切规则的右部,看是否包含 $T_j T_i$ 或 $T_j V T_i$ 形式的子符号串,若是,便有 $T_j \doteq T_i$。下面讨论 $\lessdot$ 与 $\gtrdot$ 的构造,首先考虑 $\lessdot$ 的情形。

对照关于 $\lessdot$ 的定义 $T_j \lessdot T_i$,当且仅当文法中存在形如 U∷=⋯T_jV⋯ 的规则,其中 $V \Rightarrow^+ T_i\cdots$ 或 $V \Rightarrow^+ WT_i\cdots$。$T_i$ 是相对于 V 的字中第一个终结符号,因此给出如下定义。

定义 5.3　设 G 是一个算符文法,$U \in V_N$,$T \in V_T$。关系 FIRSTTERM 定义如下:

U FIRSTTERM T 当且仅当存在规则 U∷=T⋯ 或 U∷=WT⋯

其中 W 是某个非终结符号。

其含义不言自明,FIRSTTERM 代表规则右部中的第一个终结符号。例如,对于文法 G5.3 有

　　E　FIRSTTERM　+　　　　　T　FIRSTTERM　*
　　F　FIRSTTERM　(　　　　　F　FIRSTTERM　i

构造 $\lessdot$ 的步骤如下。

步骤 1　对于每个规则　U∷=T⋯ 或 U∷=WT⋯,其中 U、W $\in V_N$,T $\in V_T$,显然,T $\in$ {S|U FIRSTTERM S},因此,也有 T $\in$ {S|U FIRSTTERM⁺ S}。

注意,在这里 U FIRSTTERM⁺ S 表示 S 是经若干步直接推导从 U 推导所得的字中的首终结符号。

步骤 2　对于每个规则 U∷=V⋯,V $\in V_N$,如果 T $\in$ {S|V FIRSTTERM⁺ S},则 T $\in$ {S|U FIRSTTERM⁺ S}。

步骤 3　重复步骤 2,直到过程收敛为止,这时再无新的终结符号可以添入 FIRST-TERM⁺中。

步骤 4　最后根据文法规则,利用前面步骤求出的 FIRSTTERM⁺构造算符优先关系 $\lessdot$。

试以下例说明构造过程。

例 5.3　对于文法 G5.3,构造优先关系 $\lessdot$。

应用步骤 1,根据文法规则显然有:

$\{S|Z \text{ FIRSTTERM } S\}= \varnothing$　　　　　　　$\{S|E \text{ FIRSTTERM } S\}=\{+\}$

$\{S|T \text{ FIRSTTERM } S\}=\{*\}$　　　　　　　$\{S|F \text{ FIRSTTERM } S\}=\{(, i\}$

因此,

$\{S|Z \text{ FIRSTTERM}^+ S\}= \varnothing$　　　　　　$\{S|E \text{ FIRSTTERM}^+ S\}=\{+\}$

$\{S|T \text{ FIRSTTERM}^+ S\}=\{*\}$　　　　　　$\{S|F \text{ FIRSTTERM}^+ S\}=\{(, i\}$

应用步骤 2,有

$\{S|Z \text{ FIRSTTERM}^+ S\}=\{+\}$　　　　　　$\{S|E \text{ FIRSTTERM}^+ S\}=\{+, *\}$

$\{S|T \text{ FIRSTTERM}^+ S\}=\{*, (, i\}$　　　　$\{S|F \text{ FIRSTTERM}^+ S\}=\{(, i\}$

步骤 3 重复应用步骤 2,最终有

$\{S|Z \text{ FIRSTTERM}^+ S\}=\{+, *, (, i\}$　　$\{S|E \text{ FIRSTTERM}^+ S\}=\{+, *, (, i\}$

$\{S|T \text{ FIRSTTERM}^+ S\}=\{*, (, i\}$　　　$\{S|F \text{ FIRSTTERM}^+ S\}=\{(, i\}$

在步骤 4 时,根据文法规则,利用上述步骤所求得的 FIRSTTERM$^+$ 来构造优先关系 $\lessdot$。

由规则 E∷=E+T,且对于 T 有

$\{S|T \text{ FIRSTTERM}^+ S\}=\{*, (, i\}$

因此,$+ \lessdot *, + \lessdot (, + \lessdot i$。

由规则 T∷=T*F,且对于 F 有

$\{S|F \text{ FIRSTTERM}^+ S\}=\{(, i\}$

因此,$* \lessdot (, * \lessdot i$。

由规则 F∷=(E),且对于 E 有

$\{S|E \text{ FIRSTTERM}^+ S\}=\{+, *, (, i\}$

因此,$(\lessdot +, (\lessdot *, (\lessdot (, (\lessdot i$。

至此,求得了关于 $\lessdot$ 的一切关系。

对于关系 $\gtrdot$,对照定义 $T_j \gtrdot T_i$,当且仅当文法中存在形如 U∷=⋯VT_i⋯的规则,其中 $V \Rightarrow^+ \cdots T_j$ 或 $V \Rightarrow^+ \cdots T_j W$,$T_j$ 是相对于 V 的字中最末一个终结符号,类似地给出如下定义。

定义 5.4　设 G 是一个算符文法,$U \in V_N, T \in V_T$,关系 LASTTERM 定义如下:

U LASTTERM T 当且仅当存在规则 U∷=⋯T 或 U∷=⋯TW

其中 W 是某个非终结符号。

例如,关于文法 G5.3 有

E　LASTTERM　　+　　　　　T　　LASTTERM　　　*

F　LASTTERM　　)　　　　　F　　LASTTERM　　　i

以类似于构造 $\lessdot$ 的步骤,对于文法 G5.3 可得到

$\{S|Z \text{ LASTTERM}^+ S\}=\{+, *,), i\}$　　$\{S|E \text{ LASTTERM}^+ S\}=\{+, *,), i\}$

$\{S|T \text{ LASTTERM}^+ S\}=\{*,), i\}$　　　$\{S|F \text{ LASTTERM}^+ S\}=\{), i\}$

在这里 U LASTTERM$^+$ S 表示 S 是经若干步直接推导从 U 推导所得的字中的尾终结符号。由规则 E∷=E+T 及对于 E 的 LASTTERM$^+$,得

$+\oslash+$, $*\oslash+$, $)\oslash+$, $i\oslash+$

由规则 T∷=T*F 及对于 T 的 LASTTERM+，得

$*\oslash*$, $)\oslash*$, $i\oslash*$

由规则 F∷=(E)及对于 E 的 LASTTERM+，得

$+\oslash)$, $*\oslash)$, $)\oslash)$, $i\oslash)$

最终综合以上，得到文法 G5.3 的算符优先矩阵，正如图 5-2 所示。

3. 算符优先文法

当分别计算出一切算符优先关系 $\ominus$、$\oslash$ 与 $\oslash$ 而填入算符优先矩阵时，有两种情况：一是无冲突，矩阵中每一个元素仅对应于至多一个算符优先关系，如图 5-2 所示；另一是至少有一个元素对应于不止一个算符优先关系。因此，对算符优先文法的定义如下。

定义 5.5 设有算符文法 G，如果在它的任意两个终结符号之间，算符优先关系 $\ominus$、$\oslash$ 与 $\oslash$ 至多只有一种关系成立，则称该文法 G 为算符优先文法，缩写为 OPG。

由定义可知，文法 G5.3 是算符优先文法。是算符文法，但不是算符优先文法的例子是文法 G5.1[E]：E∷=E+E|E*E|(E)|i，因为对于它，既有+ $\oslash$*，又有+ $\oslash$ *。

5.2.4 算符优先文法句型的识别

本节讨论如何识别算符优先文法的句型，换句话说，利用算符优先关系来识别输入符号串是否为某个算符优先文法的句子。

1. 质短语

对于算符优先文法，仅仅在终结符号间引进优先关系。非终结符号对于句型分析是"不可见的"，因而不能用这些算符优先关系去找出由单个非终结符号组成的句柄。例如，考虑文法 G5.3 的句型 T+F，其中句柄是 T，现在却有# $\oslash$ + 和+$\oslash$ #（约定：对任何终结符号 T，# $\oslash$ T 和 T $\oslash$ #），不能由此识别出句柄是 T。因此引进一种所谓的质短语，在分析过程的每一步，识别和归约的将是最左质短语。

定义 5.6 设有算符文法 G[Z]，(句型的)质短语定义为这样一个短语：它至少包含一个终结符号，且除它自身外不再包含其他质短语。

例 5.4 文法 G5.3 的句型 T+T*F+i 相应推导的语法分析树如图 5-3 所示。由此语法分析树可见有下列短语：T+T*F+i、T+T*F、T*F、最左的 T 以及 i。该句型的质短语是 T*F 与 i，最左质短语是 T*F。由于 T+T*F+i 中包含 T*F 与 i，而 T+T*F 中包含 T*F，它们都不是质短语。短语 T 是该句型的句柄，但不包含终结符号，因此也不是质短语。

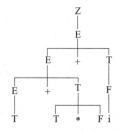

图 5-3 T+T*F+i 的语法分析树

句型中一个子符号串是最左质短语的条件由下列定理给出。

定理 5.3　一个算符优先文法句型 $[N_1]T_1[N_2]\cdots[N_n]T_n[N_{n+1}]$ 的最左质短语是满足条件：

$$T_{j-1} \gtrdot T_j \doteq T_{j+1} \doteq \cdots \doteq T_{i-1} \doteq T_i \lessdot T_{i+1}$$

的最左子符号串 $[\,N_j]T_j[N_{j+1}]\cdots[N_i]T_i[N_{i+1}]$，其中的 $N_k(k=1,\ 2,\cdots,\ n+1)$ 可能出现也可能不出现。

根据定理 5.2，如果该句型中包含符号 N_j 与 N_{i+1}，则它们必定属于该最左质短语。

例 5.4 中句型 T+T*F+i 的最左质短语是 T*F，显然这是因为对于文法 G5.3 有：

$$\#\ \lessdot + \lessdot * \gtrdot +$$

2. 句型的识别

从定理 5.3 可见，当应用算符优先分析技术进行句型分析时，寻找最左质短语时可以先从左到右找到最左质短语的右端，即找到算符优先关系 $\gtrdot$，然后回头从右到左找到最左质短语的左端，即找到算符优先关系 $\lessdot$，从而找到整个最左质短语。

由于每次归约的是质短语，应用算符优先分析技术进行句型识别时不再是严格地从左到右的。这里以文法 G5.3 的句子 i+(i+i)*i 为例，展示如何利用算符优先关系进行句型的识别。识别过程如表 5-2 所示。

表 5-2

步骤	句型	关系	最左质短语	归约符号
1	i+(i+i)*i	$\#\ \lessdot i \gtrdot +$	i	F
2	F+(i+i)*i	$\#\ \lessdot + \lessdot (\ \lessdot i \gtrdot +$	i	F
3	F+(F+i)*i	$\#\ \lessdot + \lessdot (\ \lessdot + \lessdot i \gtrdot)$	i	F
4	F+(F+F)*i	$\#\ \lessdot + \lessdot (\ \lessdot + \gtrdot)$	F+F	E
5	F+(E)*i	$\#\ \lessdot + \lessdot (\ \doteq) \gtrdot *$	(E)	F
6	F+F*i	$\#\ \lessdot + \lessdot * \lessdot i \gtrdot \#$	i	F
7	F+F*F	$\#\ \lessdot + \lessdot * \gtrdot \#$	F*F	T
8	F+T	$\#\ \lessdot + \gtrdot \#$	F+T	Z

相应的语法分析树如图 5-4(a)所示。

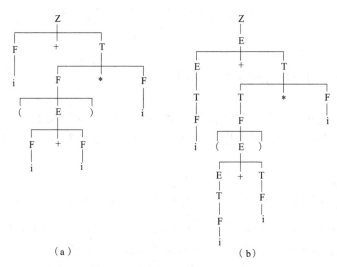

（a） （b）

图 5-4 应用算符优先技术与不应用分析技术句子 i+(i+i)*i 的语法分析树对照

从该例可以看到,在识别过程中全然不顾非终结符号,因为最左质短语中包含的是什么非终结符号,对于归约来说是无关紧要的。例如,F*F 归约为 T, F+F 归约为 E,而 F+T 归约为 Z,但同样可归约为 E。这种情况可以这样来解释:编译程序可以不必关心符号名字,它只关心与符号相关联的语义信息,例如,与非终结符号或运算对象相关的类型、存储地址等。这时将存在处理质短语的语义子程序,例如,对质短语 E+T 进行直接归约的语义子程序,只要该质短语中的终结符号是加号+,就对此质短语进行归约,至于加号+左右的非终结符号是 E、T 还是 F,它是不管的。它只需能从所涉及的非终结符号获得所需的语义信息即可。类似地,对于处理质短语 T*F 的语义子程序,只需终结符号是星号*,而不管其左右的非终结符号是 T、F 还是其他,它同样只需能从所涉及的非终结符号获得所需的语义信息即可。

对照图 5-4(b)中为句子 i+(i+i)*i 一般地构造的语法分析树可以发现,由于算符优先分析技术跳过了对形如 U::=V 的单规则的归约步骤,算符优先分析技术的分析速度一般是更快的。

3. 算符优先识别算法

为了实现算符优先识别算法,设置以数组实现的栈 S 来存放还不能被归约的符号串。算符优先识别算法流程图如图 5-5 所示。

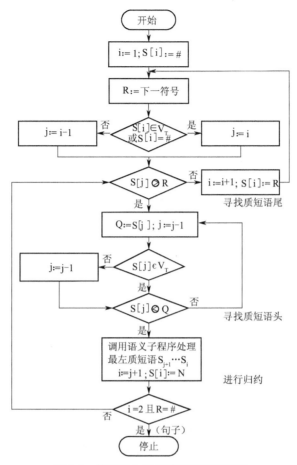

图 5-5　算符优先识别算法控制流程图

下面给出该算法流程图工作的例子。

例 5.5　设有输入符号串 i+(i+i)*i，试识别它是否为文法 G5.3 的句子。识别过程如表 5-3 所示。

表 5-3

步骤	栈	关系	下一符号	其余输入部分	最左质短语
0	#	⊘	i	+(i+i)*i#	
1	#i	⊘	+	(i+i)*i#	i
2	#N	⊘	+	(i+i)*i#	
3	#N+	⊘	(	i+i)*i#	
4	#N+(	⊘	i	+i)*i#	
5	#N+(i	⊘	+	i)*i#	i

步骤	栈	关系	下一符号	其余输入部分	最左质短语
6	#N+(N	⋖	+	i)*i#	
7	#N+(N+	⋖	i	)*i#	
8	#N+(N+i	⋗	)	*i#	i
9	#N+(N+N	⋗	)	*i#	N+N
10	#N+(N	≐	)	*i#	
11	#N+(N)	⋗	*	i#	(N)
12	#N+N	⋖	*	i#	
13	#N+N*	⋖	i	#	
14	#N+N*i	⋗	#		i
15	#N+N*N	⋗	#		N*N
16	#N+N	⋗	#		N+N
17	#N		#		

所以输入符号串 i+(i+i)*i 是文法 G5.3 的句子。

每一步把最左质短语归约成哪个非终结符号？由于在寻找最左质短语的过程中，根本不考虑非终结符号，因而任何的非终结符号都无需进栈，也可以不论什么最左质短语，都让它们归约成代表非终结符号的 N。由于非终结符号的名字无关紧要，可以是任意的，因而对于每个句型的语法分析树可以不是唯一的。仅当不考虑语法分析树中代表非终结符号的各个结点的名字时，由于每一分析步中最左质短语是唯一的，才可以说语法分析树是唯一的。

请注意，这里的识别算法只是一种可以应用的实际识别算法，并不是形式的识别算法。如果是形式的识别算法，就必须指出质短语所应归约成的那个非终结符号，不能笼统地一概用 N 代表。

5.2.5　优先函数

1. 优先函数的引进

算符优先识别算法受优先关系控制对输入符号串进行识别，可以说其核心是优先矩阵。然而算符优先矩阵往往需要占用大量存储空间，因为当文法包含 n 个终结符号时，相应算符优先矩阵的大小将是 n×n。如果 n=100，则需 100×100 的矩阵，其中每个元素至少要占两个 2 进位。事实上，在相当多的终结符号对之间并不存在优先关系，可以考虑把算符优先矩阵的体积进行压缩。一种有效的办法是把优先矩阵线性化。所谓优先矩阵的线性化，就是引进两个函数 f 与 g，它们各把文法的终结符号映射成一个数值，从两个数值的大小比较体现出算符优先关系，从而代替算符优先矩阵。由于终结符号个数为 n，因此 f 与 g 各仅 n 个值,现在所需的存储大小从 $n \times n$ 减少到了 $2n$。这两个函数称为双线性优先函数,简称线性优先函数或优先函数,下面给出它们的定义。

定义 5.7　对于某个算符优先文法 G 的算符优先矩阵 M,如果存在两个函数 f 与 g,它们满足下列条件:

假定 T_j 和 T_i 是文法 G 的任意一对存在唯一算符优先关系的终结符号,

如果 $T_j \ominus T_i$,则 $f(T_j)= g(T_i)$;

如果 $T_j \lessdot T_i$,则 $f(T_j)<g(T_i)$;

如果 $T_j \gtrdot T_i$,则 $f(T_j)>g(T_i)$。

则称 f 与 g 为文法 G 的对于算符优先矩阵 M 的(双)线性优先函数,简称优先函数。

这里,优先函数的定义域为文法的终结符号集,值域为整数集,不可能给出这两个函数的解析表示法。下面给出优先函数的例子。

例 5.6　关于文法 G5.3,对于相应算符优先矩阵的优先函数 f 与 g 可列表如表 5-4 所示。

表 5-4

函数值　符号 函数	+	*	(	)	i
f	4	6	2	6	6
g	3	5	7	2	7

例如　$f(( )= 2 = g( ))$　　　对应于$(\ominus)$

$f( ))= 6 > g(*)=5$　　　对应于$)\gtrdot *$

$f(+)=4 < g(*)=5$　　　对应于$+ \lessdot *$

显然,优先函数不是唯一的,只要存在一对这样的优先函数,就会存在无穷多对。例如,让所有 $2n$ 个函数值同时增加同一个整数值将得到一对新的优先函数。

要提醒的是,并非对于任何算符优先矩阵都存在优先函数。

2. 构造优先函数

对于存在优先函数的算符优先矩阵,这里给出优先函数的构造法。

(1)逐次加 1 法

最简单的方法是逐次加 1 法,也称 Floyd 法。其基本思想是,如果 $T_j \lessdot T_i$,那么应该有 $f(T_j)<g(T_i)$,但可能先前有 $f(T_j) \geqslant g(T_i)$,这时便让 $g(T_i)=f(T_j)+1$。反复检查,按照优先函数的定义对函数值逐次加 1,最终可以得到优先函数。

逐次加 1 法的算法步骤如下。

步骤1　对所有符号 $T \in V_T$,令 $f(T)=g(T)=1$。

步骤2　对于 $T_j \lessdot T_i$,如果 $f(T_j) \geqslant g(T_i)$,则让 $g(T_i)=f(T_j)+1$。

步骤3　对于 $T_j \gtrdot T_i$,如果 $f(T_j) \leqslant g(T_i)$,则让 $f(T_j)=g(T_i)+1$。

步骤4　对于 $T_j \ominus T_i$,如果 $f(T_j) \neq g(T_i)$,则让 $f(T_j)=g(T_i)=\max(f(T_j),g(T_i))$。

步骤 5 重复步骤 2~步骤 4,直到过程收敛为止,这时所得的 f 与 g 为所求的优先函数。如果 f 与 g 的任何值都大于 2n,则该过程不会收敛,表明不存在对于相应算符优先矩阵的优先函数。

注意,上述步骤中所谓的构造过程收敛,指的是所得到的一切 f 与 g 值都符合优先函数的定义,也即优先函数值与算符优先关系完全一致。

例 5.7 采用上述逐次加 1 法为文法 G5.3 的算符优先矩阵(图 5-2)构造优先函数 f 与 g,以列表形式给出它们的值。

优先函数构造如下。

应用步骤 1,置初始值,如表 5-5 所示。

表 5-5

	+	*	(	)	i
f	1	1	1	1	1
g	1	1	1	1	1

应用步骤 2,关于算符优先关系⋖,修改 f 与 g 的值,如表 5-6 所示。

表 5-6

	+	*	(	)	i
f	1	1	1	1	1
g	2	2	2	1	2

应用步骤 3,关于算符优先关系⋗,修改 f 与 g 的值,如表 5-7 所示。

表 5-7

	+	*	(	)	i
f	3	3	1	3	3
g	2	2	2	1	2

应用步骤 4,关于算符优先关系≐,修改 f 与 g 的值。这时仅(≐),所得与步骤 3 时的相同。

重复步骤 2~步骤 4,最终得到如表 5-8 所示的结果。

表 5-8

	+	*	(	)	i
f	3	5	1	5	5
g	2	4	6	1	6

这时 f 与 g 的值不再改变,按照构造法,所有函数值与算符优先关系完全一致,符合优先函数的定义,因此为所求。

这是一种直观的构造方法,比较简单。

(2)Bell 有向图法

这里给出利用有向图构造优先函数的算法,即 Bell 有向图法,它利用对有向图中一个结点所能达到的结点个数计数的办法来确定优先函数的值,构造步骤如下。

假定某文法的终结符号集 $V_T=\{T_1,T_2,\cdots,T_n\}$。

步骤 1 作一具有 2n 个结点的有向图,通常上下各一排,上排结点标记为 $f_1,f_2,\cdots,f_n$,下排结点标记为 $g_1,g_2,\cdots,g_n$。如果 $T_j \gtrdot T_i$ 或 $T_j \doteq T_i$,则从 f_j 到 g_i 画一条弧;如果 $T_j \lessdot T_i$ 或 $T_j \doteq T_i$,则从 g_i 到 f_j 画一条弧。注意,如果 $T_j \doteq T_i$,则既有从 f_j 到 g_i 的弧,又有从 g_i 到 f_j 的弧。

步骤 2 赋给每个结点一个数值,此数值等于从该结点出发沿弧序列所能达到的结点(包括该结点自身)的个数。赋给 f_i 的数值是 $f(T_i)$,赋给 g_i 的数值是 $g(T_i)$。

步骤 3 检查这样构造出来的函数 f 与 g 是否与原来的算符优先矩阵一致,也即是否符合优先函数的定义。如果一致,则 f 与 g 为所求的优先函数;不一致,则不存在这样的优先函数。

例 5.8 应用 Bell 有向图法构造文法 G5.3 的优先函数 f 与 g。

让 $T_1=+,T_2=*,T_3=($ $,T_4=)$ $,T_5=i$。

应用步骤 1,画出两排各 5 个结点,上下排分别标记为 f_i 与 g_i($i=1,2,\cdots,5$)。对应于 $+\gtrdot+$, $+\gtrdot)$, $*\gtrdot+$, $*\gtrdot*$, $*\gtrdot)$ 与 $)\gtrdot+$ 等,从相应的 f 结点向相应的 g 结点作弧,对应于 $+\lessdot*$, $+\lessdot($, $+\lessdot i$, $*\lessdot($ 与 $*\lessdot i$ 等,从相应的 g 结点向相应的 f 结点作弧,并对应于 $(\doteq)$,从相应的 f 结点 f_3 向相应的 g 结点 g_4 作弧,同时也从相应的 g 结点 g_4 向相应的 f 结点 f_3 作弧,最终的有向图如图 5-6 所示。

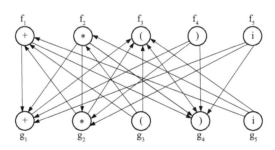

图 5-6 应用 Bell 有向图法构造的有向图

应用步骤 2,对各结点所能达到的结点个数计数。例如,对于结点 f_1 如图 5-7 所示:

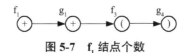

图 5-7 f_1 结点个数

所以,$f_1=4$,即 $f(+)=4$。对于结点 f_2 如图 5-8 所示:

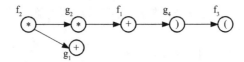

图 5-8　f_2 结点个数

所以，$f_2=6$，即 $f(*)=6$。对于结点 g_1 如图 5-9 所示：

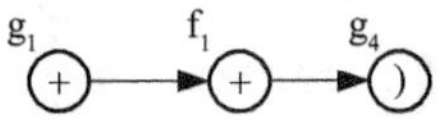

图 5-9　g_1 结点个数

所以，$g_1=3$，即 $g(+)=3$。类似地，可以得到一切 f 与 g 值，最终结果如表 5-9 所示。

表 5-9

	+	*	(	)	i
f	4	6	2	6	6
g	3	5	7	2	7

进行步骤 3 时检查所得的 f 与 g 值是否与原有的算符优先矩阵一致。显然无矛盾，所得的 f 与 g 是文法 G5.3 的优先函数。事实上，它们正是例 5.6 中给出的优先函数。

与逐次加一法相比，Bell 有向图法有如下优点：

1）该算法不是迭代的过程，在确定多的步数内可完成构造；

2）改变对文法符号的排序时，线性优先函数不变。

但是当符号个数 n 较大时，所作的有向图往往会让人眼花缭乱，难以对可达到的结点个数计数。更好的方法是利用集合上的关系及其布尔矩阵表示法来构造优先函数。限于篇幅，这里不多加讨论。

（3）Martin 算法

前述构造优先函数法仅当计算出 f 与 g 的一切值之后再检查其是否与算符优先矩阵一致，才能知道是否存在优先函数。这里讨论另一种构造法，它也基于有向图，其优点在于算法本身能发现优先函数不存在，且能提供关于优先函数为什么不存在的说明，这就是 Martin 算法，另外还给出优先函数存在的一个充分必要条件。

在给出 Martin 算法之前先给出后继（前驱）结点与直接后继（前驱）结点的概念。

如果 x、y 是有向图中的结点，且存在一弧序列从 x 达到 y，则称 y 是 x 的后继结点，也称 x 是 y 的前驱结点；如果弧序列长度为 1，则称 y 是 x 的直接后继结点，称 x 为 y 的直接前驱结点。

如果线性优先函数存在，则可按下列 Martin 算法步骤来构造。

步骤 1　作有穷有向图 D，结点是 $f_1, f_2, \cdots, f_n$ 与 $g_1, g_2, \cdots, g_n$。如果 $S_j \odot S_i$，作弧 (f_j, g_i)；如果 $S_j \oslash S_i$，作弧 (g_i, f_j)。

步骤 2　如果 $S_j \ominus S_i$，从 f_j 向 g_i 的一切直接后继结点作弧，也从 g_i 向 f_j 的一切直接后继结点作弧。重复这一步骤直到没有新弧加到有向图 D 时为止。注意，如果 f_j 与 g_i 都没有直接后继结点，则不作任何弧。

步骤 3　对最后所得的有穷有向图 D,对结点可达到的结点数计数(不计结点本身),求出 $f(S_i)$ 与 $g(S_i)(i=1,2,\cdots,n)$。此 f 与 g 为所求的线性优先函数。

这里不加证明地给出如下定理。

定理 5.4　假定 G 是上下文无关文法,D 是由上述步骤 1 与 2 构造的有穷有向图。当且仅当 D 中无回路时线性优先函数存在。当 D 中无回路时,由 $f(S_i)$ 和 $g(S_i)$ $(i=1,2,\cdots,n)$ 定义的函数 f 与 g 便是文法 G 的对于相应优先矩阵的线性优先函数。

例 5.9　应用 Martin 算法构造对于文法 G5.3 的算符优先矩阵(图 5-2)的线性优先函数。

应用步骤 1 时,所得有穷有向图 D 如同图 5-6,区别是删除了 f_3 与 g_4 之间的双向弧。

应用步骤 2 时,仅($\ominus$),然而所对应的 f_3 与 g_4 都无直接后继结点,相互都不向对方的直接后继结点画弧,步骤 1 所得有穷有向图 D 中不增加任何弧。

在步骤 3 时,对结点可达到的结点数计数,可得相应的 f 与 g,从而列出相应的线性优先函数,如表 5-10 所示。

表 5-10

	+	*	(	)	i
f	3	5	0	5	5
g	1	4	6	0	6

就文法 G5.3 的相应优先矩阵核验上表,知确为所求。事实上,按 Martin 算法,构造过程中未发现有回路,已表明存在优先函数。

显然,Martin 算法是对 Bell 有向图法的改进,除了在构造过程中便可发现优先函数是否存在外,还由于在算符优先关系 $\ominus$ 时仅向相互的直接后继结点作弧,即同一排上画弧,使得在图的中间区域减少了弧,可看得更清楚些,当如同本例那样不必画弧时,可使图更加简化。

3. 优先函数的不足

优先函数的引进使得存放优先关系所需的存储需要量由于线性化而大大缩减,但是这样也伴随一个缺点,即信息有所丢失。十分明显,按算符优先文法的定义,两个终结符号间或者存在唯一的一种算符优先关系,或者不存在算符优先关系。当分析过程中两个不存在算符优先关系的终结符号相匹配时,表明输入符号串不是句子,换言之,程序中有错误。然而,优先函数的引进使得任何一对终结符号总可进行优先关系的比较,即使不存在算符优先关系也如此,这样就使得当有错误存在时不能及时察觉。

以下例说明之,将关于文法 G5.3 对输入符号串 i(i) 进行识别。

1)利用图 5-2 中的算符优先矩阵进行识别,识别过程如表 5-11 所示。

表 5-11

步骤	栈	关系	下一符号	其余输入部分
0	#	$\lessdot$	i	(i)#
1	#i	不存在	(	i)#

步骤 1 时,因 i 与(之间不存在算符优先关系,发现错误而停止。

2)利用例 5.9 中的优先函数 f 与 g 进行识别。识别过程如表 5-12 所示。

表 5-12

步骤	栈	f 关系 g	下一符号	其余输入部分
0	#	0<7	i	(i)#
1	#i	6<7	(	i)#
2	#i(	2<7	i	)#
3	#i(i	6>2	)	#
4	#i(N	2=2	)	#
5	#i(N)	6>0	#	
6	#iN	6>0	#	

其中为了能与符号#比较优先级,让 f(#)=g(#)=0。当步骤 6 时,识别出符号串 iN 将作为被归约短语,然而显然这是错误的,因为右部不存在与其相匹配的规则。这比利用算符优先矩阵的情况推迟 5 步发现错误,如果输入符号串中包含更多的符号,发现错误的时间可能更迟。

5.2.6　实际应用中的算符优先分析技术

由于算符优先矩阵体积一般较大,在采用算符优先分析技术时,往往利用双线性优先函数。对于使用优先函数进行句子识别的算符优先识别算法,其流程图如图 5-10 所示,图中的 S 是运算符栈顶符号。与图 5-5 的区别在于现在算符优先关系的比较是对优先函数值进行的。

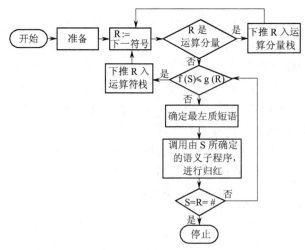

图 5-10　使用优先函数的算符优先识别算法流程图

要注意的是,通常实际的编译程序应用算符优先分析技术实现表达式的编译时,使用的栈往往不是一个,而是两个,即运算分量栈与运算符栈,分别用来存放还不能生成目标(归约)的运算分量(标识符或常量等终结符号)与运算符(其他终结符号)。

借助于优先函数进行句型识别时,每一步执行如下。

让 S 是运算符栈顶符号,R 是当前输入符号。

1)如果 R 是一个运算对象(标识符或常量),把它下推入运算分量栈,跳过(不执行)下列两步。

2)如果 f(S)≤g(R),则把 R 下推入运算符栈,且扫描下一输入符号。

3)如果 f(S)>g(R),则栈顶符号是最左质短语的尾,因而自栈顶向下找出该最左质短语的头,然后调用由 S 确定的语义子程序。该子程序进行语义处理,完成对最左质短语的直接归约。具体来说,从运算符栈上退去 S 及组成最左质短语的其他一些符号,从运算分量栈上退去与 S 相关的运算对象,并把代表执行运算符 S 相应运算所得结果的某个符号(如代表非终结符号的 N)下推入运算分量栈。

以输入符号串 a+b*c 为例,分析过程中栈的变化如图 5-11 所示。

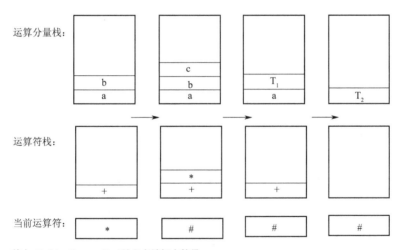

其中:T_1=b*c,T_2=a + T_1,#是左右端标志符号

图 5-11　分析过程中栈的变化

由于算符优先分析技术简单直观、所需存储容量小、速度快而被广泛应用于识别各类表达式,把 while、do 与 if 等界限符也看作运算符(称作广义运算符),给它们优先数,则算符优先分析技术可扩充到整个语言的处理。对于 C 语言等实际的程序设计语言,只需对文法稍加修改便可应用算符优先分析技术。算符优先分析技术是一种行之有效、应用广泛的分析技术。

要说明的是,在实际应用中有时会稍有变更。例如,假定有一个简单语言,描述它的文法的终结符号集由表 5-13 中所列出的符号组成,且该文法确定了一个优先函数,为各个终结符号确定的优先函数值(优先数)如表 5-13 所示(其中左右端标志符号#的优先数为 0)。

表 5-13

优先数	符号	优先数	符号
0	#	6	== !=
1	while　if　{　[((当(与右边符号比较时)	7	< <= >= >
2	else　}　)；	8	+ -
3	= += -=	9	* / %
4	‖	10	! &
5	&&	11	((当(与左边符号比较时)

这似乎仅是单个优先函数，而非一对优先函数。事实上，这里给出的也是一对优先函数，因为在一般情形下，对于任何终结符号 T，让 $f(T)=g(T)$。例如，因 $f(+)=g(+)$，$f(*)=9$ 与 $f(+)=8$，有 $f(*)>g(+)$，例外情况仅是符号（，且看下面的例子。

假定有句型(N+N)+N，显然有 $f(()<g(+)$，但对于句型 N+(N+N)，又有 $f(+)<g(()$，因此如果 $f(+)=g(+)$，必定 $f(() \neq g(()$。在表 5-13 中符号(的两个不同优先函数值（优先数）正是分别对应于 $f(()=1$ 与 $g(()=11$。

5.3　LR(k)分析技术

本节将讨论适用于识别程序自动构造的一类分析技术，它是自底向上的，仍然是为压缩了的上下文无关文法设计的，适用于一大类上下文无关文法，且以移入-归约法为基本实现方法。这类分析技术以 LR(k)文法为基础，称为 LR(k)分析技术，相应的识别程序称为 LR(k)识别程序。

5.3.1　LR(k)文法与LR(k)分析技术

1. LR(k)分析技术的提出

回顾前面讨论的自底向上分析技术，分析过程中的每一步是从左到右向前看若干个输入符号，找出被归约短语的尾终结符号，然后回头（从右到左）查看已扫描过的符号，找出被归约短语的头终结符号。换句话说，在寻找被归约短语的过程中，不仅要向前查看未扫描到的输入符号，还得回头去考虑先前的判定，因此不能说是严格从左到右的。设想从左到右地读输入符号串中的符号，且向前看确定的 k 个符号，应能一点不回溯地识别给定的符号串。在这种思想指导下提出一种所谓的 LR(k)分析技术。"LR(k)"的含义是：识别过程中每步向前看 k 个符号。采用 LR(k)分析技术时，将严格地从左到右进行分析，但不是说每步分析时不利用被归约短语（句柄）左部已扫描符号的信息，恰恰相反，将利用句柄左部一切符号的信息。当识别程序对输入符号串从左到右进行扫描时，一旦句柄出现在栈顶，便能及时对它进行归约。

这里请注意扫描和向前看的区别。

由于 LR 分析技术能应用于几乎所有能用上下文无关文法描述的程序设计语言，并能借助于识别程序自动生成程序来自动生成文法的识别程序,特别是已经找到关于它的实际可行的实现方法,因此,LR 技术引起了人们的兴趣。

2.LR(k)文法的定义

LR(k)文法的非形式定义如下。

定义 5.8　一个文法 G 是 LR(k)文法,当且仅当在句子的识别过程中,任一句柄总是由其左部的符号串及其右部的 k 个终结符号唯一地确定。

请注意,LR(k)文法是文法的性质,确切地说,对同一个语言,为它设计的文法可以是 LR(k)文法,也可以不是 LR(k)文法(例如 k=0)。LR(k)文法是一类特殊的上下文无关文法,LR(k)文法类构成了上下文无关文法类的真子集。

3.LR(k)文法的若干性质

性质 1　对于任何可用一个 LR(k)文法定义的上下文无关语言都能用一个确定的下推自动机以自底向上方式识别,且该下推自动机在识别过程中以一种能精确定义的方式"使用"该文法,被称作识别各个规则。反之,给定一个下推自动机,便存在为该自动机所识别的语言寻找一个 LR(k)文法的有效过程。

性质 2　LR(k)文法是无二义性的。

性质 3　当 k 给定时便可能判定一个文法是否为 LR(k)文法。

性质 4　一个语言能由 LR(k)文法生成,当且仅当它能由 LR(1)文法生成。

通常应用 LR(k)分析技术时,往往取 k=1。

4.LR 识别程序及识别算法

(1)LR 识别程序

一个 LR 识别程序由两部分组成,即一个驱动程序与一个分析表。这个驱动程序就是总控程序,它借助于分析表来控制句子的识别过程,更确切地说,根据分析表,对分析栈中的信息及当前输入符号作出动作决定:把输入符号下推入分析栈或者对分析栈内符号串进行直接归约等。LR 识别程序示意图如图 5-12 所示,其中的输入符号串后跟 k 个左右端标志符号#,称 k 句型。

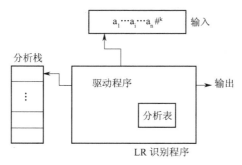

图 5-12　LR 识别程序示意图

如前所述 LR(k)分析技术的基本思想,根据可能句柄左部的一切已扫描符号及其右部 k 个向前看符号来确定识别过程中每步的动作。LR 识别程序如何体现?

从图 5-12 可知,为识别程序工作,设置一个后进先出的分
析栈,分析栈的结构如图 5-13 所示。栈中每个元素包含两部
分:状态 S 与文法符号 X。文法符号是被移入的输入符号或被
归约成的非终结符号,状态则是综合了识别过程中"历史"信息
与"展望"信息的抽象,每个状态概括了包含在栈中它下面部分
的信息和向前看符号串的信息,因此刻画了从识别开始直到某
一相应时刻的全部历史,也刻画了相应的向前看的展望信息。

(S_m, X_m)
...
(S_2, X_2)
(S_1, X_1)
$(S_0, \#)$

图 5-13   分析栈结构示意图

特别地,栈顶状态刻画了到此为止的整个识别过程的历史情况。无须真正去"查阅"左部已
扫描的一切符号,便可根据栈顶状态中包含的展望信息就实际的向前看符号串作出移入归
约判定。

状态对应于由 LR(k)项组成的集合,即 LR(k)项集。这里 LR(k)项使用足标表示法定义
为[p,j;α],或采用圆点表示法表示为[$U_p \rightarrow X_{p1} \cdots X_{pj}.X_{pj+1} \cdots X_{pnp}$;α]。这里 p 是某个规则

$$U_p ::= X_{p1}X_{p2} \cdots X_{p\,np}$$

的编号。它指明试图按规则 p 进行直接归约过程中已达到的规则右部位置 j,$0 \leq j \leq n_p$; α 为
向前看的符号串,|α|=k。直观上,如果文法 G 中包含 k 句型 $\beta U_p \alpha \cdots$,而已分析部分对应于
$\beta X_{p1} \cdots X_{pj}$,这时的识别过程所处状态将对应于包含[p,j;α]的 LR(k)项集。

一般包含 U_p 的句型不只一个,换句话说,对于同样的 p 与 j,有不止一个 α。

例 5.10   关于文法 G5.2[E]:

1:E ::=E+T   2:E ::=T   3:T ::=T*F

4:T ::=F   5:F ::=(E)   6:F ::=i

对于 k=1,使用足标表示法的 LR(k)项可有[1,0;+]、[1,0;#]、[3,3;*]与[5,1;+]等。

通常省略了左端标志符号#而把栈的内容写作:

$$S_0X_1S_1X_2S_2 \cdots X_{m-1}S_{m-1}X_mS_m$$

这里栈顶元素是(S_m, X_m),其中 S_m 是状态。由于状态对应于一个 LR(k)项集,而每个 LR(k)
项包含了向前看信息,这样使得可以根据实际的向前看输入符号串进行状态的转换。例如,
如果当前状态对应的 LR(k)项集包含[p, j;α]与[q, i;β],则将根据实际的向前看符号是与 α 还
是与 β 或与其他相匹配而采取相应的动作。

当把分析栈中的内容与尚待扫描的输入符号串一并写出时就形成了重要概念——构
型。构型是如下的表示:

$$S_0X_1S_1X_2S_2 \cdots X_mS_m | Y_1 \cdots Y_k w$$

垂线左边是已扫描部分,即栈的内容。$Y_1 \cdots Y_k$ 是向前看的 k 个符号。w 是尚未被查看的符
号串部分,可能为空串。

例如识别过程开始时,构型为:

$$S_0 | T_1 \cdots T_n \#^k$$

其中 S_0 是初始状态名,$T_1 \cdots T_n$ 是输入符号串。最终识别出句子而停止时的构型将是

$$S_0 Z S_r | \#^k$$

其中 Z 是文法的识别符号,而 S_r 是接受输入符号串为句子时的相应状态名。

（2）LR 分析表

LR 分析表是 LR 识别程序的核心部分,LR 识别程序正是基于分析表进行工作的。

分析表本身由两部分组成,即 ACTION(动作)部分与 GOTO(状态转换)部分,这两者都对应于二维数组。ACTION[S][y]指明当分析栈顶状态 S 与向前看符号串 y(|y|=k)相匹配时所应采取的动作。GOTO[S][U]指明当执行归约动作把分析栈顶形成句柄部分直接归约到 U 时状态的转换,即归约后的栈顶状态 S 与非终结符号 U 相匹配时所转换到的下一状态。分析表可以用表格形式给出如表 5-14 所示,其中 y_i 不包含非终结符号,且$|y_i|$=k(i=1,2,…,n)。

表 5-14

状态	ACTION				GOTO			
	y_1	y_2	…	y_n	U_1	U_2	…	U_n
S_1	动作$_{11}$	动作$_{12}$	…	动作$_{1n}$	S_{11}	S_{12}	…	S_{1n}
S_2	动作$_{21}$	动作$_{22}$	…	动作$_{2n}$	S_{21}	S_{22}	…	S_{2n}
…	…	…	…	…	…	…	…	…
S_m	动作$_{m1}$	动作$_{m2}$	…	动作$_{mn}$	S_{m1}	S_{m2}	…	S_{mn}

动作$_{ij}$ 可以是下列四个动作之一。

1）移入:把(S_i,y_j)的下一状态 S 及 y_j 的第一个符号下推入栈;让 y_j 的第二个符号成为下一个当前输入符号。

2）归约:对分析栈顶上形成句柄的若干符号按规则 U∷=u 进行直接归约。假定该规则的右部 u 长度为 r,这时 X_{n-r+1}…X_n(=u)成为相对于 U 的句柄,则把栈顶上的 r 个元素上退,使 S_{n-r} 成为栈顶状态,然后把下一状态 S 与文法符号 U 组成的二元组(S, U)下推入栈,这里 S=GOTO[S_{n-r}][U]。执行归约动作时,当前正被扫描的输入符号不变。

3）接受:当识别出句子时执行接受动作,宣布识别成功,从而结束识别工作。

4）报错:当察觉被识别的输入符号串不是句子,或者说源程序中存在语法错误时,识别程序执行报错动作,报告发现错误而调用出错处理子程序。

例 5.11　对于文法 G5.2,可构造 LR(1)分析表如表 5-15 所示。其中 ACTION 的元素为 Si 时,表示执行移入(用 S 标记):把当前输入符号与编号为 i 的状态(简称状态 i)组成的二元组下推入栈。rj 表示执行归约:按编号为 j 的规则进行直接归约(用 r 标记)。acc 表示接受。其他空白元素一概表示报错动作。

表 5-15

状态	ACTION						GOTO		
	+	*	(	)	i	#	E	T	F
0			S4		S5		1	2	3
1	S6					acc			

状态	ACTION						GOTO		
	+	*	(	)	i	#	E	T	F
2	r2	S7		r2		r2			
3	r4	r4		r4		r4			
4			S4		S5		8	2	3
5	r6	r6		r6		r6			
6			S4		S5			9	3
7			S4		S5				10
8	S6			S11					
9	r1	S7		r1		r1			
10	r3	r3		r3		r3			
11	r5	r5		r5		r5			

此分析表中任何一个状态与任何一个文法符号(包括符号#)相匹配时唯一地决定了需执行的动作或状态的转换。这正是一个 LR(1)文法所应具有的特征。一个 LR(1)文法的 LR(1)分析表必定是无冲突的,即 LR(1)分析表无冲突的文法才是 LR(1)文法。

(3)LR 识别算法

LR 识别算法体现在下列 LR 识别程序的驱动程序(C 语言)中。

```
/* PROGRAM LR_ANALYZER */
    …
void main( )
{ PUSH({S0,#});
  NEXT:R=下一输入符号;
  y=向前看的 k 个符号;
  /* y 的第一个符号是 R 的值 */
  EXECUTE:
  switch(ACTION[TOP(S)][y])
  /* TOP(S)表示分析栈顶状态 */
  { case SHIFT: /* 移入 */
      把新二元组下推入栈;
      goto NEXT;
    case ACCEPT: /* 接受 */
      宣告识别出句子;
      STOP;
    case ERROR: /* 报错 */
      报告发现错误;调用出错处理子程序;
      STOP;
    case REDUCE: /* 直接归约 */
      上退分析栈顶形成句柄的若干元素;
      下推入新二元组;
      goto EXECUTE;
  } /* switch */
}
```

控制流程图如图 5-14 所示。

LR 识别程序的驱动程序十分简单:在置好初值并读入一个输入符号之后,每一步都只需要按分析栈顶状态 S 及向前看的 k 个符号 y 来执行 ACTION[S][y]所规定的动作,直到成功或报错。

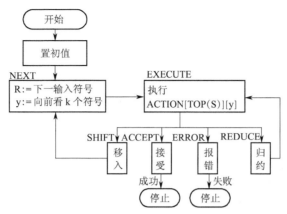

图 5-14　LR 识别程序的驱动程序控制流程图

显然任何文法,不论它是怎样的,只要它是 LR(k)文法,都可以利用同一个 LR(k)驱动程序。各个 LR(k)识别程序的区别仅在于分析表的不同。

例 5.12　试利用文法 G5.5 的 LR(1)分析表识别输入符号串 i+i*i。

将以此说明 LR 识别程序的工作过程。分析栈的变化及每步所采取的动作列于表 5-16 中。

表 5-16

步骤	栈	输入	动作	说明
1	0	i+i*i#	S5	移入 i
2	0i5	+i*i#	r6	按规则 6 归约 i
3	0F3	+i*i#	r4	按规则 4 归约 F
4	0T2	+i*i#	r2	按规则 2 归约 T
5	0E1	+i*i#	S6	移入+
6	0E1+6	i*i#	S5	移入 i
7	0E1+6i5	*i#	r6	按规则 6 归约 i
8	0E1+6F3	*i#	r4	按规则 4 归约 F
9	0E1+6T9	*i#	S7	移入*
10	0E1+6T9*7	i#	S5	移入 i
11	0E1+6T9*7i5	#	r6	按规则 6 归约 i
12	0E1+6T9*7F10	#	r3	按规则 3 归约 T*F
13	0E1+6T9	#	r1	按规则 1 归约 E+T
14	0E1	#	acc	接受

对前三个步骤作简单解释,便可见一斑。从表 5-15 中的 LR(1)分析表查得状态 0 与符号 i 匹配时,ACTION[0][i]='S5',因此步骤 1 的动作为 S5,这是移入动作,把状态 5 连同输入符号 i 下推入栈。栈中内容成为 0i5。步骤 2 中,状态 5 与符号+匹配,相应的 ACTION 元素为'r6',这是归约动作,且按规则 6 进行直接归约,规则 6 为 F∷=i,句柄 i 将被直接归约

为 F,栈中上退去 i 及状态 5,栈顶状态成为 0,从 GOTO(状态转换)部分查得 GOTO[0][F]=3,因而把二元组(3,F)下推入栈,栈顶状态现在是 3。类似地,步骤 3 的动作为 r4,执行归约动作,按规则 4: T::=F 进行直接归约。F 被直接归约为 T,上退去栈顶的(3, F),栈顶状态又是 0,GOTO[0][T]=2,栈内容现在是 0T2。如此继续,最终栈中内容成为 0E1,当前输入符号为#, ACTION[1][#]='acc',因此执行接受动作而结束。所以识别出输入符号串 i+i*i 是文法 G5.2 的句子。

通过例 5.12 可以概括出如下几点。

1)分析栈顶元素中的状态与当前输入符号完全确定了应采取的动作,栈顶元素中的文法符号是什么那是无关紧要的,因此完全可以仅把状态记录在栈中。之所以把文法符号记录在栈中,其目的是有助于解释 LR 识别程序的行为和了解识别过程,并有利于构造语法分析树。

2)文法规则仅当执行归约动作时才需要,而需要从规则获得的信息又仅是规则右部的长度及左部非终结符号。可以增设一个二元组表,此表中元素呈(U,1)形,这里 U 是规则左部非终结符号名,1 是相应规则右部符号串的长度。把分析表略加改动,即让归约动作中规则编号改成该二元组表中元素的足标,便可无需查规则表地进行分析,文法规则甚至可完全弃去不顾。例如,对于文法 G5.2 的 LR(1)分析表可以增加如图 5-15 所示的规则长度表。这样做的好处是既节省存储空间又提高识别效率。

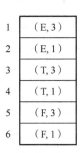

1	(E, 3)
2	(E, 1)
3	(T, 3)
4	(T, 1)
5	(F, 3)
6	(F, 1)

图 5-15 规则长度表

3)初始构型为

$S_0|i+i*i\#$

最终构型为

$S_0ES_1|\#$

(k=1),这里 E 是文法的识别符号。因此由 ACTION[1][#]='acc'识别出 i+i*i 是文法 G5.5 的句子。构型显然刻画了识别过程中特定时刻的状况。

4)该 LR(1)识别程序适用于一切 LR(1)文法,只需给定它们各自的 LR(1)分析表即可。现在的问题归结为如何为某个具体文法构造分析表,这个问题留待后面解决。

5. 对 LR(k)分析技术的评价

LR 分析技术由 Knuth 于 1965 年首先提出。这是典型的基于移入-归约法的从左到右的自底向上分析技术。这种分析技术由于下列原因而引起人们的兴趣。

1)LR 识别程序能识别几乎所有能用上下文无关文法描述的程序设计语言结构,而且对于通常的程序设计语言,一般地只需 k=1。

2)LR 分析技术比算符优先分析技术或基于移入-归约法的任何其他分析技术都更一

般,适用面更广,却能以同样的功效实现。它也比通常的不带回溯的自顶向下分析技术好。作者的对比试验表明,对同一个输入符号串进行句型分析,与 LL(1)分析技术相比较,LR(1)的归约步数比 LL(1)的少 1/3 左右。

3)LR 识别程序在从左到右扫描输入符号串时,输入符号串中一有语法错误出现,就能被 LR 识别程序察觉。LR 识别程序中易于加入错误复原设施或其他出错处理设施。

4)便于识别程序的自动构造。

鉴于为一个典型的程序设计语言构造 LR 识别程序的工作量大得不能用手工实现,因此尽管 LR 分析技术在理论上是完备的,但实际上却难以推广。

针对这一情况从两方面来着手解决:一是改进 LR(k)分析技术,对文法加以或多或少的限制,从而寻找某种有效的实现;二是自动构造 LR 识别程序。

如前所述,一个 LR 识别程序由驱动程序及分析表两部分组成,对于同一类的 LR(k)文法,关键在于构造各自的分析表,因此不论对 LR(k)分析技术改进还是自动构造 LR 识别程序,实质问题是分析表的构造。DeRemer 于 1970 年简化了 LR(k)分析技术,特别是于 1971年提出了简单 LR 方法,即 SLR 方法,使 LR 分析技术成为实际可行的分析技术。目前,构造分析表的方法除了规范的 LR 方法与简单的 LR 方法外,还有前视的 LR 方法,即 LALR方法等。SLR 构造分析表方法较简单易实现,使用价值较大。例如 PASCAL 与 C 语言等都可用 SLR(1)文法来描述。规范 LR 分析表构造方法适用于很大一类文法,它的能力最强,但分析表体积大,特别是构造分析表的工作量太大,实现代价太高。LALR 构造分析表方法的能力介于 SLR 与规范 LR 之间,它适用于大多数程序设计语言的文法,经过一定的努力,有望高效地实现。

5.3.2 SLR(1)分析表构造方法

1.SLR(1)方法的引进

(1)实现思想

按 LR(k)分析技术识别句子时,每一分析步利用句柄左部的全部符号及其右部的 k 个终结符号所给出的信息,由此确定所需执行的唯一动作。事实上无需每一步都向前看固定多个的符号,可以设想,在某些状态与某些输入符号相匹配时,无须向前看便可确定应执行的唯一动作,便不再向前看。如果某些状态与某些输入符号相匹配时不向前看输入符号便不能确定所执行的动作,便再向前看一个,如此继续,直到最多查看 k 个符号。在这一设想下, DeRemer 提出了至多只需向前看 k 个符号的简单 LR(k)(SLR(k))方法,相应地有 SL-R(k)文法。对于 SLR(k)方法,识别过程中每步至多只需向前看 k 个符号。这里考虑 k=1 的情况。

在给出 SLR 文法的定义之前,给出特征有穷状态机的概念。

(2)特征有穷状态机 CFSM

设有上下文无关文法 G,下面给出与文法有关的一些概念。

1)LR(0)项。

定义 5.9 如果 U ∷=uv 是文法 G 的一个规则,其中 u 或 v 可为空串,则 U → u.v 称为 G 的一个 LR(0)项,简称项。

由定义 5.9，LR(0)项是右部某处加有一个圆点的规则，只是现在把元符号 ∷＝改成了符号→。例如，对于规则 A∷＝XYZ 可有相应的 4 个项，即，A → .XYZ，A → X.YZ，A → XY.Z 与 A → XYZ.。

对 LR(0)项的理解是直观的，项指明了在识别过程中以某非终结符号为目标时，某时刻已归约到相应规则右部多大部分。对照前面 LR(k)项的概念，LR(0)项相当于 k=0 时的 LR(k)项，即[p,j;ε]，这里 j 指明了规则 p 中圆点的位置。

圆点在整个右部之后的 LR(0)项称为完备项，如果一个完备项呈 Z → u.形，Z 是识别符号，则称该完备项是接受项，其余所有的完备项称归约项。不是完备项的项称不完备项，圆点之后是终结符号的不完备项称为移入项，圆点之后是非终结符号的不完全项称待约项。

例如，对于 k=1 时的文法 G5.5[Z]，完备项有 Z → E#.与 E → E+T.等，其中第一个是接受项，而第二个是归约项。不完备项的例子有 T → T.*F 与 F → (.E)，其中第一个是移入项，第二个是待约项。

2）初始项。

定义 5.10　文法 G[Z]的 LR(0)项 Z → .u 称为 G 的初始 LR(0)项，简称初始项。

显然初始项对应于 k=0 时的 LR(k)项[0,0;ε]。

当存在若干个以识别符号 Z 为左部的规则时，引进增广文法 G′[Z′]，即添加新的非终结符号 Z′作为新的识别符号，并添加规则 Z′∷＝Z 或 Z′∷＝Z#，将使得有唯一的接受项 Z′ → Z.或 Z′ → Z#.，从而容易识别出接受状态。由于输入符号串后总是自动地添加右端标志符号#，因此，不论关于识别符号的规则是否唯一，构造 LR 识别程序时，总是考虑添加了规则 Z′∷＝Z#的增广文法 G′[Z′]。因此初始项是 Z′ → .Z#。

3）后继项。

定义 5.11　设 U → u.Av 是文法 G 的一个 LR(0)项，其中 A ∈ V_N ∪ V_T，则 LR(0)项 U → uA.v 称为它的后继项。

直观上看，后继项是把项中圆点右移一个符号位置所得的项，从句型识别的角度看这是显然的：当扫描过的输入符号已与规则右部的 u 相匹配时，后继的输入符号应期望与规则右部后继的符号 A 相匹配。

4）项集。

定义 5.12　由 LR(0)项组成的集合称 LR(0)项集，简称项集。

每个项集表示一种可能的识别状态。识别程序依次进入一些状态，每个这样的状态对应于一个项集。当识别程序处在对应于某个项集的状态时，该项集中的一个项便指出了在当前位置上，哪个规则的哪个部分可用来与输入符号串匹配。后继项集对应于后继识别状态。如果识别程序所处状态所对应的项集中有一个项，其中圆点后面是符号 X，则识别程序在该符号 X 下将进入所处状态的 X_后继状态，相应的项集称 X_后继项集。

现在的问题是如何由项来构成项集？换言之，一个项集应包含哪些项？特别地，如何构造后继项集？

一般地，首先从增广文法的初始项 Z′ → .Z#出发构造初始项集，由初始项集构造得到后继项集，由此后继项集又可得到更多后继项集，如此重复，最终得到文法的一切项集。

每个项集 S_i 的后继项集 S 通常是基本项集的闭包集合，基本项集可直接由项集 S_i 生

成,即{ U→uA.v| U→u.Av ∈ S$_i$}。

项集的闭包由下列定义给出。

5)项集的闭包。

定义 5.13　设 I 是文法 G 的一个项集,项集 I 的闭包 CLOSURE(I)是按下列步骤构造而得的项集。

步骤 1　I 中每个项在 CLOSURE(I)中。

步骤 2　如果 U→u.Vv ∈ CLOSURE(I),且 V∷=w 是一个规则,则把 V→.w 添入 CLOSURE(I)中。

步骤 3　重复步骤 2,直到 CLOSURE(I)不再扩大。这时所得的便是项集 I 的闭包 CLOSURE(I)。

6)文法的 LR(0)项集规范族。

一个文法 G[Z]的 LR(0)项集规范族是按如下步骤构造的一切项集。

步骤 1　初始项集 S$_0$=CLOSURE({Z′→.Z#})是 G 的 LR(0)项集,这里 Z′ 是包含规则 Z′∷=Z#的增广文法的识别符号。

步骤 2　如果 S$_i$ 是 G 的项集,则 S$_i$ 的一切后继项集均是 G 的项集。

步骤 3　重复步骤 2,直到再无新的项集可以添入。

例 5.13　试构造文法 G5.6[Z]:

0:Z∷=E#　　　1:E∷=E+T　　　2:E∷=T

3:T∷=T*F　　4:T∷=F　　　5:F∷=(E)　　　6:F∷=i

的 LR(0)项集规范族。

应用步骤 1,构造初始项集 S$_0$=CLOSURE({Z→.E#}),不难得到 S$_0$={Z→.E#, E→.E+T,E→.T,T→.T*F,T→.F,F→.(E),F→.i}。

S$_0$ 有 E_后继、T_后继、F_后继、(_后继与 i_后继。应用步骤 2 时构造这些后继项集。对于 S$_1$=E_后继,基本项集显然是{Z→E.#,E→E.+T},由于圆点后都不是非终结符号,闭包集合中并无新内容添入,因此 S$_1$={Z→E.#,E→E.+T}。对于 S$_2$=T_后继,类似地得到 S$_2$={E→T.,T→T.*F}等等。现在考虑 S$_4$=(_后继。基本项集为{F→(.E)},不难得到相应的闭包集合,有 S$_4$={F→(.E), E→.E+T,E→.T,T→.T*F,T→.F,F→.(E),F→.i}。对于 S$_4$ 又有 E_后继、T_后继、F_后继、(_后继与 i_后继等。如此继续,求出一切项集,即得文法 G5.6 的 LR(0)项集规范族 C={S$_0$,S$_1$,…,S$_{13}$}(表 5-17)。请注意,当某项集中包含的项是完备项 U→u. 时,相应后继项集称为# U∷=u 后继项集,简称为#归约_后继,它实际上是空集。

表 5-17

项集编号	项集名	项		后继关系
0	初始项集	基本项集	Z→.E#	E　→　1
		闭包集合	E→.E+T E→.T T→.T*F T→.F F→.(E) F→.i	T　→　2 F　→　3 (　→　4 i　→　5

项集编号	项集名	项		后继关系
1	E_后继	基本项集	$Z \to E.\#$ $E \to E.+T$	$\xrightarrow{\#}$ 12 $\xrightarrow{+}$ 6
2	T_后继	基本项集	$E \to T.$ $T \to T.*F$	$\xrightarrow{\#E::=T}$ 13 $\xrightarrow{*}$ 7
3	F_后继	基本项集	$T \to F.$	$\xrightarrow{\#T::=F}$ 13
4	(_后继	基本项集	$F \to (.E)$	$\xrightarrow{E}$ 8
		闭包集合	$E \to .E+T$ $E \to .T$ $T \to .T*F$ $T \to .F$ $F \to .(E)$ $F \to .i$	$\xrightarrow{T}$ 2 $\xrightarrow{F}$ 3 $\xrightarrow{(}$ 4 $\xrightarrow{i}$ 5
5	i_后继	基本项集	$F \to i.$	$\xrightarrow{\#F::=i}$ 13
6	+_后继	基本项集	$E \to E+.T$	$\xrightarrow{T}$ 9
		闭包集合	$T \to .T*F$ $T \to .F$ $F \to .(E)$ $F \to .i$	$\xrightarrow{F}$ 3 $\xrightarrow{(}$ 4 $\xrightarrow{i}$ 5
7	*_后继	基本项集	$T \to T*.F$	$\xrightarrow{F}$ 10
		闭包集合	$F \to .(E)$ $F \to .i$	$\xrightarrow{(}$ 4 $\xrightarrow{i}$ 5
8	E_后继	基本项集	$F \to (E.)$ $E \to E.+T$	$\xrightarrow{)}$ 11 $\xrightarrow{+}$ 6
9	T_后继	基本项集	$E \to E+T.$ $T \to T.*F$	$\xrightarrow{\#E::=E+T}$ 13 $\xrightarrow{*}$ 7
10	F_后继	基本项集	$T \to T*F.$	$\xrightarrow{\#T::= T*F}$ 13
11	)_后继	基本项集	$F \to (E).$	$\xrightarrow{\#F::=(E)}$ 13
12	#_后继	基本项集	$Z \to E\#.$	$\xrightarrow{\#Z::=E\#}$ 13
13	#归约_后继			

表 5-17 不仅列出了 G5.6 的全部项集,还清楚地指明了项集关于符号的后继关系,例如初始项集 S_0,当符号为 E 时,其后继项集是 S_1,初始项集 S_0 还有另外 4 个后继项集。从表 5-17 中可以看到项集 S_2 和项集 S_9 与其他项集不同:其他各项集中包含的项或者全部是完备项,或者全部是不完备项,仅这两者既包含完备项又包含不完备项。当一个项集是基本项集的闭包集合时,为醒目起见,分成基本项集与闭包集合(其余部分)两部分。

7）特征有穷状态机。

文法的 LR(0)项集规范族可以被抽象成一个有穷状态机（FSM），其步骤如下。

步骤 1　把各个项集定义为该 FSM 的内部状态，并用项集的编号来命名各个状态，因此，每一个项集在 FSM 中有一个对应状态。

步骤 2　让该 FSM 状态之间的转换对应于后继关系。例如，项集 S_0 的 i_后继是项集 S_5，则状态 0 在输入符号 i 下转换到相应的状态 5。

步骤 3　与初始项集对应的状态作为该 FSM 的开始状态，与#归约_后继项集对应的状态作为该 FSM 的终止状态。

这种有穷状态机 FSM 称为文法的特征有穷状态机（CFSM）。例如，根据表 5-17，可为文法 G5.6 构造 CFSM，如图 5-16 所示。

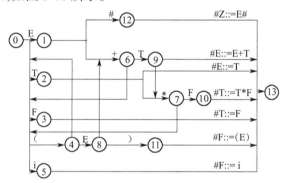

图 5-16　文法 G5.6 的 CFSM

如果项集中包含的全是完备项，则称相应状态为归约状态（例如状态 3）；如果项集中包含的全是不完备项，则称相应的状态为读状态（例如状态 4）；如果项集中既有完备项，又有不完备项，则称相应的状态为不适定状态（例如状态 2）。

现在利用 CFSM 定义 LR(0)文法如下。

定义 5.14　一个上下文无关文法 G 是 LR(0)文法，当且仅当该文法 G 的 CFSM 中无不适定状态。

该定义的含义是明确的，因为相应 CFSM 中无不适定状态，所以只要根据当前所读的符号和所处的状态便能确定当前应做的动作是读下一个符号还是归约，无需向前看任何符号。由此定义，文法 G5.6 不是 LR(0)文法。

例 5.14　设有增广文法 G5.7[Z]：

　　　Z ∷=E#　　　E ∷=aA|bB　　　A ∷=cA|d　　　B ∷=cB|d

对此文法可构造如表 5-18 所示的项集。

表 5-18

项集编号	项集名	项		后继关系
0	初始项集	基本项集	Z → .E#	E ⟶ 1
		闭包集合	E → .aA	a ⟶ 2
			E → .bB	b ⟶ 3

续表

项集编号	项集名	项		后继关系
1	E_后继	基本项集	Z → E.#	#　　►12
2	a_后继	基本项集	Z → a.A	A　　►4
		闭包集合	A → .cA A → .d	c　　►5 d　　►6
3	b_后继	基本项集	E → b.B	B　　►7
		闭包集合	B → .cB B → .d	c　　►8 d　　►9
4	A_后继	基本项集	E → aA.	#E::=aA　　►13
5	c_后继	基本项集	A → c.A	A　　►10
		闭包集合	A → .cA A → .d	c　　►5 d　　►6
6	d_后继	基本项集	A → d.	#A::=d　　►13
7	B_后继	基本项集	E → bB.	#E::=bB　　►13
8	c_后继	基本项集	B → c.B	B　　►11
		闭包集合	B → .cB B → .d	c　　►8 d　　►9
9	d_后继	基本项集	B → d.	#B::=d　　►13
10	A_后继	基本项集	A → cA.	#A::=cA　　►13
11	B_后继	基本项集	B → cB.	#B::=cB　　►13
12	#_后继	基本项集	Z → E#.	#Z::=E#　　►13
13	#归约_后继			

根据表 5-18,可为文法 G5.7 构造如图 5-17 所示的 CFSM。

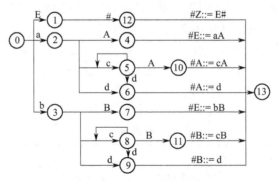

图 5-17　文法 G5.7 的 CFSM

该 CFSM 中无不适定状态,因此文法 G5.7 是 LR(0)文法。

设置一个后进先出栈来存放符号-状态对,利用 CFSM 的 LR(0)识别算法可叙述如下。

步骤 1　将初始状态名'0'下推入栈。

步骤 2　读入输入符号串中下一个符号,并把它下推入栈,把由栈顶状态及所读符号所确定转换成的状态下推入栈成新的栈顶状态。

步骤 3　查看当前栈顶状态是哪类状态。如果是读状态,则返回步骤 2 继续执行;如果是归约状态,假定与之相关联的规则是 U ∷=u,则把相应于 u 的栈顶元素从栈上退去(连同状态名),把 U 及相应的后继状态名下推入栈。需要的话,可以同时打印输出该规则,或者进行其他的语义工作。如果 U=Z(识别符号),则识别完毕,否则 U ≠ Z,让 U 成为下一输入符号而重复步骤 2。

(3)利用 CFSM 识别句子

例 5.15　以文法 G5.7 的 CFSM 识别输入符号串 accd 的过程如表 5-19 所示。

表 5-19

步骤	栈	其余输入部分
0	0	accd#
1	0a2	ccd#
2	0a2c5	cd#
3	0a2c5c5	d#
4	0a2c5c5d6	#
5	0a2c5c5A10	#
6	0a2c5A10	#
7	0a2A4	#
8	0E1	#
		接受

这一识别算法把一个后进先出栈与有穷状态机联系了起来,回忆上下文无关文法与下推自动机的联系,显然 LR(0)文法及其 CFSM 是极好的例子。

请注意,由于 Z → E.#属于项集 S_1,而其#_后继为唯一的接受项 Z → Z#.,因此当栈顶状态对应于项集 S_1,而输入符号是#时便可执行接受动作,也即实际识别过程中可省略对 E#的归约。

(4)SLR(1)文法的定义

当一个文法的 CFSM 中存在不适定状态时,每当识别程序进入这种不适定状态,便无法根据当前输入符号确定所应执行的动作:读还是归约。现在对不适定状态进行修改使得不存在不适定状态。SLR(k)文法的概念正是为了对不适定状态的这种不确定性进行特殊且又简单的解决而提出来的。

1)简单向前看 1 集合。

对照图 5-16 中的 CFSM,不适定状态是 2 与 9。以状态 2 为例,它在下一符号是*时执行读动作,否则执行归约动作。易见,在进行归约的情况下并不是允许任意输入符号的,所允许的仅为符号+、)与#。因此,如果明显地指明下一符号是这些符号中的某一个时将进行直接归约,便能消除原有的不适定状态。例如,把状态 2 改为状态 2′,且引进状态 7′ 与状态 13′,如图5-18 所示。

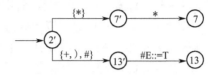

图 5-18　消除不适定状态

在这里,{}表示括住的是向前看的符号,例如{*}。当向前看 1 个的符号是*时,状态 2′ 转换到状态 7′,从而读入符号*且转换到状态 7。当向前看 1 个的符号是+、)或#时,状态 2′ 转换到状态 13′,然后进行归约而转换到状态 13。对于状态 9 进行类似的修改。这类集合{*}与{+,),#}称简单向前看 1 集合,状态 2′ 称向前看状态。

定义 5.15　一个简单向前看 1 集合是某些文法符号组成的集合,它和 CFSM 中一个不适定状态的各个转换相联系。不适定状态的转换有两类,一类是文法符号 X 下的转换(称 X_转换),简单向前看 1 集合便是{X},另一类是# U::=u 转换,简单向前看 1 集合是 $F_T^1(U)$:

$$F_T^1(U)=FOLLOW(U)$$

其中 FOLLOW 的定义同前(见第 4 章定义 4.2)。

定义 5.15 不仅给出了简单向前看 1 集合的定义,而且也给出了简单向前看 1 集合的构造法。

例 5.16　简单向前看 1 集合的构造示例。

文法 G5.6 的 CFSM 的状态 2 是不适定状态,对于它的简单向前看 1 集合,存在两类转换,即*_转换与#E::=T 转换。对于*_转换,简单向前看 1 集合是{*},对于#E::=T 转换,简单向前看 1 集合是 $F_T^1(E)$。可推导出 E 的规则有 Z::=E#, E::=E+T 与 F::=(E),因此,$F_T^1(E)=\{+,),\#\}$。概括之,关于状态 2 的简单向前看 1 集合,对于*_转换是{*},对于#E::=T 转换是{+,),#},正与前面讨论的一致。对于状态 9 有类似的讨论。

2)SLR(1)文法的定义。

定义 5.16　一个上下文无关文法 G 是 SLR(1)文法,当且仅当与其 CFSM 每个不适定状态的各个 T_转换与# U::=u 转换相联系的简单向前看 1 集合互不相交。

G 为 SLR(0)文法当且仅当它是 LR(0)文法。

2.SLR 识别程序的构造

为构造 SLR(1)识别程序,只需对 LR(0)识别程序进行下列两个修改,即首先修改 CFSM,然后修改识别算法。

对 CFSM 的修改:把 CFSM 的每个不适定状态 N 代之以向前看状态 N′,使得对于每个在符号 X 下从状态 N 到某状态 M 的转换,及与之相联系的简单向前看 1 集合 L,都存在在集合 L 下从 N′ 到某新状态 M′ 的一个转换,从 M′ 出来正有一个转换,即在符号 X 下到状态 M 的那个转换。

对识别算法的修改:这时必须恰当地处理向前看状态,即当 CFSM 进入一个向前看状态 N 时不是去读下一个符号 X,而是仅仅查看它,从而使 CFSM 进入下一个状态,这个状态正是包含符号 X 的向前看集合下将转换成的状态,但是这个借向前看集合转换成的状态的名字绝不被下推入栈。这意味着状态名 7′ 与 13′ 等绝不被下推入栈。

（1）剖析

1）活前缀。

定义 5.17 文法的规范句型的活前缀是规范句型中这样一个头符号串,它不包含句柄右部的任何符号。

例如文法 G5.2 的规范句型 E+T*i+i 中 E+T 与 E+T*i 都是它的活前缀。

活前缀的含义是直观的,即在活前缀的右部添上一些适当的终结符号就可使它成为一个规范句型,在 LR 识别程序工作过程中,任何时刻分析栈中的内容从底向上总应该正好构成一个活前缀,当继续读入其余的输入符号时便构成一个规范句型。只要输入符号串中已扫描部分在移入和归约处理后始终保持是活前缀,便表明已扫描部分不存在错误。当整个输入符号串被扫描时便识别出句子。

对于一个文法 G,可以构造一个有穷自动机来识别 G 的一切活前缀。事实上,当把归约状态看作终止状态时,前述的 CFSM 正是这样的有穷自动机。

2）有效项。

定义 5.18 设有文法 G[Z]的增广文法 G′ [Z′]。如果存在一个规范推导 $Z \Rightarrow *uUv \Rightarrow *uu_1u_2v$,则项 $U \rightarrow u_1.u_2$ 对于活前缀 uu_1 是有效的,且称该项是关于活前缀 uu_1 的有效项。

例 5.17 对于 k=1 的文法 G5.6 存在下列规范推导:

$$Z \Rightarrow E\# \Rightarrow E+T\# \Rightarrow + E+T+i\# \Rightarrow E+T*F+i\#$$

并有项 $T \rightarrow T*.F$。相对照,该项中 $U =T$, $u_1=T*$ 与 $u_2=F$,又 $u=E+$,活前缀 uu_1 为 E+T*。因此,项 $T \rightarrow T*.F$ 对于活前缀 E+T*是有效的。易见,项 $T \rightarrow T*.F$ 对于活前缀 T*也是有效的。一般说同一个项可能对于若干个活前缀都是有效的。

如前所述,识别过程中,分析栈中内容总应保持是一个活前缀 uu_1,当一个项对于该栈中的活前缀是有效的,便能提供所应采取的动作的信息。如果这个项是移入项 $U \rightarrow u_1.u_2$, $u_2 \neq \varepsilon$,表明句柄尚未形成,应执行移入动作;但如果这个项是 $Z′ \rightarrow Z.\#$,则表明已识别出一个句子,输入符号为#便应采取接受动作;如果这个项是归约项 $U \rightarrow u_1.$, $u_2=\varepsilon$,表明应执行归约动作,把 u_1 直接归约成 U。

对于同一个活前缀,可能有若干个项都是有效的,对于此有效项集合有下列定理。

定理 5.5 一个活前缀 r 的有效项集合正好是从初始状态出发沿着 CFSM 中标号为 r 的途径达到的状态所对应的项集。

例如,对于文法 G5.6 的活前缀 r=E+(E,从图 5-13 中 CFSM 的初始状态 0 出发将到达状态 8。因此,对于 r 的有效项集合是对应于状态 8 的项集{F → (E.),E → E.+T}。

如果一个活前缀的有效项集合中,既有移入项又有归约项,便难于确定应执行的动作。例如,如果两个项 $U_1 \rightarrow u_1.u_2$ 与 $U_2 \rightarrow u_1.$ 都对活前缀 uu_1 有效,不能确定是进行读还是归约,这时必需向前看 1 个符号（k=1）。

2）状态转换函数 GO。

状态转换函数 GO 是一个二元函数，定义如下：

$$GO(S_i, A)=S_j$$

其中 A 为文法符号，S_i 是项集，而

$$S_j=CLOSURE(\{ \ U \rightarrow uA.v| \ U \rightarrow u.Av \in S_i\})$$

当 S_i 是由对某个活前缀 r 有效的项组成的集合时，$S_j=GO(S_i,A)$ 便是对活前缀 rA 有效的项所组成的集合。

例 5.18 考虑文法 G5.6 的初始项集 S_0，$S_0=CLOSURE(\{Z \rightarrow .E\#\})=\{Z \rightarrow .E\#$, $E \rightarrow .E+T$, $E \rightarrow .T$, $T \rightarrow .T*F$, $T \rightarrow .F$, $F \rightarrow .(E)$, $F \rightarrow .i\}$，则 $GO(S_0, E)=CLOSURE(\{Z \rightarrow E.\#$, $E \rightarrow E.+T\})=\{Z \rightarrow E.\#$, $E \rightarrow E.+T\}$，它正是 S_0 的 E_后继。$GO(S_0, \ (\ )=CLOSURE(\{F \rightarrow (.E)\})=\{F \rightarrow (.E)$, $E \rightarrow .E+T$, $E \rightarrow .T$, $T \rightarrow .T*F$, $T \rightarrow .F$, $F \rightarrow .(E)$, $F \rightarrow .i\}$，它正是 S_0 的(_后继。类似地可得到一切状态转换函数。

（2）SLR(1)识别程序的构造

SLR(1)识别程序如同 LR 识别程序一样，由驱动程序（总控程序）与分析表组成。驱动程序比较简单，且同一个驱动程序可以适用于各个不同的 SLR(1)文法。因此，构造 SLR 识别程序的问题本质上同样是构造分析表问题。事实上 SLR 分析技术是构造 LR 分析表的一种特殊方法。

分析表的构造可以如下着手：首先从文法构造其增广文法的 CFSM，然后从该 CFSM 构造 SLR 分析表。

在这里 k=1，因此，在识别过程的某些时刻需向前看一个符号。

步骤 1 进行增广文法等价变换。把文法 G[Z]扩充为增广文法 G′[Z′]。这时在原有文法中添加规则 Z′∷=Z#，且以 Z′ 为新文法的识别符号。

步骤 2 构造 CFSM。首先构造文法 G′ 的 LR(0)项集规范族，构造方法如同前文所述。假定该文法的 LR(0)项集规范族 C={S_0, S_1, …, S_n}，然后构造文法 G′ 的 GO 函数，GO 函数给出了项集对于某个符号的后继项集。C 与 GO 函数的给定实质上也就给定了 CFSM。在这里让 C 中每个项集 S_j 的编号 j 作为相应状态的名字，因此 G′ 的 CFSM 中状态为 0，1，…，n。含有项 Z′ → .Z#的项集 S_j 所对应的 j 为初始状态，通常初始状态名是 j=0，对应于#归约_后继项集的状态为终止状态。

步骤 3 构造 SLR(1)分析表。分析表中的状态就是步骤 2 中所得的状态。分析表中的 ACTION 部分与 GOTO 部分可按下述规则构造。

1）如果移入项 U→u.av ∈ S_i，且 GO(S_i,a)=S_j，其中 a ∈ V_T，则置 ACTION[i][a]='把状态 j 及符号 a 移入(下推)进栈'，简记作'Sj'。

2）如果归约项 U→u. ∈ S_i，且 U∷=u 是增广文法 G′ 的第 j 个规则，则对任何输入符号 a，a ∈ $F_T^1(\ U \ )$，置 ACTION[i][a]='按第 j 个规则 U∷=u 进行直接归约'，简记作'rj'。

3）如果项 Z′ → Z.# ∈ S_i，由于 S_i 的#_后继为接受项 Z′ → Z#.，置 ACTION[i][#]为'接受'，简记作'acc'。

4）如果 GO(S_i, U)=S_j，U ∈ V_N，则置 GOTO[i][U]=j。

5）凡不能由上述 4 个规则确定的分析表元素全置为报错标志（空白）。

如果由上述规则构造的分析表中，每个 ACTION 与 GOTO 元素仅对应于一个值，即不发生冲突，因而分析表中每一个元素决定唯一的动作，则此分析表称为 SLR(1)分析表，具有此 SLR 分析表的文法称为 SLR(1)文法。

例 5.19　为文法 G5.2 构造 SLR(1)分析表如下。

按步骤 1，扩充文法 G5.2[E]为增广文法 G5.6[Z](k=1)。

按步骤 2，构造 CFSM，即文法的 LR(0)项集规范族及 GO 函数。

首先构造 G5.6 的 LR(0)项集规范族如下。

S_0=CLOSURE({Z → .E#})

　　={Z → .E#,E → .E+T,E → .T,T → .T*F,
　　　T → .F,F → .(E),F → .i}

S_1={Z → E.#,E → E.+T}

S_2={E → T.,T → T.*F}

S_3={T → F.}

S_4={F → (.E),E → .E+T,E → .T,T → .T*F,
　　　T → .F,F → .(E),F → .i}

S_5={F → i.}

S_6={E → E+.T,T → .T*F,T → .F,
　　　F → .(E),F → .i}

S_7={T → T*.F,F → .(E),F → .i}

S_8={F → (E.),E → E.+T}

S_9={E → E+T.,T → T.*F}

S_{10}={T → T*F.}

S_{11}={F → (E).}

然后关于非归约项构造 GO 函数如下。

因为 S_1 是 S_0 的 E_后继，S_2 是 S_0 的 T_后继，S_3 是 S_0 的 F_后继，…，因此，

$GO(S_0, E)=S_1$,　　$GO(S_0, T)=S_2$,　　$GO(S_0, F)=S_3$,　　$GO(S_0, ()=S_4$,

$GO(S_0, i)=S_5$,　　$GO(S_1, +)=S_6$,　　$GO(S_2, *)=S_7$,　　$GO(S_4, E)=S_8$,

$GO(S_4, T)=S_2$,　　$GO(S_4, F)=S_3$,　　$GO(S_4, ()=S_4$,　　$GO(S_4, i)=S_5$,

$GO(S_6, T)=S_9$,　　$GO(S_6, F)=S_3$,　　$GO(S_6, ()=S_4$,　　$GO(S_6, i)=S_5$,

$GO(S_7, F)=S_{10}$,　　$GO(S_7, ()=S_4$,　　$GO(S_7, i)=S_5$,　　$GO(S_8,))=S_{11}$,

$GO(S_8, +)=S_6$,　　$GO(S_9, *)=S_7$,

按步骤 3，根据前述 5 个规则构造 SLR(1)分析表如下。

对于所构造的状态转换函数 $GO(S_i, A)=S_j$，如果 $A \in V_T$，则按规则 1），让 ACTION[i][A]='Sj'，因此有 ACTION[0][(]='S4'与 ACTION[0][i]='S5'等；如果 $A \in V_N$，则按规则 4），让 GOTO[i][A]=j，因此有 GOTO[0][E]=1 与 GOTO[0][T]=2 等。

由于 S_1 中包含项 Z → E.#，其#_后继包含接受项 Z → E#.，因此按规则 3），让 AC-TION[1][#]='acc'。显然项集 12 是不必要的。

为关于归约项应用规则 2），计算下列 F_T^1:

$F_T^1(E)=\{+,),\#\}$

$F_T^1(T)=\{+,*,),\#\}$

$F_T^1(F)=\{+,*,),\#\}$

由于项 E → T. ∈ S_2，且 E ::=T 是规则 2，由 $F_T^1(E)$，让

ACTION[2][+]=ACTION[2][)]=ACTION[2][#]='r2'

又因为项 $T \to F. \in S_3$，且 $T ::= F$ 是规则 4，由 $F^1_T(T)$，让

$$ACTION[3][+] = ACTION[3][*]$$
$$= ACTION[3][)] = ACTION[3][\#] = 'r4'$$

类似地考察一切 GO 函数及对于项集中形如 $U \to u.$ 的项，并在分析表中填入相应元素，最终可得 SLR(1) 分析表，如表 5-15 所示。

如果按上述分析表构造法构造所得的分析表中某个元素有不止一个的值，则相应文法就不是 SLR(1) 文法。另一方面，可以看到规则 2) 中，对于终结符号 $a \in F^1_T(U)$ 才关于项 $U \to u. \in S_i$ 置 $ACTION[i][a] = 'r_j'$，j 为规则 $U ::= u$ 的编号。尽管涉及 $F^1_T(U)$，但文法依然可能是 SLR(0) 的，只需对于分析表中任何一个状态，相应的元素全是移入动作或者全是归约动作。

这里要说明的是，GO 函数实质上是一个文法的 LR(0) 项集规范族中各项集之间后继关系的形式表示，因此在实际构造 SLR(1) 分析表时，无需形式地写出 GO 函数，可以从表 5-17 所示格式的 LR(0) 项集表直接写出分析表，这时步骤如下。

步骤 1　扩充文法为增广文法。

步骤 2　写出形如表 5-17 的 LR(0) 项集表。

步骤 3　计算各非终结符号的向前看 1 集合。

步骤 4　填 SLR(1) 分析表。

5.3.3　LALR(1) 分析表构造方法

SLR(1) 分析表构造方法的特点是简单易实现，且分析表构造的工作量小，分析表本身体积也较小，因而有较大的实用价值。然而毕竟 SLR 方法的适用面要小一些，有些无二义性的上下文无关文法并不是 SLR(1) 文法，不能应用 SLR 方法构造识别程序。

例如，对于文法 G5.8[S]：

$\quad$ 1：$S ::= L = R$ $\qquad$ 2：$S ::= R$

$\quad$ 3：$L ::= *R$ $\qquad$ 4：$L ::= i$ $\qquad$ 5：$R ::= L$

一种解决办法是改进分析表的生成方法，这就是 LALR 分析表生成法。对于同一个文法，LALR 分析表将与 SLR 分析表有同样多的状态，然而其适用面又比 SLR 大得多。LALR 方法的基本思想如下所述。

首先引进 LR(1) 项，其形式为 $[U \to u.v, a]$，这里 $U \to u.v$ 是 LR(0) 项，$a \in V_T \cup \{\#\}$，是向前看符号，称为搜索符，它指明了：当 $v = \varepsilon$ 时，即对于形式为 $[U \to u., a]$ 的 LR(1) 项，在输入符号为 a 时才能按规则 $U ::= u$ 归约；但若 $v \neq \varepsilon$，a 不起作用。

对于 LR(1) 项类似地有完备项与不完备项、移入项与归约项之分。

为一个文法所能构造的一切 LR(1) 项组成的集合称为该文法的 LR(1) 项集规范族。构造文法的 LR(1) 项集规范族的方法本质上是与文法的 LR(0) 项集规范族的构造方法相同的，即引进项集闭包 CLOSURE 与后继项集（即 GO 函数），从文法的初始项集出发构造 LR(1) 项集规范族。其要点是引进所谓的同心项集，对文法的 LR(1) 项集规范族中的同心项集进行合并，从而使得分析表既保持了 LR(1) 项中向前看符号的信息，又使状态数减少到与 SLR 分析表一样多。

现在初始项集 I_0=CLOSURE ({[Z′ → .Z, #]}),且 CLOSURE 与 GO 的定义改写如下:

CLOSURE(I)=I ∪ {[V → .v, b]|[U → u.Vw, a] ∈ CLOSRUE(I),

b ∈ H_1(wa),且 V∷=v 为文法规则}

GO(I_i, A)=I_j

其中 H_1(wa)是一个相对于 wa 的字中第一个符号的集合,这些符号是终结符号或#,A 是文法符号,I_i 与 I_j 为 LR(1)项集,且

I_j=CLOSURE({[U→uA.v, a]|[U→u.Av, a] ∈ I_i})

例如,增广有规则 Z∷=S 的文法 G5.8[S]的 LR(1)项集构造如下。

I_0=CLOSURE({[Z → .S, #]})

=\{[Z → .S, #], [S → .L=R, #], [S → .R, #], [L → .*R, =],

[L → .i, =], [R → .L, #],　[L → .*R, #], [L → .i, #] \}

为了书写简洁,将有相同 LR(0)项的 LR(1)项合并,搜素符间用竖线隔开,把 I_0 改写成:

I_0=\{[Z → .S, #], [S → .L=R, #], [S → .R, #],

[L → .*R, =|#], [L → .i, =|#], [R → .L, #] \}

类似地,从初始 I_0 可以生成 LR(1)项集规范族,文法 G5.8 的 LR(1)项集规范族 C=\{I_0, I_1,…,I_{13}\},读者可以自行构造,这里给出以下例子以供参考。

I_0 的 S_后继 I_1=GO(I_0, S)=\{[Z → S., #]\}

I_0 的*_后继 I_4=GO(I_0, *)=\{[L → *.R, =|#], [R → .L, =|#], [L → .*R, =|#], [L → .i, =|#]\}

I_0 的_后继 I_6=GO(I_2, =)=\{[S → L=.R, #], [R → .L, #], [L → .*R, #], [L → .i, #]\}

I_6 的*_后继 I_{11}=GO(I_6, *)=\{[L → *.R, #], [R → .L, #], [L → .*R, #], [L → .i, #]\}

所谓同心项集,就是除了搜索符外,完全相同的两个 LR(1)项集。显然,项集 I_4 与项集 I_6 不是同心项集,而项集 I_4 与项集 I_{11} 是同心项集,可以合并成 I_{411}=\{[L → *.R, =|#], [R → .L,=|#], [L → .*R, =|#], [L → .i, =|#]\},用项集 I_{411} 代替项集 I_4 与项集 I_{11},从而减少了项集个数。

类似于 SLR 分析表生成算法,基于 LR(1)项集规范族,从 GO 函数可生成相应的 LR(1)分析表。这样生成的分析表是规范 LR(1)分析表。在一般情形下,规范 LR(1)分析表状态数是十分大的。现在合并同心项集,这样项集的总数减少了,且正好等于文法 LR(0)项集规范族中项集个的数。

问题在于原来不存在冲突的 LR(1)项集,在合并同心项集后是否会引起冲突?

对于 LR(1)文法,如果把所有的同心项集合并,有可能导致冲突,但这种冲突不会是移入-归约冲突,只能是归约-归约冲突。对于合并同心项集后产生冲突(归约-归约冲突)的文法是不能应用 LALR 分析表构造方法的,这也就是 LALR 方法不及规范 LR 方法之处。

LALR 分析表构造算法类似于 SLR 分析表构造算法,这里不拟详细给出,仅指出区别之处。

1)构造 LR(1)项集规范族 C=\{I_0,I_1,…,I_n\}后,合并 LR(1)项集规范族中的一切同心项集,即用它们的并代替它们;假定合并后的项集集合是 C′=\{J_0,J_1,…,J_m\}。

2)查看 C′ 中有无分析动作冲突,如果存在冲突,此文法 G 不是 LALR(1)文法,算法不能产生 LALR(1)分析表。

3）构造 GOTO 表。如果 $J_i=I_{i1} \cup I_{i2} \cup \cdots \cup I_{it}$，即 J_i 是合并 C 中的同心项集 I_{i1}、I_{i2}、$\cdots$、I_{it} 后所产生的项集，则 $GO(I_{i1}, X)$，$GO(I_{i2}, X)$，$\cdots$，$GO(I_{it}, X)$ 也都是同心项集，它们的并集记为 J_j，则 $GO(J_i, X)=J_j$。当 $U \in V_N$，如果 $GO(J_i, U)=J_j$，则让 GOTO[i][U]=j。

如果构造的分析表中每个元素的值都是唯一的，称为 LALR(1)分析表，相应文法称为 LALR(1)文法。

读者可以自行尝试为文法 G5.8[S]构造 LALR(1)分析表，并利用此分析表对输入符号串 i=*i 进行识别，以确定它是否为文法 G5.8[S]的句子。

从 LALR(1)分析表的构造方法不难看出，尽管其分析表状态数少了，但当识别某个特定输入符号串时，它与使用规范 LR(1)分析表时一样，有相同的移入-归约序列，区别仅在于状态名不同而已。只是当输入符号串不是相应文法的句子时，LALR 可能比规范 LR 多做一些不必要的归约，但 LALR 绝不会比 LR 移入更多的符号，换言之，就确切地指出输入符号串的错误存在位置而言，LALR 与规范 LR 有相同的效果。

上述分析表构造方法中，基于 LR(1)项集规范族，对同心项集合并而减少分析表中的状态数，由于 LR(1)项集数本身十分庞大，因此 LALR(1)分析表构造过程仍可能需要较大的存储空间与较长的时间，对于 LALR(1)分析表存在有功效更高的第二种构造方法，其出发点是压缩项集的大小，达到压缩状态数的效果。限于篇幅，对此不再详细讨论。

5.3.4　识别程序自动构造

1. 自动构造的基本思想

一个 LR(k)识别程序由驱动程序及分析表两部分组成，对于同一个 k 值，一个驱动程序可以适用于若干个不同的 LR(k)文法的识别程序。不同的文法应有不同的分析表，一个 LR(k)识别程序的自动构造也就是分析表的自动构造。

为了自动构造分析表，建立一个分析表自动生成程序。以 SLR(1)分析表的自动生成为例，可以画出控制流程示意图如图 5-19 所示。

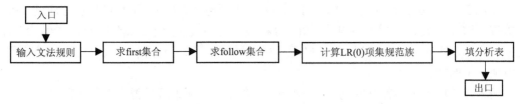

图 5-19　分析表自动生成程序控制流程示意图

易见需构造的是项、项集、状态转换函数以及向前看集合等，关键的是文法的机内表示、项与项集以及分析表等的表示法，尤其是相同项集的识别。LR 的状态或 LR(0)项的足标表示法无疑是一种有利于自动构造的好的表示形式。

2. LR(k)技术不适用的情况

LR 文法必不是二义性的，反之，任何二义性文法也决不是 LR 文法，因而也不是 SLR 或 LALR 文法。但是有时用二义性文法去描述一个语言有其明显的好处。例如，文法 G5.1[E]：

　　　　E :: =E+E|E*E|(E)|i

是二义性的,但它与无二义性文法 G5.2 相比,有下列两个优点。首先,很容易改变运算符的优先级与结合性,却不影响原有文法规则或相应识别程序的状态个数。当然给出文法 G5.1 时就假定在某处已规定了运算符+与*的优先级与结合性。其次,对应于无二义性文法 G5.2 的识别程序将花相当长的时间于按单规则 E∷=T 与 T∷=F 进行直接归约,单规则的作用仅仅强调了结合性与优先级信息。因此,文法 G5.1 的识别程序比文法 G5.2 的识别程序功效更高。

对于二义性的文法,在构造相应的 LR 识别程序,也即分析表时,将发生冲突,即移入-归约冲突或归约-归约冲突。一个实用的识别程序自动生成程序应能提供措施解决这些冲突,例如以某种方式提供优先级与结合性的信息,使得即使对于二义性文法也能构造分析表。

识别程序自动生成工具的典型代表是 YACC 系统,它接受 LALR 类文法,生成 LALR 分析表。自 20 世纪 70 年代问世以来,它几经改进,已成功开发许多编译系统。

5.4　LR(1)识别程序句型分析的实现

LR(1)识别程序的驱动程序控制流程示意图如图 5-14 所示。每个分析步中,由分析栈顶状态和当前向前看 1 符号决定分析表的元素,从而确定所执行的分析动作。在实际实现 LR 分析技术句型分析时,显然,关键是 LR 分析表的存储表示,必须考虑 LR 分析表在计算机内如何存放。分析表由 ACTION 部分和 GOTO 部分组成,可各自对应一个二维数组,即引进 ACTION 和 GOTO 两个二维数组。实际实现的思路是:用数值代替分析表中的元素。

先考虑 ACTION 数组的情况。第一维是状态,可用状态编号来代替,因此第一维是整型;第二维是输入符号,即文法的终结符号,可以用终结符号集中的序号代替,也是整型;至于右端标志符号#,可用编号 0 表示。

ACTION 元素有如下 4 类值。

1)"Si":表示移入动作,把状态 i 与当前输入符号一起下推入分析栈。

2)"rj":表示按文法规则 j 对分析栈顶部分形成的句柄进行直接归约。

3)"acc":表示接受。

4)空白:表示当前分析栈顶状态与当前输入符号匹配是错误的,因此输入符号串不是句子。

这 4 类值都是字符串,按字符串处理甚为麻烦,一种简单的方法是用数值代替。具体做法如下:

"Si"对应于正值:i (i>0);

"rj"对应于负值:-j (j>0);

"acc"对应于特殊整值,如 999;

空白对应于数值 0。

如上地用数值代替分析表中的元素时,很容易区分分析表 ACTION 部分中的元素哪个是移入、哪个是归约和哪个是接受。也就是说,特殊值(如 999 等)对应于接受(acc),正整数值 i 对应于移入(Si)、负整数值-j 对应于归约(rj)等。例如分析动作 S5 对应于+5,而分析动作

r3 对应于 -3,等等。这样,判别是何种动作极为方便,而且非常容易用 C 语言等程序设计语言来实现;当讨论语义分析时,将看到极易把语法分析和语义分析相结合,并且极易调用相应的语义子程序。因此,LR(1)分析表的数据结构可设计如下(C 语言)。

动作部分:

    int   ACTION [MaxStateNum][MaxVtNum];

状态转换部分:

    int   GOTO [MaxStateNum][MaxVnNum];

如何给出 LR 分析表? 一种方法是自动生成。对于不太大的文法,更简便的方式是手工求出分析表后以赋初值的方式给出。以表 5-15 给出的 LR 分析表为例,赋初值如下:

    int   ACTION[12][6]=   /*注意:#的编号是 0,放在所有终结符号之前*/

    {   {0, 0,0,4,0, 5}, {999,6,0,0,0,0 },{-2,-2,7,0,-2,0}, {-4,-4,-4,0,-4,0},

      {0, 0,0,4,0, 5}, {-6,-6,-6,0,-6,0 },{0,0,0,4,0,5},   {0,0,0,4,0,5 },

      {0,6,0,0,11, 0}, {-1,-1,7,0,-1,0 },{-3,-3,-3,0,-3,0},{-5,-5,-5,0,-5,0 }

    };

    int   GOTO[12][4]=   /*非终结符号编号从 1 开始*/

    {   {0,1,2,3}, {0,0,0,0},{0,0,0,0},{0,0,0,0},

      {0,8,2,3}, {0,0,0,0},{0,0,9,3},{0,0,0,10},

      {0,0,0,0}, {0,0,0,0},{0,0,0,0},{0,0,0,0}

    };

现在关键问题转化为如何在分析过程中生成分析结果——语法分析树或推导。下面以生成语法分析树的情况进行讨论。

按自底向上分析技术,从输入符号串出发,以其为末端结点符号串,试图向上构造语法分析树,最终根结点正是识别符号。因此,一开始时输入待分析符号串并建立相应的结点。以后每次把构成句柄的符号串相应的结点作为末端分支结点构造分支及分支名字结点。可见,当分析栈顶部分符号串构成句柄而执行直接归约动作时,建立新的结点(分支名字结点)并建立与这些分支结点的父子结点关系和它们相互之间的兄弟结点关系,并作出状态的转换。如前所见,语法分析树中任一结点的位置可由其父结点、左兄结点与右子结点所完全确定,因此语法分析树的数据结构可以定义如下:

    typedef struct

    {   int 结点序号; int 文法符号序号;

      int 父结点序号,左兄结点序号,右子结点序号;

    }   语法树结点类型;

    语法树结点类型   语法分析树[MaxNodeNum];

句型分析中用到的分析栈用数组来实现,可以定义如下:

    typedef struct

    { int 状态序号; int 结点序号;

    } 分析栈元素类型;

    分析栈元素类型   分析栈[MaxStackDepth];

```
int    tops;    /*分析栈顶指针*/
```

其中,分析栈元素的一个成员不是文法符号序号,而是结点序号,这样将能从结点序号取到包括文法符号、父结点序号、左兄结点序号与右子结点序号等更多的信息。

下面给出执行移入与归约动作时生成语法分析树的部分程序片段(C 型语言):

```
S=分析栈[tops]. 状态;                     U=文法[act]. 左部符号序号;
R=当前输入符号在 Vᴛ 中的序号;            右子结点序号=分析栈[tops]. 结点序号;
act=ACTION[S][R];                          N=N+1;
if(act>0) /* 移入动作 */                   语法分析树[N]={N,U,0,0,右子结点序号};
{ tops++;                                  bro=0;
    分析栈[tops]={act,k};                  for(j=1; j<=m; j++)
    /* k 对应于输入符号结点             { 分支结点序号=分析栈[tops-(m-j)]. 结点序号;
序号*/                                        语法分析树[分支结点序号]. 父结点序号=N;
    } else                                    语法分析树[分支结点序号]. 左兄结点序号=bro;
if(act<0) /* 归约动作 */                       bro=分支结点序号;
{ act=-act;                                }
    m=文法[act]. 右部长度;                 tops=tops-m;
    if(m==0) /* 建立结点 ε */             NewS=GOTO[分析栈[tops]. 状态][U-100];
    { N=N+1;                               /* U 的值= U 在 Vɴ 中的序号+100 */
      语法分析树[N]={ N,0,0,0,0};           tops=tops+1; 分析栈[tops]={ NewS,N};
      tops=tops+1;分析栈[tops]={ 0,N}; }
      m=1;
    }
```

注意:赋值语句“分析栈[tops]={ NewS，N}；”是结构赋值,显然 C 语言是不能实现的,事实上,这代表下列两个赋值语句:

```
分析栈[tops]. 状态序号=NewS;
分析栈[tops]. 结点序号=N;
```

对语法分析树[N]的赋值情况类似。

本章概要

本章讨论自底向上的语法分析技术,主要内容包括:概况、算符优先分析技术与优先函数的构造、LR(k)分析技术及识别程序的构造。

自底向上语法分析是以输入符号串作为末端结点符号串自下向上地试图构造语法分析树,或从输入符号串出发试图建立归约(推导)的过程。要强调的是,这是规范分析的过程。其基础文法是上下文无关文法,进一步说,是压缩了的上下文无关文法。输入是中间表示形式的符号串(属性字序列),输出是语法分析树或推导形式的内部中间表示。所有自底向上分析技术都以移入-归约法作为基本实现方法。明确地说,移入-归约法并不是一种分析技术。

　　算符优先分析技术的基本实现思想是:基于句型中两个相邻终结符号进入被归约短语的先后顺序引进算符优先关系,分析过程中,依据句型中两个相邻终结符号间的算符优先关系决定每个分析步的动作,从而完成句型分析。读者应了解算符优先分析技术的基础文法及句型识别过程。优先函数的引进使得存放算符优先矩阵所需的存储需要量线性化而大大减少。构造优先函数的方法有逐次加 1 法、Bell 有向图法与 Martin 算法等。在构造优先函数时要检查是否为优先函数,应注意不同的构造方法有不同的检查方法。相关概念:算符文法、算符优先文法、算符优先关系、算符优先矩阵与质短语。

　　LR(k)分析技术是一种严格地从左向右的自底向上分析技术,在每一分析步,利用可能句柄左部的全部符号及向前看 k 个符号决定分析动作。实际实现中 LR 识别程序借助于分析表控制句子的识别过程,读者应理解其涵义。LR(k)分析技术的重点是 LR(k)分析表的构造及利用分析表进行句型分析。LR(k)分析表的构造有三种方法,即 SLR(k)法、LALR(k)法与规范 LR(k)法(通常 k=1)。读者应掌握 LR(1)识别程序句型分析的实现技术,重点是SLR(1)。相关概念:LR(0)项与 LR(0)项集规范族、特征有穷状态机 CFSM、不适定状态、简单向前看 1 集合、活前缀与有效项。

　　识别程序的自动构造是在 LR(k)分析技术的基础上讨论的。对于同一个 k 值,各个不同的 LR(k)文法的识别程序可使用同一个驱动程序,不同的是 LR(k)分析表,因此识别程序的自动构造实质上是 LR(k)分析表的自动生成。在实际实现中,一个自动生成程序应处理LR(k)技术不适用的情况,即使是一个二义性文法(当然不是 LR(k)文法),也可为它构造LR(k)分析表。

习题 8

　　1)试证明:对于算符文法,如果 UT 出现在句型 w 中,其中 $T \in V_T$,$U \in V_N$,则 w 中任何包含 T 的短语也必包含 U。

　　2)试根据习题 8-2 图所示的语法分析树确定全部算符优先关系(以矩阵形式给出)。

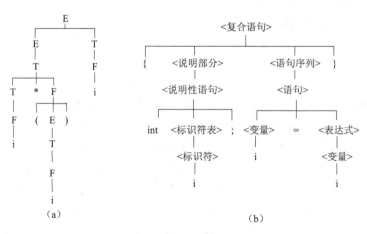

习题 8-2 图

3）试为文法 G[Z]:

　　　Z∷=A( )　　　　A∷=(|Ai|B)　　　　B∷=i

构造算符优先矩阵,给出构造步骤。

4）试指出文法 G5.3[Z]:

　　　Z∷=E　　　E∷=E+T|T　　　T∷=T*F|F　　　F∷=(E)|i

的句型 E+T*F*i+i 中的短语与质短语。

5）试用图 5-5 中的算符优先识别算法识别符号串 i+i*i、i*(i+i)与 i*(i+i*i)+i*i 是否为题 4）中文法 G5.3[Z]的句子,给出识别过程。算符优先矩阵见图 5-2。

习题 9

1）试证明按 Bell 有向图法构造优先函数时（存在的话）,若 $S_j \oslash S_i$,则必有 $f(S_j) < g(S_i)$。

2）试证明对于形如 $\begin{pmatrix} \ominus & \oslash \\ \ominus & \ominus \end{pmatrix}$ 的算符优先矩阵不可能存在优先函数。

3）试分别按逐步加 1 法、Bell 有向图法和 Martin 算法为下列算符优先矩阵构造优先函数。

	T_1	T_2	T_3	T_4		T_1	T_2	T_3	T_4
T_1					T_1			$\oslash$	$\oslash$
T_2			$\ominus$	$\ominus$	T_2			$\oslash$	
T_3			$\oslash$	$\oslash$	T_3	$\oslash$	$\ominus$	$\oslash$	
T_4			$\oslash$	$\oslash$	T_4	$\ominus$		$\oslash$	

提示:检查是否为优先函数,不同的构造方法有不同的检查方法。

4）试为习题 8 中题 3）所构造的算符优先矩阵构造优先函数。

习题 10

1）试说明文法 G[S]:S∷=1S0|1S1|2 是 LR(0)文法。

2）试说明文法 G[S]:S∷=aB　B∷=Bb|b 不是 LR(0)文法。

3）设文法 G5.2[E]:

　　　1:E∷=E+T

　　　2:E∷=T

　　　3:T∷=T*F

　　　4:T∷=F

　　　5:F∷=(E)

　　　6:F∷=i

试根据习题 10-3 图中的语法分析树构造所有可能的 LR(1)项。

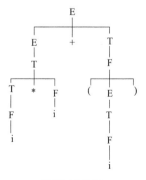

习题 10-3 图

4）试利用表 5-8 中的分析表识别符号串(i+i)*i+i 是否为文法 G5.2 的句子，并给出识别过程。注意，请指出每步动作。

5）设文法 G[S]：

　　　　S∷=a|b|(T)　　　　T∷=T,S|S

试构造 CLOSURE({[0,0;#]})。提示：规则 0 是增广规则 Z∷=S。

6）试写出关于文法 G[S]：

　　　　S∷=a|b|(T)　　　　T∷=T,S|S

的规则 T∷=T,S 的一切 LR(0)项，且构造 CLOSURE({S → (.T)})，指明：它有哪些后继项集？各是什么？其中哪些对应于归约状态？哪些对应于读状态？哪些对应于不适定状态？

7）设文法 G[E]：

　　　　E∷=E+T|T　　　　T∷=TF|F　　　　F∷=F*|(E)|a

构造该文法的 LR(0)项集规范族与 SLR(1)分析表。

第 5 章上机实习题

1）应用 LR(1)分析技术识别句子。

目标：掌握应用 LR(1)分析技术进行句型分析。

输入：任意的 SLR(1)文法与相应的 SLR(1)分析表、待识别的符号串。

输出：识别结论（输入符号串是否为所输入文法的句子）。

要求：是句子时给出表列形式的语法分析树，不是句子时给出出错信息。

说明：①以文法 G5.2 与表 5-15 中的 SLR(1)分析表作为实例，它们都可以以数值方式表示，因此以赋初值方式设置好；

　　　　②可以考虑输出识别过程。

2）*自动生成 SLR(1)分析表。

目标：掌握 LR(1)分析表生成的基本思想及其存储表示。

输入：任意的压缩了的上下文无关文法。

输出：相应的 SLR(1)分析表。

要求：以表格形式输出分析表。

说明：①当不是 SLR(1)文法而因此分析表元素不唯一时，应有相应的处理，如报错等；

　　　　②以文法 G5.2 作为实例。

提示：要点是项集的表示法及其计算，特别是判定两个项集的相等。

第 6 章　语义分析与目标代码生成

6.1　概况

第 6 章

6.1.1　语义分析的概念

写源程序的目的是通过运行所写源程序获得预期的效果,得到满意的计算结果,因而在写源程序时,按照某个算法,根据程序设计语言的语义选择并写出相应的语言成分。在前几章的讨论中,看到一个源程序经历了词法分析与语法分析,表明它在书写上是正确的,其基础是正则文法句子的识别和上下文无关文法句子的识别。当识别出是相应文法的句子时,表明所写程序在语法上是正确的。然而,正如第 2 章中所述,语法上的正确并不能保证含义(语义)上的正确。确切地说,对于所写源程序,应进一步分析其含义,在理解含义的基础上,为生成相应的目标代码作好准备,或者直接生成目标代码,这就是语义分析。语义分析是编译程序分析阶段继词法分析、语法分析之后的第三项工作,粗略地说,语义分析阶段分析源程序的含义,并作相应的语义处理。

程序的含义涉及两方面,即数据结构的含义与控制结构的含义。

数据结构的含义在这里主要指与标识符相关联的数据对象,也即量的含义。不言而喻,量涉及类型与值,值在运行时刻确定,而类型则由程序中的说明性语句来规定。例如:

　　　　int x;　　float y, z;　　char A[10];

把 x、y、z 与 A 分别与整型、实型、实型与字符数组类型相关联,它们分别代表相应类型的数据对象。

不同类型的数据对象有不同的机器内部表示(简称机内表示),因此有不同的取值范围,对它们所能进行的运算也将是不同的。显然只有具有相同类型、相同机内表示的数据对象,或符合特定要求的数据对象才能进行相应的运算。确定标识符所关联的类型等属性信息,进行类型正确性的检查成为语义分析的基本工作。

控制结构的含义是语言定义的。例如,对于 if 语句:

　　　　if⟨表达式⟩⟨语句⟩else⟨语句⟩

规定了当表达式的值为 true(真)时,执行紧随其后的语句,否则执行 else 之后的语句,然后执行该 if 语句的后继语句。

语义分析部分将分析各个语法结构的含义并作相应的语义处理。

控制结构含义的确定有形式的与非形式的两种情况。例如,文法 G6.1[E]:

　　　　E::=E+T|T　　　　　T::=T*F|F　　　　　F::=(E)|i

表明:一个表达式中括号内的最先计算,当在同一层次中时先乘(*)后加(+)。这是由文法形式地规定的。而对于赋值语句 v=exp 的含义将是非形式地规定的。按其含义,执行步骤如下：先计算赋值语句右部表达式的值，必要时进行类型转换，然后计算左部变量的存储地址，最终把右部表达式的值赋给左部变量。

概括起来，语义分析的基本功能如下。

（1）确定类型

确定标识符所关联数据对象的数据类型。注意，有的编译程序把这个工作交由词法分析部分进行，这样，词法分析部分将处理源程序的说明性语句。但这里的讨论中，词法分析时未进行说明性语句的处理，因此语义分析阶段的输入中明显包含与说明性语句相应的属性字。

（2）类型检查

按照语言的类型规则，对运算及进行运算的运算分量进行类型检查，检查运算的合法性与运算分量类型的一致性 (相容性)，必要时进行相应的类型转换。例如，对于 C 语言，两个实型量是不能进行整除求余运算的，而加法运算的两个运算分量必须都是算术型的；当为整型或实型时，须进行必要的类型转换，等等。

（3）识别含义，并作相应的语义处理

根据程序设计语言的语义定义 (形式或非形式的)，确认(识别)程序中各构造成分组合到一起的含义，并作相应的语义处理。这时对可执行语句生成中间表示代码或目标代码。

（4）其他一些静态语义检查

语义分析时可进行一些静态语义检查，例如控制流检查。C 语言不允许从循环外控制转移入循环内等，可在语义分析阶段检查。

语义分析阶段以语法分析阶段的输出 (语法分析树或其他的等价内部中间表示)作为输入，输出则是中间表示代码，甚至目标代码。请注意，如同语法分析以符号而不以属性字作为输入，为简化起见，语义分析阶段以符号作为输入，而不考虑实际的内部表示。

一般情况下，语义分析阶段仅产生中间表示代码，即语义分析与目标代码生成分两遍进行。把语义分析与目标代码生成分别进行的原因如下。

1)词法分析与语法分析仅在整个编译程序中占据较小比例，更复杂、更烦琐与更困难的工作在后面，把语义分析与目标代码生成分开，可使难点分解，分别解决。

2)编译仅一次，而运行可重复多次，让语义分析与目标代码生成分开，可对语义分析产生的中间表示代码进行优化以产生高功效目标代码。

3)目标代码往往与机器有关，而语义分析是对程序设计语言结构成分含义的分析，通常与机器无关。把语义分析与目标代码生成分开，可让一个语义分析程序适用于多个目标代码生成程序。

4)把语义分析与目标代码生成分开也有利于人员组织和整个编译程序的有效开发。

尽管语义分析与目标代码生成的分开，使编译程序开发难度降低，但对于语义分析，它不像词法分析与语法分析分别基于正则文法与上下文无关文法，可以形式地描述，已形成系统的形式化的算法，可以按照机械甚至自动的方式构造词法分析程序与语法分析程序。语义往往是与上下文有关的，只宜于用口语描述，语义形式化很困难，尽管目前已形成形式语义学这门学科，特别是近几年很多工作都致力于采用代数方法产生使目标程序和源程序等价的正确的程序设计语言，从而实现语义形式化，但至今尚无被众所公认、广泛接受与流传的语义形式化系统可用来描述程序设计语言的语义，自然也未形成可用于编译程序构造的、系统的语义算法或典型的技术,因而语义分析往往显得支离破碎。

　　值得注意的是,近年来在语义分析与目标代码生成上广泛采用了语法制导翻译技术,加强了形式化。语法制导翻译技术的基础是形式描述的属性文法,它把语法与语义分开,但又在语法分析的同时进行相应的语义工作,因此,应该说这一技术的引进使语义形式化在实用化方向上迈进了一大步。

6.1.2　属性文法

1. 属性文法的引进

　　每个文法的字汇表中包含终结符号与非终结符号。这些文法符号,尤其是非终结符号代表了语言结构,例如文法 G6.1 的 E、T 与 F 分别代表表达式、项与因式这样的语言结构。为了实现语法制导的翻译,对文法符号引进一些属性,诸如类型与值,甚至存储地址等,以刻画相应语言结构的语义值。与这些属性有关的信息,即属性值,由语法分析过程中产生的语法分析树中相应结点的环境所推导出来,换句话说,对文法规则 (语法规则)附以语义规则,通过语义规则的计算求得属性值。属性可以是想表达或想涉及的任何内容,如类型、数值、字符串、存储地址与代码,等等。因此,通过语义规则的计算可以产生目标代码、中间表示代码,甚至可以完成把信息存入符号表、显示出错信息或其他一些活动,具有相当的灵活性。

　　对于某个压缩了的上下文无关文法,当把每个文法符号联系一组属性,且让该文法中的重写规则附加以语义规则时,称该上下文无关文法为属性文法。显然,属性文法是上下文无关文法的扩充:是把上下文无关语言同与上下文有关的语言语义信息相结合的形式定义,因而是语义分析形式定义的有效手段,即使是代码优化与目标代码生成也可以用属性文法来形式地描述。由于使用属性文法时,把语法规则与语义规则分开,但在使用语法规则进行推导或归约的同时又使用这些语义规则来制导翻译与最终产生目标代码,所以称语法制导的翻译。属性文法往往以语法制导定义或翻译方案的形式出现。概括起来,语法制导的翻译是在语法规则制导下,通过对语义规则的计算,完成对输入符号串的翻译。

　　语法制导定义是较抽象的翻译说明,它隐蔽了一些实现细节,因此在书写语法制导定义时,无需指明翻译时语义规则的计算次序。但如果语法制导定义中指明了语义规则的计算次序,陈述了一些实现细节,将不再称其为语法制导定义,而改称其为翻译方案。关于属性文法、语法制导定义与翻译方案等以及相关的概念将在下面逐步引进,并通过例子说明。

　　例 6.1　简单台式计算器计算程序的语法制导定义如表 6-1 所示。

表 6-1

重写规则	语义规则
L ::=En	print(E.val)
E ::=E_1+T	E.val:=E_1.val+T.val
E ::=T	E.val:=T.val
T ::=T_1*F	T.val:=T_1.val*F.val
T ::=F	T.val:=F.val
F ::=(E)	F.val:=E.val
F ::=digit	F.val:=digit.lexval

请注意,为了强调是赋值号,而不是等于号,在语法制导定义和翻译方案中都将采用PASCAL 语言的表示法,即 ":=" 表示赋值号,"=" 表示等于号。

该语法制导定义中对非终结符号 E、T 与 F 各引进一个属性 val,其属性值为整型,对于终结符号 digit 的属性是 lexval,其属性值是由词法分析程序提供的。语义规则部分明显地规定了各个属性值是如何计算得到的。L 是文法的识别符号,与其相关的重写规则 L::=En相应的语义规则规定了打印 E 的属性值 val,也即显示由 E 产生的表达式的值。注意,此重写规则中的符号 n 是台式计算器键入的结束标志。这里要指出的是,当同一个重写规则中不止一次出现涉及属性值的同一个文法符号时,须加下标以便相互区别。

作为例子,下面再给出关于 C 语言说明性语句的语法制导定义如下。

例 6.2　C 语言说明性语句的语法制导定义如表 6-2 所示。

表 6-2

重写规则	语义规则
D::=TL	L.in:=T.type
T::=int	T.type:=integer
T::=float	T.type:=real
L::=L₁,id	L₁.in:=L.in
	addtype(id.entry,L.in)
L::=id	addtype(id.entry,L.in)

该语法制导定义中,对非终结符号 T 与 L 各引进属性 type 与 in,其属性值都是类型(整型 integer 与实型 real)。其中过程 addtype 的功能是把标识符的类型添加到符号表中该标识符的条目中,该条目的位置由属性 entry 指向。

这里对例 6.1 与例 6.2 中的两个语法制导定义进行比较。为此假定对于例 6.1 与例 6.2的输入分别为 3*5+4 与 float i1, i2, i3。进行语法分析所得语法分析树分别如图 6-1(a)与图 6-1(b)所示。现在在语法分析树各个结点上标记出相应属性值,如图 6-2 所示。这种在语法分析树各个结点上标记出属性值的语法分析树称为注释分析树,而计算各结点属性值的过程称为对语法分析树注释。

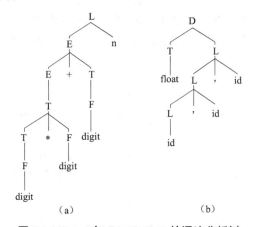

图 6-1　3*5+4 与 float i1,i2,i3 的语法分析树

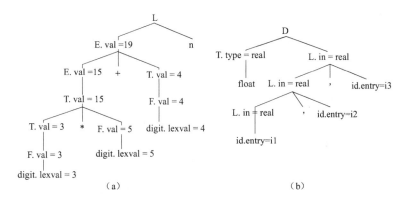

图 6-2　3*5+4 与 float i1, i2, i3 的注释分析树

对照语法制导定义,不难看出属性值的计算有两种情况,即分析过程中,一个结点相应文法符号的属性值通过语法分析树中它的子结点的属性值来计算,以及由该结点的兄弟结点与父结点的相应文法符号的属性值来计算。例如图 6-2(a)中的结点 E 为第一种情况,图 6-2(b)中的结点 T 也为第一种情况,而结点 L 为第二种情况。通常按第一种情况计算的属性称为综合属性,而按第二种情况计算的属性称为继承属性。因此,属性有两类,即综合属性与继承属性。例 6.1 中的一切属性皆为综合属性,而例 6.2 中文法符号 T 有综合属性,文法符号 L 有继承属性。

显然,一个属性是综合属性还是继承属性,完全由语义规则所确定,也即语义规则确定了属性间的依赖关系,当用一种有向图来表示这种依赖关系时,这种有向图称为依赖图。依赖图可机械地推出语义规则的计算次序,因此在构造语法制导定义时不必过多关心属性计算的次序。关于依赖图今后还将进一步讨论。

概念上,不论是应用语法制导定义还是应用翻译方案,翻译过程如下。

步骤 1　分析输入符号串,建立语法分析树。

步骤 2　从语法分析树得到描述结点属性间依赖关系的依赖图,由此依赖图得到语义规则的计算次序。

步骤 3　进行语义规则计算,得到翻译结果。

实际实现中并不一定按上述步骤逐步进行,例如当应用语法制导定义实现一遍编译程序时,可在分析期间计算语义规则而不明显构造语法分析树或依赖图。

2. 语法制导定义

(1)属性文法的形式描述

语法制导定义在属性文法的基础上引进,因此,先给出属性文法的形式描述,然后引进一些概念的定义。

定义 6.1　一个属性文法 AG 是一个四元组(G,A,R,C),其中:

G 是压缩了的上下文无关文法(V_N, V_T, P, Z);

A 是有穷属性集;

R 是有穷属性规则集;

C 是有穷条件集。

下面对上述定义作一些解释。

属性文法 AG=(G, A, R, C)表明 AG 是基于压缩了的上下文无关文法 $G=(V_N, V_T, P, Z)$ 的。如前所见,要注意的是当涉及属性值的同一个文法符号在同一个重写规则中出现多次时必须加序号来区别。

A 是对于一切文法符号的一切属性组成的有穷集。

每个文法符号 $X \in V_N \cup V_T$,关联于一个属性集合 A(X),每个属性表示文法符号 X 的特定的上下文有关性质,且取某个特殊的值集,X 的一个属性 a 表示为 X.a,X.a $\in$ A(X)。

R 是对于一切重写规则的一切属性规则组成的有穷集。

对于重写规则 $p:X_{p0} :: =X_{p1}X_{p2}\cdots X_{pnp}$ 的属性规则(语义规则),表示如下:

$$X_{pi}.a:=f(X_{pj}.b, \cdots, X_{pk}.c)(i, j, k=0, 1, \cdots, n_p)$$

其中,$X_{pi}.a$、$X_{pj}.b$、$\cdots$、$X_{pk}.c$ 为该规则 p 中的文法符号的属性。语义规则中的函数 f 一般写成表达式的形式,参见前面的例 6.1 与例 6.2。但语义规则有时可以写成函数调用或程序段,如例 6.1 中的 print(E.val),这时设想有一个虚拟属性,对它进行赋值,即,

L.image:=print(E.val)

从而一切语义规则取相同的形式。有时语义规则写成函数调用或程序段的形式是为了产生副作用,这样可能改变某些非局部变量。不论是为了完成某项功能还是为了产生副作用,或者兼而有之,一个语义规则被写成函数调用或程序段的形式,就认为该语义规则定义了相应重写规则左部非终结符号的一个虚拟属性。

应注意,对每个属性,在相应的重写规则中,至多只能用一个属性规则(语义规则)来计算其值。

C 是属性文法 AG 中可能给出的一些条件的集合。它指明了一个语法上正确的句子在静态语义上正确因此可翻译时必须满足的上下文条件。对于条件集合 C,这里不拟讨论。

给出了属性文法的上述形式描述,实际上也就给出了语法制导定义的形式描述。只是必须记住这样一个事实:在语法制导定义中,语义规则中给出的函数可以具有副作用,但属性文法的语义规则中函数都不具有副作用。

(2)属性的分类

如前所述,文法符号的属性有两类,即综合属性与继承属性。综合属性由相应语法分析树中结点的子结点的属性计算而得,而继承属性则由相应语法分析树中结点的兄弟结点与父结点的属性计算而得。下面给出其定义。

定义 6.2　设文法的重写规则 $X_{p0} :: =X_{p1}X_{p2}\cdots X_{pnp}$ 有一组形如 $b:=f(c_1, \cdots, c_k)$ 的语义规则,其中 f 是函数,b、c_1、$\cdots$、c_k 是该重写规则中文法符号的属性。

1)若 b 是 X_{p0} 的属性,c_1、$\cdots$、c_k 是该重写规则右部文法符号的属性或 X_{p0} 的其他属性,则 b 称为文法符号 X_{p0} 的综合属性。

2)若 b 是该重写规则右部某文法符号 X_{pi}(i=1, 2, $\cdots$, n_p)的属性,c_1、$\cdots$、c_k 是 X_{p0} 的属性或该重写规则右部文法符号的属性,则 b 称为文法符号 X_{pi} 的继承属性。

从上述定义可见,综合属性是规则左部非终结符号的属性,而继承属性是规则右部文法符号的属性。注意,对于常量的值与标识符的符号,例如例 6.1 中的 digit.lexval 与例 6.2 中的 id.entry,这样一些属性不能通过 $X_{pi}.a:=f(\cdots)$ 这样的计算而得到,因此被称为内在属性。

内在属性通常是终结符号的属性,如 digit.lexval 是由词法分析程序提供的属性值。

概括起来,文法的非终结符号不可能有内在属性,终结符号不应有综合属性,根结点识别符号无继承属性。要注意的是,有时把内在属性看作特殊的综合属性。

1)综合属性 $X_{pi}.a:=f(\cdots)$。

如前所述,从语法分析树来看,当一个结点的某一属性,其值由子结点的属性值来计算时,该属性称为综合属性。综合属性在实践中有广泛的应用,这里引进与综合属性相关的一类语法制导定义。

定义 6.3 如果一个语法制导定义,在其中仅仅使用综合属性,则称该语法制导定义为 S_属性定义。

之所以对 S_属性定义感兴趣,是因为对于基于 S_属性定义产生的语法分析树可用自底向上方式进行注释,也即从叶结点到根结点地按照语义规则求出每个结点的属性值,因而可以应用 LR 识别程序生成程序来机械地实现以 LR 文法为基础的 S_属性定义。

如前所述,例 6.1 中的一切属性均是综合属性(注意,这里把内在属性 digit.lexval 看作了特殊的综合属性),因此,其中的语法制导定义是 S_属性定义,相应的注释分析树如图 6-2(a)所示。按照归约次序,注释过程也即属性值计算次序依次如下:

      digit.lexval:=3; F.val:=digit.lexval; T.val:=F.val;

      digit.lexval:=5; F.val:=digit.lexval; T.val:=T_1.val*F.val;

      E.val:=T.val;

      digit.lexval:=4; F.val:=digit.lexval; T.val:=F.val;

      E.val:=E_1.val+T.val; print(E.val)

最终可得 E.val 的值为 19,并由与识别符号的重写规则 L∷=En 所相应的语义规则 print(E.val)打印输出(显示)E 产生的表达式的值 E.val,即 19。

由于是 S_属性定义,除了叶结点外的一切结点的属性值均是由子结点的属性值计算的,因此,从叶结点开始,可以计算出 S_属性定义的一切属性值。显然,S_属性定义的语法分析树是可注释的。

2)继承属性。

如前所述,在语法分析树中,一个结点的继承属性值由该结点的兄弟结点和/或父结点的属性值来计算,这反映了对上下文依赖的特性。换句话说,在表达某程序设计语言结构对其所在上下文的依赖关系时,使用继承属性是方便的。例如可以使用继承属性来记住标识符出现在赋值语句中赋值号的左边还是右边,以便决定是需要其地址还是需要其值。

现在对于例 6.2,以输入符号串

    float i1, i2, i3

为例考察对语法分析树的注释过程,特别是继承属性值的求得。请对照图 6-2(b)。

按例 6.2 中的语法制导定义,由识别符号 D 产生的说明性语句包含类型关键字 float 或 int,后跟以一个标识符表。非终结符号 T 具有综合属性 type,其值取决于按语法制导定义中语义规则 T.type:=integer 还是 T.type:=real 来计算,也即取决于按重写规则 T∷=int 还是 T∷=float 归约。当前情形下,自然是按 T∷=float 归约,T.type 的值为 real。语义规则 L.in:=T.type 和重写规则 D∷=TL 相关联,L.in 为继承属性,从 T.type 获得值,即 real。由于与

重写规则 $L::=L_1$，id 相关联的语义规则 $L_1.in:=L.in$ 中 $L_1.in$ 为继承属性，因此，$L.in$ 的值，即 real，随着语义规则的计算沿着语法分析树往下传。最终的注释分析树正如图 6-2（b）所示。当然，与重写规则 $L::=id$ 相关联的语义规则 addtype(id.entry，$L.in$)将标识符的类型，即属性值 $L.in$，填入符号表的相应条目中。

（3）依赖图

语法制导定义中的语义规则形如 $b:=f(c_1, c_2, \cdots, c_k)$，其中 b、c_1、c_2、$\cdots$、c_k 都是属性，这表明属性 b 依赖于属性 c_1、c_2、$\cdots$、c_k。计算属性 b 的语义规则必须在关于 c 的语义规则计算之后才能计算，换言之，属性计算间存在着依赖关系。通常用有向图来表达属性间的相互依赖关系。这种用来表达属性间相互依赖关系的有向图称为依赖图。下面讨论依赖图的构造方法。

要说明的是，在构造依赖图之前，首先应对函数调用组成的语义规则引进虚拟(综合)属性，从而使每个语义规则都形如 $b:=f(\cdots)$。

构造依赖图的基本点是：若属性 b 依赖属性 c，则相应于 c 的结点到相应于 b 的结点有一条有向边。现在给出依赖图构造算法如下。

```
for( 语法分析树的每个结点 n )
    for( 结点 n 上文法符号的每个属性 a )
        在依赖图中为属性 a 构造一个结点 a;
for( 语法分析树的每个结点 n )
    for( 结点 n 处所用重写规则关联的每个语义规则 b:=f(c₁,c₂,…,cₖ))
        for( i=1; i<=k; i++)
            从结点 cᵢ 到结点 b 构造一条有向边;
```

这样，对语法分析树中每个结点(文法符号)的每个属性构造一个结点，然后按语义规则构造这些结点间的有向边，从而完成依赖图的构造。作为例子，下面给出图 6-1（b）中语法分析树所相对应的依赖图。

例 6.3　　与图 6-1（b）中的语法分析树相对应的依赖图如图 6-3 所示。

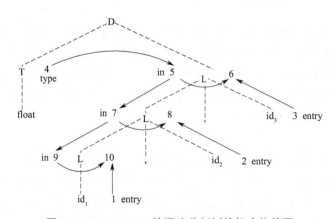

图 6-3　float i1,i2,i3;的语法分析树的相应依赖图

在此依赖图上，结点由数标记，连接这些结点的有向边表示属性间的依赖关系。注意，虚线不属于依赖图,它们用来代替原有语法分析树中的边。由于重写规则 D∷=TL 的相应语义规则为 L.in:=T.type,继承属性 L.in 依赖于属性 T.type,因此从结点 4 的 T.type 到结点 5 的 L.in 存在一条有向边。类似地有结点 5 的 L.in 到结点 7 的 L.in 的有向边,等等。值得注意的是,结点 6、8 与 10 对应于虚拟属性,并且有相应的结点 3 到结点 6、结点 2 到结点 8 与结点 1 到结点 10 的 3 条有向边。

（4）计算次序

依赖图反映了属性间的相互依赖关系,假如属性 b 依赖于属性 c,则关于 c 的语义规则必须先于关于 b 的语义规则计算。这意指:依赖图的任何排序应是语法分析树中结点语义规则计算的一个正确排序。

对于一个无环路有向图的拓扑排序是有向图中结点的这样一种排序: m_1、m_2、$\cdots$、m_k,使得有向图中的有向边 $m_i \to m_j$ 必须是 m_i 比 m_j 排序在先,即任何有向边总是从排序在先的结点到排序在后的结点。

因此,依赖图的结点排序应是一个拓扑排序。依赖图的任何拓扑排序是语法分析树中结点语义规则计算的一个正确排序,在语义规则 $b:=f(c_1, c_2, \cdots, c_k)$ 计算之前,属性 c_1、c_2、$\cdots$、c_k 均已按相应语义规则计算。

基于语法制导定义的翻译可按下列步骤完成。

1）按基础文法构造输入的语法分析树。

2）构造依赖图。

3）对依赖图进行拓扑排序,得到语义规则的计算次序。

4）按上述计算次序计算语义规则,得到输入符号串的翻译。

对照例 6.3,图 6-3 中的依赖图中各结点已编号使得每条有向边都是从低序号到高序号,因此,此依赖图的拓扑排序可以按结点序号从小到大地写出结点而得到。让依赖图中序号为 n 的结点的属性用 a_n 表示,从这个拓扑排序可得到下面的程序（C 型）。

```
a4=real;                    addtype(id2.entry, a7);
a5=a4;                      a9=a7;
addtype(id3.entry, a5);     addtype(id1.entry, a9);
a7=a5;
```

这些语义规则计算的结果将把类型 real 填入符号表中各标识符的相应条目中。

请注意,这里讨论的依赖图必须是无环路的有向图。如果依赖图有环路,上述方法将失败。

这里计算次序是基于输入符号串的语法分析树的依赖图拓扑排序得到的,称语法分析树方法。一般地,计算次序的确定还可以有基于规则的方法和忽略规则的方法。

基于规则确定计算次序的方法如下:在构造编译程序之前,事先通过对重写规则的语义规则进行分析,得出与每个重写规则相关联的语义规则的计算次序。这可以由手工完成,也可以用专门的自动工具来完成。

忽略规则的方法是指,当翻译在分析过程中进行时,计算次序将由分析方法所确定,而与语义规则无关。例如,前面所讨论的 S_属性定义,对于它们只有综合属性,语义规则的计算可以由自底向上的识别程序(分析程序)在分析输入符号串时完成。这样,边分析边计算属性,使得访问语法分析树结点次序受分析方法的限制而与语义规则无关。因此是按忽略规则的方法确定计算次序的。

显然这样确定的计算次序限制了能实现的语法制导定义的种类。

不论是基于规则的方法还是忽略规则的方法,确定计算次序时,都不必在编译时明显地构造依赖图,这有利于提高编译的时空效率。

3. 翻译方案

如前所述,语法制导定义基于属性文法,但其语义规则中的函数可能产生副作用。语法制导定义中语义规则的计算次序等实现细节则是被隐匿的,构造一个语法制导定义时无须十分关心。如果指明语义规则的计算次序,陈述一些实现细节,将称之为翻译方案。

翻译方案与语法制导定义的区别在于:在翻译方案中指明了语义规则的计算次序,也即允许描述一些实现细节。具体表现在,翻译方案中语义规则部分不再是语义规则,而是用花括号对"{"与"}"括住的语义动作,且这些语义动作可以插在重写规则右部的任何地方。这是一种动作与分析交错的表示方法,以表达动作在深度优先遍历语法分析树中的执行时刻。

为了举例说明翻译方案,先讨论 L_属性定义——一类语法制导定义。

(1) L_属性定义

定义 6.4　一个语法制导定义是 L_属性的,如果其中每个重写规则 $U::=X_1X_2\cdots X_n$ 的每个语义规则中,每个属性都或者是综合属性,或者是 $X_j(1\leqslant j\leqslant n)$ 这样的继承属性,它们仅依赖于:

1) 该重写规则中 X_j 左边的符号 X_1、X_2、$\cdots$、X_{j-1} 的属性;

2) U 的继承属性。

因为限制 1)与 2)仅对于继承属性而言,显然 S_属性定义都是 L_属性定义的。非 L_属性定义的例子在例 6.4 中给出。

例 6.4　非 L_属性定义示例,如表 6-3 所示。

表 6-3

重写规则	语义规则
A∷=LM	L.i:=l(A.i);
	M.i:=m(L.s);
	A.s:=f(M.s);
A∷=QR	R.i:=r(A.i);
	Q.i:=q(R.s);
	A.s:=f(Q.s);

该例中属性名 i 表示是继承属性,属性名 s 表示是综合属性。该语法制导定义不是 L_属性的,这是因为文法符号 Q 的继承属性 Q.i 依赖于重写规则中它右边的符号 R 的属性 R.s。这样,在计算 Q 的属性 Q.i 之前必须先计算 R 的属性值 R.s,从而不能按深度优先次序

计算。L 代表从左到右的左,也代表左边的左,即一个重写规则右部任何符号的继承属性总是由其左边符号的属性来计算的。所谓 L_属性,实质的特征是其属性总可按深度优先次序计算。一个语法分析树结点属性的深度优先次序可以由应用下面定义的函数 DFVisit 于文法识别符号所相应的根结点得到。

```
void  DFVisit(node n)  /*DepthFirst*/
{ for( 结点 n 的从左到右的每个子结点 m )
   {计算结点 m 的继承属性;
     DFVisit(m);
   }
   计算结点 n 的诸综合属性;
}
```

（2）翻译方案的设计

先给出一个翻译方案示例如下。

例 6.5　一个简单的翻译方案,它把包含加减运算的中缀表达式映象到后缀表达式。通常的表达式都是中缀表示的,例如 a+b 与(a+b)*c,后缀表达式是一种无括号表示方式,前两例的后缀表达式将分别是 ab+ 与 ab+c*。相应的翻译方案如下。

$$E ::= TR$$
$$R ::= addop\ T\{print(addop.lexeme)\}R_1|\varepsilon$$
$$T ::= num\{print(num.lexval)\}$$

如前所述,翻译方案中给出的是用花括号对括住的语义动作,它们可以插在重写规则右部的任何位置上。在设计翻译方案时,要注意的是必须遵守 L_属性定义所引起的限制,以保证在执行某个语义动作时所涉及的属性值是可用的,也就是保证语义动作不会引用还没有计算的属性值。

假定输入符号串为 9-5+2,现在给出其语法分析树如图 6-4 所示,其中,把语义动作设想为终结符号而把每个语义动作作为相应重写规则左部非终结符号对应结点的子结点加到了语法分析树上 (为有所区别,使用了虚线),以便直观地理解语义动作何时执行。图 6-4 中,符号 num 与 addop 直接写成了具体的数与加减号。

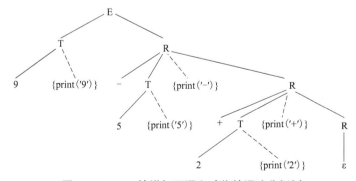

图 6-4　9-5+2 的增加了语义动作的语法分析树

现在考虑如何设计翻译方案。

最简单的情形是语法制导定义中只有综合属性。这时,把每个语义规则写成由赋值语句组成的语义动作,并把该语义动作放在相应重写规则右部的末端,便得到翻译方案。例如,下列重写规则与语义规则:

$$T::=T_1*F \qquad T.val:=T_1.val*F.val$$

将改写成:

$$T::=T_1*F \qquad \{T.val:=T_1.val*F.val\}$$

当语法制导定义中同时有继承属性与综合属性时,必须小心,注意属性的计算满足下列三个要求。

1)重写规则右部符号的继承属性必须在先于这个符号的语义动作中计算;

2)一个语义动作不能引用该语义动作右边符号的综合属性;

3)重写规则左部非终结符号的综合属性只能在它所引用的所有属性都计算完后再计算。计算该属性的语义动作通常放在重写规则右部的末端。

例如,下列翻译方案不满足上述三个要求中的第一个要求:

$$S::=A_1A_2 \qquad \{A_1.in:=1; \quad A_2.in:=2\}$$
$$A::=a \qquad \{print(A.in)\}$$

因为对输入符号串 aa 的语法分析树进行深度优先遍历时,当按第二个重写规则的语义动作打印 A.in 的值时,继承属性 A.in 尚未定义。

然而对于 L_属性的语法制导定义,为其构造满足上述三个要求的翻译方案总是可能的。

下面给出分别按自底向上与自顶向下方式实现翻译方案的设计。

首先讨论按自底向上方式实现翻译方案设计的情况。

考虑 S_属性定义,即只有综合属性的语法制导定义。

状态	符号	属性值	
S_m	X_m	$X_m.s$	栈顶 ↑
S_{m-1}	X_{m-1}	$X_{m-1}.s$	
S_{m-2}	X_{m-2}	$X_{m-2}.s$	
		...	
S_0	X_0		

图 6-5　扩充有属性值的栈

综合属性可以由采用自底向上分析技术的分析程序在分析输入符号串时完成计算。如前所讨论的,自底向上分析技术的基本实现方法是移入-归约法,它利用一个分析栈来存放尚不能归约的符号串(即活前缀)。现在为了保存文法符号的属性值,可以对栈进行扩充,如图 6-5 所示,增加一个域保存综合属性值(当然也可保存继承属性值)。在分析过程中,当移入时,文法符号的综合属性值连同状态及文法符号一并下推入栈,每当归约时,在进行原先所讨论的工作之外,还按栈顶上相应于重写规则右部的那些符号的属性值计算新的综合属性值。

假定分析栈用数组实现,栈顶由指针 top 指示,且为简明起见,让栈中属性值在 val[i] 中,i=1,…, top。如果重写规则是 U::=XYZ,其相应语义规则是 U.a:=f(X.x, Y.y, Z.z),则在把 XYZ 归约成 U 之前,val[top]、val[top-1] 与 val[top-2] 分别为属性值 Z.z、Y.y 与 X.x。当然如果某文法符号没有属性,val 数组中的对应元素是无定义的。在归约时,临归约前计算综合属性 U.a,归约后,已上退了栈顶三个元素,而把符号 U 及其属性 U.a 连同相应状态下推进栈,因而 val[top]=U.a。

现在仍以例 6.1 中的简单台式计算器计算程序为例，写出翻译方案。鉴于例 6.1 中的语法制导定义是 S-属性定义的，使用的均是综合属性，因此，只需把每个语义规则用花括号对括住成为语义动作便得到翻译方案。现在采用 LR 自底向上分析技术，与下推栈相联系，可写出翻译方案如表 6-4 所示。

表 6-4

重写规则	语义动作
L ::= En	{print(val[top])}
E ::= E$_1$+T	{val[ntop]:=val[top−2]+val[top]}
E ::= T	
T ::= T$_1$*F	{val[ntop]:=val[top−2]*val[top]}
T ::= F	
F ::= (E)	{val[ntop]:=val[top−1]}
F ::= digit	{val[ntop]:=digit.lexval}

注意：top 为归约之前栈顶指针值，而 ntop 为归约之后栈顶指针值，一般地，ntop=top−r+1，这里 r 为相应重写规则右部的符号个数。

假定输入为 3*5+4，栈中属性值的变化情况可从表 6-5 所示分析过程观察。

表 6-5

步骤	栈	输入	重写规则
0	(#,−)	3*5+4n#	
1	(#,−)(3,3)	*5+4n#	F ::= digit
2	(#,−)(F,3)	*5+4n#	T ::= F
3	(#,−)(T,3)	*5+4n#	
4	(#,−)(T,3)(*,−)	5+4n#	
5	(#,−)(T,3)(*,−)(5,5)	+4n#	F ::= digit
6	(#,−)(T,3)(*,−)(F,5)	+4n#	T ::= T*F
7	(#,−)(T,15)	+4n#	E ::= T
8	(#,−)(E,15)	+4n#	
9	(#,−)(E,15)(+,−)	4n#	
10	(#,−)(E,15)(+,−)(4,4)	n#	F ::= digit
11	(#,−)(E,15)(+,−)(F,4)	n#	T ::= F
12	(#,−)(E,15)(+,−)(T,4)	n#	E ::= E+T
13	(#,−)(E,19)	n#	
14	(#,−)(E,19)(n,−)	#	L ::= En
15	(#,−)(L,19)	#	

表 6-5 所示分析过程与通常的 LR 分析过程的区别在于下面几点。

1）栈中元素包含了属性值，对状态不感兴趣，把它省略了，栈中每个元素呈（符号，属性值）形。当一个文法符号没有属性时，属性值部分用"−"表示，如(*,−)。

2）没有指明分析动作，然而是移入还是归约动作显而易见。

从上述分析过程可以看到，语义动作都是正好在归约之前执行，也即通过归约使归约时要执行的语义动作与重写规则联系起来。显然这样的翻译方法受语法分析方法的限定,只能用于 S_属性定义。语义规则计算次序的确定采用了忽略规则的方法,它由语法分析方法所确定。

作为例子,再把例 6.2 中的语法制导定义(显然这是 L_属性定义的)改写为按自底向上分析的翻译方案如下。

$$
\begin{aligned}
&\text{D} ::= \text{T} &&\{ \text{L.in} := \text{T.type} \}\\
&\quad\text{L} &&\{ \text{while NOT EmptyS(s)do}\\
&&&\quad \text{begin addtype(top(s)', L.in); pop(s) end} \}\\
&\text{T} ::= \text{int} &&\{ \text{T.type} := \text{integer} \}\\
&\text{T} ::= \text{float} &&\{ \text{T.type} := \text{real} \}\\
&\text{L} ::= \text{L}_1, \text{id} &&\{ \text{push(s, id.entry)} \}\\
&\text{L} ::= \text{id} &&\{ \text{CreateS(s); push(s, id.entry)} \}
\end{aligned}
$$

对照例 6.2 中所给语法制导定义,易见两者区别较大,特别是,翻译方案中引进栈 s 来暂存还无法处理的标识符信息。

现在讨论按自顶向下方式实现翻译方案设计的情况。

设有文法 G6.2[E]:

$$\text{E} ::= \text{E+T} | \text{E-T} | \text{T} \qquad \text{T} ::= (\text{E}) | \text{num}$$

可以为其写出翻译方案如下。

$\text{E} ::= \text{E}_1 + \text{T}$ $\{\text{E.val} := \text{E}_1.\text{val} + \text{T.val}\}$	$\text{T} ::= (\text{E})$ $\{\text{T.val} := \text{E.val}\}$
$\text{E} ::= \text{E}_1 - \text{T}$ $\{\text{E.val} := \text{E}_1.\text{val} - \text{T.val}\}$	$\text{T} ::= \text{num}$ $\{\text{T.val} := \text{num.lexval}\}$
$\text{E} ::= \text{T}$ $\{\text{E.val} := \text{T.val}\}$	

其中一切属性均为综合属性。然而,现在要按自顶向下方式进行分析,该翻译方案的基础文法为左递归文法,必须消去左递归。为此,对文法 G6.2[E]进行消去左递归等价变换,有文法 G6.2′ [E]。

$$\text{E} ::= \text{TR} \qquad \text{R} ::= +\text{TR} | -\text{TR} | \varepsilon \qquad \text{T} ::= (\text{E}) | \text{num}$$

由于左递归的消除会引进继承属性,属性的计算必须满足前述三个条件,因此必须改写原有的翻译方案,可以改写成如下的翻译方案。

$\text{E} ::= \text{T}$ $\quad\{\text{R.i} := \text{T.val}\}$	$\text{R} ::= \varepsilon$ $\quad\{\text{R.s} := \text{R.i}\}$
$\quad\text{R}$ $\quad\{\text{E.val} := \text{R.s}\}$	$\text{T} ::= ($
$\text{R} ::= +$	$\quad\text{E}$ $\quad\{\text{T.val} := \text{E.val}\}$
$\quad\text{T}$ $\quad\{\text{R}_1.\text{i} := \text{R.i} + \text{T.val}\}$	$\quad)$
$\quad\text{R}_1$ $\quad\{\text{R.s} := \text{R}_1.\text{s}\}$	$\text{T} ::= \text{num}$ $\{\text{T.val} := \text{num.lexval}\}$
$\text{R} ::= -$	
$\quad\text{T}$ $\quad\{\text{R}_1.\text{i} := \text{R.i} - \text{T.val}\}$	
$\quad\text{R}_1$ $\quad\{\text{R.s} := \text{R}_1.\text{s}\}$	

假定输入为表达式 9-5+2,应用预测分析技术,相应的注释分析树如图 6-6 所示。

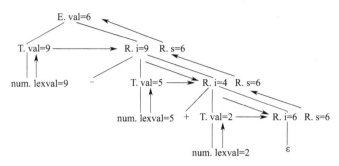

图 6-6　表达式 9-5+2 的注释分析树

在新的翻译方案中,对于所引进的新文法符号 R 引进了两个属性,即综合属性 R.s 与继承属性 R.i。对照翻译方案与注释分析树,不难理解 R.i 与 R.s 的作用。

注释分析树中的有向边指明了属性计算的先后次序。从翻译方案中的语义动作部分不难发现此翻译方案是可以按深度优先次序计算属性的。事实上确实如此。符号的继承属性都由出现在该符号前的语义动作计算,而重写规则左部非终结符号的综合属性都在它所依赖的所有属性计算之后再计算,因此也可以说它是 L-属性定义的。

为了对一般的左递归文法设计应用预测分析技术的翻译方案,给出一般处理如下。

假定有左递归文法的翻译方案:

$$U ::= U_1 Y \qquad \{U.a := g(U_1.a, Y.y)\}$$
$$U ::= X \qquad \{U.a := f(X.x)\}$$

其中每个文法符号有综合属性,而 f 与 g 是任意函数,则消去左递归后的翻译方案为:

$$U ::= X \qquad \{R.i := f(X.x)\}$$
$$\qquad R \qquad \{U.a := R.s\}$$
$$R ::= Y \qquad \{R_1.i := g(R.i, Y.y)\}$$
$$\qquad R_1 \qquad \{R.s := R_1.s\}$$
$$R ::= \varepsilon \ \{R.s := R.i\}$$

6.1.3　类型体制与语义分析

类型检查是编译程序语义分析的重要组成部分,其基本工作在于按照语言的类型规则,检查运算的合法性与运算分量类型的一致性(相容性),必要时作相应的类型转换,以便获得正确的可执行目标代码,从而达到预期的效果。

在前面关于属性文法的讨论中,看到对于说明性语句,可以通过语法制导定义或翻译方案来确定标识符相应数据对象的类型。本节将讨论如何利用语法制导定义或翻译方案来实现类型检查。为此引进类型体制的概念。

类型体制是把类型表达式指派到程序不同部分的一组规则,类型体制由类型检查器来实现。类型检查器的设计要基于语言的语法结构、类型概念和语言结构的类型指派规则。

众所熟知,对于 C 语言,类型有基本类型与构造类型之分。基本类型没有内部结构的类型,可以是整型、实型与字符型以及枚举型等。构造类型由基本类型和其他已有的构造类型构造而成,可以是数组、结构体和共用体以及指针等类型,甚至函数也可看成构造类型。为了在语法制导定义与翻译方案中能表达类型及类型检查等,引进类型表达式的概念。

类型表达式的引进,使得在语法制导定义或翻译方案中类型的表示与具体程序设计语言的表示无关。

1. 类型表达式

(1)定义

语言结构的类型可以用类型表达式来指称,概括地说,类型表达式是基本类型或者是由类型构造符作用于其他类型表达式而形成的类型。不言而喻,基本类型和类型构造符的种类取决于相应的语言。就所感兴趣的,定义类型表达式如下。

定义 6.5　类型表达式定义如下:

1)基本类型是类型表达式。不言而喻,类型表达式的概念应与程序设计语言的具体表示法无关。因此定义基本类型有 integer、real 与 char,还有一个基本类型 type_error 在类型检查过程中指示类型错误,及另一个基本类型 void 表示"无值"类型或回避类型以允许对语句进行类型检查。

2)对类型表达式命名的类型名是类型表达式。

3)类型构造符作用于类型表达式的结果是类型表达式。类型构造符如下。

①数组类型构造符 array:若 T 是类型表达式,则 array(I,T)是类型表达式,它指称一个数组类型,数组元素类型是 T,而下标值集合是 I,不言而喻,I 通常是一个子域类型,即具有形式: low...up,它指明所取整值的范围是从 low 到 up。有时为了简化,仅给出 up,而 low 缺省为 1 或 0。

②卡氏积 ×:若 T_1 与 T_2 是类型表达式,则它们的卡氏积 $T_1 \times T_2$ 是类型表达式。假定 × 是左结合的。注意,在应用于结构体类型构造符时,允许 T_1 是标识符。为简单起见,将不专门对此讨论,姑且把它看作类型。

③结构体类型构造符 record:若有标识符 N_1、N_2、…、N_n 与类型表达式 T_1、T_2、…、T_n,则 record$((N_1 \times T_1) \times (N_2 \times T_2) \times \cdots \times (N_n \times T_n))$ 是类型表达式,它指称一个结构体类型,它有 n 个成员,每个成员的成员名为 N_i,相应的类型为由类型表达式 T_i 指称的类型(i=1、2、…、n)。

④指针类型构造符 pointer:若 T 是类型表达式,则 pointer(T)是类型表达式,它指称一个指针类型,所指向对象的类型为 T。

⑤函数类型构造符→:若 D_1、D_2、…、D_n 与 R 都是类型表达式,则 $D_1 \times D_2 \times \cdots \times D_n \rightarrow R$ 是类型表达式,它指称从定义域类型 $D_1 \times D_2 \times \cdots \times D_n$ 到值域类型 R 的映射。

4)类型表达式可以包含变量,变量的值是类型表达式。

下面对照 C 语言,给出构造类型表达式的例子。

例 6.6　数组类型表达式示例。

设有 C 语言的数组变量说明性语句如下。

　　float　A[100];

则与 A 相关联的类型表达式是 array(0..99,real)。

例 6.7　结构体类型表达式示例。

设有 C 程序说明性语句如下：

>　　struct　　person
>　　{ char　　name[8];
>　　　int　　sex;　　/* male:1, female:0 */
>　　　int　　age;
>　　};
>　　struct　　person　　table[50];

则 person 代表类型表达式

>　　record((name × array(0..7, char)) × (sex × integer) × (age × integer))

而 table 则与下列数组类型表达式相关联：

>　　array(0..49, person)

　　例 6.8　指针类型表达式示例。

设有变量说明

>　　struct　　person　　*p;

其中 person 的定义同例 6.7，则与 p 相关联的类型表达式为

>　　pointer(person)

　　例 6.9　函数类型表达式示例。

　　对于 C 语言的库函数 abs 与 fmod，相关联的类型表达式分别为 integer → integer 与 real × real → real，对于一般的用户自定义的函数定义：

>　　T　　f(T_1 p_1, T_2 p_2, …, T_n p_n){ … }

f 代表函数类型表达式：

>　　$T_1 × T_2 × … × T_n → T$

　　例如，设有 C 语言函数定义：

>　　int　　*f(char a, char b) { … }

则 f 代表函数类型表达式

>　　char × char → pointer(integer)

　　由于 C 语言没有类型重载的概念，也就是说，一个函数的参数的类型全都必须是唯一确定的，不允许出现类型变量，因此不讨论定义 6.5 中类型表达式包含变量的情形。

　　（2）类型表达式的等价性

　　当进行类型检查时，必然会遇到判断两个类型表达式是否相同的问题。此"相同"的含义是什么？如果对一个类型表达式取一个名，此名代表一个新类型还是表示原有类型表达式的类型呢？必要的是定义两个类型表达式的等价。类型等价概念和类型表示相互影响，为了效率，编译程序应使用能迅速确定类型是否等价的表示方法。编译程序实现的类型等价概念通常有结构等价与名字等价。

　　对于两个基本类型，要是结构等价的，则它们必须完全相同，或者是为相同基本类型取的名。例如，通过类型定义语句 typedef　　float　　realtype；引进类型名 realtype，看作类型表达式的 realtype 便与 real 结构等价。如果类型表达式由类型构造符作用于类型表达式组成，两个类型表达式要是结构等价的，则必须这两个类型表达式都有相同的类型构造符，而

且分别作用于结构等价的类型表达式。例如,类型表达式 pointer(realtype)结构等价于 pointer(real),其中 realtype 如前定义。

假定结构类型仅有关于数组、卡氏积、指针和函数的类型构造符,下面给出测试类型表达式结构等价性的函数定义的构架。

```
int    testequiv(s,t)
{ if( s 和 t 是相同的基本类型)
    return 1;
  if( s==array(s_1,s_2) && t==array(t_1,t_2))
    return testequiv(s_1,t_1) && testequiv(s_2,t_2);
  if( s==s_1 × s_2 && t==t_1 × t_2)
    return testequiv(s_1,t_1) && testequiv(s_2,t_2);
  if( s==pointer(s_1) && t==pointer(t_1))
    return testequiv(s_1,t_1);
  if( s==s_1 → s_2 && t==t_1 → t_2)
    return testequiv(s_1,t_1) && testequiv(s_2,t_2);
  return 0;
}
```

在实际使用时,结构等价的概念常常需要修改以反映源语言的实际类型检查规则,例如当数组作为参数传递时,希望不要把数组的下标类型作为类型的一部分,这时函数 testequiv 的定义中检查数组类型时的返回语句从

return testequiv(s_1,t_1) && testequiv(s_2,t_2);

改写为

return testequiv(s_2,t_2);

下面讨论类型表达式的名字等价。

对于 C 语言,是允许用户对类型命名的,例如下列 C 程序片段:

typedef   struct   cell*   link;

link next;   link last;

struct cell *p;   struct cell *q,*r;

把标识符 link 说明为类型 struct   cell*的名字。问题是:变量 next、last、p、q 与 r 都有相同的类型吗?这实质上是关于类型表达式 link 与类型表达式 pointer(cell)是否相同的问题。

现在允许对类型表达式命名,并且这些名字可以出现在类型表达式中原先只允许出现基本类型的位置上,例如当 cell 是类型表达式的名字时, pointer(cell)是一个类型表达式。由于把每个类型名看作一个可区别的类型,可以给出类型表达式名字等价的概念。

两个类型表达式名字等价,当且仅当它们相同,即,相同的类型构造符作用于相同的类型表达式,或简单的是两个相同的类型表达式。

对于上例,在名字等价下,变量 next 与 last 有相同的类型,因为它们有相同的类型表达式 link。类似地,变量 p、q 与 r 也有相同的类型。但是变量 p 和 next 类型不同,因为它们的类型表达式不同,前者是 pointer(cell),后者是 link。然而在结构等价的意义下,变量 next、 last、p、q 与 r 都有相同的类型,因为 link 是类型表达式 pointer (cell)的名字。一般地,两个类型表达式,在把它们所包含的类型表达式名字都替换为所命名的类型表达式后成为结构等价的类型表达式时,则这两个类型表达式结构等价。

（3）类型强制

由于不同类型的数据在计算机内部有不同的表示,当一个双目运算,例如 x+i,如果两个运算分量 x 与 i 有不同的类型 float 与 int 时,将不能被正确地执行。有两种方式使运算分量类型一致。一是在书写程序时,由书写者显式地引进类型转换函数,例如,把 x+i 写成 (int)x+i,使得加法运算的两个运算分量都是整型的。如果都要显式的类型转换,将增加程序书写者的负担,一般的编译程序都提供隐式类型转换的设施。例如,在表达式中,通常把整型数转换成实型数,然后在一对实型数据上进行实型运算;对于赋值语句,把赋值号右边的表达式的值转换成左边变量的类型,然后赋给左边变量。

这种由编译程序自动完成的隐式类型转换称为强制。许多语言中,要求强制转换不丢失信息,例如,可以把整型数强制转换到实型数,反之却不行。

程序书写者要注意的是,尽管编译程序能自动进行类型强制转换,但其代价是类型转换的时间,把值 1 赋给实型变量 x 时,情愿将赋值语句写成 x=1.0,而不要写为 x=1。

例 6.10　实施从整型到实型强制转换的语法制导定义如表 6-6 所示。其基础文法描述了算术运算符 op 作用于常数和标识符形式的表达式,可以有整型和实型两种类型,必要时把整型强制转换为实型。其中的函数 gettype(p)返回 p 所指向符号表条目中的相应类型。

表 6-6

重写规则	语义规则
E∷=num	E.type:=integer
E∷=num.num	E.type:=real
E∷=id	E.type:=gettype(id.entry)
E∷=E_1 op E_2	E.type:=if E_1.type=integer and E_2.type=integer 　　　　then integer 　　　　else if E_1.type=integer and E_2.type=real 　　　　then real 　　　　else if E_1.type=real and E_2.type=integer 　　　　then real 　　　　else if E_1.type=real and E_2.type=real 　　　　then real 　　　　else type_error

2. 类型的确定

确定类型是语义分析的基本内容之一,也即,确定标识符所代表对象的数据类型,这意指在说明性语句中定义性出现时,把标识符与某个类型属性相关联,在控制部分使用性出现时,取到与标识符相关联的类型属性。要确定类型,其基本工作是处理说明性语句,把相关的类型等属性填入符号表相应条目。

现在考虑应用翻译方案来实现确定类型。

设有文法 G6.3[P]:

P∷=D;E   D∷=D;D|T id|T id[num]

T∷=char|int|T*   E∷=literal|num|id|E % E|E[E]|*E

该文法确定的语言有两个基本类型,即 char 型与 int 型。对于数组类型,假定仅为一维的,且下界恒为 1(为简单起见,姑且把上界整数或常量标识符看作下标类型),而符号 literal 与 num 所表示的常量分别有类型 char 与 int。

关于文法 G6.3,把类型填入符号表相应条目的翻译方案如表 6-7 所示。

表 6-7

重写规则	语义动作
P∷=D;E D∷=D;D D∷=T id D∷=T id[num] T∷=char T∷=int T∷=T₁*	 {addtype(id.entry, T.type)} {addtype(id.entry, array(num.lexval, T.type))} {T.type:=char} {T.type:=integer} {T.type:=pointer(T₁.type)}

其中的语义动作 addtype 完成把相应的类型,例如非终结符号 T 的综合属性 type,填入由 id 的综合属性 entry 所指向的符号表条目。

因为重写规则 P∷=D;E 中,代表说明部分的 D 出现在代表表达式的 E 之前,因此,在表达式中被引用的标识符只要在说明性语句中被说明,其类型必定已填入符号表。

3. 类型检查

类型检查是语义分析的主要内容之一,它按照所用语言的语义规则检查运算的合法性与运算分量类型的一致性(相容性)。

类型检查可以是静态的也可以是动态的。目标程序运行期间完成的类型检查称动态类型检查。动态检查是低功效的,但如果一个语言允许变量的类型在运行时刻确定,则动态类型检查是不可避免的。一般来说,诸如数组元素的下标是否越界等问题的检查只能动态地完成。编译时刻所完成的类型检查称静态类型检查。这里着重讨论静态类型检查。不言而喻,应尽可能完善与充实静态类型检查的功能,尽可能保证目标程序不会有运行时刻的类型错误。假使一个编译程序能保证它所接受的某程序设计语言程序不会有运行时刻的类型错误,则称该语言是强类型的。

下面分别讨论关于表达式、语句与函数的类型检查问题。

(1)表达式的类型检查

这里以文法 G6.3 为例,关于其中的 E 的重写规则

    E∷=literal|num|id|E % E|E[E]|*E

写出翻译方案如表 6-8 所示。其中函数 gettype(p)返回符号表中由 p 所指向条目中的类型,而%与*分别表示整除求余和去指针运算符。

表 6-8

重写规则	语义动作
E ::=literal	{E.type:=char}
E ::=num	{E.type:=integer}
E ::=id	{E.type:=gettype(id.entry)}
E ::=E_1 % E_2	{E.type:= if E_1.type=integer and E_2.type=integer then integer else type_error}
E ::=E_1[E_2]	{E.type:= if E_2.type=integer and E_1.type=array(s,t) then t else type_error}
E ::=*E_1	{E.type:= if E_1.type=pointer(t) then t else type_error}

当然,一个程序设计语言中还会允许其他类型,如 float 与 boolean 型等,还应允许算术四则运算等。可以对文法 G6.3 进行扩充,增加相应的重写规则和语义动作。

由于对于算术四则运算,并不严格要求类型完全相同,只需相容即可,对此翻译方案的修改可参看表 6-6 中关于强制的语法制导定义。

（2）语句的类型检查

语句的类型指的是执行语句之后结果的数据类型。大多数常用的程序设计语言往往不要求语句的结果值,C 语言便是这样。因此对语句指派特殊的基本类型 void,即无值类型或回避类型。如果在语句中发现类型错误,则把类型 type_error 指派给语句。

考虑赋值语句、条件语句和当语句以及由分号隔开的语句组成的语句序列的类型检查,可以写出如表 6-9 所示的翻译方案。

表 6-9

重写规则	语义动作
S ::=id=E	{S.type:= if id.type=E.type then void else type_error}
S ::=if(E)S_1	{S.type:= if E.type=boolean then S_1.type else type_error}
S ::=while(E)S_1	{S.type:= if E.type=boolean then S_1.type else type_error}
S ::=S_1;S_2	{S.type:= if S_1.type=void and S_2.type=void then void else type_error}

在该翻译方案中第一个语义动作是检查赋值语句的左边变量与右边表达式是否有相同的类型。相同,才无类型错误,但一般说,对于算术类型,即整型或实型,只需相容。正如 C 语言,当相容时,右边表达式的类型将强制到左边变量的类型。易见,这是易于修改相应语义动作的。第二与第三个语义动作指明条件语句与当语句中的表达式必须有类型 boolean。最后一个语义动作表明:仅当语句序列中一切语句都有类型 void 时,语句序列才有类型 void。

语句中包含有表达式 E,关于 E 的翻译方案自然也是必要的,这可参看前面的讨论。

当把文法 G6.3 中的重写规则 P∷=D;E 改写成:

  P∷=D;S

这样,一个程序将由说明性语句部分与控制语句部分组成,可以把表 6-7、表 6-8 与表 6-9 中的翻译方案合并成为较为完整的翻译方案,进行关于说明性语句、控制语句与表达式的类型检查。

  (3)函数的类型检查

  对于函数调用,可以写出如下的重写规则

    E∷=E(E)

而对于函数的引进,即函数类型的定义,为简单起见,给出如下的仅单个参数的重写规则

    $T∷=T_1 \to T_2$

相应地在翻译方案中加入下列重写规则与语义动作:

    $T∷=T_1 \to T_2$ {T.type:=T_1.type $\to$ T_2.type}

  对于函数调用的类型检查,可在翻译方案中加入下列重写规则与语义动作:

    $E∷=E_1(E_2)$ {E.type:= if E_2.type=s and E_1.type=s $\to$ t

          then t else type_error}

这表明,当 E_1 是把类型 s 映射到类型 t 的函数时,如果参数 E_2 的类型是 s,则结果类型是 t,否则结果类型是 type_error。

  上面讨论的是单个参数的简单情形,不难推广到多个参数的情形,事实上,类型为 T_1、T_2、…、T_n 的 n 个变元可以看成类型为 $T_1 \times T_2 \times \cdots \times T_n$ 的一个变元。

6.2 说明部分的翻译

  C 语言函数定义内,函数体由说明部分与控制语句部分组成。说明部分中的说明性语句把定义性出现的标识符与类型等属性相关联,从而确定它们在计算机内部的表示法、取值范围及可对其进行的运算。控制语句部分中的标识符通常是使用性出现,与它们相关联的类型等属性是在说明性语句部分中定义性出现时所确定的。

  一个 C 程序由若干个函数定义所组成,因此对于标识符的处理,必须考虑标识符作用域问题。为了产生有效的可执行目标代码,对于说明性语句部分的翻译,显然不仅要把与标识符相关联的类型等属性填入符号表,还必须考虑标识符所标记对象的存储分配问题,即相对地址,也就是在符号表中还保存所分配存储的相对于静态数据区基址的偏移量。不言而喻,考虑存储分配必须联系目标机的编址方式,对于字节编址的目标机,字边界对齐问题是重要的,但为简单起见,不考虑边界对齐问题。

6.2.1 常量定义的翻译

  C 语言中的常量定义可认为是用宏定义#define 来实现的,例如:

    #define pi 3.1416

  在 C++语言中则引进有常量定义,它以关键字 const 为标志,例如:

    const float pi=3.1416, one=1.0;

　　对每个常量定义的处理应包括下列工作,即,把等号右边的常量值登录入常量表(若之前尚未登录)并回送常量表序号,然后为等号左边的标识符建立符号表新条目,在该条目中填入常量标志、相应类型及常量表序号。

　　不失一般性,假定常量定义中不指明类型,类型直接由常量值本身确定,且等号右边仅为整数或常量标识符。可给出常量定义及相应的翻译方案如下。

> CONSTDEF∷=const CDT;
>
> CDT∷=CDT,CD
>
> CDT∷=CD
>
> CD∷=id=num { num.ord:=lookCT(num.lexval);
>
> 　　　　　　id.ord:=num.ord; id.type:=integer;
>
> 　　　　　　id.kind:=CONSTANT;
>
> 　　　　　　add(id.entry,id.kind,id.type,id.ord)}
>
> CD∷=id=id$_1$ { id.ord:=id$_1$.ord; id.type:=id$_1$.type;
>
> 　　　　　　id.kind:=CONSTANT;
>
> 　　　　　　add(id.entry,id.kind,id.type,id.ord)}

其中,非终结符号 CONSTDEF 将产生常量定义;函数 lookCT(c)将在常量表中查找常量 c。若查不到,则把该常量值录入常量表。不论查到与否,将回送常量 c 值在常量表中的序号; CONSTANT 是一个枚举值,表示标识符的种类是常量;最后,过程 add 是对过程 addtype 的扩充,它把种类、类型与序号三者填入符号表相应条目,而不仅仅是类型。

　　更一般情形的常量定义的翻译方案请自行完成。

6.2.2　说明性语句的翻译

　　C 语言中,关于变量的说明性语句(以后简称变量说明)以类型关键字 int、float 与 char 等来标志,例如可以有如下的变量说明:

> int i,j,k;　float a,b;

　　为便于讨论,作下列简化:变量说明部分由变量说明组成,每个变量说明中仅包含一个标识符,而不再是标识符表;可允许的类型仅有整型、实型、数组类型与指针类型;对于数组规定为一维,且下界恒为 1。最后假定程序仅考虑变量说明,可以给出相应的重写规则如下。

> P∷=D;S　　　　D∷=D;D　　　　D∷=T id　　　　D∷=T id[num]
>
> T∷=int　　　　T∷=float　　　　T∷=T*

　　对每个变量说明 T　id 的处理大致如下所述。

　　确定类型 T;确定当前分配存储地址,让相应变量占有相应大小存储区域;为标识符 id 创建符号表新条目,并在该条目中填入相应类型及所分配存储地址,还可填入标识符的变量标志。为变量所分配存储区域的绝对地址一般在编译时刻是不可能确定,也不应确定的。存储地址通常为相对地址,即,相对于静态数据区基址的偏移量。由于不同类型的量在计算机内的表示不一样,占用的存储区域大小不一样,其大小应确定。基于上述考虑,可给出简化情况下的关于变量说明部分的翻译方案如表 6-10 所示。

表 6-10

重写规则	语义动作
P∷= 　　D;S	{offset:=0}
D∷=D;D	
D∷=T id	{enter(id.name, T.type, offset); 　offset:=offset+T.width}
D∷=T id[num]	{enter(id.name, array(num.lexval, T.type), offset); 　offset:=offset+ num.lexval*T.width}
T∷=int	{T.type:=integer; T.width:=2}
T∷=float	{T.type:=real; T.width:=4}
T∷=T_1*	{T.type:=pointer(T_1.type);　T.width:=4}

其中，offset 存放偏移量，初值为 0，以后每次加上正被说明的变量的大小，得到下一变量的偏移量(相对地址)。函数 enter 用来创建符号表新条目。

值得注意的是该翻译方案中的第一个语义动作{offset:=0}，它放在重写规则右部的符号 D 之前。一般，我们希望所有的语义动作全出现在重写规则的右部的末端，因此可使用 ε 规则，例如，把 P∷={offset:=0} D; S 改写成：

　　P∷=MD;S

　　M∷=ε{offset:=0}

上述重写规则中规定数组为一维。若允许二维，则有按行存放与按列存放的问题，这将对数组元素地址的计算产生影响。为了给出是变量的标志，可以在重写规则 D∷=T id 的语义动作中添加赋值语句 id.kind:=VAR，VAR 是一个枚举值，表示标识符的种类是变量。相应地对登录符号表的函数 enter 扩充一个参数 kind，即，enter(id.name, id.kind, T.type, offset)。

6.2.3　函数定义的翻译

C 程序由函数定义组成，可能还有关于全局变量的说明性语句部分。为了便于讨论又不失一般性，这里作一些简化，例如，全局变量的说明集中在所有函数定义的前面，所有函数均为无值且无参等。因此为了讨论函数定义的翻译问题，可以写出如下的一组重写规则：

　　P∷=GL　　　　　　　　　L∷=LF|F

　　G∷=D;|ε　　　　　　　　F∷=id( ){ D;S}

　　D∷=D;D|T id|T id[num]

其中，F 表示函数定义，D 表示说明性语句部分，S 表示控制语句部分。

函数定义的翻译必然涉及标识符作用域问题，因此让所有全程变量集中在一个符号表，而每个函数定义有单独的一张符号表。鉴于符号表的大小是可变的，可以用标识符条目的链表来实现符号表。这时为记住某个变量说明中的标识符应登录在哪个符号表中，引进符号表指针栈 tblptr，其栈顶指针指向当前函数定义的符号表的首址。每个函数都有自己的数据存储区域，相对地址都从 0 开始，自然地引进另一个栈 offset，其栈顶存放的是当前函数定义中的下一个可用的相对地址。对于上述重写规则,可写出翻译方案如表 6-11 所示,其中关于类型 T 的翻译参见上一节,关于 S 的定义及翻译见后面。

表 6-11

重写规则	语义动作
P::=MGL	{ addwidth(top(tblptr), top(offset)); 　　pop(tblptr); pop(offset)}
M::=ε	{ t:=mktable(NULL); push(t, tblptr); push(0, offset)}
G::=D;	
G::=ε	
L::=LF	
L::=F	
F::=N id( ){D;S}	{ t:=top(tblptr);addwidth(t, top(offset)); 　　pop(tblptr);pop(offset); 　　enterproc(top(tblptr), id.name, t)}
D::=D$_1$; D$_2$	
D::=T id	{ enter(top(tblptr), id.name, T.type, top(offset)); 　　top(offset):=top(offset)+T.width}
D::=T id[num]	{ enter(top(tblptr), id.name, array(num.lexval, T.type), 　　　top(offset)); 　　top(offset):=top(offset)+T.width*num.lexval}
N::=ε	{ t:=mktable(top(tblptr)); 　　push(t, tblptr);push(0, offset)}

其中引进了若干函数。函数 mktable(outside)的功能是创建新的符号表,并返回新符号表指针。参数 outside 是指向先前建立的符号表的指针,也即最外层作用域的符号表的指针或紧外围作用域的符号表的指针,它的值将保存在新创建的符号表的首部 header 中。首部中还可以置有作用域嵌套深度的信息及函数定义的编号等。函数 enter (table,name,type,offset)在由 table 指向的符号表中为名字 name 建立新条目,它同样把类型 type 和相对地址 offset 填入该条目相应域。函数 addwidth(table,width)把符号表 table 一切条目的累加宽度,即所占存储区域大小,记录在该符号表的首部。函数 enterproc(table, name, newtable)为名字是 name 的函数在由 table 指向的符号表中建立新条目,且该条目中有一个域,它的值为 newtable, newtable 是指向函数 name 的符号表的指针。如果为了给出是函数的标志,类似于变量说明的情况,扩充函数 enterproc,它把表示函数的枚举值 FUNC 填入标识符表中标识符种类域中。这时对函数 enterproc 作出如前所述的相应变化。

假定有 C 程序如下。

```
/* PROGRAM   sort */
int    a[10];
void readarray( )
{   int i;   …i…a… }
void exchange(int *i, int *j)
{ int x;
   x=*i; *i=*j; *j=x;
}
void partition(int h, int t)
{ int i,j;
   …i…j…a…
   …exchange(&a[i],&a[j]);…
}
```

```
void quicksort(int h, int t)
{ int lefth, leftt, righth, rightt;
   if(h<t)
   { partition(h, t);
      quicksort(lefth, leftt);
      quicksort(righth, rightt);
   }
}
main( )
{ int k;
   readarray( );   quicksort(0, 9);
}
```

对它作相应的修改,使之符合表 6-11 中的重写规则,例如删去形式参数部分,并改写

　　　　int i, j;

为

　　　　int i;   int j;

等等,按表 6-11 中的翻译方案可以生成六个符号表,其间的关系如图 6-7 所示。

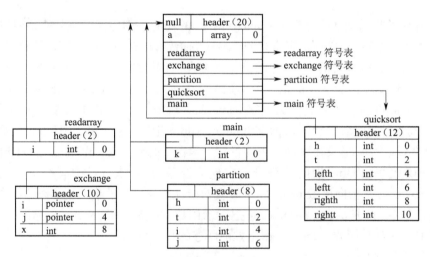

图 6-7　6 个符号表之间关系的示意图

　　明显的是,非终结符 M 的引进,目的是执行相应于重写规则 M∷=ε 的语义动作 mk-
table(NULL)等,即关于全程量建立最外层作用域的符号表,并把指向此符号表的指针下推
入栈 tblptr,还把相对地址 0 下推入 offset 栈。非终结符 N 的引进,情况类似,只是相应的
语义动作 mktable(top(tblptr))等是建立新的符号表,把新表的指针下推入 tblptr 栈。

　　对每个变量说明 T id,重写规则 D∷=T id 的相应语义动作为 id 在当前符号表中建立

条目,这时符号表的指针为 top(tblptr)。语义动作不改变 tblptr 栈,且为 id 分配的存储区域的相对地址为 top(offset),offset 栈的栈顶元素将增加 id 所占存储区域的大小 T.width。关于数组变量说明情况类似。当执行重写规则 F∷=N id( ){D;S}所相应的语义动作时表明已处理完相应的函数定义,可以把该函数定义中所有局部变量所占存储区域的大小,即 top(offset)的值记录在相应符号表的首部中,这由函数 addwidth 完成。因为已处理完该函数定义,上退 tblptr 栈与 offset 栈,这时回到紧外围作用域(最外层作用域)继续分析,这时对刚处理完的函数定义在这外层作用域的符号表中建立条目,这由语义动作 enterproc(top(tblptr),id.name,t)完成。

6.2.4　结构体类型的翻译

现在考虑结构体类型的翻译。显然为了能定义结构体类型,从而说明结构体类型的变量,要增加相应的重写规则,作适当的简化而写出如下语句。

　　　　　T∷=struct { D }

其中的非终结符号 D 与前面定义的 D 有相同的意义。结构体类型与其他类型有所不同,即它的成员表内各成员变量所分配存储区域的地址的确定是相对于为结构体类型变量所分配存储区域的首址的。这意指,也应为结构体类型建立自己的符号表。可为结构体类型的翻译给出翻译方案如下。

　　　　　T∷=struct L { D }　　　{ T.type:=record(top(tblptr));
　　　　　　　　　　　　　　　　　　T.width:=top(offset);
　　　　　　　　　　　　　　　　　　pop(tblptr); pop(offset)}
　　　　　L∷=ε　　　　　　　　　{ t:=mktable(NULL);
　　　　　　　　　　　　　　　　　　push(t,tblptr);　　push(0,offset)}

其中非终结符号 L 的引进显然是为了执行建立新符号表的语义动作。结构体类型所需存储区域的大小保存在 top(offset)中,在结构体类型处理完毕时通过赋值语句传输给综合属性 T.width。作为例子,读者可自行对下列说明性语句:

　　　　　struct { char name[10];int number;} R

进行翻译,考察翻译过程。

要说明的是:此翻译方案突出了结构体类型的处理与函数定义处理的相似性,且对结构体类型的翻译使得作用域出现多层嵌套的情况。还有一点要说明的是:结构体类型表达式是由语义动作中的 record(top(tblptr))所产生的,这里类型构造符 record 并非作用于类型表达式,而是符号表指针。该符号表实质上反映了结构体的构成。

6.3　目标代码的生成

源程序通常由说明部分和控制语句部分组成。对说明部分翻译之后,自然地将进行对控制语句部分的翻译,即目标代码的生成。

6.3.1　概况

1. 代码生成程序

编译程序的最终输出是目标代码,它可在编译程序的代码生成阶段生成,也可在语义分析阶段生成。一般地,代码生成部分称为代码生成程序。不言而喻,代码生成程序的功能是为源程序生成与之等价的目标代码。也就是说,其输入是源程序的中间表示,输出是目标代码。此输入可以是语法分析树或后面将要讨论的其他内部中间表示,但如同属性字序列一样,为简便起见,我们依然仅将其看作符号序列,而不顾具体表示。通常在讨论目标代码生成时还假定输入是正确的,不仅语法上正确,也经历了语义分析,包括类型检查与插入类型转换成分等,且已发现并校正了明显的语义错误,例如试图把实型变量作为数组元素的下标等。

代码生成程序输出的目标代码可以有不同的形式,通常可以有如下几种。

(1)目标机代码形式

这时目标代码有特定目标机的指令形式,然而又可以是绝对地址形式或目标模块结构形式。采用绝对地址形式的好处是在装入后可立即运行,较小的程序可以快速编译和运行,一些面向学生的编译程序这样处理。绝对地址不可重定位,采用绝对地址形式会有很大的不便,常用的编译程序都不采用绝对地址形式。目标模块结构用可浮动的相对地址编址,必须用连接程序把目标模块连接装配在一起,但其可以分别编译并从目标模块中调用先前已编译好的其他程序模块。常用的编译程序都采用目标模块结构形式。

(2)汇编语言程序形式

这时输出的是汇编语言程序,需要先由汇编程序进行汇编,然后运行。这样的好处是可以产生符号指令和利用宏机制来帮助生成代码,使得目标代码生成的过程变得容易。

(3)虚拟机目标代码形式

这时不是针对某种特定的目标机指令系统或汇编语言来生成目标代码,而是臆想有一台计算机,其指令系统等均按某种需要而设定。出于教学目的往往采取这种形式。下面便是以一种虚拟机指令系统来讨论目标代码的生成。

2. 目标代码生成中的有关问题

目标代码的生成同目标机器与目标机器上所配置的操作系统紧密相关,然而在各个不同编译程序的实现中,对于目标代码的生成必然存在一些都必须考虑的共同问题,例如存储管理、寄存器分配与计算次序选择等。这里将讨论在目标代码生成过程中带有普遍性的一些要点。

(1)目标机目标语言的确定

目标代码是机器相关的。为了目标代码的生成,首先必须确定目标代码的形式、目标机与目标语言。确定了这些,也就确定了可选用的目标指令集与目标程序结构。这是代码生成程序的工作基础。为了教学的目的,选择虚拟机目标代码形式。关于虚拟机将在后面讨论。

当然,对于代码生成程序而言,还有一个输入的问题。尽管输入是一个符号序列,然而它可以是各种不同的中间表示。必须根据前一阶段输出的是什么中间表示,相应地实现目标代码的生成。但不论何种情形,可以假定输入是正确的,设计代码生成程序时无须考虑错误处理的问题。

（2）语言结构目标代码的确定

一个编译程序可看成一个映射,它把源程序映射成等价的目标代码,换言之,对源语言中各类语言结构,依据语义确定相应的目标代码结构,也即确定源语言与目标语言间的对应关系,保证正确实现语义。显然,能否建立这样的对应关系直接影响编译程序的成败。目标机器指令系统的性质决定了指令选择的难易程度,指令系统的一致性和完备性对对应关系的建立自然有重要影响。例如,如果目标机器能以一致的方式支持各种数据类型,对应关系的建立将容易得多。在建立对应关系时应该考虑目标程序运行速度问题,必须考虑指令执行速度和机器的性能。尤其当指令系统内涵丰富的目标机器对实现某种操作可提供几种方案时,应选择效率高、速度快的一种。例如,如果目标机器有加 1 指令 INC,那么,对于"i=i+1;"这样的赋值语句的高效实现是一条指令"INC i",而不是其他。

（3）运行时刻存储管理

通常所见的计算机都是冯·诺伊曼型的,其特征是变量-存储字,即用变量来仿效存储字,变量名实际上是存储字的名字。对于编译程序来说,其必须为源程序中出现的量(常量与变量)分配运行时刻的存储区域,即把源程序中的名字(标识符)映射到运行时刻数据对象的存储地址,这一工作由前端的分析和代码生成程序共同完成。如同前面说明部分的翻译中讨论的,语义分析时可以确定类型的宽度,即所需存储区域的大小。从符号表中的信息可以确定一个名字所代表的数据对象在所分配存储区域中的相对地址。

为了存储分配的正确实现,除了必须考虑标识符的作用域问题外,还必须考虑字边界对齐问题,即对于字节编址的计算机,必须注意对于不同类型的量所分配存储区域的起始编址都必须符合边界要求。例如,对于 C 语言,每个字符占 1 个字节,而整型量占 2 个字节,则对于字符型量的存储位置可为任意,然而,对于整型量的存储区域的始址必须是 0、2、4、…,不然将出现错误。

运行时刻存储分配有静态与动态两类分配策略,这些在后面讨论。

（4）寄存器分配

通常,计算机存储字之间不直接打交道,而是通过寄存器。寄存器可用来保存中间计算结果,而且运算对象在寄存器的指令一般都比运算对象在内存储器中的指令要短些,执行速度也快些。因此,充分、合理地利用寄存器对生成高效的代码十分重要。

对于寄存器的使用,应该考虑在程序的某处将有哪些变量驻留在寄存器中,即哪些变量占用寄存器,甚至哪个变量占用哪个寄存器。要选择最优的寄存器指派方案是困难的,这是因为目标机器的硬件和/或操作系统可能要求寄存器的使用遵守一些约定而使问题进一步复杂化。例如, IBM 系统 370 计算机上,整数乘和整数除要求使用寄存器对,即偶序数和下一个奇序数的寄存器。对于乘法,被乘数在偶/奇寄存器对的偶寄存器,乘数在该寄存器对的奇寄存器。而对于除法,被除数占据一个偶/奇寄存器对,除法以后,偶寄存器保存余数,奇寄存器保存商,等等。

为简化讨论起见,将不涉及太多的细节,然而以下两方面必须记住。

1)当一个计算结果要存入某个寄存器时,应先判别它是否已被占用。若已被占用,而又无其他寄存器可用,必须把该寄存器的内容先存入一个临时变量(存储器)中,以便腾出该寄存器保存该计算结果。

　　2)应考虑可用寄存器的个数,例如是 1 个、2 个,还是 16 个。读者可以下列赋值语句

　　　　x=(a+b)*((c-d)/(e+f)-1)+2;

为例考察寄存器个数对目标代码生成的影响。

　　(5)求值顺序的选择

　　对一个表达式求值时,对其中各运算的执行顺序可作一定的改变以确定一个最佳求值顺序,使得需要来保存中间结果的寄存器个数较少。然而,要选择最佳顺序是十分困难的。

　　一个典型的例子是:当 i 值为 1 时对 C 语言表达式 (i++)*(i++)*(i++) 求值。由于求值顺序的不同,在不同的编译系统下运行结果将是完全不同的。

　　这里不讨论求值顺序问题,简单地按源程序书写顺序或内部中间表示生成的顺序生成目标代码。

　　(6)代码生成程序的设计

　　一个代码生成程序可以采用各种不同的目标代码生成算法来实现目标代码的生成,以达到某个设计目标,例如,可有利于窥孔优化的、寄存器较优使用的与可重定目标的,等等。但对于任何一个代码生成程序,最重要的是产生正确的代码。此外,易于实现、测试和维护是代码生成程序的重要设计目标。

6.3.2　虚拟机

　　目标代码是与机器相关的,要设计一个好的代码生成程序,必须十分透彻地了解目标机器指令系统及有关特性。这需要花费大量的时间。事实上在对编译程序构造甚至对代码生成的讨论中,也不可能对目标机器作详尽的介绍。即使作了详尽的介绍,也缺乏通用性,另一型号的计算机情况可能又截然不同。针对教学的目的,合适的是采取虚拟机目标代码形式。对虚拟机的设置可以根据关于代码生成的讨论的需要而确定。读者无须花费大量的精力与时间去了解各类计算机的指令系统等细节,就可以掌握代码生成的基本机理。

　　假定虚拟的目标机按字节编址, 4 个字节组成一个字,有 n 个通用寄存器 R_0、R_1、…、R_{n-1}。指令的形式为:

　　　　OP　源,目标

即二地址指令,其中 OP 为操作码,源和目标都是数据域,对应于运算分量(操作数)。通常一个字存放一条指令,一个字仅 4 个字节,不可能源和目标两者都是存储字地址。指令中的源和目标必须由寄存器和存储字地址及寻址方式组合起来指明。

　　汇编语言形式的寻址方式及附加代价如表 6-12 所示。

表 6-12

寻址方式	形式	地址	附加代价
绝对地址	M	M	1
寄存器	R	R	0
变址	D(R)	D+contents(R)	1
间接寄存器	*R	contents(R)	1
间接变址	*D(R)	contents(D+contents(R))	2
立即数	#C	常数 C	1

其中,contents(t)表示由 t 代表的寄存器或存储字的内容。例如作为可允许的组合,可有如下几种指令形式:

op	R,	M	op	#C,	M
op	M,	R	op	#C,	R
op	R,	R	op	*D(R),	R
op	D(R),	R	op	R,	*R

下面以传输指令为例说明寻址方式的含义。

     MOV R_0, M

这是绝对地址寻址方式,寄存器 R_0 与存储字地址 M 就代表本身,此指令操作的结果是把寄存器 R_0 的内容传输入存储字 M 中。

     MOV $4(R_0)$, R_1

此指令是变址寻址方式,其操作结果是把值

     contents(4+contents(R_0))

传输入寄存器 R_1 中。

     MOV   *$4(R_0)$, R_1

此指令是间接变址寻址方式,其操作结果是把值

     contents(contents(4+contents(R_0)))

传输入寄存器 R_1 中。

     MOV   #1, R_0

此指令是立即数寻址方式,其操作结果是把值 1 传输入寄存器 R_0 中。

表 6-12 中的附加代价是关于指令代价而引进的。在考虑程序功效时,自然会考虑到指令代价。由于对于大多数计算机和大多数指令,从内存存取指令的时间往往大大超过执行指令的时间,当时间是关键因素时,应该使对内存进行存取的总时间尽可能缩短,因此让指令代价对应于存取内存字的时间,让存取一次内存字为 1 个单位代价。指令代价是存取指令本身的 1 加上指令中源和目标存取内存字的代价,即附加代价。请注意,这里假定立即数是存放在某个存储字中的,因此每个立即数存取的代价是 1。下面给出一些例子,说明指令代价的确定。

指令 MOV R_1, R_2 的代价是 1,因为寄存器寻址方式不涉及存储字,附加代价为 0,而指令本身的代价为 1;指令 MOV   #1, R_0 的代价为 2,因为立即数 1 的附加代价是 1;而指令

MOV　R$_1$,*12(R$_2$)的代价为 3,因为第二个操作数的附加代价为 2。

假定虚拟机包含有操作码 MOV(传输)与 ADD(加法)。可以为赋值语句 a=b+c 按不同的方案来生成目标代码,比较各方案的代价,从中选出较好的。假定 a、b 与 c 均为简单变量,存放在不同的存储字中。

方案 1:MOV　b,　R$_0$　　　contents(b)=>R$_0$

ADD　c,　R$_0$　　　contents(R$_0$)+contents(c)=>R$_0$

MOV　R$_0$,　a　　　总代价=6

方案 2:MOV　R$_1$, *R$_0$

ADD　R$_2$, *R$_0$　　　总代价=4

这里假定 R$_0$ 包含 a 的存储地址,R$_1$ 与 R$_2$ 分别包含 b 与 c 的值。

方案 3:ADD　R$_2$, R$_1$

MOV　R$_1$, a　　　总代价=3

这时假定 R$_1$ 与 R$_2$ 分别包含 b 与 c 的值,而且在该赋值语句执行后 R$_1$ 中 b 的值不再需要。

对照上述三个方案,可以看出,为了产生好的代码,必须有效地使用计算机的寻址功能。如果一个名字在后面不远处还将用到,有可能的话,就应把它的值或存储地址保存在寄存器里。

对这里讨论的虚拟机,除了 ADD 与 MOV 等指令外,还将引进下列指令。

NEG T　　　　　　—contents(T)=>T

SUB S,T　　　　　contents(T)—contents(S)=>T

MPY S,T　　　　　contents(T)*contents(S)=>T

DIV S,T　　　　　contents(T)/contents(S)=>T

CMP S,T　　　　　比较 contents(S)和 contents(T)

CJrelop T　　　　　按 relop 为 true 转向 T

　　　　　　　　　(其中 relop 可以是<、>、≠、=、≤、≥)

ITOF S,T　　　　　把 S 的值从整型转换成实型,然后将转换后的值传送给 T

GOTO T　　　　　无条件转移控制到 T

RETURN　　　　　返回

CALL P,N　　　　　以 N 个参数调用函数 P

对于转移指令,允许采用相对地址寻址,其形式为*+N 或*-N,表示所在指令首址加或减 N 个字节。为了控制转移的需要,允许对指令加标号。标号是一个符号名,后跟以′:′,写在指令前。

6.3.3　控制语句的翻译

1.赋值语句

(1)语法定义

C 语言中赋值语句的一般形式如下。

V=e;

为简洁起见,下面的讨论中省略了其后的分号。

（2）语义

赋值语句的语义可解释为:把右部表达式 e 的值赋给左部变量 V。对于 C 语言,表达式的类型可以是各种基本类型中的一种。赋值语句的左部变量与右部表达式的类型要求相容。

（3）赋值语句的执行

鉴于赋值语句的左部变量可能是简单变量,也可能是数组元素等,必须计算它的地址。一般地,由系统决定左部变量的地址在右部表达式计算之前还是在计算之后计算。对于 C 语言,先计算右部表达式的值,然后再计算左部变量的地址,因此执行步骤如下。

步骤 1　计算右部表达式 e 的值。

步骤 2　必要时对 e 的值进行类型转换,强制到左部变量 V 的类型。

步骤 3　计算左部变量 V 的地址。

步骤 4　把 e 的(类型转换过的)值赋给左部变量 V。

（4）目标代码设计

基于上述执行步骤,可设计赋值语句的目标代码如下。

计算 e 的值的目标代码。

对 e 的值进行强制类型转换的目标代码(必要时)。

计算 V 的地址的目标代码(当是简单变量时无须生成)。

把(类型转换过的)e 值赋给 V 的目标代码。

例 6.11　赋值语句目标代码示例。

设 x、y、z、a、b、c 与 d 都是简单变量,都用它们的名字表示相应的存储地址。对于赋值语句 x=y 可有下列目标代码。

```
MOV    y,    R_0
MOV    R_0,   x
```

对于赋值语句 z=a*b−c/d 可有下列目标代码。

```
MOV    a,    R_0  │ DIV    d,    R_1
MPY    b,    R_0  │ SUB    R_1,  R_0
MOV    c,    R_1  │ MOV    R_0,   z
```

（5）翻译方案的设计

先考虑赋值语句的简单情况,即所涉及变量仅简单变量,且表达式中仅允许加法、乘法与取负等。翻译方案如下。

S ::=id=E{ p:=lookup(id.name);

　　　　　if p ≠ NULL then

　　　　　S.code:=E.code ‖ gencode("MOV", E.place, p → place)

　　　　　else error}

E ::=E$_1$+E$_2${ E.place:=newtemp;

　　　　　E.code:=E$_1$.code ‖ E$_2$.code

　　　　　　　　　‖ gencode("MOV", E$_1$.place, E.place)

$$\parallel \text{gencode}(\text{"ADD"}, E_2.place, E.place)\}$$

$E ::= E_1 * E_2\{\ E.place := newtemp;$

$\qquad E.code := E_1.code \parallel E_2.code$

$$\qquad\qquad \parallel \text{gencode}(\text{"MOV"}, E_1.place, E.place)$$

$$\qquad\qquad \parallel \text{gencode}(\text{"MPY"}, E_2.place, E.place)\}$$

$E ::= -E_1\{\ E.place := newtemp;$

$$\qquad E.code := E_1.code \parallel \text{gencode}(\text{"MOV"}, E_1.place, E.place)$$

$$\qquad\qquad \parallel \text{gencode}(\text{"NEG"}, E.place)\}$$

$E ::= (E_1)\{\ E.place := E_1.place;\ E.code := E_1.code\}$

$E ::= id\ \{\ p := lookup(id.name);$

$\qquad\qquad$ if $p \neq$ NULL then

$\qquad\qquad$ begin

$\qquad\qquad\qquad E.place := p \rightarrow place;\ E.code := "\ "$

$\qquad\qquad$ end else error$\}$

其中,运算符 $\parallel$ 是并置运算符,其操作结果是把两个操作数(字符串)并置。函数调用 gen-code(OP, source, destination)的功能是生成目标指令,它将回送下形的目标指令。

$\qquad$ OP source, destination

函数 lookup(name)查看符号表中是否有名为 name 的条目,如果查到,则回送相应条目的指针;如果未查到,则回送 NULL,表示没有查到。为简单起见,可以假定任何标识符都有定义,而用 id.name 代替 $p \rightarrow place$。这并不影响我们的讨论,却可大大简化上机实习的准备工作。这时相当于:

$\qquad E ::= id\ \{\ E.place := id.name;\ E.code := "\ "\}$

对于 $S ::= id = E$,情况类似。

假如有赋值语句 a=b+c,由上述翻译方案,可为它生成下列目标代码。

$\qquad$ MOV　　b.place,　　E.place

$\qquad$ ADD　　c.place,　　E.place

$\qquad$ MOV　　E.place,　　a.place

其中,b.place 等代表相应的存储地址,而 E.place 是由 newtemp 产生的一个临时变量名字,可以代表一个寄存器。可以假定,每当需要时,就可以由 newtemp 产生一个新的临时变量名字。但临时变量名字太多会带来一些麻烦,因为涉及存储分配与寄存器分配问题。这里不考虑这些问题,仅考虑简单情况,即寄存器个数不限。

对于赋值语句的翻译方案,还应考虑下列两个问题,即,类型强制与变量种类的扩充,也就是从简单变量扩充到数组元素与成员变量。

1)类型强制。

当一个赋值语句的左部变量与右部表达式类型不相同,但却相容时,应进行类型强制。在右部表达式内有类似的情况。这里考虑左右部相容的情况。为了把右部表达式的类型强制转换到左部变量的类型,对赋值语句重写规则 $S ::= id = E$ 的翻译方案可修改如下。

$\qquad S ::= id = E\{\ p := lookup(id.name);$

```
if p ≠ NULL then
begin
    S.code:=E.code;
    if p → type=integer and E.type=integer
    then S.code:=S.code
                ‖ gencode("MOV", E.place, p → place)
    else if p → type=real and E.type=integer
    then begin
        u:=newtemp;
        S.code:=S.code
                ‖ gencode("ITOF", E.place, u)
                ‖ gencode("MOV", u, p → place)
        end
    else if p → type=integer and E.type=real
                ...
end
else error}
```

右部表达式中类型强制的翻译方案请读者自行讨论。

2）变量存取。

对于 C 语言,在赋值语句中出现的除了简单变量外还可以是数组元素与结构体变量的成员变量等。这里着重讨论数组元素的情况。

Ⅰ.数组元素的翻译方案。

当简单变量扩充到数组元素时,必要的是确定其存储地址。C 语言中数组每一维的下界均为 0,不失一般性,假定数组的元素均放在连续的存储区域内。

现在讨论如何确定数组元素的存储地址。

对于由 T　A[num]定义的一维数组 A,易计算其第 i 个元素 A[i]的地址为 base+i × sizeof(T),这里,base 是数组第 1 个元素 A[0]的存储地址,而 sizeof(T)是类型 T 的大小,即,T 型变量所占存储字节数。

对于由 T　A[num1][num2]定义的二维数组,由于有按行存放与按列存放两种方式,其元素存储地址的计算公式不同,必须明确按何种方式存放。通常 C 语言的数组元素按行存放,假定下面的讨论基于按行存放方式。例如,由 int　A[3][4]定义的二维数组 A,其元素按下列次序存放:A_{00}、A_{01}、A_{02}、A_{03}、A_{10}、A_{11}、A_{12}、A_{13}、A_{20}、A_{21}、A_{22}、A_{23}。对于元素 A[2][3],其存储地址可确定如下。

$$base+(2 × 4+3) × sizeof(integer)$$

一般对于 A[i][j],其地址可确定如下。

$$base+(i × 4+j) × sizeof(integer)=base+d$$

其中,base 是数组第一个元素 A[0][0]的存储地址,d=(i × 4+j) × sizeof(integer)。

元素 A[0][0]的地址称为零地址,可在一次运行前预先确定,需要的是每次计算关于零地址的偏移量 d。

　　一般地，由 T　A[n_1][n_2]…[n_m]定义的 m 维（m>2）数组 A 的数组元素 A[i_1][i_2]…[i_m]地址的计算公式 base+d 中，base 是 A[0][0]…[0]的地址（零地址），d=((…((i_1 × n_2+i_2) × n_3+i_3)…) × n_m+i_m) × sizeof(T)。

　　下面考虑翻译方案。关于变量是数组元素，可有如下的重写规则。

　　　　V ∷ =id[Elist]|id

　　　　Elist ∷ =Elist][E|E

易见难以为这些重写规则设计满足以深度优先次序计算属性的翻译方案。为了确定数组元素的位置，在翻译时需要能取得数组的 base 和 C 以及计算 d 的每一维大小 n_i(i=1, 2,…, m)。为此改写上述重写规则为

　　　　V ∷ =Elist]|id

　　　　Elist ∷ =Elsist][E|id[E

这样就使得符号表中数组名条目的指针可以作为 Elist 的综合属性 array 而传递。

　　对 V 引进两个属性 place 和 atag。当 V 是简单变量名字时，V.place 是相应变量的存储地址，而 V.atag 是 0，表示不是数组引用，非 0，则表示是数组引用。

　　为强调数组元素的翻译，让关于赋值语句的文法定义如下。

　　G6.4[S]:

　　　　S ∷ =V=E　　　E ∷ =E+E　　　E ∷ =(E)　　　　E ∷ =V

　　　　V ∷ =Elist]　　　　　　　　V ∷ =id

　　　　Elist ∷ =Elist][E　　　　　　Elist ∷ =id[E

相应的翻译方案可写出如下。

　① S ∷ =V=E{ if V.atag=0 then

　　　　　　　　S.code:=E.code ‖ gencode("MOV", E.place, V.place)

　　　　　　else

　　　　　　　　S.code:=E.code ‖ V.code

　　　　　　　　　　‖ gencode("MOV", E.place, "0(" ‖ V.place ‖ ")")}

其中，0(V.place)取变址寻址方式。

　② E ∷ =E_1+E_2{ E.place:=newtemp;

　　　　　　　　E.code:=E_1.code ‖ E_2.code

　　　　　　　　　　　　　‖ gencode("MOV", E_1.place, E.place)

　　　　　　　　　　　　　‖ gencode("ADD", E_2.place, E.place)}

　③ E ∷ =(E_1){ E.place:=E_1.place;　　E.code:=E_1.code}

　④ E ∷ =V{ if V.atag=0 then

　　　　　　begin

　　　　　　　E.place:=V.place;　　E.code:=" "

　　　　　　end else

　　　　　　begin

　　　　　　　E.place:=newtemp;

E.code:=V.code

‖ gencode("MOV","0(" ‖ V.place ‖ ")",E.place)

    end

    }

其中,0(V.place)取变址寻址方式。

⑤ V :: =Elist]{ V.place:=newtemp; V.atag:=1;

    V.code:=Elist.code

    ‖ gencode("MOV",sizeof(T)存放处,V.place)

    ‖ gencode("MPY",Elist.place,V.place)

    ‖ gencode("ADD",Elist.array 的零地址存放处,V.place)}

其中, T 是关于 Elist.array 中所指明数组(例如 A)的元素的类型,零地址即元素 A[0][0]···[0] 的存储地址。

由于没有对关于数组的信息,包括维数和各维的界值以及零地址值,如何存放进行详细讨论,尽管在编译时刻生成代码时可以取得这些信息,但都难以确切指明,因此上述语义动作中出现了"零地址存放处"等。应该说,这样做并不妨碍对问题的讨论。

⑥ V :: =id { p:=lookup(id.name);

    if p ≠ NULL then

    begin

      V.place:= p → place; V.atag:=0

    end else error

    }

⑦ Elist :: =Elsist$_1$][E

    { t:=newtemp; i:=Elist$_1$.dim+1;

    Elist.code:=Elist$_1$.code ‖ E.code

    ‖ gencode("MOV",Elist$_1$.array 的第 i 维上界 n$_i$ 存放处,t)

    ‖ gencode("MPY",Elist$_1$.place,t)

    ‖ gencode("ADD",E.place,t);

    Elist.array:=Elist$_1$.array; Elist.place:=t;

    Elist.dim:=i

    }

其中的第 i 维上界是关于 Elist$_1$.array 的。当执行这里的语义动作时,下标表达式中已处理了下标表的前 i-1 维下标,正要处理第 i 维下标,递推地计算偏移量 d 的值。

⑧ Elist :: =id[E { p:=lookup(id.name);

    if p ≠ NULL then

    begin

      Elist.place:=E.place;   Elist.dim:=1;

      Elist.code:=E.code;   Elist.array:=p

    end else error}

例 6.12　设对于数组变量 A 与 B 有如下说明性语句。

　　int A[10];　　int B[20][30];

今有赋值语句 A[i]=B[j+k][m]。应用上述翻译方案,可关于此赋值语句构造注释分析树如图 6-8 所示。为简单起见,其中属性 place 与 array 用相应变量名表示。

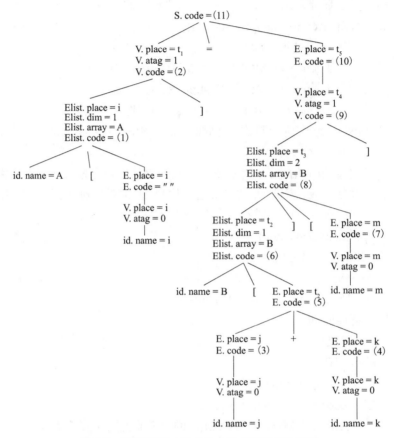

图 6-8　赋值语句 A[i]=B[j+k][m] 的注释分析树

在图 6-8 中, 代号(1)到(11)分别表示如下内容:

(1)、(3)、(4)与(7)均为空代码串。

$$(2)=(1) \| MOV \quad sizeof(integer) 的存放处, t_1$$
$$\| MPY \quad i, \qquad\qquad t_1$$
$$\| ADD \quad A 的零地址存放处, \quad t_1$$

$$(5)=(3) \| (4) \| MOV \quad j, \qquad\qquad t_2$$
$$\| ADD \quad k, \qquad\qquad t_2$$

(6)与(5)相同。

$$(8)=(6) \| (7) \| MOV \quad B 的第二维上界 n_2 存放处, t_3$$
$$\| MPY \quad t_2, \qquad\qquad\qquad t_3$$
$$\| ADD \quad m, \qquad\qquad\qquad t_3$$

（9）=（8）‖MOV　sizeof(integer)的存放处，　　　　　t_4

　　　　　　　　‖MPY　t_3,　　　　　　　　　　　t_4

　　　　　　　　‖ADD　B 的零地址存放处，　　　t_4

（10）=（9）‖MOV　$0(t_4)$,　　　　　　　　　　t_5

（11）=（2）‖（10）‖MOV　t_5,　　　$0(t_1)$

最终所得的 S.code 为下列指令序列。

MOV　j,	t_2	ADD　B 的零地址存放处,	t_4
ADD　k,	t_2	MOV　$0(t_4)$,	t_5
MOV　B 的第 2 维上界 30 存放处,	t_3	MOV　sizeof(integer)的存放处,	t_1
MPY　t_2,	t_3	MPY　i,	t_1
ADD　m,	t_3	ADD　A 的零地址存放处,	t_1
MOV　sizeof(integer)的存放处,	t_4	MOV　t_5,	$0(t_1)$
MPY　t_3,	t_4		

　　为直观与易读起见，其中运算分量均用符号表示。读者应注意的是：所引进的临时变量一般代表通用寄存器。为简单起见，未考虑寄存器的使用限制。实际实现时，应作相应的修改。

　　遗憾的是，文法 G6.4[S]的上述翻译方案对于赋值语句 a=b 将产生代码 MOV b, a。易见，合适的是生成代码：

　　　　MOV　　　b,　　　　t

　　　　MOV　　　t,　　　　a

请读者自行改进。

　　Ⅱ. 成员变量的翻译方案。

　　C 语言中结构体变量的成员，即成员变量的翻译要点是取得其类型和相对地址。在前面关于结构体类型的翻译的讨论中，我们看到，为每个结构体类型建立自己的符号表，结构体中的每个成员的类型和相对地址等就记录在符号表的成员名条目中，因此对成员名的查找从而取得相应类型与相对地址的工作可以通过早先所使用的按名字查符号表子程序 lookup 来实现。

　　例如，假定一个结构体变量 R 有成员 F，在源程序中通常写作 R.F 以存取该成员 F。首先，关于 R 查找符号表可以确定相应条目的指针，从该指针得到相应结构体类型的符号表条目的指针，从而查到成员 F 的相应条目。

　　关于赋值语句的翻译讨论到这里。最后要说明的是，上面给出的赋值语句翻译方案既没有考虑指针所指向对象变量的翻译，也没有考虑赋值语句出现的上下文。在实际实现一个编译程序时，赋值语句的翻译方案自然应与函数定义的翻译一节中给出的翻译方案（见表 6-11）相结合。

　　2. 选择语句的翻译

　　选择语句一般有两类，一类是两者择一的条件语句，另一类是多路选择的开关语句。下面分别讨论。

（1）条件语句

1）语法定义。

条件语句的一般形式如下。

　　if(E) S else S　　或者　　if(E) S

2）语义。

条件语句的语义可解释为：根据其中的逻辑表达式 E 值为 true(非零)还是 false(零)确定后面应执行的语句，即，当逻辑表达式 E 值为 true 时，执行紧随 E 之后的语句 S，然后跳过后面的 else 部分，执行条件语句的后继语句；否则，在第一种情形跳过紧随 E 之后的语句 S 而执行 else 之后的语句 S，在第二种情形则跳过紧随 E 之后的语句，立即执行条件语句的后继语句。

3）条件语句的执行。

从条件语句的语义解释，可见其执行步骤如下。这里仅列出第一种情形的执行步骤，对于第二种情形不难作出相应变动。

步骤 1　计算表达式 E 的值。

步骤 2　若 E 值为 true，执行紧随 E 之后的语句 S，然后无条件转去执行条件语句的后继语句。

步骤 3　若 E 值为 false，跳过紧随 E 之后的语句 S 而执行 else 之后的语句 S，然后执行条件语句的后继语句。

4）目标代码设计。

基于上述执行步骤，可设计条件语句的目标代码如下。

　　　　计算 E 值的目标代码

　　　　判别当 E 值为 false 时转 else 后的语句处的目标代码

　　　　紧随 E 之后语句 S 的目标代码

　　　　无条件转到后继语句的目标代码

　　　　else 后的语句 S 的目标代码

　　　　后继语句的目标代码

显然，必要的是，在目标代码的某些位置上设置标号。让 else 之前与 else 之后的语句分别用 S_T 与 S_F 标记，且引进三个标号：E.true、E.false 与 S.next 分别处于 S_T 目标代码、S_F 目标代码与后继语句的入口处。目标代码示意图如图 6-9 所示。

今后的讨论将更倾向于显式给出当 E 为 true 时转向 E.true 的目标代码设计，即，

计算 E 值的目标代码	E.true: S_T 的目标代码
判别 E 值的目标代码	无条件转向 S.next 的目标代码
当 E 值为 true 时转向 E.true 的目标代码	E.false: S_F 的目标代码
无条件转向 E.false 的目标代码	S.next: 后继语句的目标代码

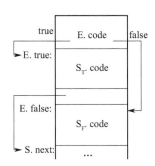

图 6-9　条件语句的目标代码示意图

例 6.13　条件语句目标代码示例。

设有条件语句

　　　　if(a<b) max=b; else max=a;

其中，a、b 与 max 都是整型变量。该条件语句的目标代码可生成：

	MOV	a,	R_0		MOV	R_1,	max
	CMP	R_0,	b		GOTO	L_3
	CJ<	L_1		L_2:	MOV	a,	R_1
	GOTO	L_2			MOV	R_1,	max
L_1:	MOV	b,	R_1		L_3:

```
        MOV    a,    R_0          MOV    R_1,   max
        CMP    R_0,  b            GOTO   L_3
        CJ<    L_1          L_2:  MOV    a,    R_1
        GOTO   L_2                MOV    R_1,   max
L_1:    MOV    b,    R_1    L_3:
```

5）翻译方案的设计。

这里给出条件语句两种情形的翻译方案如下。

S :: =if(E)S_1 else S_2

　{ E.true:=newlabel; E.false:=newlabel;

　　S.next:=newlabel; S_1.next:=S.next;

　　S_2.next:=S.next;

　　S.code:=E.code

　　　‖ gencode("CMP",E.place,"#1")

　　　‖ gencode("CJ=",E.true)

　　　‖ gencode("GOTO",E.false)

　　　‖ gencode(E.true,":")

　　　‖ S_1.code ‖ gencode("GOTO",S_1.next)

　　　‖ gencode(E.false,":") ‖ S_2.code

　　　‖ gencode(S.next,":")　　}

S :: =if(E) S_1

　{ E.true:=newlabel;

　　S.next:=newlabel;

　　E.false:=S.next;

　　S_1.next:=S.next;

　　S.code:= E.code

　　　‖ gencode("CMP",E.place,"#1")

　　　‖ gencode("CJ=",E.true)

　　　‖ gencode("GOTO",E.false)

　　　‖ gencode(E.true,":")

　　　‖ S_1.code

　　　‖ gencode(S.next,":") }

其中，newlabel 用来产生一个新的标号。

　　请注意，分别用 1 与 0 表示值 true 与 false，因此让 E.place 与直接数#1 相比较。另外，这里 S.next 处理作为综合属性，其值是一个标号，它由 newlabel 产生，是 S 的目标代码执行后应执行代码的第一个指令的标号。

6）与条件语句的翻译相关的问题。

Ⅰ.逻辑表达式的翻译。

一个逻辑表达式的值 true 与 false 如上所述分别用 1 与 0 表示。一般来说,逻辑表达式中可包含逻辑非(！)、逻辑或(‖)与逻辑与(&&)等运算符。对包含这些运算符的逻辑表达式可如同算术表达式那样处理。当然这时应该有相应逻辑非、逻辑或和逻辑与的虚拟机指令,就让操作码相应地为 NOT、OR 和 AND。

然而当逻辑表达式中包含有关系运算符时情况有所不同。例如, a<b 这样的表达式等价于由条件运算符构成的表达式(称为条件表达式):

$$(a<b)?\ 1:0$$

因此,对逻辑表达式求值的翻译方案如下。

$E::=E_1 \parallel E_2$
{ E.place:=newtemp;
　 E.code:=E_1.code $\parallel$ E_2.code
　　　$\parallel$ gencode("MOV",E_1.place,E.place)
　　　$\parallel$ gencode("OR",E_2.place,E.place)}

$E::=E_1$ && E_2
{ E.place:=newtemp;
　 E.code:=E_1.code $\parallel$ E_2.code
　　　$\parallel$ gencode("MOV",E_1.place,E.place)
　　　$\parallel$ gencode("AND",E_2.place,E.place)}

$E::=!E_1$
{ E.place:=newtemp;
　 E.code:=E_1.code
　　　$\parallel$ gencode("MOV",E_1.place,E.place)
　　　$\parallel$ gencode("NOT",E.place,E.place)}

$E::=(E_1)$ { E.place:=E_1.place;
　　　　　E.code:=E_1.code　 }

$E::=id_1\ relop\ id_2$
{ E.place:=newtemp; t:=newtemp;
　 E.code:=
　　　gencode("MOV",id_1.place,t)
　　 $\parallel$ gencode("CMP",t,id_2.place)
　　 $\parallel$ gencode("CJ" $\parallel$ relop,"*+8")
　　 $\parallel$ gencode("GOTO","*+12")
　　 $\parallel$ gencode("MOV","#1",E.place)
　　 $\parallel$ gencode("GOTO","*+8")
　　 $\parallel$ gencode("MOV","#0",E.place)}

$E::=$true
{ E.place:=newtemp;
　 gencode("MOV","#1",E.place)}

$E::=$false
{ E.place:=newtemp;
　 gencode("MOV","#0",E.place)}

其中, "CJ" $\parallel$ relop 表示把字符串"CJ"与关系运算符 relop 相并置,而 relop 是终结符号,代表某一具体的关系运算符。

例如,应用上述翻译方案,可以关于逻辑表达式 a<b $\parallel$ c>d 生成下列目标代码。

MOV	a,	t_2		CMP	t_4,	d
CMP	t_2,	b		CJ>	*+8	
CJ<	*+8			GOTO	*+12	
GOTO	*+12			MOV	#1,	t_3
MOV	#1,	t_1		GOTO	*+8	
GOTO	*+8			MOV	#0,	t_3
MOV	#0,	t_1		MOV	t_1,	t_5
MOV	c,	t_4		OR	t_3,	t_5

其中转移指令采用了相对寻址方式,假定每条指令为 4 个字节长。执行指令

　　　　GOTO　　*+8

将转去执行该指令下面第 2 条指令。

　　上述翻译方案的特点是简单,即,总是计算出整个逻辑表达式的值 (0 或 1)供条件语句或其他控制结构使用。然而,明显的是,当进行了部分计算已能确定整个逻辑表达式的值时,可以放弃其余部分的计算以提高功效。例如, E 是 $E_1 \| E_2$ 形式的逻辑表达式,当已经计算出 E_1 的值为 true(1)时,则 E 的值也已确定是 true(1),无须再计算 E_2 的值。仅当 E_1 的值为 false(0)时才需要继续计算 E_2 的值。类似地,当 E 是 E_1 && E_2 形式的逻辑表达式,也仅当 E_1 的值为 true(1)时才需要继续计算 E_2 的值,不然 E_1 的值为 false(0), E 也确定是 false(0)。为此,引进标号属性 E.true 与 E.false,作为逻辑表达式求值目标代码中相应代码段的第一条指令的标号。例如,对于 $E_1 \| E_2$,让 E_1.false 是 E_2 的目标代码中第一条指令的标号。

　　当引进标号属性 E.true 与 E.false 时,对于 a<b 形式的 E,可以解释为:

　　　　if(a<b) goto E.true;

　　　　goto E.false;

这样,不求出关系运算产生的逻辑值,而由控制转移反映关系运算的结果。

　　基于上述讨论,对于逻辑表达式的翻译,给出翻译方案如表 6-13 所示。一般地,关系运算 relop 的两个运算分量可以是一般的算术类型的表达式。为简单起见,这里仅为 id。

表 6-13

重写规则	语义动作
$E ::= E_1 \| E_2$	{ E_1.true:=E.true;　　E_1.false:=newlabel; 　　E_2.true:=E.true;　　E_2.false:=E.false; 　　E.code:=E_1.code | gencode(E_1.false,":") | E_2.code }
$E ::= E_1$ && E_2	{ E_1.true:=newlabel; E_1.false:=E.false; 　　E_2.true:=E.true;　　E_2.false:=E.false; 　　E.code:=E_1.code | gencode(E_1.true,":") | E_2.code}
$E ::= ! E_1$	{ E_1.true:=E.false;　　E_1.false:=E.true; 　　E.code:=E_1.code}
$E ::= (E_1)$	{ E_1.true:=E.true;　　E_1.false:=E.false; 　　E.code:=E_1.code}
$E ::= id_1$ relop id_2	{ t:=newtemp; 　　E.code:=gencode("MOV",id_1.place,t) 　　　　| gencode("CMP",t,id_2.place) 　　　　| gencode("CJ" | relop,E.true) 　　　　| gencode("GOTO",E.false) }
$E ::= true$	{ E.code:=gencode("GOTO",E.true)}
$E ::= false$	{ E.code:=gencode("GOTO",E.false)}

　　应用表 6-13 中的翻译方案,对于逻辑表达式 E:

　　　　a<b \| c>d

它呈 $E_1 \| E_2$ 形,关于它可生成下列目标代码:

MOV	a，t_1	L_1: MOV　　c，t_2
CMP	t_1，b	CMP　　　t_2，d
CJ<	E.true	CJ>　　　　E.true
GOTO	L_1	GOTO　　E.false

注意，表 6-13 给出的翻译方案中属性 E.true 与 E.false 的值应该是都已确定的。但从前述关于条件语句的翻译方案不难看到，这两者是在表达式 E 处理过之后才被赋以值的，因此必须进行修改。例如可修改如下：

$$S ::= if \qquad \{ E.true:=newlabel; \ E.false:=newlabel;$$
$$\qquad\qquad\qquad\qquad S.next:=newlabel \}$$
$$(E)S_1 \ else \ S_2 \ \{ S_1.next:=S.next; \quad S_2.next:=S.next;$$
$$\qquad\qquad\qquad\qquad S.code:=\cdots \}$$
$$S ::= if \qquad \{ E.true:=newlabel; \ S.next:=newlabel;$$
$$\qquad\qquad\qquad\qquad E.false:=S.next \}$$
$$(E)S_1 \qquad \{ S_1.next:=S.next; \quad S.code:=\cdots \}$$

从该例子也可看出，与前面的翻译方案不同，该翻译方案实现的对逻辑表达式的翻译已不再求出整个逻辑表达式的值，而由目标代码中所执行到的位置来表示表达式的值，目标代码中可以不含操作码为 NOT、OR 与 AND 的指令。

一般情形下，逻辑表达式中可能包含算术表达式，例如，a+b<c。这只需修改重写规则 E ::= id　relop　id，使得关系运算符 relop 的两个运算分量允许是一般的算术表达式，然后对翻译方案或语法制导定义作相应修改即可，另外，当逻辑表达式中包含 true 与 false 时可以考虑改进。这些请读者自行完成。

概括起来，有两种不同的方式处理逻辑表达式的翻译。一种方式是明确求出逻辑表达式的值为 true 或 false，然后把该值提供给外围语法结构使用。另一种方式是不明确计算逻辑表达式的值，而把它融合在控制转移中，显然，第二种方式功效更高。

Ⅱ. 回填。

现在回顾例 6.13 中关于条件语句 if(a<b) max=b；else max=a 生成的目标代码，其中的第 4 条代码 GOTO　L_2 与第 7 条代码 GOTO　L_3，在生成时还不知道控制必须转向的标号 L_2 与 L_3 的位置。为了解决这个问题，可以采用如下的办法：建立转移指令表。当生成的控制转移指令还不知道转移去的标号在何处时，先生成一个指令坯，即，不填入标号的转移指令，例如，生成：

　　　　GOTO　　 ＿

这时把该指令的序号（或者指令地址等能标志该指令位置的其他信息）存入转移指令表中。当确定了转向的标号位置后，按该转移指令表中的指令位置，把标号回填入指令中。这种事后补填标号的工作称为回填。

为了回填，引进属性 E.truelist 与 E.falselist 分别保存按 true 转移与按 false 转移的转移指令表指针，还引进属性 S.nextlist 保存待回填后继语句位置的指令的转移指令表指针。

关于条件语句与逻辑表达式实现回填的翻译方案可给出如下。

$S ::= if(E) M_1 S_1 N else M_2 S_2$
　　{ backpatch(E.truelist, M_1.pos);
　　　backpatch(E.falselist, M_2.pos);
　　　S.nextlist:=merge(S_1.nextlist, S_2.nextlist);
　　　S.nextlist:=merge(S.nextlist, N.nextlist)　　}

$N ::= \varepsilon$ { N.nextlist:=makelist(nextpos); emit("GOTO", "_") }

$M ::= \varepsilon$ { M.pos:=nextpos}

$S ::= if(E) M S_1$
　　{ backpatch(E.truelist, M.pos);
　　　S.nextlist:=merge(E.falselist, S_1.nextlist)}

$E ::= E_1 \| M E_2$ { backpatch(E_1.falselist, M.pos);
　　　　　　　　E.truelist:=merge(E_1.truelist, E_2.truelist);
　　　　　　　　E.falselist:=E_2.falselist}

$E ::= E_1 \&\& M E_2$ { backpatch(E_1.truelist, M.pos);
　　　　　　　　E.truelist:=E_2.truelist;
　　　　　　　　E.falselist:=merge(E_1.falselist, E_2.falselist)}

$E ::= !E_1$ { E.truelist:=E_1.falselist; E.falselist:=E_1.truelist }

$E ::= (E_1)$ { E.truelist:=E_1.truelist; E.falselist:=E_1.falselist}

$E ::= id_1 relop id_2$ { E.truelist:=makelist(nextpos+2);
　　　　　　　　E.falselist:=makelist(nextpos+3);
　　　　　　　　t:=newtemp;
　　　　　　　　emit("MOV", id_1.place, t);
　　　　　　　　emit("CMP", t, id_2.place);
　　　　　　　　emit("CJ" \| relop, "_");　　emit("GOTO", "_")　　}

$E ::= true$ { E.truelist:=makelist(nextpos);　emit("GOTO", "_")}

$E ::= false$ { E.falselist:=makelist(nextpos); emit("GOTO", "_")}

易见，M 的引进是为了记住下一条指令的位置，而 N 的引进使得把紧随 E 之后语句的目标代码之后的第一条指令位置保存在转移指令表中，这位置中的指令正应是

　　　GOTO　　S_1.next

通过回填，当运行时，可以使得执行完紧随 E 之后语句的目标代码后，跳过 else 后语句的目标代码，把控制转移到条件语句的后继语句。

在上述翻译方案中引进了三个函数。makelist(i)，其功能是建立仅含指令序号 i 的新转移指令表，回送该表的指针；merge(p_1, p_2)，其功能是把指针 p_1 与 p_2 所指向的两个转移指令表合并成一个表，回送合并后的表的指针；backpatch(p, i)，其功能是把指令序号 i 所相应的指令地址回填到由指针 p 指向的转移指令表中指明的每个指令中。

请注意，还有一个函数 emit，它用来生成并输出一条目标指令。

例 6.14　回填示例。

为简单起见，仅考虑逻辑表达式的情况。

设有表达式 a<b || c>d && e==f,对于它的注释分析树如图 6-10 所示。

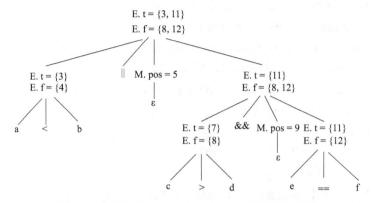

图 6-10　表达式 a<b || c>d && e==f 的注释分析树

当按重写规则 E∷=E1 && M E2 处理完 E1,即 c>d 时,所生成的目标代码如下。

1:	MOV	a,	t_1	5:	MOV	c,	t2
2:	CMP	t_1,	b	6:	CMP	t2,	d
3:	CJ<	_		7:	CJ>	_
4:	GOTO	_		8:	GOTO	_

执行与重写规则 M∷=ε 相应的语义动作时,有 M.pos=9,而 E_1.truelist={7}。处理完 E_2 时又增加如下 4 条目标指令。

```
9: MOV        e,      t₃
10: CMP       t₃,     f
11: CJ=       _
12: GOTO      _
```

当按重写规则 E∷=E_1 && M E_2 归约而执行相应语义动作时,调用 backpatch (E_1.truelist, M.pos)而使序号为 7 的目标指令成为

　　7: CJ>　序号为 9 的目标指令地址

为简单起见,用序号代替指令地址:

　　7: CJ>　9

类似地,当执行与重写规则 E∷= E_1‖M E_2 相应的语义动作时,调用 backpatch (E_1. falselist, M.pos)将使序号为 4 的目标指令成为:

　　4: GOTO　5

因为这时的 M.pos=5,而 E_1.falselist={4}。最终, E.truelist={3, 11}与 E.falselist ={8, 12}。当处理该逻辑表达式的外围控制结构时,将使得序号为 3 与 11 的目标指令中回填入该表达式值为 true 时控制转移去的目标指令地址(序号),而序号为 8 与 12 的目标指令中则将回填入为 false 时控制转移去的目标指令地址(序号)。

上述实现回填的翻译方案仅对条件语句进行翻译,它不能对所涉及的 S.nextlist 进行回填。为了完全实现回填,如何设计翻译方案呢?请读者自行考虑。

（2）开关语句

1）语法定义。

C 语言中的开关语句（或称情况语句）是一种多路分支结构，它的一般形式如下。

```
switch( E )
{ case    C₁:S₁
  case    C₂:S₂
  …
  case    C_{n-1}: S_{n-1}
  default: Sₙ
}
```

其中诸 C 可以是一般的常量表达式，这里仅考虑常量的情况，称为情况常量。

2）语义。

上述开关语句的语义可解释为：根据表达式 E 的值确定执行其中的某个语句 S_i（i=1，2，…，n），即，若 E 值等于 C_i（i=1，2，…，n-1），则执行 S_i，否则执行语句 S_n，然后执行开关语句的后继语句。

3）开关语句的执行。

从开关语句的语义解释，可见其执行步骤如下。

步骤 1　计算表达式 E 的值。

步骤 2　在开关语句内顺次寻找和 E 的值相等的情况常量值。如果找不到，则缺省值和表达式 E 的值相匹配。

步骤 3　执行和该匹配值相关的语句，然后执行开关语句的后继语句。

4）目标代码设计。

为了找到与表达式值相等的情况常量值，可以采用各种方式实现，例如当情况数不是很多时可以顺次逐个地直接进行比较，直到相等时转去执行相应的语句。这里开关语句的目标代码结构设计如下，其中把测试表达式值的代码集中在后面。

计算 E 值并存于 t 的目标代码

转向测试(TEST)的目标代码

L_1:　　语句 S_1 的目标代码

　　　　转向后继语句(NEXT)的目标代码　　/*C 语言时不生成*/

L_2:　　语句 S_2 的目标代码

　　　　转向后继语句(NEXT)的目标代码　　/*C 语言时不生成*/

　　　　…

L_{n-1}:　　语句 S_{n-1} 的目标代码

　　　　转向后继语句(NEXT)的目标代码　　/*C 语言时不生成*/

L_n:　　语句 S_n 的目标代码

　　　　转向后继语句(NEXT)的目标代码

TEST：　若 $t=C_1$ 则转向 L_1 的目标代码

　　　　若 $t=C_2$ 则转向 L_2 的目标代码

　　　　　　…

　　　　　　若 t=C_{n-1} 则转向 L_{n-1} 的目标代码

　　　　　　转向 L_n 的目标代码

　　　NEXT：后继语句的目标代码

　　该目标代码结构的优点是明显的。为体现多路分支结构的特点，减少比较次数，改进控制转移的方法，可以应用散列表与控制跳转表，这时只需修改 TEST 部分的目标代码结构。

　　5）翻译方案的设计。

　　应用翻译方案或语法制导定义，很容易实现开关语句的翻译。这里仅给出翻译过程的处理思路。

　　当扫描到关键字 switch 时，产生两个新的标号 TEST 与 NEXT 分别作为测试部分目标代码的标号与后继语句目标代码的标号，并产生存放表达式值的临时变量 t。然后分析表达式 E，生成计算 E 值并将其存入 t 的目标代码，之后生成转向测试部分的目标指令 GOTO TEST。继续分析下去，每当扫描到 case，便建立新的标号 L，并为它建立符号表新条目。由于测试部分在整个目标代码的末尾，必须记录标号 L 及相应的情况常量值，因此把上述符号表条目的指针连同相应的情况常量值 C 下推进一个栈。鉴于开关语句可能嵌套，栈中应有嵌套深度的标记。此后，为语句 S 生成相应的目标代码，且其第一条目标指令有标号 L，其后则是转向开关语句后继语句目标代码的转移指令 GOTO　NEXT(对于 C 语言，不生成此目标指令)。符号 default 的处理类似于 case，只是其后无情况常量而是缺省值。当扫描到结束整个开关语句的右括号"}"时，可以从上述栈中取出标号与相应的情况常量值而生成测试部分的目标代码。一个开关语句的目标代码可生成：

计算 E 值并存入 t 的指令序列		TEST：	CMP	t，| C_1
GOTO TEST			CJ=		L_1
L_1： S_1 的指令序列			CMP	t，| C_2
GOTO NEXT　//对于 C 语言，不生成此			CJ=		L_2
L_2： S_2 的指令序列			…		
GOTO NEXT　//对于 C 语言，不生成此			CMP	t，| C_{n-1}
…			CJ=		L_{n-1}
L_{n-1}： S_{n-1} 的指令序列			GOTO		L_n
GOTO NEXT　//对于 C 语言，不生成此		NEXT： 后继语句的指令序列			
L_n： S_n 的指令序列					
GOTO NEXT					

3. 迭代语句的翻译

　　C 语言中迭代(循环)语句有三类，即，while 语句、do-while 语句与 for 语句。这里着重讨论 while 语句的翻译问题。

　　(1)语法定义

　　while 语句的一般形式如下。

　　　　while(E) S

（2）语义

while 语句的语义可解释为：当逻辑表达式 E 的值为 true（非零）时重复执行语句 S，直到 E 的值为 false（零）时执行 while 语句的后继语句。

（3）while 语句的执行

从 while 语句的语义解释，可见其执行步骤如下。

步骤 1　计算逻辑表达式 E 的值。

步骤 2　判别 E 值，若 E 值为 true（非零），执行语句 S，然后返回到步骤 1。

步骤 3　若 E 值为 false（零），跳过不执行语句 S 而执行 while 语句的后继语句。

因此，迭代语句 while(E)S 可看成按翻译方案规范展开成了等价形式。

　　begin: if(E){ S　goto begin; }

（4）目标代码的设计

基于上述执行步骤，可设计 while 语句的目标代码如下。

　　L：计算逻辑表达式 E 值的目标代码

　　　判别当 E 值为 false 时转向后继语句的目标代码

　　　语句 S 的目标代码

　　　转向标号 L 处的目标代码

　　NEXT：后继语句的目标代码

该目标代码结构可如图 6-11 所示。

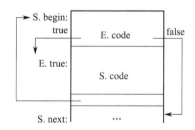

图 6-11　while 语句的目标代码结构示意图

例 6.15　while 语句目标代码示例。

设有 while 语句

　　while(n<10)n=n+1;

可有如下的目标代码。

L_1: MOV	n,	R_0	L_2: MOV	n,	R_1
CMP	R_0,	#10	ADD	#1,	R_1
CJ<	L_2		MOV	R_1,	n
GOTO	L_3		GOTO	L_1	
			L_3:		

（5）翻译方案的设计

这里给出 while 语句的翻译方案如下（见表 6-14）。

表 6-14

重写规则	语义动作
S∷=while(E) S₁	{ S.begin:=newlabel; E.true:=newlabel;　　E.false:=S.next; S₁.next:=S.begin; S.code:=gencode(S.begin, ":") ‖ E.code 　　‖ gencode(E.true, ":") ‖ S₁.code 　　‖ gencode("GOTO", S₁.next) ‖ gencode(S.next, ":")}

关于 E 的翻译方案参看关于逻辑表达式的翻译一节中表 6-13。

（6）与 while 语句翻译相关的问题

对 while 语句的翻译，同样应考虑逻辑表达式的翻译与回填两个问题。情况与关于条件语句的讨论类似，这里仅给出强调 while 语句翻译中实现回填的翻译方案如下。

$$S∷=while\ M_1(E)M_2\ S_1 \quad \{\ backpatch(S_1.nextlist, M_1.pos);$$
$$backpatch(E.truelist, M_2.pos);$$
$$S.nextlist:=E.falselist;$$
$$emit("GOTO", M_1.pos)\}$$

其中，关于 M 的重写规则与语义动作同前面的定义，即

$$M∷=ε\{\ M.pos:=nextpos\ \}$$

按语法定义，while 语句中的内嵌语句 S 是单个语句，对条件语句中紧随 E 之后与 else 之后的语句有同样的要求。然而，实际上往往需要放置一系列语句，也就是说应该写作复合语句：用语句括号"{"与"}"括住的语句序列。为此给出关于复合语句的实现回填的翻译方案如下。

$$S∷=\{\ L\ \} \qquad \{\ S.nextlist:=L.nextlist\ \}$$
$$L∷=L_1; MS \quad \{\ backpatch(L_1.nextlist, M.pos);$$
$$L.nextlist:=S.nextlist\ \}$$
$$L∷=S\ \{\ L.nextlist:=S.nextlist\ \}$$

通过对实例应用该翻译方案不难发现：在复合语句内部，前面语句中的 S.nextlist 须在后面语句处理完时再回填。合理的是在处理了语句分隔符"；"后立即回填，因此，合适的是把上面第 2 个语法规则的处理修改成：

$$L∷=L_1; M \quad \{\ backpatch(L_1.nextlist, M.pos)\ \}$$
$$S \qquad\quad \{\ L.nextlist:=S.nextlist\ \}$$

关于 do-while 语句的翻译，不难参照 while 语句的情况来讨论。for 语句的翻译应怎样实现？请读者自行讨论。

4. 函数调用语句的翻译

（1）函数与活动记录

这里着重讨论无值函数调用语句的翻译问题。

使用函数调用语句使得在一个程序段内可以执行另一个程序段。当在一个程序段内调用一个函数时，便执行相应的函数体目标代码，执行完后返回原调用处继续执行。然而，在

被调用函数内可能又调用某个函数。显然,要保证运行正确,必要的是保证调用程序与被调用程序两者之间的正确联系:能把控制从调用程序正确地转移到被调用程序,而被调用程序能正确地从调用程序获得必要的数据,且能把处理结果正确地回送给调用程序,同时返回正确的调用程序位置并继续运行下去。概括起来就是正确的控制联系与正确的数据联系。粗略地说,数据联系包括下列内容:寄存器在调用前后内容不被破坏、实在参数正确地传递给形式参数、为被调用函数局部量分配存储区域,而非局部量可以正确地被引用,当是有值函数时正确回送返回值,等等。

为讨论简单起见,对程序的执行期间控制流作出如下假定。

1)控制流是连续的,即程序的执行由一些连续的步骤组成,因此在任何一个执行步骤,控制总是在程序的某处;

2)函数的每次执行总是从函数体的入口处开始,当函数执行结束时返回紧随函数调用处的位置。

为了实现正确的联系与运行,引进活动记录的概念。

函数体的每次执行叫作相应函数的活动,函数活动的生存期是函数体的第一个执行步骤到最后一个执行步骤所组成的执行步骤序列,包括该函数体调用其他函数,其他函数又调用其他函数的时间,等等。

活动记录是为管理函数的一次执行(活动)中所需信息而设置的连续存储区域。C 等语言的习惯办法是:设置一个运行栈,在函数被调用时,把它的活动记录下推入运行栈,在控制返回调用程序时,把该活动记录从运行栈中上退去。

活动记录的结构随编译程序的不同而不同,这里给出一种结构如图 6-12 所示,它由七个域组成,对各个域的解释如下。

返回值域
实在参数域
控制链域
访问链域
机器状态域
局部数据域
临时数据域

图 6-12　活动记录结构示意图

返回值域存放被调用函数回送给调用函数的值,即有值函数的函数值,为提高效率,常通过特定的寄存器返回。

实在参数域用于存放调用函数提供给被调用函数的实在参数。

控制链域的值是一个指针,用来指向调用程序的活动记录。这是一个任选的域。

访问链域也是一个任选的域,用来存放一个指针,以引用存放于其他活动记录的非局部数据。对于非局部数据不保存在固定位置处的语言,如 C 等语言来说,访问链是需要的。

机器状态域用来保存临调用函数时的机器状态信息,包括程序计数器的值和控制从这个被调用函数返回时必须恢复的一切寄存器的值。

局部数据域用来存放函数一次执行时的局部数据。

临时数据域用来存放函数执行时产生的中间结果等临时数据,例如在计算表达式时产生的中间结果值便存放在临时数据域。

活动记录中每个域的大小不是固定不变的,由被调用函数的具体情况确定,即每个域的长度在函数调用时确定。事实上,几乎所有域的长度都可以在编译时确定,仅当函数中包含有其大小由实参值决定的形式参数(例如对于 PASCAL 等语言的可调节数组这样的形式参数)时,局部数据区域的大小才只有在运行中调用这个函数时才能确定。

现在考察函数调用程序与被调用函数如何衔接。

函数调用程序为了实现调用,须完成下列事项。

1)计算实在参数的值。

2)把返回地址和自己的活动记录的指针存入被调用函数的活动记录,然后推进活动记录指针。

注意,为了便于调用程序与被调用函数两者彼此易于取到对方的活动记录位置,尤其是方便被调用函数取接局部数据域与临时变量域,设置两个指针:top 与 top_sp。top 指向运行栈的栈顶,即下一个活动记录的开始位置。而 top_sp 指向活动记录中机器状态域的末端。活动记录中控制链域的值正是调用它的程序(函数)的活动记录的 top_sp 值。上述第 2 项事项中所存入的活动记录指针正是指的 top_sp。

被调用函数将完成下列事项。

1)保存寄存器的值和其他的状态信息。

2)初始化其局部数据(C 语言不进行初始化),并开始执行过程体。

通常实现函数调用的目标代码称为调用序列,由上可见,调用序列分成两部分,分处调用程序与被调用函数中。

为了实现正确地从被调用函数返回到调用程序,通常需要有返回序列。

返回序列是实现返回的目标代码,它将完成下列事项:

1)被调用函数把返回值存放在活动记录中;

2)被调用函数使用活动记录中相应域的信息,恢复 top_sp 和其他寄存器,并按所保存的返回地址把控制转移到调用程序,即返回;

3)调用程序把返回值复制入自己的活动记录的相应位置中。这时尽管 top_sp 的值已被减小,但调用程序仍然了解返回值的位置而可取到。

了解了函数调用的机理,下面讨论如何实现对函数调用语句的翻译。

(2)函数调用语句翻译方案的设计

1)语法定义。

对于 C 语言,函数调用语句的一般形式是:

    id(Elist);   或   id( );

其中 id 是函数标识符,而 Elist 是实在参数表。

为了方便讨论,让函数调用语句有下列一般形式:

    CALL   id(Elist)

2）语义。

函数调用语句的语义可以解释为：建立形实参数的对应关系后执行被调用函数的函数体。所谓建立形实参数的对应关系，也就是计算各个实在参数，并把它们存放在被调用函数的活动记录相应域中，以便由被调用函数引用。

3）函数调用语句的执行。

基于前面的讨论，可以大致列出函数调用语句的执行步骤。

步骤 1　为被调用函数的活动记录分配存储区域。

步骤 2　计算函数调用语句参数表中各个实参的值，并把它们存放在活动记录中相应存储位置。

步骤 3　设置环境指针(访问链等)，使得被调用函数可访问非局部量数据。

步骤 4　保护调用函数的机器状态，包括寄存器值与返回地址等。

步骤 5　把被调用函数局部数据域初始化（C 语言不进行初始化）。

步骤 6　把控制转移到被调用函数的入口代码处。

4）目标代码的设计。

明显的是，尽管为了实现函数调用语句，即调用函数，需要执行一系列步骤，即调用序列，然而，没有必要为每一个函数调用都生成繁多的目标指令。事实上，调用序列对于相应的函数定义来说是确定的，可由函数定义的函数体入口子程序来完成，类似地，从被调用函数返回到调用程序的返回序列可由函数定义的函数体出口子程序来完成。同一个函数的不同函数调用的区别在于实在参数的不同。因此，函数调用语句的目标代码可简单地设计如下。

$$
\begin{aligned}
&计算实参 P_1 的目标代码\\
&PARAM\ P_1\\
&计算实参 P_2 的目标代码\\
&PARAM\ P_2\\
&\cdots\\
&计算实参 P_m 的目标代码\\
&PARAM\ P_m\\
&CALL\quad P\quad m
\end{aligned}
$$

其中，假定函数名是 P，且参数共有 m 个，分别为 P_1、P_2、$\cdots$、P_m。参数指令中的符号 PARAM 指示其后是参数。

5）翻译方案的设计。

对于上述简化了的函数调用语句可给出翻译方案如下。

$S ::= CALL\ id(Elist)$　　{ S.code:=Elist.code

　　　　　　　　　　　　　‖ gencode("CALL", id.place, Elist.number) }

$Elist ::= Elist_1, E$　　　　{ Elist.code:= E.code ‖ $Elist_1$.code

　　　　　　　　　　　　　‖ gencode("PARAM", E.place);

　　　　　　　　　　Elist.number:=$Elist_1$.number+1 }

$Elist ::= E$　　　　　　　　{ Elist.code:=E.code ‖ gencode("PARAM", E.place);

Elist.number:=1 }

其中, id.place 是函数 id 的入口地址。

对于有值函数的调用, 它与 void 函数调用语句的区别在于有函数值返回, 为保存函数的返回值, 这时可在目标指令中增加一个参数以存放返回的函数值, 例如, CALL　p　m　t。这时只需作如下修改: 把 gencode("CALL", id.place, Elist.number) 修改为:

　　　　gencode("CALL", id.place, Elist.number, id.value)

这里 id.value 是返回的函数值。

注意, 参数指令的顺序, 可以按书写顺序, 也就是各个参数以从左到右的顺序依次传递给相应的形式参数, 但这些参数的计算顺序, 必须与原书写顺序正好相反, 这是因为 C 语言规定函数参数的计算按从右到左的顺序进行。易见, 此翻译方案生成的目标代码, 能使得参数的计算顺序与原有的参数书写顺序正好相反。

然而, 一般情况下, 函数调用语句的参数可能包含对函数的引用, 例如,

　　　　CALL P(…, f(x), …);

这时将导致两个函数参数指令的交错出现, 造成目标代码运行的困难。

为了使得所生成的目标代码中计算各参数的顺序与书写顺序正好相反, 又不想让参数计算的目标代码和 PARAM 指令相混, 尤其是避免两个函数调用的参数指令交错出现, 翻译方案中可以引进队列这样的数据结构, 翻译方案的设计修改如下:

　　　　S :: =CALL id(Elist)
　　　　　　{ Count:=0; S.code:=Elist.code;
　　　　　　　while NOT EmptyQ(q) do
　　　　　　　begin
　　　　　　　　　t:=HeadQ(q);
　　　　　　　　　S.code:=S.code ‖ gencode("PARAM", t);
　　　　　　　　　DelQ(q); Count:=Count+1
　　　　　　　end;
　　　　　　　S.code:=S.code ‖ gencode("CALL", id.place, Count)
　　　　　　}
　　Elist :: =Elist₁, E　{ Elist.code:=E.code ‖ Elist₁.code;
　　　　　　　　　　　　EnterQ(E.place, q)}
　　Elist :: =E　　　　　{ Elist.code:=E.code; CreateQ(q);
　　　　　　　　　　　　EnterQ(E.place, q)}

其中引进了关于队列数据类型的各种操作。CreateQ(q) 创建名为 q 的队列; EnterQ(e, q) 把元素 e 存入队列 q 中; HeadQ(q) 回送队列 q 的前端元素值, 这时并不删除此队列前端元素; DelQ(q) 把队列 q 的前端元素删除; EmptyQ(q) 判别队列 q 是否为空。该翻译方案中语义动作的执行将使一个函数调用语句的参数指令集中在相应函数调用目标代码的紧前面。

6) 与函数调用语句翻译相关的问题。

当考虑函数调用语句翻译时需要考虑下列问题, 即参数的传递、非局部数据的存取和运行时刻支持程序包。

①参数的传递。

调用程序和被调用函数之间交换信息的一个常用办法是在调用程序的实在参数和被调用函数的形式参数间建立联系。这个联系有多种方式,可以是实在参数的值与形式参数联系(所谓的值调用),也可以是实在参数的存储地址与形式参数联系(所谓的引用调用或地址调用),还可以是实在参数名与形式参数联系(所谓的换名调用)。对于 PASCAL 语言,参数的传递有值调用和引用调用两种方式,而 C 语言仅有值调用一种方式。值调用是最简单的传递参数方法。当一个形式参数被指明是值调用的时候,在函数调用时,将计算相应实在参数的值,并把这个值传送入被调用函数的活动记录中相应形式参数的存储区域,引用形式参数便引用了这个实在参数的值。即使在被调用函数中改变了该形式参数的值,也不改变相应实在参数原来的值。

对于值调用,可以如下地实现。

Ⅰ.把值参数的形式参数当作函数的局部变量,为其分配的存储区域就是在所属函数的活动记录的相应域中。

Ⅱ.调用程序计算相应实在参数的值,并把该值传送至值参数的存储区域中。

引用调用与值调用的区别在于:调用函数把实在参数的存储字地址或指针传送给被调用函数,因此也称地址调用。

对引用调用的形式参数的引用将是间接引用,也就是引用形式参数的值(地址)所相应存储单元的内容。当对形式参数赋值时将是间接赋值,也就是对形式参数的值(地址)所相应存储单元内传送值。易见,对于引用调用,可以如下地实现。

Ⅰ.把引用调用的形式参数当作函数的局部变量看待,为其分配的存储区域也是在所属函数的活动记录的相应域中。

Ⅱ.调用程序把实在参数的地址传送入相应形式参数的存储单元中。

Ⅲ.在被调用函数中对形式参数间接引用和间接赋值。

C 语言将指针或数组名作为形式参数,实现引用调用。这时形式参数得到的都是实在参数的地址。因为此地址是不能改变的,C 语言把此也看作值调用。对 C 语言这一类语言,程序书写者必须在程序中显式写出间接引用或赋值。

②非局部数据的存取。

调用程序和被调用函数之间交换信息的另一个常用办法是通过非局部量。被调用函数为了对调用程序中的变量,即它的非局部量,进行存取,须通过活动记录中的访问链。如果现在一个被调用函数要对调用程序的调用程序中的变量进行存取,该怎么办?自然,应先取得调用程序活动记录中的访问链,再从这个访问链取得调用程序的调用程序的活动记录中的访问链。

③运行时刻支持程序包。

函数是程序设计语言中的重要机制,它的存在给语言带来了巨大的灵活性和表达能力。关于函数调用和返回所生成的目标代码对程序运行的功效有重大影响,应该为它们生成高质量的目标代码。通常为处理参数传递、函数调用和返回编制一些运行子程序,如函数入口子程序与函数出口子程序,来支持目标代码的运行,这些组成了运行时刻支持程序包。不言而喻,没有运行时刻支持程序包,也即运行子程序的支持,目标代码是不可能运行的。

这里要说明的还有一点是输入输出语句的情况。可以不单独考虑输入输出语句目标代码生成的问题，因为它们只是函数调用语句的一种特殊情况。由于输入输出是与计算机硬件细节紧密相关的，为避免涉及太多的硬件细节，也因篇幅所限，本书对输入输出语句的翻译不作讨论，只是指出，通常输入输出是由输入输出运行子程序来支持的。

到此，我们讨论了程序设计语言中最基本的控制语句的翻译，包括赋值语句、选择语句、迭代语句和函数调用语句。在 C 及其他常用的程序设计语言中还有一种用来改变控制的设置，即转向语句，应如何实现对它的翻译呢?这里不拟作详细讨论，请读者自行考虑。

6.4　语义分析的实现考虑

语义分析通过语法制导翻译技术来实现。语法制导翻译技术基于属性文法，它或取语法制导定义形式，或取翻译方案形式，使语义形式化在实用化方向上迈进了一大步。当设计了语法制导定义或翻译方案后进一步实现语义分析时，需要考虑如下一些问题:属性的保存、语义规则或语义动作的实现、属性值的计算和存储等。下面以赋值语句为例，结合自底向上的 LR(1)分析技术，通过对注释分析树的构造和语义动作的实现的讨论来理解实现要点。

6.4.1　注释分析树的构造

属性是文法符号的属性。由考察图 6-13 可以看到:文法符号 E 作为语法分析树中三个结点(结点 6、7 和 8)上的文法符号，且在不同结点上有不同的属性值 E.place 和 E.code。因此，属性必定与相应文法符号的结点紧密相关。由于不同属性可以有不同的类型和不同的值，又由于一个文法符号可以有多个属性，可以引进属性信息链，合适的是引进属性信息表。在语法分析树结点上包含属性在属性信息表中的序号。注释分析树是结点中扩充有属性信息的语法分析树，结点中通过属性信息表序号取得属性信息。

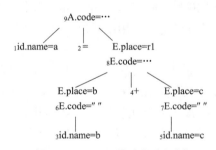

图 6-13　a=b+c 的注释分析树

为此，语法分析树结点的结构由

结点序号	文法符号	父结点	左兄结点	右子结点

扩充成

结点序号	文法符号	父结点	左兄结点	右子结点	属性信息

其中属性信息可以是属性信息表序号（每个文法符号均仅一个属性时）或属性信息链（每个文法符号可有多个属性时）。属性信息表在构造注释分析树的同时建立。这样，在输出注释分析树时，除输出文法符号名外，还可以输出属性名与属性值。

相应的数据结构可设计如下。

先定义注释分析树结点的数据结构。

```
typedef  struct
{int   结点序号；    int   文法符号序号；
 int   父结点序号；  int   左兄结点序号；int   右子结点序号；
 属性结点类型  *属性信息链；     /* 或  int   属性序号  */
} 注释树结点类型；
```

其中，属性结点类型的定义如下。

```
typedef  struct   属性结点
{int     属性序号；
 struct   属性结点   *下一属性结点；
}属性结点类型；
```

不言而喻，若每个文法符号均为仅一个属性时，只需属性序号，不需引进属性信息链，也就不必引进属性结点类型。最后可以定义注释分析树为：

```
struct
{注释树结点类型   注释树结点[MaxNodeNum]；
   int   结点数；
} 注释分析树；
```

但为程序书写简洁起见，可以把注释分析树定义为：

注释树结点类型   注释分析树[MaxNodeNum]；

另有一个整型变量存放注释分析树的实际结点数。

为了能从分析栈既取到文法符号又取到它的属性值，显然宜把分析栈元素的数据结构从{状态,文法符号}扩充为{状态,结点序号}。分析栈的数据结构可定义如下。

```
struct 分析栈元素
{int   状态；  int 结点序号；} 分析栈 [MaxDepthNum] ；
int tops；      /*分析栈元素个数计数器*/
```

属性序号指的是一个属性在属性信息表中相应条目的序号。每个条目中除属性序号外指明文法符号序号、属性名、属性值类型与属性值、依赖属性链以及所属结点序号等。属性信息表的数据结构可设计如下。

```
struct 依赖属性
{int     属性序号；
  struct 依赖属性 *下一依赖属性；
};
typedef  struct
{int   属性序号；  int   文法符号序号；
```

string 属性名；　　/* string 是字符数组类型 */

char　属性值类型；

/*　′I′:整型，′C′:字符型，′S′:字符串，′M′:目标代码,等 */

union

{ int　整型值；char 字符值；char 字符串值[MaxLength]；

　　目标代码类型　*目标代码值；

} 属性值;/*若属性值仅一种类型,可不引进联合类型*/

struct 依赖属性　*依赖属性链；

int　结点序号；

} 属性表条目类型；

struct

{ 属性表条目类型　　属性表条目[MaxAttriNum]；

int　属性表条目数；

} 属性信息表；

同样为了程序书写简便,属性信息表可以定义为:

属性表条目类型　　属性信息表[MaxAttriNum]；

另有一个整型变量存放属性信息表的实际条目数。

在具体实现时,可以输入语法制导定义或翻译方案,确切而无歧义地指明将进行的工作,例如要为 C 语言赋值语句生成目标代码,可以写出如同 6.3.3 节中所给出的翻译方案。但是不难发现,不论是语义规则还是语义动作,它们与 C 程序一样,是符号串。换句话说,要能够利用语义规则或语义动作来计算属性值,首先得从它们产生程序,由这些程序来计算属性值。这意指对语义规则或语义动作符号串,也得像处理高级程序设计语言源程序一样进行词法分析、语法分析和语义分析等,然后再生成计算属性值的(目标)程序。显然这又将需要一个甚至更为复杂的翻译系统。这显然是行不通的。

简单而可行的办法是为每个语义规则或语义动作设计相应的语义子程序,通过调用这些语义子程序进行属性值的计算,从而生成注释分析树。

今以下列重写规则及相应的语义规则为例说明如何实现属性值的计算:

$E::=E_1+T$　　　　$E.val:=E_1.val+T.val$

具体实现的关键是:从何处取得右部 E 的属性值 val 与 T 的属性值 val,如何把计算所得属性值存储于左部 E 的属性 val 中。这需要结合语法分析技术。以自底向上的 LR(1)分析技术为例,这时分析表 ACTION 部分的元素是 r1,按规则 1: $E::=E+T$ 进行直接归约,并按相应的语义规则 $E.val:=E_1.val+T.val$ 计算属性值 E.val。让分析栈栈顶计数器用 tops 表示,由于在分析栈栈顶形成句柄,分析栈[tops-2]中的符号是 E,而分析栈[tops]中的符号是 T。可按如下方式计算属性值 E.val(C 型程序):

NE1=分析栈[tops-2].结点序号；　　NE1val=注释分析树[NE1].属性序号；

E1val=属性信息表[NE1val].属性值;/*属性信息链简化为属性序号*/

NT=分析栈[tops].结点序号；　　　　NTval=注释分析树[NT].属性序号；

Tval=属性信息表[NTval].属性值; Eval=E1val+Tval;

PTval=Dpointer({ NTval, NULL});　　PE1val=Dpointer({NE1val, PTval});

A=A+1; 属性信息表[A]={A, U,"val", ′ I′, Eval, PE1val, N};
　　　　　　　　　/* U 是所归约成的非终结符号 E 的序号*/

请注意,"Dpointer({ NTval, NULL})"仅是一种缩写,表示建立一个结点,该结点有两个成员,一个是 NTval,另一个是 NULL,回送指向该结点的指针。实现 PTval=Dpointer({ NTval, NULL})时,需下列语句:

PTval=(struct 依赖属性 *)malloc(sizeof(struct 依赖属性));

PTval →属性序号=NTval;　　PTval →下一依赖属性=NULL;

对属性信息表[A]的赋值实际上也是一种缩写,它应如何用 C 语言实现呢? 一个简单的语义规则 E.val:= E_1.val+T.val,需要上述那样多语句来实现。

假定输入是 3*5+4,相应的标有结点序号的语法分析树如图 6-14 所示,注释分析树如图 6-2(a)所示。

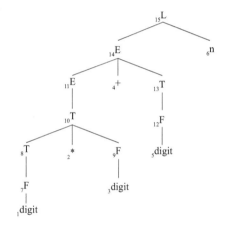

图 6-14　3*5+4 标有结点序号的语法分析树

当输出注释分析树时,可以采用如表 6-15 所示的表格形式。

表 6-15

结点序号	文法序号	属性序号	父结点	左兄结点	右子结点
1	digit	1	7	0	0
2	*		10	8	0
3	digit	2	9	0	0
4	+		14	11	0
5	digit	3	12	0	0
6	n		15	14	0
7	F	4	8	0	1
8	T	5	10	0	7
9	F	6	10	2	3
10	T	7	11	0	9
...					

相应的属性信息表可以采用如表 6-16 所示的表格形式输出。

表 6-16

属性序号	文法符号	属性名	属性类型	属性值	依赖属性	结点序号
1	digit	lexval	I	3		1
2	digit	lexval	I	5		3
3	digit	lexval	I	4		5
4	F	val	I	3	{1}	7
5	T	val	I	3	{4}	8
6	F	val	I	5	{2}	9
7	T	val	I	15	{5,6}	10
…						

为直观起见,其中的文法符号不是序号,而是文法符号本身,且依赖属性仅用所依赖属性的序号表示。

从某文法符号的某属性在属性信息表中的序号,可以得到相应属性名与属性值。一般情况下,要得到属性序号,可引进函数 search。函数调用 search(N, name)的功能是:在属性信息表中查找注释分析树结点序号为 N、属性名为 name 的条目。查到时回送该条目的属性信息表序号,未查到,则回送 0。一个属性值的计算往往依赖于另一些属性值。为简单起见,只考虑 S_属性文法或 L_属性文法,当计算某个属性时,它所依赖的属性已先于它而计算,因此已有值,无须检查函数 search 的回送值是否是 0。

要注意的是:如果按自底向上分析技术进行语法分析构造语法分析树,先为每个输入符号建立结点,同时建立属性信息表条目。

6.4.2　语义动作的实现

如前所述,实现语义规则或语义动作的简单而可行的办法是为每个语义规则或语义动作设计相应的语义子程序。按自底向上的 LR(1)分析技术,在生成语法分析树结点的同时,通过调用这些语义子程序进行属性值的计算。

下面以赋值语句目标代码生成的翻译方案为例,说明引进语义子程序的具体实现思路。

1. 如何和何时执行语义动作

根据赋值语句的语法规则与执行步骤设计相应的目标代码结构,并写出相应的翻译方案。这里仅给出规则 S∷=id=E 的语义动作如下。

```
S∷=id=E {    p:=lookup(id.name);
             if p ≠ NULL then
             begin
               if E.code=" " then
               begin
                 t:=newtemp;
                 E.code:=gencode("MOV", E.place, t);
```

      E.place:=t

     end;

     S.code:=E.code‖gencode("MOV", E.place, p → place)

    end else error

      }

  其他的规则与语义动作与 6.3.3 中的翻译方案一样。请注意:第一个语义动作有一些区别,请读者自行思考其原因。

  为简单起见,特别是简化上机实习,假定每个标识符都有定义,且仅使用标识符名替代符号表条目指针,因此无须引进函数 lookup,也无须进行出错处理。关于 S ∷=id=E 与 E ∷=id 的语义动作将如何简化?

  如前所述,引进语义子程序,由调用语义子程序实现语义动作。那么何时调用语义子程序? 这涉及结合哪种语法分析技术进行语义分析。由于上述赋值语句文法显然既有左递归性,又有二义性,因此考虑自底向上的 LR(1)分析技术。根据运算符优先级及结合性信息,事先构造好相应的 SLR(1)分析表。分析过程中每当执行归约动作时,也就是按某重写规则进行(直接)归约时,执行相应于此重写规则的语义动作的语义子程序。让分析表的 AC-TION 部分的元素是归约动作 rj 时,调用名为_j 的语义子程序。例如 ACTION 部分中的元素是 r1 时,调用语义子程序_1,由该语义子程序完成归约动作,并按相应的语义动作进行属性值的计算。

  赋值语句目标代码生成的程序控制流程示意图如图 6-15(a)所示,其中,Node(R)表示 R 在语法分析树中的结点序号。按规则 j(直接)归约时的程序控制流程示意图如图 6-15(b)所示。

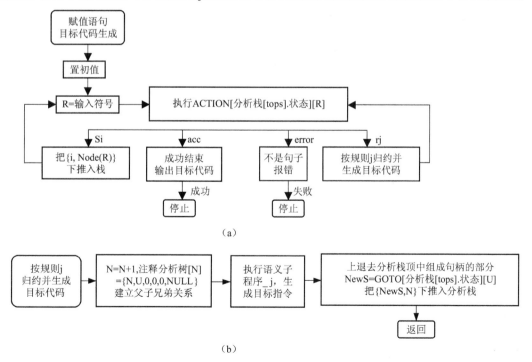

（a）

（b）

图 6-15　目标代码生成的程序控制流程示意图

　　一般地,按归约动作 rj,即按规则 j 进行(直接)归约并执行语义子程序_j 的程序可作为函数定义写出如下(C 型)。

```
void 归约(int   j)    /* j:规则序号 */
{   N=N+1;
    注释分析树[N]={N,U,0,0,分析栈[tops]. 结点序号,NULL};
                        /*分析栈[tops]. 结点序号是右子结点序号*/
    bro=0;   /*建立父子兄弟结点关系*/
    for(k=规则 j 右部长度-1; k>=0; k=k-1)
    {   t=tops-k;     Nt=分析栈[t]. 结点序号;
        注释分析树[Nt]. 父结点序号=N;
        注释分析树[Nt]. 左兄结点序号=bro;
        bro=Nt;
    }
    执行语义子程序_j( );/*按规则 j 的语义动作,计算相应的属性值 */
    tops=tops-规则 j 右部长度;
    NewState=GOTO[分析栈[tops]. 状态][U-100]; /*U=V_N 中序号+100*/
    tops=tops+1;
    分析栈[tops]={ NewState, N};
}
```

　　注意:分析栈[tops]={ NewState, N}仅是一种缩写表示,C 语言的确切表示是:

　　　　分析栈[tops]. 状态= NewState;分析栈[tops]. 结点序号=N;

　　对于注释分析树[N]的赋值,情况类似。

　　接着应解决的问题是如何去执行语义子程序_j?

　　如同 LR(1)识别程序句型分析的实现一节中所述,分析表 ACTION 部分的元素全用整数值来表示 4 类动作:正整数值 i 表示移入动作(Si),负整数值-j(j>0)表示按规则 j 进行归约动作(rj),等等。通过下列开关语句可快速把控制转去执行语义子程序_j;

```
    act=j;   /*r j 中的 j,用负整数表示时取绝对值*/
    switch(act)
    {   case   1: _1( );   break;
        case   2: _2( );   break;
        …
    }
```

　　2. 如何编写语义子程序

　　概括起来,编写语义子程序的要点有三,即,取到依赖的属性值并建立依赖属性链、计算属性值并在属性信息表中建立相应条目,以及实现把属性值保存到注释分析树。解决好这三个问题,也就解决了属性值的计算问题。下面以赋值语句文法的重写规则 E∷=E+E 及相应语义动作的语义子程序的编写为例说明。

　　该重写规则的相应语义动作是:

{ E.place:=newtemp;

E.code:=E_1.code‖E_2.code

‖ gencode("MOV", E_1.place，E.place)

‖ gencode("ADD", E_2.place，E.place)

}

计算 E 的属性 code，即 E.code，显然依赖属性 E_1.code、E_2.code 以及 E_1.place、E_2.place 与 E.place。假定要取得 E_1.code，首先确定该文法符号 E(即 E_1)在语法分析树中相应结点的序号 NE1，从该结点序号 NE1 及所给属性名"code"查到属性信息表条目，从而获得相应属性 E_1.code 的值。这只需函数调用 search(NE1, "code")。正按规则 E::=E+E 归约而执行语义动作时，下列两个语句实现取到 E_1.code 在属性信息表中条目的序号：

NE1=分析栈[tops-2].结点序号；

NE1code=search (NE1, "code")；

其中，tops-2 所指向的正是分析栈中文法符号 E(左运算分量 E_1)的位置，属性信息表[NE-1code]的属性值正是 E_1.code。其他的属性可类似地取到。

当已取得了 E_1.code、E_2.code、E_1.place、E_2.place 与 E.place，如何建立依赖属性链？假定这些属性在属性信息表中的条目序号分别为 NE1code、NE2code、NE1place、NE2place 和 NEplace，E.code 的依赖属性链如图 6-16 所示。

依赖属性链——►

图 6-16　依赖属性链

可写出：

PEplace=Dpointer({NEplace, NULL})；

PE2place=Dpointer({NE2place, PEplace})；

PE1place=Dpointer({NE1place, PE2place})；

PE2code=Dpointer({NE2code, PE1place})；

PE1code=Dpointer({NE1code, PE2code})；

这里 Dpointer 如前所述地实现，例如对于 PE1code=Dpointer({NE1code, PE2code})，可用下列(C 型)语句实现。

PE1code=(struct 依赖属性*) malloc(sizeof(struct 依赖属性))；

PE1code →属性序号=NE1code；

PE1code →下一依赖属性=PE2code；

假定 E.code 在属性信息表中的条目序号为 A，为设置依赖属性链值，只需执行下列语句。

属性信息表[A].依赖属性链=PE1code；

现在考虑属性值的计算。关于 E.val:=E_1.val+T.val 的计算，如前所述，这里再以 E.place=newtemp 为例说明。此赋值语句的目的是安排一个临时变量或寄存器以存放 E 的值，假定用 r1、r2、…等表示。下一当前序号由 newtemp 产生，使 E.place 的值依此是 r1、r2、…。从目标指令生成的角度看，r1 与 r2 等实际上是一个字符串。另一方面，要计算 E.place，实际工作是在属性信息表中为其建立一个条目，呈下列结构形式。

{ A, U, "place", 'S', "r1", NULL, N}

注意,这里 U 的值相应于文法符号 E 的序号,N 是相应于该 E 的当前结点序号。

因此,可编写如下程序。

Ntemp=Ntemp+1;　/*newtemp*/

A=A+1;

属性信息表[A]={ A, U, "place", 'S', "r"||ITOS(Ntemp), NULL, N};

其中, ||表示串并置(连接)运算符,C 语言须用函数 strcat 实现; 函数调用 ITOS(M)的功能是把整数值 M 转换为数字字符串,回送该字符串(指针)。当然,实际实现时,如前所述,第三个赋值语句要用一系列 C 语言语句实现。

属性信息表[A]. 属性序号=A;

属性信息表[A]. 文法符号序号=U;/*相应于符号 E 的序号+100*/

strcpy(属性信息表[A]. 属性名, "place");

属性信息表[A]. 属性类型='S';　　/*S:字符串*/

strcpy(属性信息表[A]. 属性值, strcat ("r", ITOS(Ntemp)));

属性信息表[A]. 依赖属性链=NULL;

属性信息表[A]. 结点序号=N;

说明:属性信息表中的成员"属性值"是一个联合(union)类型,C 语言实现中对其存取时应指明是哪个联合值,例如,是字符串值,须写成"属性信息表[A]. 属性值. 字符串值"。为简洁起见,仅写出"属性信息表[A]. 属性值"。请读者注意。

假定已计算好 E.place 和 E.code。如何建立 E 所相应结点 N 上的属性信息链?

设 E.place 和 E.code 在属性信息表中相应条目的序号分别是 A1 和 A2。属性信息链示意图如图 6-17 所示:

图 6-17　属性信息链

可让 PA1=Ipointer({A1, NULL}), PA2=Ipointer({ A2, PA1})。这里 Ipointer 表示产生属性信息链结点,返回指向属性结点的指针。类似地,用 C 型语言语句实现如下。

PA1=(属性结点类型 *)malloc(sizeof(属性结点类型));

PA1 →属性序号=A1;　 PA1 →下一属性结点=NULL;

PA2=(属性结点类型 *)malloc(sizeof(属性结点类型));

PA2 →属性序号=A2;　 PA2 →下一属性结点=PA1;

当执行语句:

注释分析树[N]. 属性信息链=PA2;

便置好了结点上的属性信息链。

3. 目标代码的存储

从上可见,目标代码也作为文法符号的一个属性,例如 E.code 与 S.code 等,它们在属性信息表中有自己的相应条目。问题是此目标代码可能是一个非常长的字符串。因此,合适的是引进目标指令链,链上每一个结点对应于一个目标指令,示例如图 6-18 所示。

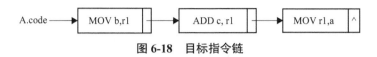

图 6-18 目标指令链

目标指令链的数据结构设计如下。

```
typedef  struct 目标指令
{   虚拟机指令类型   虚拟机指令;
    struct 目标指令   *下一目标指令;
} 目标指令类型;
    目标指令类型   *目标指令链;
```

其中虚拟机指令类型定义如下。

```
typedef  struct
{   char   op[6];
    char 源[MaxLength];   char 目标[MaxLength];
} 虚拟机指令类型;
```

关于重写规则 E::=E$_1$+E$_2$ 生成目标代码的相应语义动作:

E.code:=E$_1$.code ∥ E$_2$.code
∥ gencode("MOV", E$_1$.place, E.place)
∥ gencode("ADD", E$_2$.place, E.place)

按上述目标指令类型数据结构,E.code 等都是目标指令链链首指针,函数 gencode 的返回值则是一个目标指令的指针,函数 gencode 定义如下(C 型)。

```
目标指令类型* gencode( char op[ ], char S[ ], char T[ ] )
{   目标指令类型 *p;   虚拟机指令类型   s;
    strcpy(s.op,   op);      strcpy(s. 源, S);   strcpy(s. 目标, T);
    p=(目标指令类型 *)malloc(sizeof(目标指令类型));
    p→虚拟机指令=s;   p→下一目标指令=NULL;
    return   p;
}
```

这里的运算 ∥ 显然不再是字符串的并置,而是目标指令链的合并。对上述 E.code 的计算可写出如下程序(C 型)。

```
/* 计算 E.code */
NE1=分析栈[tops-2]. 结点序号;NE2=分析栈[tops]. 结点序号;
NE1place=search(NE1,"place"); NE2place=search(NE2, "place");
NE1code=search(NE1,"code");      NE2code=search (NE2, "code");
```

copycode (Ecode,属性信息表[NE1code].属性值); /* E_1.code */

mergecode(Ecode,属性信息表[NE2code].属性值); /* E_2.code */

ADDP=gencode("ADD",属性信息表[NE2place].属性值,

　　　　　　　　属性信息表[A].属性值);　　　　　　/*E.place*/

MOVP=gencode("MOV",属性信息表[NE1place].属性值,

　　　　　　　　属性信息表[A].属性值);

MOVP →下一目标指令=ADDP;/*把 ADD 指令链到 MOV 指令后*/

mergecode(Ecode,MOVP); /*把 MOV 与 ADD 指令链入 E.code 中*/

到此,已计算了 E.code 的值,当建立了依赖属性链 PE1code 后,为 E.code 建立属性信息表条目,执行下列语句。

　　　　A=A+1;　属性信息表[A]={A,U,"code",′M′, Ecode, PE1code, N };

其中,函数调用 copycode(p1, p2),其功能是复制指针 p2 所指向的目标指令链,复制所得目标指令链由指针 p1 指向;函数调用 mergecode(p1, p2),其功能是把 p2 所指向的目标指令链链接到 p1 指向的目标指令链最后的目标指令后面,请读者自行考虑这两个函数的实现。

6.4.3　语义子程序的例子

至此,对照关于赋值语句目标代码生成翻译方案的各语义动作,可以写出相应的各个语义子程序。这里仅给出语义子程序_1 和_2,其余 4 个请读者自行完成。

```
void  _1( )            /*  S::=id=E  */
{ NE=分析栈[tops].结点序号;
  NEcode=search (NE, "code");   NEplace=search (NE, "place");
  Ecode=属性信息表[NEcode].属性值;
  if(Ecode==NULL)   /*判 E.code="  ",即 E 仅简单变量否 */
  { Ntemp=Ntemp+1;   /*newtemp */
    t="r" || ITOS(Ntemp);   /* ||:字符串并置运算*/
    MOVP= gencode("MOV", 属性信息表[NEplace].属性值,t);
    属性信息表[NEcode].属性值=MOVP;
    属性信息表[NEplace].属性值=t;
  }
  copycode(Scode, Ecode);
  Ni=分析栈[tops-2].结点序号;Niplace=search(Ni, "name");
  MOVEiP=gencode("MOV", 属性信息表[NEplace].属性值,
                      属性信息表[Niplace].属性值);
  mergecode(Scode,MOVEiP);
  PEcode=Dpointer({NEcode, NULL});   /*建立依赖属性链*/
  PEplace=Dpointer({NEplace, PEcode});
  Piplace=Dpointer({Niplace, PEplace});
  A=A+1;
```

　　　　属性信息表[A]={ A, U, "code", 'M', Scode, Piplace, N};
　　　　注释分析树[N]. 属性信息链=Ipointer({A, NULL});
　　}
void　_2( )　　　/*E::=E+E*/
{　/*计算 E.place:=newtemp;*/
　　Ntemp=Ntemp+1;
　　A=A+1;
　　属性信息表[A]={ A, U, "place", 'S', "r" || ITOS (Ntemp), NULL, N};
　　/* 计算 E.code */
　　NE1=分析栈[tops-2]. 结点序号;NE2=分析栈[tops]. 结点序号;
　　NE1place=search (NE1, "place"); NE2place=search (NE2, "place");
　　NE1code=search (NE1, "code");　　NE2code=search (NE2, "code");
　　copycode (Ecode, 属性信息表[NE1code]. 属性值);　　/*E1.code*/
　　mergecode(Ecode, 属性信息表[NE2code]. 属性值);　　/* E2.code*/
　　ADDP= gencode("ADD", 属性信息表[NE2place]. 属性值,
　　　　　　　　　　　属性信息表[A]. 属性值);
　　MOVP= gencode("MOV", 属性信息表[NE1place]. 属性值,
　　　　　　　　　　　属性信息表[A]. 属性值);
　　MOVP →下一目标指令=ADDP;/*把 ADD 指令链到 MOV 指令后*/
　　mergecode (Ecode, MOVP);　/*把 MOV 与 ADD 指令链入 E.code 中*/
　　PEplace=Dpointer({A, NULL});
　　/*A 为 E.place 在属性信息表中的条目序号*/
　　PE2place=Dpointer({NE2place, PEplace});
　　PE1place=Dpointer({NE1place, PE2place});
　　PE2code=Dpointer({NE2code, PE1place});
　　PE1code=Dpointer({NE1code, PE2code});
　　PA1=Ipointer({A, NULL});
　　　　　　　/* A 为 E.place 在属性信息表中的条目序号 */
　　A=A+1;　属性信息表[A]={A, U, "code", 'M', Ecode, PE1code, N };
　　注释分析树[N]. 属性信息链=Ipointer({A, PA1});
　　}

　　请注意,上述各子程序是 C 型程序,一是字符串的赋值(复制)与并置必须分别通过函数 strcpy 与 strcat 来实现,不能简单地用赋值语句实现;二是对结构体类型变量的赋值,通过逐个成员的赋值来实现;三是对 Dpointer 与 Ipointer 的处理要如前所讨论的来实现。函数 copycode 与 mergecode 请读者自行实现。

　　通过这些语义子程序的实现,读者可得到启发:如何为翻译方案中的语义动作编写语义子程序。显然,实际实现中,输入的语义规则或语义动作仅供对照参考,更确切地说,是编写语义子程序的依据和参考。关于此赋值语句目标代码生成翻译方案的 C 语言实现请读者

自行上机实践。

6.5　源程序的中间表示代码

　　一个编译程序在对源程序进行分析之后,再经过综合便可生成与源程序等价的目标代码。从前面的讨论看到,在语法制导下,经过语义分析便可生成源程序的相应目标代码。但是,从语义分析直接生成目标代码将带来很大局限性,因为目标代码与具体机器特性紧密相关,这样做不利于移植,也不利于优化。一般地,多遍编译程序经常使用语法分析以后到目标代码生成之间的内部中间表示,因此其通常又被称为中间表示代码。使用中间表示代码有下列好处。

　　①中间表示代码与具体机器特性无关,把与具体机器特性紧密相关的目标语言细节相关的部分尽可能限制于后端,这样将有利于重定目标,换言之,一种中间表示代码可以用于生成多种不同型号目标机的目标代码。

　　②可对中间表示代码进行与机器无关的优化,有利于提高目标代码的质量。

　　③把源程序映射成中间表示代码,再映射成目标代码的工作分在几个阶段进行。这样,使得各阶段的开发复杂性降低,有利于编译程序本身的开发,有利于人员的分工,等等。

　　有哪些中间表示代码?中间表示代码可以是抽象语法树、逆波兰表示、四元式序列与三元式序列等。使用中间表示代码的翻译流程示意图如图 6-19 所示。

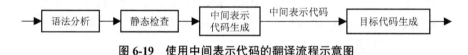

图 6-19　使用中间表示代码的翻译流程示意图

　　假定生成中间表示代码之前已经完成了语法分析与静态检查。实际实现中,可以把中间表示代码的生成按语法制导翻译来完成,换言之,中间表示代码可以是语法分析与语义分析相结合的产物。

6.5.1　抽象语法树

　　1.概念

　　通常,语法规则中包含着这样一些符号,它们或者起解释作用,或者起标点符号作用。例如,语法规则

　　　　S∷=if(E) S else S

中,括号“(”与“)”起分隔作用,而符号 if 与 else 起解释作用,说明如果怎样则怎样,否则又怎样。而语法规则

　　　　S∷=V=E

中,符号“=”仅起标点符号作用,以便把 V 与 E 分隔开。对于 C 语言是这样,对于其他语言(如 PASCAL)情况一样。对于上述两类语句的语法规则,PASCAL 语言中分别是

　　　　S∷=IF E THEN S ELSE S

与

S::=V:=E

显然本质部分是 E、S 与 V。

通常的语法规则的集合称为具体语法。当一切规则中弃去非本质部分而得到的规则的集合称为抽象语法。条件语句与赋值语句的抽象语法规则可分别如下。

　　　条件语句　表达式　语句　语句

　　　赋值语句　左部　表达式

与抽象语法相应的语法分析树称为抽象语法树。下面给出抽象语法树的例子。

例 6.16　设有赋值语句 x=a+b*c,其抽象语法树如图 6-20(a)所示。

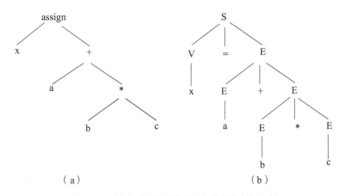

（a）　　　　　　　　　　　　　　（b）

图 6-20　抽象语法树与语法分析树的比较

抽象语法树的一个明显特点是结构紧凑,对比相应的通常语法分析树,其结点数大大减少。对照图 6-20 的(a)与(b),(a)中抽象语法树的结点数为 7,而(b)中通常语法分析树的结点数多达 14。如果为消除二义性,对表达式,除了引进非终结符号 E 外,还引进非终结符号 T 与 F 等,则结点数还将增加不少。

对于抽象语法树在计算机内部的表示,试以例 6.16 中图 6-20(a)的抽象语法树为例说明。让抽象语法树中每个结点由结构体表示,该结构体包含三个成员,一个成员是运算符,另两个成员是指向运算分量子结点的指针。对应于图 6-20(a),有图 6-21(a)。

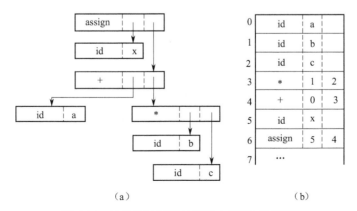

（a）　　　　　　　　　　　　　　（b）

图 6-21　抽象语法树的计算机内部表示示意图

也可以如图 6-21（b）所示地表示图 6-20（a）中的抽象语法树。这时把每个结点对应于结构体数组中的一个元素，把元素的序号看作是结点的指针。这时，相应抽象语法树的根结点的序号为 6，可以从其开始，依次访问各个结点。

2. 产生抽象语法树的语法制导定义

如前所述，可以把中间表示代码的生成按语法制导翻译来完成。这里以赋值语句为例，给出为赋值语句产生抽象语法树的语法制导定义，如表 6-17 所示。

表 6-17

重写规则	语义规则
$S ::= id = E$	S.nptr:=mknode("assign",mkleaf(id,id.entry),E.nptr)
$E ::= E_1 + T$	E.nptr:=mknode("+",E$_1$.nptr,T.nptr)
$E ::= T$	E.nptr:=T.nptr
$T ::= T_1 * F$	T.nptr:=mknode("*",T$_1$.nptr,F.nptr)
$T ::= F$	T.nptr:=F.nptr
$F ::= (E)$	F.nptr:=E.nptr
$F ::= id$	F.nptr:=mkleaf(id,id.entry)
$F ::= num$	F.nptr:=mkleaf2(num,num.lexval)

该语法制导定义中引进了三个函数，即，mknode、mkleaf 与 mkleaf2。mknode (op, left, right)的功能是建立一个结点，其运算符成员为 op，而两个指针成员则分别为 left（指向左子结点）与 right（指向右子结点），并回送该结点的指针。mkleaf(id,entry)的功能是为 id 建立标识符（叶）结点，其中一个成员是符号表中该标识符条目的指针 entry，并回送该结点的指针。mkleaf2(num,val)与 mkleaf(id,entry)类似，功能是为 num 建立数（叶）结点，只是其中没有成员是常量表条目的指针，直接把数 num 的值 val 存入该结点的成员中，也回送该结点的指针。

对于其他的控制语句，只要了解关于它们的抽象语法树的构造，不难为它们写出相应的生成抽象语法树的语法制导定义。

6.5.2 逆波兰表示

1. 概念

逆波兰表示又称后缀表示法，是表达式的一种表示形式。它与通常表达式表示法的区别在于它是后缀表示法，即，对于双目运算，运算符写在两个运算分量的后面，而不是在中间，例如，通常表达式 a+b*c/(d+e)的逆波兰表示将是 abc*de+/+，其特点是无括号，不再需要括号来明显地规定运算的顺序。对于该表达式的抽象语法树可画出如图 6-22 所示。易见，逆波兰表示是从抽象语法树按后根遍历法产生的线性化表示。对逆波兰表示可给出如下递归定义。

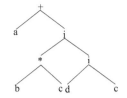

图 6-22　表达式 a+b*c/(d+e)的抽象语法树

定义 6.6　设 E 是表达式,则:

1)若 E 是变量或常量,E 的逆波兰表示是 E 本身;

2)若 E 是形如 E_1 OP E_2 的表达式,其中 OP 是任意的双目运算符, E 的逆波兰表示是 E_1' E_2' OP,其中 E_1' 与 E_2' 分别是 E_1 与 E_2 的逆波兰表示;

3)若 E 是形如(E_1)的表达式,E 的逆波兰表示就是 E_1 的逆波兰表示。

显然很容易把上述定义扩充到含单目运算符的表达式,也不难扩充到下标变量等情况。

2. 逆波兰表示的生成

对表达式的逆波兰表示的生成可以采用多种方式来进行,例如,可以按定义逐次找最低优先级运算符地逐步形成逆波兰表示,或者画出中缀表达式的抽象语法树,按后根遍历形成逆波兰表示。此外,也可以结合语法分析技术,还可以借助翻译方案来形成逆波兰表示。先考虑结合语法分析技术的情况。

(1)结合语法分析技术

对运算符设定优先级如下: +:1、-:1、*:2 与/:2,且设定右括号")"优先级为 0,而对于左括号 "(",当它与在它右边的运算符比较时,优先级为 0,当它与在它左边的运算符比较时,优先级为 3。设立一个运算符栈,当从左到右扫描一个表达式时,若扫描到运算分量,立即输出此运算分量;若扫描到运算符,在运算符栈为空时立即下推入栈,而栈中有内容时比较优先级:当前运算符优先级小于栈顶运算符优先级,栈顶运算符输出并退栈,并重复比较栈顶符号的优先级,否则,当前运算符下推入栈。当扫描到表达式右端,栈中符号顺次输出并退栈。这时输出结果正是所输入表达式的逆波兰表示。例如,输入为表达式 a*(b+c)/e 时,将输出它的逆波兰表示 abc+*e/。要注意的是,虽然,左括号 "(" 也看作运算符,给其优先级,并可能下推入栈。但当前输入符号为右括号")",而栈顶符号为左括号 "(" 时,"(" 被从栈中上退去,却并不输出。

易见这里采用了算符优先分析技术,所引进的优先级,实际上可看作线性优先函数值,而且如同在算符优先分析技术中所讨论的,本质上也是双线性优先函数。应用递归下降分析技术也可以产生表达式的逆波兰表示,请读者自行考虑。

(2)生成逆波兰表示的翻译方案的设计

为了突出逆波兰表示的生成,略去不相关的细节,相应的按自底向上方式的翻译方案简单地如下所示。

E ∷ =E_1+T{ print(+) }	T ∷ =F
E ∷ =T	F ∷ =(E)
T ∷ =T_1*F{ print(*) }	F ∷ =id {print(id.name)}

显然,把它应用于表达式 a*(b+c)+d 与前面所述各种情况有相同的效果。按自顶向下方式的翻译方案请读者自行考虑。

3. 从表达式到其他结构的扩充

(1)到赋值语句的扩充

对于赋值语句 V=e,可以将其逆波兰表示写作 V' e' =,其中 V' 与 e' 分别是 V 与 e 的逆波兰表示。例如,赋值语句 t=(a+b)*c/(d-e)的逆波兰表示是:

tab+c*de-/=

如果变量是数组元素,把符号[]看作双目运算符,不难写出相应的逆波兰表示,例如,

A[i]=B[j+k][m]

有如下的逆波兰表示:

A i[] B j k + [] m [] =

(2)到条件语句的扩充

对于条件语句 if(e) S_T else S_F,让其逆波兰表示呈下形:

e'　N_1 GOF S_T'　N_2 GO S_F'

其中,e'、S_T' 与 S_F' 分别是 e、S_T 与 S_F 的逆波兰表示,且均略去了分号,而 N_1 与 N_2 为逆波兰表示中符号的序号,GOF 与 GO 看作单目运算符,分别表示按假转与无条件转向某序号处。

例如,条件语句 if(a<b)max=b; else max=a;的逆波兰表示是

a b < 11 GOF max b = 14 GO max a =

其中,左边第 1 个 a 的序号为 1, 11 GOF 表示按假转到序号 11 处,即,从左向右数第 2 个 max 处,而 14 GO 则是无条件转到序号 14 处,即该条件语句之后。

(3)到转向语句的扩充

转向语句形如 goto N,其逆波兰表示简写为 N GOL,即按标号转到标号 N 的定义处。

(4)到迭代语句的扩充

考虑 while 语句 while(E)S 的情况。为其所设计目标代码生成的翻译方案如表 6-12 所示。这事实上把 while 语句按翻译方案规范方式展开成了不含关键字 while 的等价形式。

begin:if(E){ S　goto begin; }

因此考虑 while 语句的逆波兰表示时必须对照此规范展式,不难给出如下语句。

E'　N_1 GOF S'　1 GO

其中,N_1 GOF 表示按假转到序号 N_1 处,即该 while 语句的后继位置,E' 与 S' 分别是 E 与 S 的逆波兰表示,1 GO 表示无条件转到序号 1 处。

例如对于语句

while(i<=10) { b=f;　f=f+a;　a=b; }

可以有如下的逆波兰表示。

i 10 <= 19 GOF b f = f f a + = a b = 1 GO

对于 do-while 语句 do S while(E),其逆波兰表示可以类似地给出。对于 for 循环语句

for(V=E_1; E_2; E_3) S

呢?请读者自行思考。

（5）到复合语句的扩充

对于复合语句{$S_1 S_2 \cdots S_n$}，只需考虑 n=2 的情形，因为可以让这些语句用语句序列来代替。复合语句{$S_1 S_2$}的逆波兰表示简写为 $S_1' S_2'$，其中，S_1' 与 S_2' 分别是 S_1 与 S_2 的逆波兰表示。然而，要注意的是，若允许复合语句内的第一个控制语句之前有说明性语句，它们就应与通常的复合语句有所区别。为此，应该对复合语句的语句括号对"{"与"}"分别引进相应的标志。例如，让这些标志是 BLOCK 与 BLOCKEND，这时的逆波兰表示如下。

BLOCK S_1' S_2' BLOCKEND

有说明性语句的复合语句的逆波兰表示示例。

假定有下列包含说明性语句的复合语句。

```
{ int i;
  i=1; f=1; a=0;
  AGAIN:if(i<10)
  { b=f;    f=f+a; a=b;
    i=i+1; goto AGAIN;
  }
  fib=f;
}
```

其逆波兰表示如下。

BLOCK

i 1 = f 1 = a 0 = AGAIN : i 10 < 36 GOF

b f = f f a + = a b = i i 1 + = AGAIN GOL fib f =

BLOCKEND

该复合语句中包含的是不含 else 部分的条件语句，因此按假转 36 GOF 转到其后继语句 fib=f 处。该例展示了包含说明性语句的复合语句的逆波兰表示。

4. 从逆波兰表示生成目标代码

这里讨论怎样从逆波兰表示这样一种中间表示代码来生成相应的目标代码。为了突出这一重点，既不考虑目标代码的质量，也忽略关于机器特性的一些细节，例如，乘法指令对寄存器编号的要求等。从表达式的逆波兰表示生成相应目标代码可给出如下的算法。

设立运算分量栈。从左到右扫描所给定的逆波兰表示。若扫描到运算分量，将其下推入运算分量栈。若扫描到运算符，则按该运算符是几目运算，对运算分量栈中相应个数的栈顶元素生成该运算符相应的目标代码，此后上退去相应个数的那些运算分量，并把存放运算结果的临时变量或寄存器下推入运算分量栈。如此继续，直到扫描达到逆波兰表示的右端。这时整个逆波兰表示已处理完，生成了相应的目标代码。

例 6.17 设有逆波兰表示 abc+*，试按上述算法，从它生成相应的目标代码。

按照上述算法，扫描该逆波兰表示直到 c，都是下推入运算分量栈。扫描到运算符+，它是双目运算符，因此对运算分量栈顶的两个元素 b 与 c 生成加法指令：

MOV   b, R_0

ADD   c, R_0

上退去两个元素，把寄存器 R_0 下推入运算分量栈。继续扫描，这次是运算符*，也是双目运

算符,又对运算分量栈顶的两个元素 a 与 R_0 生成目标指令,这次是乘法指令:

    MOV   a, R_1

    MPY R_0, R_1

上退去两个元素,把寄存器 R_1 下推入运算分量栈。继续扫描,发现已达到逆波兰表示的右端而结束。这样,合计生成 4 条目标指令,且最终在运算分量栈有一个元素,即寄存器 R_1。

    例 6.18   试为逆波兰表示

        a b <11 GOF max b=14 GO max a=

生成目标代码。

当扫描到<时,运算分量栈中有两个元素,即 a 与 b, <为双目关系运算符,对运算分量栈顶的两个元素 a 与 b 生成下列目标指令。

    MOV   a, R_0

    CMP R_0,   b

    CJ<   *+8

上退去运算分量栈顶两个元素。因为是关系运算符,作一些变通,即,没有中间计算结果下推入栈。当扫描到 GOF 时,运算分量栈顶是序号 11,然而序号 11 所对应的目标指令是还不能确定位置的,必须采用回填技术,因此,生成目标指令坯:

    CJ≥   _

然而,实际上按现在的目标代码的设计,可简单地生成

    GOTO   _

来代替。此后先后扫描到赋值号=时的处理是简单的,即相继生成目标指令:

    MOV   b, R_1 与   MOV   a, R_2

    MOV R_1, max   MOV R_2, max

类似于 GOF,扫描到 GO 时,也将生成 GOTO 指令,其转向处也将通过回填技术来确定。

从上述例子可以看到,中间表示代码与目标代码的设计是连贯的,中间表示代码的设计应有利于目标代码的生成。

请注意,通常应用逆波兰表示从表达式生成目标代码时,不截然分为表达式到逆波兰表示和从逆波兰表示到目标代码两个阶段,却是将两个阶段合并为一个。这时同时引进运算符栈与运算分量栈。相应算法可简述如下。

从左到右扫描所给的表达式。若扫描到运算分量,把它下推入运算分量栈。若扫描到运算符,对当前运算符与运算符栈顶运算符比较优先级:当当前运算符优先级高时,把它下推入运算符栈,继续扫描,否则根据运算符栈顶的运算符是几目运算,对运算分量栈顶相应个数的元素,关于栈顶运算符生成相应的目标代码,上退运算符栈一个元素,上退运算分量栈相应个数的元素,并把存放计算结果的临时变量或寄存器下推入运算分量栈,继续对当前运算符与运算符栈顶运算符进行优先级比较。若扫描到运算符,而运算符栈为空,类似于关于栈顶运算符生成目标代码那样地关于该运算符生成目标代码并作相应的处理。如此继续,直到扫描完整个表达式。

如果与应用算符优先分析技术且借助优先函数进行句型识别的算法比较,显然是十分相似的。

在结束对逆波兰表示的讨论之际,请读者考虑这样一个问题:如何从逆波兰表示复原到通常的表达式,即中缀表示法。显然,先为其画出抽象语法树,再按中根遍历该语法树来复原,工作量太大也无必要。有何简便办法呢?

6.5.3　四元式序列

1. 表示法约定

通常一个双目运算符对两个运算分量进行操作,产生一个结果,因此,引进一种内部中间表示,它具有下列一般形式:

　　　　运算符　　运算分量　　运算分量　　结果

其中,运算分量和结果可以是变量、常量或由编译程序引进的临时变量。这种中间表示称为四元式。为了清晰起见,常用表格形式来给出四元式序列,例如,表达式 a+b*c 的四元式序列如下所示。

运算符	运算分量	运算分量	结果
*	b	c	t_1
+	a	t_1	t_2

其中,t_1 与 t_2 是编译程序产生的临时变量。

双目运算的四元式是最一般情形,对于各种语言结构允许有如下形式的各种四元式。

对于单目运算 OP　x,如单目减、逻辑非、类型转换等,四元式呈下形:

OP	x		t

即不含第 2 个运算分量。

对于赋值语句 x=y,其四元式呈下形:

:=	y		x

为了能间接赋值,换句话说,把 y 的值传送入以 x 的值为地址的存储单元,引进间接赋值操作&:=,其四元式如下:

&:=	y		x

对于转向语句 goto L,其四元式呈下形:

GOL	L		

四元式允许有标号,该标号代表四元式序号,显然,对于标号需要利用回填技术。

对于按关系运算符 relop 比较按真转的四元式如下:

relop	x	y	L

其中,relop 可以是<、≤、=、≠、>与≥,其含义是,当 x relop y 为 true 时转向序号为 L 的四元式,否则,执行该四元式的紧接下一个四元式。该四元式相应于 C 型语言的语句:

　　　　if(x relop y)goto L;

对于无条件控制转移到序号为 L 的四元式处的四元式呈下形：

GO	L		

对于函数调用 $f(x_1, x_2, \cdots, x_n)$，其四元式分别关于参数与函数名给出，如下所示。

PARAM	x_1		

PARAM	x_2		

…

PARAM	x_n		

CALL	f	n	

若函数有返回值，则呈下形：

CALL	f	n	t

其中，t 中存放返回值。

对于包含说明性语句的复合语句，则分别有标志其开始与结束的四元式如下：

BLOCK			
BLOCKEND			

最后给出关于一维数组元素 A[i] 的四元式表示。以赋值语句 A[i]=B[j] 为例说明，相应四元式序列如下：

=[]	B	j	t_2
[]=	A	i	t_1
&:=	t_2		t_1

其中，=[]表示对数组元素取值操作，而[]=表示对数组元素取地址操作，使用哪一个取决于数组元素出现在赋值语句右部还是左部。注意，这里仅考虑一维情况。对于多维数组元素的情况，请读者自行思考。

2. 四元式序列示例

例 6.19 设有包含 n 个元素的数组 A，试求出其最大元素的值，并置于 max 中。可写出程序控制部分如下(C 型)：

```
max=A[1];   i=2;
while(i<=n)
{ if(A[i]>max) max=A[i];   i=i+1;   }
```

为写出相应的四元式序列，首先按 while 语句的语义将其规范展开成：

```
max=A[1];   i=2;
loop: if(i<=n)
    { if(A[i]>max) max=A[i];
        i=i+1;
```

```
        goto loop;
    }
```
对此可有相应的四元式中间表示如表 6-18 所示。

表 6-18

（1）	=[ ]	A	1	t_1	（7）	=[ ]	A	i	t_3
（2）	:=	t_1		max	（8）	:=	t_3		max
（3）	:=	2		i	（9）	+	i	1	t_4
（4）	>	i	n	（12）	（10）	:=	t_4		i
（5）	=[ ]	A	i	t_2	（11）	GO	（4）		
（6）	≤	t_2	max	（9）	（12）				

说明:这里对 if 语句中条件表达式的处理作了简化,即,不是生成

$$≤ \quad i \quad n \quad E.true$$
$$GO \quad E.false$$

而是仅生成

$$> \quad i \quad n \quad E.false$$

3. 产生四元式序列的翻译方案设计

在前面讨论了产生目标代码的翻译方案或语法制导定义的设计,对逻辑表达式的翻译与回填技术也进行了讨论。因此,对于产生四元式序列的翻译方案设计,并无实质性的难点。作为例子,下面仅给出关于赋值语句的四元式序列翻译方案。

$S ::= id = E$ 　{ p:=lookup(id.name);
　　　　　　　if p ≠ NULL then genquad(":=",E.place," ",p → place)
　　　　　　　else error}

$E ::= E_1 + E_2$ { E.place:=newtemp;
　　　　　　　genquad("+",E_1.place,E_2.place,E.place)}

$E ::= E_1 * E_2$ { E.place:=newtemp;
　　　　　　　genquad("*",E_1.place,E_2.place,E.place)}

$E ::= -E_1$ 　{ E.place:=newtemp;
　　　　　　　genquad("NEG",E_1.place," ",E.place) }

$E ::= (E_1)$ { E.place:=E_1.place}

$E ::= id$ 　{ p:=lookup(id.name);
　　　　　　　if p ≠ NULL then E.place:=p → place
　　　　　　　else error }

其中,函数 genquad(op,x,y,z)的功能是生成四元式:

OP	x	y	z

对于其他语言结构产生四元式序列的翻译方案设计,请读者自行讨论。

4. 从四元式序列生成目标代码

如果对于四元式的一切运算符都有对应的目标机器操作码,从四元式序列生成目标代码的工作是容易实现的。主要问题是运算分量与计算结果的存取问题,在生成目标指令时,要考虑四元式中运算分量是在寄存器中还是在内存中,当在寄存器中时以后还会被使用否,等等。例如,对于四元式

   — x y z

如果 x 和 y 都不在寄存器中,则可生成下列目标指令。

   MOV x, R_i

   SUB y, R_i

计算结果 z 在寄存器 R_i 中。如果寄存器 R_i 与寄存器 R_j 分别包含 x 与 y,即,x 与 y 的值分别在寄存器 R_i 与 R_j 中,且此四元式后不再引用 x,可以为其生成目标指令。

   SUB R_j, R_i

计算结果 z 在 R_i 中。如果寄存器 R_i 包含 x,而 y 在内存单元,且此四元式后不再引用 x,可以为其生成目标指令:

   SUB y, R_i

或者

   MOV y, R_j

   SUB R_j, R_i

计算结果 z 仍然在 R_i 中。

显然,如果此四元式后还将引用 x,或者 x 与 y 中有一个或者两个是常数,对目标指令的生成还应作相应的变化。总之,生成目标代码时应考察四元式及其上下文,针对具体情况生成合适的目标指令。

先引进基本块的概念,然后讨论基于基本块的一个简单的代码生成算法。

（1）基本块

定义 6.7　基本块是这样一个连续的四元式序列,即,控制流从其第一个四元式进入,而从其最后一个四元式离开,其间没有停止也不可能有分支。

例如,下列四元式序列是一个基本块。

   * a z t_1

   * a t_1 t_2

   * b b t_3

   * b t_3 t_4

   — t_2 t_4 t_5

这里,基本块的第一个四元式称为基本块的入口四元式,最后一个称为出口四元式。

对于一个四元式序列,可以把它划分成如下若干基本块。

算法 6.1　基本块的划分

步骤 1　首先确定一切入口四元式如下。

·第一个四元式是入口四元式;

·能由条件转移或无条件转移四元式转移到的四元式是入口四元式;

·紧跟在条件转移或无条件转移四元式之后的四元式是入口四元式。

步骤 2 对于每个入口四元式,它所确定的基本块由该入口四元式和直到下一个入口四元式(不包括下一个入口四元式)或四元式序列结束的一切四元式组成。

例 6.20 试对下列四元式序列划分基本块

(1)	:=	1		i	(7)	:=	t1	f
(2)	:=	1		f	(8)	:=	b	a
(3)	:=	0		a	(9)	+	i	1	t2
(4)	⩾	i	10	(12)	(10)	:=	t2	i
(5)	:=	f		b	(10)	GO	(4)	
(6)	+	f	a	t1	(12)	:=	f	fib

其中,入口四元式是序号为 1、4、5 与 12 的四元式,因此,该四元式序列由 4 个基本块组成,它们分别包含序号为 1~3、4、5~11 与 12 的四元式。

（2）代码生成算法

为简单起见,假定对于四元式的各个运算符都有相应的目标指令操作码,还假定计算结果尽可能长时间地保留在寄存器中。

下面给出为四元式序列生成目标代码的一个简单算法,它以构成一个基本块的四元式序列作为输入,输出是相应的目标代码。为了跟踪寄存器的内容与每个名字的当前值的存储处所,该生成算法引进了寄存器描述符与地址描述符。

寄存器描述符用来记住每个寄存器当前存放的是什么。假定在起初时寄存器描述符指示一切寄存器均为空,随着代码的逐步生成,在任何时刻,每个寄存器将存放零个或多个名字的值。

地址描述符用来记住每个名字的当前值的存放处所,这个处所可以是寄存器,也可以是存储单元,甚至是它们的某个集合,因为值传输时在原处依然保留。这些信息可以存于符号表中,以便在生成目标指令时确定对名字的访问 (寻址) 方式。

下面用例子来说明寄存器描述符和地址描述符的应用。

设有相应于赋值语句 x=a+b 的四元式序列如下。

$$+ \quad a \quad b \quad t_1$$
$$:= \quad t_1 \quad x$$

相应的目标代码指令与寄存器描述符和地址描述符的内容如下所示。

目标代码	寄存器描述符	地址描述符
MOV a, r_0		
ADD b, r_0	r_0 包含 t_1	t_1 在 r_0 中
MOV r_0, x	r_0 包含 t_1、x	x 在 r_0 和存储单元中

代码生成算法如下。

算法 6.2 简单代码生成算法

输入构成一个基本块的四元式序列,对每个四元式 op x y z 完成下列动作。

1）调用函数 getreg,确定存放 x op y 的计算结果 z 的处所 L。L 通常是寄存器,也可能是存储单元。参看后面对 getreg 的介绍。

2）查看地址描述符，确定 x 值当前的一个处所 x′。如果 x 当前值既在内存单元中又在寄存器中，则选择寄存器作为 x′。如果 x 的值还不在由步骤 1）确定的 L 中，生成指令

　　　　MOV　　x′，　　L

把 x 的值传送到 L。

3）生成指令 op　y′，　　L，其中 y′ 是 y 的当前值所在处所之一。如果 y 值既在内存单元又在寄存器中，同样地选寄存器。修改地址描述符，以指明 z 在处所 L。当 L 是寄存器时，还修改寄存器描述符，指示该寄存器 L 包含 z 的值。

4）如果 x 和/或 y 的当前值此后不再被引用，甚至在基本块的最末四元式之后也如此，并且在寄存器中，则修改寄存器描述符，指示在执行该四元式 op x y z 后，这些寄存器不再包含 x 和/或 y 的值。

对于当前四元式中运算符是单目运算符的情况，算法步骤与上面的类似，这里不拟赘述。只是指出一个重要特例的处理，即，对于:= x　　y，如果 x 在寄存器中，只需改变寄存器描述符和地址描述符，指明 y 的值是在 x 值所在的寄存器中。如果 x 的值不再被引用，且在基本块最末四元式之后也如此，则该寄存器不再保存 x 的值。如果对于:= x　　y，x 在存储单元中，原则上可以在地址描述符中指出 y 的值在 x 的存储单元中，但以后若要改变 x 的值就必须先保存 y 的值而使算法复杂化。所以对于 x 在存储单元的情况，可以调用函数 getreg 来找到一个存放 x 当前值的寄存器，并记住此寄存器是存放 y 值的处所。如果 y 在基本块中不再被引用，也可以生成一条目标指令

　　　　MOV　　x，　　y

这样做将有利于优化：大多数复写传播的传输指令可被删去。

当处理完基本块的全部四元式时，对于在基本块最末四元式之后要被引用的那些名字，如果其值不在存储单元中，要用 MOV 指令将它们存入存储单元。这时要由寄存器描述符确定其值留在寄存器里的名字，并由地址描述符确定这些名字的值是否还未存入存储单元，再由记录此后是否将被引用的活跃变量信息确定这些还未存入存储单元的名字的值是否需要存入存储单元。

在这里，活跃变量是指在所在基本块之外还将被引用的变量。关于活跃变量的信息，需要通过基本块之间的数据流分析才能得到。如果没有通过数据流分析计算活跃变量信息，便假定在基本块中用户定义的一切名字在该基本块出口四元式之后是还要被引用的。

现在说明函数 getreg 如何回送保存执行四元式 op x y z 所产生 z 值的处所 L 的。

1）如果名字 x 的值在寄存器中，此寄存器不包含其他名字的值，并且执行 op x y z 后没有对 x 的引用，则回送 x 的这个寄存器作为 L，修改地址描述符，指示 x 不再在 L 中。

2）当 1）失败时，有空闲寄存器的话，回送一个空闲寄存器作为 L，这时对寄存器描述符作出相应的修改。

3）当 2）也失败时，换言之找不到空闲的寄存器，如果 z 在基本块中有下次引用，或者 op 是必须使用寄存器的运算符，找一个已被占用的寄存器 R，用指令 MOV R，M 把 R 的值存入存储单元 M，修改地址描述符以正确地反映当前的状况，回送 R 作为 L。如果 R 存有几个变量的值，对于每个需要存储的变量都产生 MOV 指令。问题是此被占用寄存器 R 如

何选择?怎样才是恰当的选择?在诸寄存器中可能应该选它的值最迟被引用或已存入存储单元的寄存器。但无法说这一定是最佳的选择。

4)如果 z 在这一基本块内不再被引用,或者找不到适当的被占用寄存器,选择 z 的存储单元 M 作为 L。

要对 L 作出较好的选择,必须作更多的努力。更为复杂的 getreg 函数在确定存放 z 值的寄存器时要考虑 z 随后的使用情况和运算符 op 的可交换性等等,这里不作详细讨论。

例 6.21　设有赋值语句 x=(a-b)*(a-c)+(a-c),可为其生成下列四元式序列

$$
\begin{array}{llll|llll}
- & a & b & t_1 & - & a & c & t_4 \\
- & a & c & t_2 & + & t_3 & t_4 & t_5 \\
* & t_1 & t_2 & t_3 & := & t_5 & & x
\end{array}
$$

考察上述目标代码生成算法应用于此四元式序列的情况。假定 x 在该四元式序列之后还将被引用,a、b 与 c 总是在存储单元中,而中间变量 t_1、t_2 与 t_3 不在存储单元中。可以为此四元式序列生成目标代码序列如表 6-19 所示。

表 6-19

四元式	生成的代码	寄存器描述符	地址描述符
$-$ 　a　b　t_1	MOV　a,　R_0		
	SUB　b,　R_0	R_0 包含 t_1	t_1 在 R_0 中
$-$ 　a　c　t_2	MOV　a,　R_1	R_0 包含 t_1	t_1 在 R_0 中
	SUB　c,　R_1	R_1 包含 t_2	t_2 在 R_1 中
$*$ 　t_1　t_2　t_3	MPY　R_1,　R_0	R_0 包含 t_3	t_3 在 R_0 中
		R_1 包含 t_2	t_2 在 R_1 中
$-$ 　a　c　t_4	MOV　a,　R_2	R_0 包含 t_3,R_1 包含 t_2	t_2 在 R_1 中,t_3 在 R_0 中
	SUB　c,　R_2	R_2 包含 t_4	t_4 在 R_2 中
$+$ 　t_3　t_4　t_5	ADD　R_2,　R_0	R_0 包含 t_5	t_5 在 R_0 中
$:=$ 　t_5　　　x	MOV　R_0,　x	R_0 包含 x、t_5	x 在 R_0 和存储单元中
			t_5 在 R_0 中

上述目标代码中,与前面一样,未考虑 MPY 指令对寄存器编号的要求以简化讨论。通过调用 getreg,让 t_1 与 t_2 分别对应寄存器 R_0 与 R_1,这是明显的。对 t_3,让保存其值的处所是 R_0 的原因如下。因为四元式 * t_1 t_2 t_3 中 t_1 在寄存器 R_0 中,此 R_0 仅包含 t_1 而不包含其他,并且对 t_1 没有再次引用,因此,可把 t_1 所在的寄存器 R_0 作为 t_3 的存值处所。对于 t_5 情况类似。由于假定 x 在以后还要引用,通过 MOV 指令而把其值存入存储单元。

表 6-19 中目标代码的代价是 16。如果在第一条指令后立即生成 MOV R_0, R_1 指令,而删除指令 MOV a, R_1,则代价可减少到 15。然而,不言而喻,这需要更为复杂的目标代码生成算法。至于 t_4,显然无须引进而可直接利用 t_2,可以减少相应的两条指令,这将在第 8 章代码优化一章中进行讨论。

(3)各类寻址方式在代码中的引进

在前面关于目标代码生成算法及相应例子中,看到的基本上是绝对地址与寄存器寻址方式,本节讨论变址寻址与间接寻址的情况。

考虑一维数组元素的情形。设有赋值语句 a=A[i] 与 B[i]=b，相应四元式分别为：

=[]	A	i	t	（1）
:=	t	a		（2）

与

[]=	B	i	t	（3）
&:=	b	t		（4）

在生成目标代码时，i 的当前存值处所决定了生成哪些指令。当 i 在寄存器 R_i 中时，为（1）与（2）可生成目标指令：

　　　MOV　A(R_i),　R
　　　MOV　R,　　a

其中，A 代表数组 A 的存储区域首址值。当 i 在存储单元 M_i 时，需要把其值从 M_i 传输到 R_i，因此，这两条指令前应添加目标指令

　　　MOV　M_i,　R_i

对于（3）与（4），事情要麻烦一些，因为 t 中应存放数组元素 B[i] 的地址。可以假定虚拟机中有取地址指令

　　　ADDR　A,　R

它把 A 的存储单元地址传输入寄存器 R，则可为(3)与(4)分别生成目标指令

　　　ADDR　B(R_i), R　　　　　　　　　　　　　　　　（5）

与

　　　MOV　b,　*R　　　　　　　　　　　　　　　　　　（6）

其中，B 代表数组 B 的存储区域首址值。i 存放在寄存器 R_i 中。当然，更为合适的是仅生成一条指令

　　　MOV　b,　B(R_i)

来代替（5）与（6）。当 i 在存储单元 M_i 中时情况与前类似，只需先生成指令：

　　　MOV　M_i,　R_i

6.5.4　三元式序列

为了避免临时变量名字进入符号表，用计算临时值(中间结果)的四元式位置(序号)来引用临时值，这样，四元式中不明显给出结果部分，而呈下形：

　　　　运算符　运算分量　运算分量
因此称为三元式。

对于三元式的表示法约定十分类似于四元式，主要的区别在于：不仅在控制转移三元式中会包含三元式的序号以指明控制转移到的三元式，而且在运算的三元式中也会包含三元式序号，只是现在这个序号代表相应三元式的运算结果。以例 6.19 中的程序为例，可以给出相应的三元式序列如表 6-20 所示。

表 6-20

（1）	=[]	A	1	（8）	GOF	（11）	（7）
（2）	:=	（1）	max	（9）	=[]	A	i
（3）	:=	2	i	（10）	:=	（9）	max
（4）	≤	i	n	（11）	+	i	1
（5）	GOF	（14）	（4）	（12）	:=	（11）	i
（6）	=[]	A	i	（13）	GO	（4）	
（7）	>	（6）	max	（14）			

从表 6-20 可见,关于四元式的表示法约定可以沿用到三元式,只是把赋值号:=看成双目运算符,左部变量作为三元式的第二运算分量,因此,关于三元式不再一一列出表示法约定。

对照四元式序列,还有一个明显的区别是:三元式序列中包含明显的按假转三元式,其运算符为 GOF,即,当由第二运算分量指明的比较结果为 false 时,将把控制转向由第一运算分量所指明的三元式处。

关于产生三元式序列的翻译方案的设计,以及从三元式序列生成目标代码等不在此详细讨论,可参看关于四元式的讨论。

本章概要

本章讨论语义分析与目标代码生成,主要内容包括:概况、语言成分的翻译与源程序的内部中间表示。

程序的含义涉及数据结构与控制结构两方面,语义分析因此必须进行对这两方面的分析。关于前者,确定类型与进行类型检查;关于后者,识别含义并作相应的语义处理,包括生成目标代码或中间表示代码,以及其他一些静态语义检查。确定类型在翻译说明性语句部分时完成,其他则在翻译控制语句时完成。语法制导的翻译是在语法规则制导下,通过对语义规则的计算,完成对程序的翻译,它基于属性文法,即,扩充的压缩了的上下文无关文法。属性文法有语法制导定义与翻译方案两种形式。相关概念:注释分析树、综合属性、继承属性、S-属性定义、L-属性定义、依赖图。

说明性语句翻译的要点是确定类型,同时分配存储地址,特别要关注标识符的作用域问题。类型表达式的引进,使得在语法制导定义或翻译方案中类型的表示与具体程序设计语言的表示无关,以便于形式地描述与类型相关的语义分析工作。相关概念:类型构造符、类型表达式的等价、类型强制、符号表。

控制语句翻译的要点是:首先基于语义,明确语法成分与目标代码的对应关系,即,根据一个控制语句的语义和执行步骤确定目标代码的结构,然后按其写出语法制导定义或翻译方案。为了教学的目的,往往采取虚拟机目标代码形式。相关概念:寻址方式、回填、调用序列、活动记录、调用序列与返回序列。

不论是语法制导定义中的语义规则,还是翻译方案中的语义动作,它们事实上是字符串,要执行它们就好似执行一般的高级程序设计语言程序,需要有"翻译"。实际实现时,简单而可行的做法往往是以它们为依据,编写相应的语义子程序。通过这些语义子程序来执行语义动作,计算各个属性值,从而完成语义分析工作。读者必须掌握如何编写语义子程序,掌握如何结合语法分析执行语义动作,实现语义分析。

源程序内部中间表示共有 4 类,即抽象语法树、逆波兰表示、四元式序列与三元式序列,它们的引进使得有可能进行目标代码的优化。抽象语法树的特点是结点数大大减少。逆波兰表示除了可以按定义来生成外,可以通过语法制导定义或翻译方案来生成,还可以借语法分析技术或后根遍历抽象语法树来生成。重点是四元式序列,优化就是基于四元式序列而进行的。读者应注意表示法约定。相关概念:入口四元式、基本块、地址描述符、寄存器描述符。

习题 11

1)试构造注释分析树。

①根据例 6.1 中所给语法制导定义,关于输入符号串 9+8*7 构造注释分析树。

②根据例 6.2 中所给语法制导定义,关于输入符号串 int i,j 构造注释分析树。

2)设有逻辑表达式文法 G[B]:

    B ::=B OR L|L   L ::=L AND R ｜ R

    R ::=E relop E|V   E ::=N

    V ::=true|false

其中 relop 为关系运算符<、>、=、≠、≤与≥等。试设计计算并打印逻辑表达式值的语法制导定义,并说明它是否 S_属性定义,给出理由。

3)试根据例 6.2 中所给语法制导定义,关于输入符号串 int i,j 构造依赖图。

4)试为题 2 中的文法 G[B]构造计算并打印逻辑表达式值的自底向上翻译方案。

5)试为题 2 中的文法 G[B]构造计算并打印逻辑表达式值的自顶向下翻译方案。

6)试为文法 G6.1[E]:

    E ::=E+T|T   T ::=T*F|F

    F ::=(E)|i

写出计算表达式值的自顶向下的翻译方案。

习题 12

1)为下列类型写出类型表达式:

①指向实型数据的指针数组,该数组的上下界分别为 100 与 1。

②一个函数,实参为一个整型数,返回值为一个指针,它指向由一个整型数和一个字符组成的结构体。

2)设有 C 程序片段如下。

```
struct cell{ int a;   int b;};
typedef struct cell *pcell;
struct cell Buf[200];
pcell handle(int x, cell y)
{ … }
```

试给出标识符 Buf 与 handle 所关联的类型表达式。

3)试为文法 G[V]：

$V ::= VAR\ L:T \qquad L ::= L,i|i$

$T ::= integer|real$

构造把每个标识符的类型填入符号表的翻译方案。

4)设有表达式文法 G[E]：

$E ::= E+T|T \qquad T ::= T*F|F \qquad F ::= (E)|num.num|num$

当两个整数相加或相乘时结果为整型,否则为实型。试给出确定每个子表达式的类型,同时进行类型检查的语法制导定义。

5)试为习题 11 题 2 中的文法 G[B]写出类型检查的属性文法描述。

6)试为 do-while 语句和下列形式的 for 语句的类型检查写出相应的翻译方案：

$S ::= do\ S\ while(E);$

$S ::= for(i=E;\ i<=E;\ i=i+1)\ S$

7)试写出关于 C 语言类型定义的翻译方案,这里类型包括整、实和字符型以及数组、结构体和指针类型等,注意：限于一维数组,且数组类型中省略的下界为 0；类型定义中所定义的标识符相关联的属性是类型,不是变量。

习题 13

1)试参照 6.3.3 节关于赋值语句的翻译方案,为下列赋值语句

$x=a/(b+c)-d*(e+f);$

生成目标代码,其中用变量名表示存储地址,且假定有 3 个寄存器可用。

2)赋值语句的翻译

①试设计为赋值语句生成目标代码的翻译方案,这里左部变量不仅可以是简单变量,还允许是(一维)数组元素和标识变量(指针变量所指向的对象)。

②试以下列赋值语句为例给出相应的目标代码,其中 A 和 r 为一维实型数组,而 p 为指向实型数据的指针变量。

$A[i]=2*pi*r[i]+c;$

$*p=*p+b;$

提示：先建立语言成份与目标代码的对应关系。

3)试参照 6.3.3 节关于条件语句的翻译方案,给出下列条件语句的目标代码。

$if(a<b\ \&\&\ a>0)\ x=b-a;\ else\ x=a-b;$

4)试给出下列语句序列的目标代码。

```
n=1;
while((2*n-1)*(2*n+1)!=399) n=n+1;
```

5）试设计为 C 语言 do-while 语句

```
do 语句 while( 逻辑表达式 );
```

生成目标代码的翻译方案。

6）试为 6.3.3 节赋值语句目标代码生成的翻译方案关于规则 E::=E+T、E::=-E 与 E::=(E) 的语义动作编写语义子程序。假定结合 SLR(1)分析技术进行语义分析，当执行归约动作时执行语义子程序。

习题 14

1）试画出表达式(a+b)*(c-d)-(a*b+c)的抽象语法树。

2）试把表达式(a+b)*(c-d)-(a*b+c)翻译成：

①逆波兰表示；

②四元式序列；

③三元式序列。

3）试把逆波兰表示 abc*-de+/f-还原成中缀表达式。

4）试写出下列程序片段的逆波兰表示：

```
positive=0;  negative=0;  zero=0;
for(i=1; i<=100; i=i+1)
{ if(A[i]>0) positive=positive+1;
  else if(A[i]==0) zero=zero+1;
  else negative=negative+1;
}
```

5）试写出题 4 中程序片断的四元式表示。

6）试为赋值语句文法 G[A]：

```
A::=i=E      E::=E+T|T    T::=T*F|F    F::=(E)|i
```

设计产生四元式序列的翻译方案。

7）假定结合 SLR(1)分析技术进行语义分析，试为 6.5.3 中所给产生四元式序列的翻译方案关于规则 E::=E*E 的语义动作写出语义子程序。

8）试给出赋值语句

```
A[i]=B[i]+C[A[k]]+D[i+j];
```

的三元式表示。

第 6 章上机实习题

1）赋值语句目标代码的生成。

目标：掌握结合语法分析生成目标代码的实现思路和方法。

输入：文法的任意句子（赋值语句）。

输出：相应的虚拟机目标代码。

要求：①结合 SLR(1)分析技术实现翻译方案。

　　　②以赋值语句文法 G[S]：

　　　　　S::=i=E　　E::=E+T|T　　T::=T*F|F　　F::=(E)|i

的句子为例生成目标代码。

说明：①设计数据结构，并以赋初值方式给出文法 G[S]及相应的 SLR(1)分析表；

　　　②参考 6.3.3 中的翻译方案，作相应修改，编写语义子程序；

2）生成四元式序列。

目标：掌握结合语法分析实现翻译方案的思路和方法。

输入：文法的任意句子。

输出：相应的四元式序列。

要求：①结合 SLR(1)分析技术实现翻译方案；

　　　②同时显示输出所输入句子与相应的四元式序列以作对照；

　　　③以赋值语句序列文法 G[S]：

　　　　　S::=S;A|A　　　A::=i=E

　　　　　E::=E+T|T　　　T::=T*F|F　　F::=(E)|i

的句子为例生成四元式序列。

说明：①设计数据结构，并以置初值方式给出文法 G[A]及相应的 SLR(1)分析表；

　　　②利用习题 14 题 7 所设计的翻译方案，编写语义子程序。

　　　③从四元式序列生成虚拟机目标代码。

目标：掌握应用简单代码生成算法，从四元式序列生成虚拟机目标代码。

输入：任意一个基本块的四元式序列。

输出：相应的虚拟机目标代码。

要求：①同时显示输出所输入四元式序列与相应的目标代码以作对照；

　　　②应用 6.5.3 中的简单代码生成算法（算法 6.2）。

说明：①可对寄存器的个数加限制，也可不加限制；

　　　②设计寄存器描述符和地址描述符的数据结构；

　　　③可以考虑把实习题 1 与实习题 2 相结合。

第 7 章　运行环境

7.1　概况

7.1.1　相关的问题

第 7 章

在经历了语义分析与目标代码生成阶段之后,从源程序生成了相应的目标程序。这个目标程序能否正常运行呢? 答案在于两个方面,一方面是否正确地生成了目标代码;另一方面支持目标程序运行的一切条件是否都已具备。后者指的是,目标程序的运行必须有运行时刻支持程序包的支持。前者意味着,在生成目标代码时刻必须考虑到目标程序运行时所可能涉及的一切条件,也就是说,必须把源程序静态的正文与其目标程序运行时的动态活动联系起来。回顾目标代码生成中的一些要点,除了语法结构目标代码的总体设计外,与运行紧密相关的就是运行时刻的存储管理与寄存器分配。

对于寄存器分配,在一个简单的目标代码生成算法中,通过函数 getreg 进行简单情况的寄存器分配。C 语言通常把使用频繁的局部变量(如循环控制变量)指定为寄存器变量,对这类变量分配寄存器,通过寄存器存取其值,从而提高运行效率。寄存器的充分利用与否,对目标代码质量的高低有很大影响,但限于篇幅,对寄存器分配问题不作进一步讨论。

不论运行时刻的存储管理还是寄存器分配,说到底是源程序中的名字和数据对象之间的联系,或者说名字和存储处所的联系,为此,引进相关的一些概念。

当讨论目标代码的运行环境问题时,不言而喻,应该讨论运行时刻与目标代码相互配合,也即为目标代码调用的一些运行子程序。因此,概括起来,本章将讨论下列相关的问题:

①运行时刻存储分配策略;
②符号表的管理;
③运行时刻支持系统。

下面先讨论一些相关的概念。

7.1.2　名字到存储字的结合

冯·诺伊曼型计算机程序设计的基础是对基本存储字命名、赋值和重复基本操作,也就是使用变量来仿效计算机存储字。赋值语句模拟计算机的取数、存数与算术运算,其他语句的存在是为了可能执行计算,这些计算必定是以赋值语句为基础的。变量名与常量名等本质上是对存储字起的名字,以便对它们进行存取。在目标程序运行时刻,对源程序中的每一个量都应分配以相应的存储字。

名字到存储字的映射,称为环境,而存储字到它所保存的值的映射,称为状态。例如,对于下列程序:

```
/* PROGRAM swap */
main( )
{ float x, y, t;
    t=x; x=y; y=t;
}
```

环境是 {(x,Mx),(y,My),(t,Mt)},这里用 Mx、My 与 Mt 分别表示为 x、y 与 t 分配的存储字地址。假定 x、y 与 t 开始时有值 5.1、2.3 与 0.0,则相应状态为 {(Mx,5.1),(My,2.3),(Mt,0.0)}。当执行了程序中三个语句后,显然状态改变为 {(Mx,2.3),(My,5.1),(Mt,5.1)}。

如果环境把存储字 S 联系到名字 x,则说 x 结合到 S,联系本身称为 x 的结合。

显然,赋值语句可以改变状态,但决不会改变结合,也即决不改变环境。从上例看,x 结合到 Mx 的情况不会改变,然而 x 的值从 5.1 变成了 2.3,即状态改变了。事实上,环境是由程序中的说明部分决定的,赋值语句只能改变状态。

对于由 C 语言 malloc 等函数生成的无名变量,它们是否也是环境的一部分? 不言而喻,这样一些无名变量也关联到存储字,也即无名变量也将结合到存储字。因此,更确切地说,结合是数据对象(有名或无名变量)与存储字的联系。无名变量也是环境的组成部分。

在考虑环境,也即名字到存储字的结合时,复杂性在于两方面,即作用域与动态性,下面通过例子来说明。

例 7.1　设有 C 程序:

```
#include <malloc.h>
struct object
{ int data;    struct object *next; };
typedef struct object *link;
link p;
void createlink( )
{ link p1,q;    int i=1;
   q=(link)malloc(sizeof(struct object));
   p1=q;
   while(i)
   { printf("Input an integer:");
     scanf("%d",&i);
     if(i)
     { p1->next=
       (link)malloc(sizeof(struct object));
        p1=p1->next; p1->data=i;
     }
   }
   p1->next=NULL; p=q->next;
   free(q);
}
void display(link q)
{ link p1;
   p1=q;
   while(p1)
   { printf("%5d",p1->data);
     p1=p1->next;
   }
}
void main( )
{ p=NULL;    createlink( );
   display(p);
}
```

作用域是一个说明起作用的程序部分,是标识符与某种类型等属性信息相关联的有效范围,关于标识符作用域的正确确定,在关于词法分析程序实现的讨论中给出有算法。例如上述程序中,函数定义 createlink 中标识符 p1 的作用域是该函数定义,而标识符 p 的作用域是包含该函数定义的整个程序。p1 是函数定义 createlink 的局部变量,p 则是非局部变量,或者说是全局变量。

对于全局变量,在编译时刻已经知道它的存在,且知道其大小,在编译时刻可以让其结合到某个存储字,即为它分配存储区域。然而对于局部变量,它们仅在函数被调用期间,即函数活动的生存期才存在。如第 6 章所讨论的,为管理函数的一次执行(活动)中所需的信息引进了活动记录。活动记录是一个连续的存储区域,其中包括了局部数据域,如图 7-1 所示。由于函数调用的嵌套性,即一个被调用函数在它返回调用程序之前可能调用另一个函数,尤其是,像 C 语言这样的语言允许递归调用,活动记录存放在运行栈中,在函数被调用时,把它的活动记录下推入运行栈,而当控制返回到调用程序时,把该活动记录从运行栈中上退去。由此可知,例 7.1 中函数 createlink 的局部变量 p1 与 q,当该函数被调用时,它们被结合到运行栈中相应活动记录局部数据域的存储字,随着返回到调用程序,这一结合也随之消失。

| 返回值 |
| 实在参数 |
| 控制链 |
| 访问链 |
| 机器状态 |
| 局部数据 |
| 临时数据 |

图 7-1 活动记录结构

现在考察由调用函数 malloc 创建的对象,也即由指针变量 q 与 p 所指向的对象。不难了解,函数 createlink 的功能是创建一个输入数据链。首先建立由指针变量 q 所指向的类型为 object 的对象链,但链中第一个对象,即 q 所指向的对象并不包含输入数据,在执行赋值语句

        p=q->next;

后,指针变量 p 指向的对象链中每个对象都有输入数据,因此,通过执行语句

        free(q)

收回为 q 所指向对象分配的存储区域。这样,随着进入 createlink 函数体而存在 q 所指向的对象,随着退出该函数体,q 所指向的对象消失。明显的是,由 p 所指向的对象链,并不因为从 createlink 返回调用程序而消失,却是可以在继调用 createlink 的语句之后通过调用 display(p)来显示这个对象链中的数据。只要不通过调用函数 free 收回为这些对象所分配的存储区域使它们消失,这些对象将一直存在下去。显然通过 malloc 可以随机地产生对象,而通过 free 可以随机地使对象消失。这些对象的生存期可以短于相应函数活动的生存期,也可以超过相应函数活动的生存期,因此,它们应该在运行时刻结合到称为堆的单独存储区域

中的存储字。

概括起来,当一个目标程序运行时,应该有存储区域来存放目标代码、数据对象和运行栈,这时相关的存储区域的划分如图 7-2 所示,其中静态数据是指其大小在编译时刻已知并可在编译时刻为其安排存储的数据。

代码
静态数据
栈
↓
↑
堆

图 7-2　存储区域划分示意图

由于运行时栈的长度与堆的长度都会改变,所以,如图 7-2 所示,它们分放在内存的两端。按惯例,栈向下长,堆向上长。目标代码在低地址一端,数据在高地址一端,当栈向下长时,其地址将增大。如同函数调用语句的翻译一节中所讨论的,设置有指针 top_sp 来指向运行栈顶活动记录中机器状态域的末端。栈中局部数据域存储字的位置可以用该存储字相对于 top_sp 所指明存储位置的偏移量来表示。

假定运行时存储是连续字节组成的区域,字节是可编址内存的最小单位。数据对象所需存储区域的大小由其类型确定。一个基本类型的数据对象,如字符、整数或实数存放在几个连续字节中。对于数组或记录这样的构造类型的数据对象,为它们所分配的存储区域必须大到足以存放它的所有成分。为便于对其存取,为这种构造类型的数据对象也分配一块连续的存储区域。在生成可实际运行的目标代码时,为数据对象分配存储必须考虑边界对齐的问题。如同以前所讨论的,由于不同的数据类型有不同的大小,各种类型的数据对象的存储分配受目标机器寻址限制的影响,必须符合存储编址要求,即边界对齐的要求。

例如,某源程序中有如下的说明性语句:

  enum boolean{ false, true }b;

  float i; char c; int x;

如果让每个 int 型数据占 2 个字节,float 型数据占 4 个字节,char 型数据仅占 1 个字节,假定 enum 型数据也占 1 个字节,为 b、i、c 与 x 所分配的存储如图 7-3 所示。当一个机器字包含 4 个字节时,为正确存放 float 型量,它们的存储编址应为 0、4、8、…,int 型量情况类似。显然将有字节 1、2、3 与字节 9 这 4 个字节是空闲无用的。这种为使得符合编址要求而产生的空闲无用存储区称为衬垫空白区。

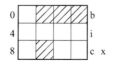

图 7-3　所分配存储示意图

如果数组变量 A,相应的说明性语句为:

```
struct{ enum boolean{ false, true } b; float i; char c; int x;
     } A[100];
```

易见将有多达 400 个字节的衬垫空白区。

考虑到应尽可能减少衬垫空白区的大小,在书写程序时可以对变量说明中的次序作适当调整,即,仅占单字节的变量尽可能集中在一起。例如把上述说明性语句改写为:

```
struct{ float i; int x; enum boolean{ false, true } b; char c;
     } A[100];
```

这样,很明显不再需要 400 个字节的衬垫空白区。

为了减少衬垫空白区的总长,编译实现时可以采用紧缩存储的方法,以时间换取空间。在 C 语言中采取如下策略,即,按字节边界对齐,这时 float 类型的量与 int 类型的量一样只需是偶地址边界即行,而字符型量集中存放在另一存储区域中,至于枚举类型的量让其占 2 个字节,与整型一样。

为了简单起见,依然在讨论中不考虑存储编址边界对齐的要求。

7.2　存储分配策略

从图 7-2 中看到,在运行时刻,存储中有三种不同的数据区域,其中静态数据区域是在编译时刻由编译程序所确定的,而另两种数据区域栈和堆则是在目标程序运行时动态地确定的,因此,总的来说存储分配策略有静态分配策略与动态分配策略,而动态分配策略又有栈式分配策略与堆式分配策略。

7.2.1　静态存储分配

对于例 7.1 中 p 这样的全局变量,在编译时刻,编译程序已确定它们的存在,并且知道它们的大小,因此在编译时刻就可以由编译程序为它们分配存储。这种在编译时刻进行的存储分配称为静态存储分配。在静态存储分配时,把名字结合到存储字,这完全由源程序中的说明性语句所决定,运行不可能改变这种结合,因此不需要有运行时刻支持程序包。

因为静态存储分配的简单性,让一切数据对象都按静态存储分配,甚至函数的活动记录,在编译时刻也为它们安排静态存储区域。这样的好处是,每次函数活动,同一函数中的同一局部变量名字结合到相同的存储字,因此,即使函数活动的生存期结束了,但函数中局部变量的值仍能保持,当控制再次进入函数时,局部变量的值和控制上一次离开时的值一样。

C 语言中的外部变量都是静态存储分配的;用存储类别关键字 static 指明的静态外部变量与静态局部变量仅涉及作用域,本质上还是静态存储分配,无须特别讨论。

对于 C 等语言是不能仅仅使用静态存储分配的,因为对于这样的语言:

1)有些数据对象的大小在编译时刻不能确定,也可能对它们在内存中位置的限制不能确定;

2)需要支持递归函数的实现,一个函数的不同活动不能有相同的局部名字结合;

3)需要动态建立数据结构。

因此,对于 C 这样一些语言,往往还应用动态存储分配策略。

7.2.2 栈式存储分配

如图 7-2 所示,在内存中开辟有一个栈区,按栈的特性来进行存储分配,即当函数的一次活动开始时,把其活动记录下推进栈,当这次活动结束时,把其活动记录从栈中上退去。函数每次调用的局部量的存储包含在各次调用的活动记录中,由于每次调用都引起新的活动记录进栈,每次活动时的局部量都结合到新的存储字,且当函数活动结束时,因活动记录从栈中上退去而撤消这种结合,其值丢失。

可见,栈式存储分配实质上是活动记录的分配与释放。这有两种情况,即活动记录长度在编译时刻可以确定和还不能确定两种情况。这里考虑活动记录大小在编译时刻可以确定的栈式分配情况。

如同以前所讨论的,对函数的活动记录引进了两个指针:top 与 top_sp,top 指向运行栈的栈顶,也即下一个活动记录的存储区域开始位置,而 top_sp 指向活动记录中机器状态域的末端。因此,当编译时刻知道某函数 p 的活动记录大小为 l 时,只须在函数 p 的代码执行之前把 top 的值增加 l,当控制从函数 p 返回时,把 top 的值减少 l。由于活动记录中各域的大小编译时刻是知道的,top_sp 的值可相应地确定。

函数中的局部数据由它们在活动记录中的相对地址来定位,例如,函数中的局部名字 x 的存储地址可以写成-dx(R_{top}),这里寄存器 R_{top} 中存放运行栈栈顶指针 top 的值,而 dx 是结合到 x 的存储字对栈顶的偏移量,这表示结合到名字 x 的存储字地址是 top-dx。由于 top_sp 正好指向局部数据域之前,局部变量 x 的存储地址也可以写作 dx(R_{top_sp}),这里,寄存器 R_{top_sp} 存放 top_sp 的值,而 dx 则是结合到 x 的存储字对 top_sp 所指向存储字的偏移量,结合到名字 x 的存储字地址现在是 top_sp+dx。

正如第 6 章所述,函数调用由称为函数调用序列的目标代码实现,由调用序列实现活动记录的存储分配,并把信息填入各个域中,当函数返回时由返回序列回送返回值、恢复机器状态与撤消被调用函数的活动记录的存储分配,并返回调用程序使调用函数继续运行下去。

编译程序所生成的相应目标代码可以有如下形式。为让偏移量均为正,假定寄存器 SP 的值指向栈顶活动记录的起始存储字。这样,函数调用时,调用函数增加 SP 的值,并把控制转移到被调用函数。控制返回调用程序后,减少 SP 的值,撤消被调用函数的活动记录。

第一个函数的目标代码中有一条指令对寄存器 SP 置初值,使它指向内存中栈区的开始:

    MOV　　# stackstart,　　SP

调用一个函数的调用序列将增加寄存器 SP 的值、保存返回地址,并把控制转移到被调用函数:

    ADD　　# caller.recordsize,　　SP

    MOV　　#here+8,　　　　　　　*SP

    GOTO　　callee.code_area

其中,为易读起见,采用了符号表示,# caller.recordsize 表示一个立即数,其值是调用程序活动记录的大小,注意,这里 SP 的值是活动记录的起始存储字地址。# here+8 也是一个立即数, here 表示本指令存储地址,假定了每条指令占 4 个字节,因此,该立即数的值正是 GOTO 指令之后的存储字地址,也即返回地址,MOV 指令把返回地址存入了与 SP 的值相应的存储字中。这里把返回地址存入了活动记录的起始存储字中,这并不失一般性,事实上,返回地址可以存放在活动记录的机器状态域中,也可以很方便地存入活动记录中任何一个相对固定的存储位置中,为此所作的修改是十分简单的。callee.code_area 表示被调用函数的代码区的首地址,即应把控制转移到的被调用函数的入口地址。

返回序列由两部分组成。第一部分包含有被调用函数把控制返回到调用程序的指令:

GOTO *0(SP)

0(SP)是活动记录中第一个存储字的地址,保存在该存储字中的正是返回地址。

返回序列的第二部分在调用程序中,它减小 SP 的值以恢复到 SP 原先的值,即,使之指向调用程序的活动记录:

SUB #caller.recordsize, SP

如前所述,即使同一个程序设计语言,函数调用序列和活动记录也会因实现而异。函数调用序列分成两部分,它们分处调用程序和被调用函数之中,然而调用序列在这两者之间并无精确的划分。

设计函数调用序列和活动记录的一个原则是能较早地确定长度的域放在活动记录的中间。例如,控制链、访问链和机器状态域都安排在活动记录的中间,因为它们的使用取决于编译程序的设计,可以在构造编译程序时确定下来。即使对于不同函数的各次活动,要保护的寄存器数等会不尽相同,可以对于每次函数活动,让要保存的机器状态信息都相同,那么,不仅编译时刻已可较早地确定机器状态域的大小,而且可以用相同的代码来完成各个活动的保护与恢复,当出现错误时,也容易辨认栈的内容。

把较早就能确定长度的域放在活动记录中间,这样可以使得较迟才确定长度的那些域,在它们确定长度时,不会因为它们长度的变化而影响在相对中间的那些域数据对象的存储位置。

对于函数中存取的非局部数据,它们或者是全局数据或者是某函数的局部数据,这意指,或者按静态分配策略分配了存储,或者在相应函数的活动记录中分配了存储,无须在对它们存取的当前活动函数的活动记录中为它们分配存储,而且可以通过访问链访问它们。

7.2.3 堆式存储分配

从例 7.1 可以看到,由 malloc 产生的对象是不能安排在栈区中的,也就是说,不能应用栈式存储分配策略。一般地,如果下列情况中任何一种情况出现,栈式存储分配策略都是不能应用的,必须应用堆式存储分配策略。

1)数据对象随机地创建、随机地消亡;

2)当函数的活动结束时,局部变量的值还必须保存下来;

3)被调用函数活动的生存期比调用函数活动的生存期更长。

如图 7-2 所示,堆区是一个连续存储区域,它在为目标程序运行而分配的存储区域的下方。按堆式存储分配策略,把堆区分成一些连续的存储块,当目标程序运行中需要动态生成某些数据对象时,就把堆区中的存储分配给这些数据对象,例如,例 7.1 中的程序,调用函数

malloc 并把返回的指针值强制成类型 link 时,产生一个对象,即指针变量所指向的 object 类型对象,为它在堆区中分配一个存储块。如果让活动记录也按堆式存储分配策略,那么,一旦为活动记录分配了堆式存储区域,它的存在与消亡就不受函数的活动生存期所影响。例如,让例 7.1 中程序的函数 createlink 与 display 应用堆式分配策略的话,在调用 createlink 并返回之后, createlink 的这次活动的活动记录将依然保存在堆区中,并不因为此活动生存期已结束而消失。

堆式分配的存储仅当目标程序运行中要求撤消动态生成的数据对象时才被释放。例如,例 7.1 中由于调用 free(q),才使 q 所指向的对象消失而释放为它所分配的存储。

由于按堆式存储分配策略所分配的存储块可按任意的次序释放,经过一段时间后,堆区中可能包含交错出现的正在使用的和已经释放的存储块。为了对堆区存储进行管理,通常设计堆管理程序。不言而喻,堆管理程序的执行在空间和时间上需要额外开销。对堆管理程序这里不作讨论。

请注意,不要引用某个已经释放的存储。对已释放的存储的引用称为悬空引用。悬空引用是一种逻辑错误,因为对于大多数程序设计语言,包括 C 语言,被释放的存储的值是没有定义的。当所释放的存储可能随后又分配给其他数据对象时,这种悬空引用就可能引起难以理解的错误。下面是悬空引用的例子。

例 7.2　设有 C 程序如下:

```
/* PROGRAM    dangleexp */          free(tmp);
typedef int *intp;                   return(i);
intp p;                             }
intp dangle(int n)                  main( )
{ intp i,tmp;                       { p=dangle( 5 );
    i=(intp)malloc(sizeof(int));        printf("*p=%d\n",*p);
    *i=n;                           }
    tmp=i;
```

在函数 dangle 中,调用 malloc 函数并把返回的指针值强制成 intp 类型,使 i 的值为指向一个整型数据对象的存储字的指针。对 tmp 的赋值,使 tmp 保留 i 中的指针值,函数返回时回送这个值。主函数中语句 p=dangle(5)的执行,使全局变量 p 获得上述指针的值,然而函数 dangle 中返回之前对 free(tmp)的调用,使 tmp,也即 i 所指向对象的存储被释放而不复存在,因而,p 是悬空指针,*p 引用这个存储,事实上是悬空引用。

在避免悬空引用的同时,也应注意不要产生无用单元而造成信息的丢失。

所谓无用单元,指的是动态存储分配时引起的不可达到的存储字。下面通过例子说明无用单元的产生。

例 7.3　为建立信息链表,可写出 C 程序如下。

```
/* PROGRAM   linktable */        void insert(int i)
#include <malloc.h>              { link p;
struct cell                        p=(link)malloc(sizeof(struct cell));
{ int info;                        p->info=i;   p->next=head;   head=p;
    struct cell   *next;         }
};                               void main( )
typedef struct cell *link;       { head=NULL;
link head;                         insert( 1 );   insert( 2 );   insert( 3 );
                                 }
```

　　该程序的运行结果是建立如图 7-4 所示的链表。如果在调用三次 insert 之后执行赋值语句

　　　　head->next=NULL;

图 7-4 中最左边的表元的 next 域将包含 NULL 而不再指向中间的表元,这时,中间和最右的两个表元的存储字便成为无用单元,再也无法引用它们,这种状况将一直保持到程序运行结束。

图 7-4　例 7.3 中程序的运行结果示意图

　　悬空引用与无用单元往往是相关的。例如,假如在调用三次 insert 之后,执行语句

　　　　free(head->next);

图 7-4 中的链表将如图 7-5 所示。如果此后有语句

　　　　printf("%d",head->next->info);

显然出现悬空引用,这时图 7-5 中最右的表元的存储字成为无用单元。无用单元的产生也往往带来程序的逻辑错误,应避免。

图 7-5　悬空引用示例

　　最后,作为概括,对照上述程序 linktable 可以看到,一个 C 语言程序中,对于 head 这一类全局变量采用静态存储分配策略,对于函数的局部数据对象,进行函数调用时采用栈式的动态存储分配策略,而调用存储分配函数 malloc 与 free 时将采用堆式的动态存储分配策略。

7.3　符号表

7.3.1　符号表的引进

在词法分析一章中引进了标识符表,它用来登录源程序中出现的一切标识符。在标识符表中可给出与标识符相关的作用域信息等。通过标识符在标识符表中登录的序号可唯一地确定标识符。然而随着编译工作的进展,与标识符相关联的信息也将增多,因此标识符表扩充为符号表。

符号表用来登录名字(标识符)及相关的信息。在源程序正文中每当遇到名字便要查符号表时,如果出现新的名字或者已登录名字的新信息,便要进行登录。可以说符号表存在于编译的全过程,只是在不同的阶段,有不同的登录与查询的内容。粗略地说,符号表中登录名字、相应对象的种类(常量、变量、数组、标号和函数等)、属性(整型、实型、字符型与枚举型等)和作用域等信息,以及名字到存储字的结合等。

对编译程序来说,希望符号表能随需要而动态地增长,如果固定大小,那么符号表的长度就必须足够大。由于几乎在编译全过程中都要对符号表进行频繁的访问:查表与填表,耗时占整个编译时间很大比例,合理地组织符号表并选择好的查填表方式,对提高编译程序工作效率有很大影响。

7.3.2　符号表的组织

1. 符号表条目

源程序中所说明的每个名字在符号表中都有一个条目,也就是说,当一个名字在源程序中定义性出现时就被登录到符号表中。不同的程序设计语言与不同的编译程序实现,符号表的结构与表中每一条目的内容可以大不相同,即使同一个实现中,条目的内容也可能因名字所对应对象的不同而不同。例如,对于数组数据对象,从其符号表条目应能获得关于数组维数与相应元素个数(称为界,一般有上下界)的信息,而对于指针数据对象,应能获得它所指向对象的类型的信息,等等。概括来说,符号表的条目一般由两部分组成,即名字栏与信息栏。通常,条目用连续的存储字构成的记录实现,为保持符号表条目记录的统一,往往把与名字相关联的构造类型等的信息保存在符号表外的某处(例如数组信息向量表等),而把相应的指针或序号放在条目内。

条目的名字栏中登录构成名字标识符的完整的单词。如果一个语言对标识符最大长度有限制,可以让名字栏有最大长度以容纳整个标识符单词。但如果对标识符最大长度不加限制,或者为了避免最大长度过大而浪费存储空间,可以另外设立一个存放标识符单词的字符数组,在名字栏中仅给出标识符单词在该字符数组中的序号。

假定有标识符 linktable、link、cell、head 与 p,它们依次存放在上述字符数组中,其间无间隔标志,符号表中各条目的名字栏将呈 (序号,长度)形式,分别是(1,9)、(10,4)、(14,4)、(18,4)与(22, 1)。如果只希望符号表条目名字栏中仅给出序号,可对字符数组的安排略作修改,例如在标识符组成字符之前给出标识符长度,或者在标识符之间加间隔以标记标识符的结束,如图 7-6 所示。

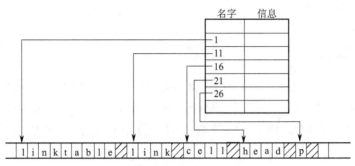

图 7-6　一种符号表结构示意图

这样,符号表条目的名字栏可以有一致的大小,特别是对于大多数标识符不是太长的情况可以节省存储。

符号表条目的信息栏中登录与名字相关联的各种信息,包括种类、类型属性与作用域信息以及名字到存储字的结合等。这些随着编译工作的进展而逐步填入。例如以往对语义分析的讨论中看到如下的语义动作

　　　　enter(id.name,T.type,offset)

便是把相关的类型以及到存储字的结合登录入符号表条目中,只是 offset 是相对地址(偏移量)而已。

2. 属性信息的处理

如前所述,符号表条目的内容可以很不相同,因为每个条目涉及的信息取决于名字的使用,也即取决于它们所代表的数据对象。例如,一个名字可以关联于类型表达式 array(num, type),也可以关联于类型表达式 record$((inf_1 \times T_1) \times (inf_2 \times T_2))$。对于数组,涉及维数、(上下)界及元素类型,它可以是一维的,还可以是二维或更高维的;对于结构体,则将涉及结构体的成员名与成员类型,而且成员的个数也可以是任意的。

一个符号表的条目一般有固定的大小与格式,难以容纳截然不同的内容,更难以容纳全部内容。如前所说,为保持符号表条目记录的统一,往往把与名字相关联的构造类型等的信息保存在符号表外,而把相应的指针或序号放在条目内。下面考虑名字关联到某些结构类型的情况。

(1)数组类型

对于数组类型引进数组信息向量表,有时也称内情向量表。数组信息向量表由一些所谓的信息向量组成,其中给出维数与(上下)界以及数组元素类型的信息。为了方便数组元素地址的计算,往往还把计算数组元素地址时涉及的常量存入信息向量中。

如同第 6 章赋值语句的翻译中讨论的,对于由说明性语句 T　A$[u_1][u_2]$定义的二维数组 A 的数组元素 A$[i_1][i_2]$,其地址计算公式是 D=base+d。对于说明性语句 T　A$[u_1][u_2]\cdots[u_m]$定义的 m 维数组 A,其元素 A$[i_1][i_2]\cdots[i_m]$的地址 D 的计算公式也是 D=base+d。其中, base 是数组第一个元素 A[0][0]…[0]的存储地址(零地址),可在一次运行前预先确定,需要的是每次计算关于零地址的偏移量 d,它与数组元素各维的下标值相关。

注意,对于 C 语言,数组每维元素的下界恒为 0,上界是 u-1,个数是 u,序号从 0 开始直到 u-1。当允许下界可以为 l(非 0)时,通常数组的上下界 u_i 与 l_i 均为常量,因此 $d_i=u_i-l_i(i=1,2,\cdots,m)$ 为常量。数组的信息向量可以有如图 7-7 所示的结构,其中 base 是数组第一个元素的地址,base-C 是零地址,C 是可预先确定的常量。

维数 m		
l_1	u_1	d_1
l_2	u_2	d_2
...	...	...
l_m	u_m	d_m
首址 base		
常量 C		
类型 T		

图 7-7　数组信息向量表结构示意图

（2）结构体类型

对于结构体类型的变量,不言而喻需要取得关于成员的信息。这些成员的个数是不确定的,且成员的类型又可以是结构体等。因此符号表的一个条目是不可能容纳下所有这些的。

然而,通常并不对结构体类型引进结构体信息向量表。一个明显的事实是:任何成员变量名字在符号表中都有一个相应的条目,且总是第一个成员的条目在相应结构体类型名字的条目的紧后,或最后一个成员的条目在相应结构体变量名字的条目的紧前,标记为成员的相继若干条目都属于同一个结构体类型。

例如,假如有说明性语句:

　　struct {　int class; int number; float work:
　　　　} c1,c2;

相应的符号表示意图如图 7-8 所示,其中,结构体变量 c1 与 c2 的条目中信息栏的类型属性指向了它们第一个成员变量的条目。

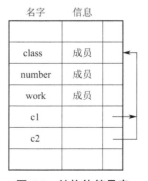

图 7-8　结构体符号表

　　这样,符号表条目的信息栏中引进了成员这样的属性信息。另外,也没有像前面关于结构体类型翻译的讨论中那样,为结构体类型引进新的符号表。为了适应现在的处理要求,请读者自行对结构体类型的翻译方案作相应的修改。

　　(3)指针类型

　　与指针类型变量相关联的是所指向的对象的类型。在 C 语言中,指针类型可以是指针类型标识符,也可以是由"所指向对象类型 *"形式定义的新指针类型,其中的所指向对象类型是一个类型标识符。不论哪种情形,总可确定指针所指向对象的类型。对于说明性语句

　　　　struct cell *head;

让符号表中 head 的条目与相应指针类型信息相关联的简单办法是:让 head 的条目中信息栏的类型属性指针指向对象类型,也即 cell 的条目。

　　注意,只有识别出的是指针类型或指针类型变量的条目,其类型属性才是指向对象类型的指针,即其条目中类型属性是指针,不然的话,其类型属性将是所指向对象的类型属性。

　　3. 作用域信息的表示

　　当源程序中一个名字(标识符)定义性出现时,为它在符号表中建立一个新条目,当名字是使用性出现时,查符号表而返回一个条目。然而,只有遵循作用域法则,才能确定相应的合适的条目。

　　从概念上说,编译时刻函数或作用域的符号表对应于运行时刻的符号表,可以为每个作用域各维持一个符号表。这如同以前对函数定义的翻译中所讨论的,通过调用 mktable 为每个函数创建一个符号表,这时在程序语法分析树的函数结点上加一个指向其符号表的指针。

　　这样,符号表个数可能很大,造成管理上的不便,尤其是使用性出现时查符号表的不便。对于 C 语言这样的函数结构的语言,可以采用词法分析一章中所讨论的确定标识符作用域算法,这时对整个源程序仅引进一个符号表,其中引进安置作用域嵌套层次的间隔。当进入一个新的作用域时,符号表中登录一个记有嵌套层次的间隔,然后登录此作用域中的局部量条目,当离开这一作用域时,上退去所登录条目直到间隔,该间隔也一并上退去。

　　由于符号表存在于编译全过程,甚至在运行时刻会需要符号表,尤其是为了运行时刻诊断程序的需要,符号表信息必须加到所生成的目标代码中。这意指符号表中作用域嵌套的信息不能丢失,也就是说,离开一个作用域时,该作用域相关的条目不能真正退去。这时的符号栈可看看第 3 章图 3-16。

　　这里对符号表的结构稍作改动,即略去间隔,让作用域信息加于符号表每个条目中,让符号表中每个局部名用名字和函数号组成的二元组来表示。这时给每个函数一个唯一的序号(即函数号),而全程变量相应作用域也给予一个序号,譬如 0。符号表中每个条目依据名字所属函数而给以相应的序号,从而可以确定所属作用域。至于函数序号的计算可以在语法制导定义或翻译方案中由识别函数定义的开始与识别函数定义的结尾的语义规则来完成。

　　要说明的是,对于 C 语言,采纳的是静态作用域法则,按最接近的嵌套作用域原则确定作用域,也即,如果一个标识符在一个作用域内未被说明,则相继在紧外层作用域中找其说明,找到有其说明的作用域便是该标识符的作用域。

这种静态的最接近的嵌套作用域原则可以由下列对名字的操作来实现,即:

1)lookup 查找最近建立的条目;

2)insert 建立一个新条目;

3)delete 删除最近建立的条目。

如前所述,符号表中的条目必须全部一直保留着,"删除"的条目仍须保留,可以理解为它们被移走而暂存到某处,以备其后各遍使用。

4. 存储分配信息

在符号表每个条目的信息栏中要包含名字到存储字的结合的信息,也即与名字相对应的数据对象的值的存储处所的信息。

对于静态存储分配的名字,如果目标代码是汇编语言指令,分配存储的工作可以让汇编程序去完成,编译程序要做的是在生成了源程序的汇编语言代码后,扫描符号表,为每个名字生成汇编语言的数据定义,添加到所生成的代码上。

当编译程序生成的是机器代码时,一般采用相对地址,编译程序计算为每个数据对象所分配的存储字与某个基址的偏移量,例如以前面所述的静态存储区的开始存储地址作为基址。当然,运行时必须确定这静态存储区的存储位置。为了能实际运行,这个相对地址的计算必须考虑数据对象的大小以及存储编址的限制等。前面设计的虚拟机,情况类似于机器代码,可类似地考虑。

对于按栈式存储分配策略分配在栈区的名字,编译程序不为它们分配存储,然而需要安排每个函数的活动记录。明显的是,虽然不直接存储分配,但活动记录的局部数据域中各局部数据关于某个固定位置(如运行栈顶)的偏移量必须计算好且保存在活动记录中。如前所见,这可由语法制导定义或翻译方案完成。

对于分配在堆区的名字,情况类似,编译程序不为它们进行分配存储。为它们分配存储的工作将由运行时刻支持程序包中相应的运行子程序(如 C 语言的 malloc 与 free)完成。编译程序要做的是让那个运行子程序能够取到数据类型及大小等信息,以便分配合适的存储区域和对它们正确存取。

7.3.3 符号表的数据结构

1. 线性符号表

符号表的最简单和最易实现的数据结构是线性表,其中每个表元是对应于一个条目的记录。一个条目由名字栏与信息栏组成,该记录由相应的一些域存放这些内容。如图 7-9 所示,该线性表可以是一个数组,登录新名字的条目时,按它们扫描到的次序顺次添加入表中,这时只需引进一个变量,譬如称为 available,来指向数组中下一个可用位置,也即指向符号表中下一个条目的位置。

对符号表的操作有两种:为名字在符号表中建立条目和按名字查找条目。当扫描到一个说明性语句时对定义性出现的名字建立符号表新条目,这时在 available 所指向的数组元素处存入名字及其他相应的信息,然后让 available 增加符号表记录的长度,这样便完成了新条目的建立。如果要检查一个名字是否重定义,那么可以从 available 原先所指向的位置开始顺次向上查看具有相同作用域标记的那些条目,当有与当前名字相同的名字时,当前名字便是重定义的,应予以报错。

图7-9　线性符号表示意图

由于是静态的最接近嵌套作用域法则,而接近于 available 所指向的位置是最新的,当对符号表按名字查找条目时,将从 available 所指向的位置开始向上查找。如果所给名字在有相同作用域标记的条目中找到,这个名字就是在当前作用域中定义的,如果没有找到,则继续向上查找,这时是在当前作用域的紧外层(也就是最接近的)作用域中查找。如果还未查到,则再向上继续查找,只要能查到,总是在最接近的作用域中定义的。如果直到符号表的第一个表目,依然未查到所给名字的条目,则所给名字就是无定义的,应给出报错信息。

现在考虑采用这种顺序线性表的效率问题。假定符号表中共有 n 个条目。让 C 是查找所给定名字时,这个名字与符号表条目中名字比较的次数。假定符号表中所有条目的名字出现的概率都相等,则 C 有平均值

$$C_{ave}=(1+2+\cdots+n)/n=(n+1)/2$$

也即,这个比较次数与符号表的长度成正比。如果在建立条目时不检查是否为重定义,那么如上所述,无须向上查找,建立条目的工作是直截了当的。如果不允许重定义,建立新条目时也需要查找。当符号表中有 k 个符号时,查找所需的比较次数是(k+1)/2, k=0,1,…, n-1,因此,建立 n 个条目所需比较次数为

$$1/2+2/2+\cdots+n/2= n(n+1)/4$$

因此,为建立 n 个条目,在建立 n 个条目后查询 m 次所需的比较次数合计为

$$n(n+1)/4+(n+1)m/2= (n+1)(n+2m)/4$$

假定一次比较所需机器时间为 t,总计耗时 (n+1)(n+2m)t/4。在 m 与 n 不太大时,总共花费的时间并不起眼,但若 m 与 n 较大,则可观了。

上面的讨论是基于线性表用分配连续存储区域的数组来实现的。这样,由于数组的大小必须固定,灵活性欠缺,将可能导致对一些源程序编译的失败,可用链接分配的线性表结构来实现符号表。请读者自行思考如何实现对链接分配的线性表结构的符号表进行建立条目和按名字查找条目。

2. 散列表

为了提高查找符号表的效率,考虑采用散列技术来实现符号表。首先说明散列技术实现符号表的基本思想。

引进一个散列表,它是包含 n 个元素的数组,每个元素是条目指针,此后设计一个散列

函数 h,它把名字标识符 S 映射到散列表表元的序号 h(S),该序号的表元便指向相应名字 S 的条目。例如,例 7.3 相应的散列表示意图如图 7-10 所示。

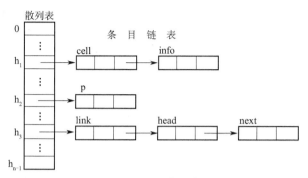

图 7-10　散列表示意图

图 7-10 中的散列表包含 n 个元素,可以指向 n 个条目链表,现在仅画出了三个条目链表,这里假定了对于所设计的散列函数 h,有 h(cell)=h_1,h(p)=h_2 与 h(link)=h_3。

应用散列技术,关于符号表建立条目和按名字查找条目的操作可以描述如下。

关于建立条目:对于定义性出现的名字 S,计算 h(S),得到一个序号 m=h(S),为名字 S 建立条目,让散列表中序号为 m 的表元是指向所建条目的指针。

如上所述,散列表的一个元素应指向一个条目,然而,如图 7-10 所示,可能指向不止一个条目,而是一个条目链表。这是因为这里假定了 h(info)也等于 h_1,而 h(head) =h(next)=h(link)=h_3。

当 $S_1 \neq S_2$ 时却有 h(S_1)=h(S_2),这种情况称为冲突。发生冲突时,让 S_1 与 S_2 的条目链接起来。在设计散列函数时,应强调快速计算,也应尽可能避免冲突,也就是说使 h(S)的值尽可能取遍 0 到 n-1 之间的每个整值。因此,当采用散列技术时,较多的注意力应放在散列函数的设计上。现在的情况可如下计算散列函数:

1)从名字标识符的组成字符 C_1、C_2、$\cdots$、C_k 确定正整数 h。这可以利用实现语言进行字符到整数的转换,例如 C 语言的强制类型转换运算符(int)。

2)把上面确定的整数 h 变换成 0 和 n-1 之间的整数,包括 0 和 n-1,可以直接除以 n 然后取余数,如果 n 是质数,取余数效果较好。

计算 h 的方法可以是把名字中各个字符的编码值(整数)相加,这样会产生太多的冲突,例如,有 h("ab")=h("ba")。 可改用下列迭代算法:

$$h_0 = 0, h_i = \alpha h_{i-1} + C_i, 1 \leqslant i \leqslant k, h = h_k$$

其中 α 为某一常量,若 α=1,便是简单的相加。这里 C_i 指字符 C_i 的编码值。

目前常用的散列函数有除法散列函数、乘法散列函数、多项式除法散列函数与平方取中散列函数等,有兴趣的读者可参看有关资料。

关于按名字查找条目:当一个名字 S 使用性出现时,要就该名字查找符号表的条目,以取得相应属性等信息。现在,首先计算 h(S),得到一个序号 m=h(S),由序号为 m 的散列表元素中的指针可以达到一个条目。如果该条目中的名字是 S,即为所求,否则通过链指针达到条目链表中下一个条目,查看其名字是否为 S。如此继续,直到找到或达到链尾而未找到。

　　显然,采用散列技术无须再进行比较或只需进行少量比较便可快速定位。

　　这里要说明的是,由于散列表元素中的指针指向的是条目链表,而不仅仅是单个条目,因此,事实上,条目总数 N 不是固定不变的,而是不加限制的,这种散列称为开散列。

　　对于开散列,假定散列表有表元 M 个,最多可指向 M 个条目链表,而总共条目为 N 个,那么,条目链表的平均长度为 N/M。一次查找的平均比较次数仅[N/M]次([N/M]表示对 N/M 取整),只要散列函数的计算是方便而快速的,效率的提高是很可观的。如果选择 M 使 N/M 是一个较小的常数,例如 2,那么,访问符号表所有条目的时间将几乎一样的短。

7.4　运行时刻支持系统

　　一般说,从源程序翻译得到的等价目标程序是不能立即独立运行的。一个原因是它往往是可重定位的,换言之,目标程序是一些目标模块,须通过连接程序把这些目标模块连接装配成完全确定了装入的存储地址的可执行机器代码程序。然而,即使如此,也不能独立运行。正如图 7-11 所示,目标程序的运行必须有运行时刻的一些运行子程序的配合。

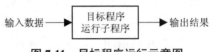

输入数据　　　目标程序运行子程序　　　输出结果

图 7-11　目标程序运行示意图

　　运行子程序是为支持目标程序的运行而开发的一系列子程序,它们全体组成所谓的运行时刻支持程序包,或称运行时刻支持系统。

　　运行子程序有哪些? 不同的语言、不同的编译实现不同的内容,它们完全取决于编译程序的设计与程序设计语言的表达能力。一般来说运行子程序有两大类,即面向用户的与对用户隐匿的。

　　面向用户的运行子程序是实现程序设计语言的库函数一类子程序。例如,计算正弦与余弦等三角函数的子程序,实现 scanf 与 printf 等输入输出的子程序,等等。由于在程序设计语言中提供了这些运行子程序,用户可以在需要时在源程序的合适位置上对这些函数进行调用。这些子程序以库子程序的形式给出,通常有较高的质量,例如三角函数的计算,有速度快与精确度高等特点。这些运行子程序的应用说明一般在用户手册中可以找到。

　　对用户隐匿的运行子程序是配合目标程序的运行而设计的一些子程序。例如,对函数的调用通过调用序列来实现,完成活动记录的存储分配、参数传递与机器状态的保护等,然而所生成的目标代码如前所见,简单的有 PARAM 指令与 CALL 指令。这是事实上存在函数入口子程序,运行时通过对函数入口子程序的调用完成上述各项工作。函数出口子程序情况类似。其他譬如数组元素地址计算的子程序与数组动态存储管理子程序等,对于诊断功能强的编译程序,还可能有运行时刻的错误处理子程序等。对这一类运行子程序,用户并不关心它们的存在,甚至根本不了解它们的存在。然而,一个明显的事实是,没有这一类运行子程序的配合,目标代码便不可能运行,而这一类运行子程序的设计及它们与目标代码的配合对目标代码的生成和运行功效有着重大的影响。

本章概要

本章讨论与目标程序的运行环境相关的若干问题,主要内容包括:概况、运行时刻存储分配策略、符号表的组织与管理以及运行时刻支持系统。

冯·诺伊曼型计算机以存储器为核心,对变量的存取,也就是对存储字的存取。在目标程序运行时刻必须对程序中的每一个量,当其处于生命期时为其分配相应的存储字。程序书写人员应十分重视避免悬空引用,不要对已收回为其所分配存储字的量进行存取。程序运行期间为量分配存储和撤消对量分配的存储,这就是运行时刻的存储管理。存储分配策略有静态与动态之分,而动态则有栈式与堆式两类。请注意分配策略的语言背景。

符号表是标识符表的扩充,其存在于编译期间,甚至运行期间,符号表的组织对编译程序的工作效率影响很大,应仔细地设计符号表条目并合理地组织符号表,尤其是属性信息的处理。

目标程序必须在运行子程序的配合下才能运行。运行子程序有两大类,即,面向用户的与对用户隐匿的。

相关概念:环境、状态、结合;栈式与堆式存储分配策略、悬空引用;数组信息向量表、散列表;运行子程序。

习题 15

1)假定正运行例 7.1 中的程序,在调用函数 createlink 时键入了数据 1、2 与 3。试写出从 createlink 返回后在调用函数 display(p)之前的环境和状态,并给出存储区域的划分示意图。

2)设有 C 程序

```
/* PROGRAM envi */              int f(int n)
int m;                          { return (m+n); }
void b(int (*h)(int n))         void c( )
{ int m;                        { m=0;   r( ); }
  m=3;   printf("%d",h( 2 ));   main( )
}                               { c( ); }
void r( )
{ int m;
  m=7;   b(f);
}
```

①试给出进入各个函数体时的环境和状态,并指明最终的输出结果是什么;

②试给出程序中调用函数 c 而临返回时的存储区域划分示意图;

③试给出当调用函数 f 时的运行栈结构,标出其中的控制链和访问链;

3)设有 C 程序:

```
int    a=1, b=2;              main( )
void p(int x, int y, int z)   { int a, b;
{ y=y+1;                        a=2;    b=3;
  z=z+x;                        p(a+b, a, a);
}                               printf("%d",a);
                              }
```

①它的打印结果是什么?

②假定把函数定义 p 的第一行改写成:

        void p(int x, int y, int *z)

且把 z=z+x; 改写成 *z=*z+x; 情况将怎样? 试讨论之。

4)试给出题 2 中程序的符号表结构示意图,其中对每个符号表条目给出标识符的作用域信息。

第 8 章　代码优化

8.1　概况

第 8 章

8.1.1　优化的概念

编译程序所生成的目标代码是依据程序设计语言结构的一般情况而设计的,不能依据特定源程序的具体上下文情况来生成目标代码。这种只依据共性不能适应个性的设计,势必导致目标代码质量的低下,无法与手工产生的目标代码相比较。尽管当前硬件飞速发展,不论存储容量还是运算速度,已今非昔比,保证程序的正确性是人们更为关注的焦点,但是,我们不能无视下述情况:当前计算机应用领域日益广泛,所解决的问题更趋多样化,以往因容量与速度的限制不能解决的问题已经可以在计算机上解决。然而,涉及人工智能和图像处理等方面的软件有时依然受到计算机容量和速度限制的困扰。另一方面,相当数量的程序存在这样的关键部分,它们在长度上可能仅占程序总长的一小部分,例如 10%左右,然而其运行时间可能占整个程序运行时间的 90%以上。对这样的关键部分改进质量提高效率将对整个程序的运行效率有重大影响。

要改进程序的运行效率,通常可以有四种途径,即改进算法、利用系统提供的程序库、进行编译时刻优化与进行源程序级程序等价变换。本章专门讨论编译时刻优化的有关问题。

这里,代码优化指的是编译时刻为改进目标程序的质量而进行的各项工作。改进质量以提高两方面的效率,即时间效率与空间效率。通常,程序所占存储空间少与程序运行时间短是一对相互冲突和相互制约的指标,人们往往折中或者依据实际情况而偏重其中之一。显然,很难保证得到的目标代码是最优的,这种改进工作被称作最优化是不合适的,习惯上被称为代码优化。

在设计和实现编译程序代码优化部分时必须注意以下几点。

首先,代码优化进行的是等价变换。为了使编译程序产生高质量的目标代码而进行的代码优化通常是在内部中间表示上进行的,仅有所谓的窥孔优化才在目标代码一级上进行局部的优化。这种对内部中间表示的变换不言而喻应是等价的,也就是说,这种优化不能改变程序对给定输入的输出,也不能引起源程序原先不会出现的新错误,如除数为零等。如果进行某种优化会引起不等价,情愿失去这种优化的机会,也不进行这种所谓的优化。

其次,为优化而进行的努力应是值得的。目标程序优化的代价是编译程序的研制者们化费更多的时间和精力,以及编译程序编译源程序的额外开销。如果这些并不能从目标程序的运行中得到补偿,这种优化是没有多大意义的。显然,对于作为学生作业的源程序,它们至多也就运行几次,如果花费太多的计算机时间去进行费时的优化分析,也是不值得的。只有程序的运行需要耗费十分可观的计算机时间,让编译程序进行代码优化才是必要的。

代码优化后生成的目标代码,对于极个别源程序来说,可能质量非但没有提升,反而有所下降,因为源程序是形形色色、内涵丰富的,某种语言结构组合可能构成进行优化反而降低质量的反例。这无伤大雅,只要对于大多数源程序有较为明显的改进就可以认可所作的优化努力。

8.1.2　代码优化的分类

编译时刻由编译程序为改进目标程序的质量而进行的优化工作,可从下列三个角度来分类,即与机器相关性、优化范围及优化语言级。

1. 与机器相关性

按照与机器相关的程度,可分与机器相关的优化和与机器无关的优化。

与机器相关的优化一般有寄存器的优化、多处理器的优化、特殊指令的优化及无用指令的消除等四类。显然,这几类优化,与具体机器的特性紧密相关,例如寄存器的总数,使用寄存器的具体规定;处理器是否不止一个,当有多个时总数多少;对于特殊指令它们又有哪些,具体特性又怎样,等等。

本章重点讨论的是与机器无关的优化。这样,在改进目标代码质量时无须考虑目标机器的细节。与机器有关的优化仅讨论窥孔优化概念。

今后将详细讨论与机器无关的优化,包括基本块的优化和循环的优化。

2. 优化范围

从优化范围的角度,可以把优化分成局部优化和全局优化两类。

考察一个基本块中的四元式序列就可完成的优化,称为局部优化;否则,称为全局优化。换言之,局部优化是在一个基本块内完成的优化,而全局优化必须在考察基本块之间的相互联系与影响的基础上才能完成。当然,有些优化既可在局部范围内完成,也可在全局范围内完成。不论是局部优化,还是全局优化,讨论的重点是与机器无关的优化。

对基本块的优化可以是:合并常量计算、消除公共子表达式、削减计算强度与删除无用代码等。它们是可在一个基本块内完成的局部优化,但有些也可以是依赖于程序整体信息的全局优化。

对循环的优化有三种,即循环不变表达式外提、归纳变量删除与计算强度削减。对循环的优化显然是全局的优化。当然,作为由基本块组成的循环,也是在对基本块优化的基础上进行的。

3. 优化语言级

借助源程序级程序等价变换来改进目标代码质量,如同通过改进算法来改进目标代码质量一样,显然已超出了编译原理课程讨论的范围。代码优化总在内部中间表示级或目标代码级进行。在通常的编译程序实现中,代码优化主要是在中间表示代码一级上进行的,例如对源程序的四元式序列进行代码优化。这样做,比对目标语言代码进行优化有如下好处。

1)容易从中间表示识别出可以进行优化的情况,对目标语言代码的识别要困难得多,代价相应也要高得多。

2)中间表示代码与目标机器无关,因此,一个代码优化程序可以适用于多种型号机器的代码生成程序,无须作大幅改动。

然而,有时也在目标语言级上进行代码优化,例如寄存器优化,等等。在目标语言级上进行全局优化显然代价是高昂的,后面将仅仅讨论在很小的局部范围内,无须付出太大代价就可进行的目标代码级优化,即所谓的窥孔优化。

概括起来,从优化语言级看,可把代码优化分成对内部中间表示代码进行的优化与对目标语言代码进行的优化。

下面将重点讨论对中间表示代码(四元式序列)进行优化。

8.1.3 代码优化程序的结构

代码优化阶段由三个部分,即控制流分析、数据流分析与变换组成,如图 8-1 所示。

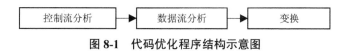

图 8-1 代码优化程序结构示意图

通常的程序设计语言,包括 C 语言,都有相应的循环控制语句,如 while 语句、do-while 语句与 for 语句。循环结构是程序的重要组成部分,对循环目标代码的改进是优化的重点。要说明的是,代码优化是关于中间表示而进行的,因此,上述循环结构已展开成由判别和条件转移组成的结构,识别循环不是简单识别关键字 while、do 与 for 等。进一步来说,控制流分析是基于程序的流图进行的,控制流分析便是识别出循环。

数据流分析进行数据流信息的收集,这些信息包括到达一定值、活跃变量与可用表达式等反映程序中变量值的获得和使用情况的数据流信息。它们通过建立相应的方程组并解这些方程组来收集,这些方程组联系着程序中不同点处的信息。由于数据流分析可以获得流图中基本块之间的数据流信息,可以进行循环优化和各种全局优化。

变换部分对内部中间表示逐个进行分析,在基本块内进行局部等价变换,并基于控制流分析和数据流分析所获得的信息进行等价变换,从而实现循环的优化和其他的全局优化。代码生成程序以变换后的,即优化过的内部中间表示作为输入来生成目标代码。

8.2 基本块与流图

在讨论目标代码生成算法时,引进了基本块的概念,它是这样一个连续的四元式序列,即控制流从其第一个四元式进入,而从其最后一个四元式离开,其间没有停止也不可能有分支。为了进行控制流分析,把控制流信息加到基本块集合,形成程序的有向图。程序的这种图形表示称为流图。

流图的结点是基本块,在一般情形下代表计算部分。每个流图有一个特殊结点,它所对应的基本块的第一个四元式是程序的第一个四元式,因此称此特殊结点为首结点。结点之间的有向边代表控制流,确切地说,如果在某个执行序列中结点 B_2 紧随结点 B_1,则从结点 B_1 到结点 B_2 有一条有向边。如果从 B_1 相应的基本块中最后一个四元式有条件或无条件地控制转移到 B_2 所相应基本块的第一个四元式,或者按程序正文的次序,B_2 相应的基本块紧随 B_1 相应的基本块,并且 B_1 不是结束于无条件转移四元式,称 B_1 是 B_2 的前驱,B_2 是 B_1

的后继。

下面是流图的例子。

例 8.1 试关于第 6 章例 6.20 的四元式序列给出相应的流图。

例 6.20 中的四元式序列共可分成 4 个基本块,依其执行序列可以画出相应的流图如图 8-2 所示,它由四个结点 B_1、B_2、B_3 与 B_4 构成。

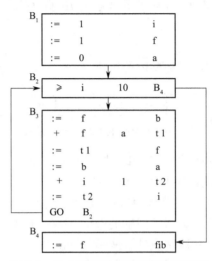

图 8-2 例 6.20 四元式序列相应的流图

图 8-2 中,B_1 是首结点,它所相应的基本块的入口四元式是程序的第一个四元式。B_1 的后继是 B_2,B_2 的后继是 B_3 与 B_4,而 B_3 的后继是 B_2。从图也明显可见,B_2 的前驱是 B_1 与 B_3,B_3 与 B_4 的前驱都是 B_2。细心的读者可能已经发现,在各基本块末尾的转移(有条件或无条件)四元式中控制转移去处不再是四元式序号,而是基本块结点名,这是因为如果代码优化招致四元式移动到新的位置或被删除,从而改变原有四元式排序,直接引用四元式序号就会引起麻烦。因此,让基本块结点名代替四元式序号是更可取的。

流图中的有向边指明了控制流向,然而,如果一个结点有不止一个的后继,有向边上并不注明在满足什么条件时控制才转移到某个后继结点基本块,甚至也不注明是条件的控制转移还是无条件的控制转移。这些信息在需要时从基本块的最后一个四元式获得。

如前所述,控制流分析的目的是找出循环,那么,在流图中,怎样的结构是循环?又怎样找出所有的循环?在一些简单情形下,循环是容易找出的,例如图 8-2 中存在一个循环,它由结点 B_2 与 B_3 所对应的基本块组成。然而在更一般情形中循环的找出要困难得多。关于这个问题将在循环优化一节中讨论。

8.3 基本块的优化

8.3.1 基本块优化的种类

基本块的优化是与循环无关的优化,如前所述,可以是下列种类的优化,即合并常量计算、消除公共子表达式、削减计算强度与删除无用代码等。

1. 合并常量计算

为了易读起见,程序书写者往往按照算法公式比较直截了当地写出相应语句,例如,对于圆周长 l 的计算,写出下列赋值语句:l=2*3.141 6*r,其中 r 是圆半径变量,或者对圆周率引进一个用标识符 pi 代表的常量:CONST pi=3.141 6,把上述语句改写为:

　　　l=2*pi*r;

用四元式序列表示,有

1)　　*　　2　　3.1416　　t_1　　(或　　*　　2　　pi　　t_1)

2)　　*　　t_1　　r　　　　　t_2

3)　　:=　　t_2　　　　　　　l

这样,不论是 2*3.1416 还是 2*pi 的计算都在运行时刻完成。这一计算工作可能仅少量几次,也可能重复相当多次。明显的事实是,这个值在编译时刻已能计算出。为改进目标程序质量,编译时刻把 2*3.1416 或 2*pi 事先算好,用结果值去代替,运行时刻便一次也无须计算。

编译时刻,对于全由常量组成,而可在编译时刻计算出其值的表达式,计算出其值并用此值取代该表达式的优化称为合并常量计算。对于此例,经合并常量计算后将优化为:

1)　　*　　6.2832　　r　　t_2

2)　　:=　　t_2　　　　　l

请注意,诸如 2*sqrt(2)之类包含函数调用的情况一般不属此优化范围。对于 2*a*5 这样的表达式也不会自动交换成 2*5*a 而进行合并常量计算优化。至于 2+3*x 这样的表达式,不言而喻是不会对 2+3 进行合并常量计算优化的。

有时为简明起见,不用四元式序列形式,而是在源程序级说明。

2. 消除公共子表达式

假如有基本块

　　　+　　b　　c　　a

　　　-　　a　　d　　b

　　　+　　b　　c　　c

　　　-　　a　　d　　d

让 a、b、c 与 d 在执行之前有值 a_0、b_0、c_0 与 d_0。易见第 2 个与第 4 个四元式计算的是同样的值 $b_0+c_0-d_0$,因此说 a-d(- a d)是公共子表达式,而把第 4 个四元式变换成等价的四元式:

　　　:=　　b　　　　d

然而,尽管第 1 个与第 3 个四元式的操作都是 b+c,但执行之后 a 与 c 的值实际上是不同的,即,分别是 b_0+c_0 与 $b_0+c_0-d_0+c_0$,因此,不能把第 3 个四元式变换为

　　　:=　　a　　　　c

这意指 b+c(+ b c)并非公共子表达式。怎样的表达式称为公共子表达式?

如果某个表达式 E 先前已计算,且从先前的计算至现在,E 中变量的值没有改变,那么 E 的这次出现称为公共子表达式。如果能利用先前计算结果,便可以避免对公共子表达式的重复计算。上例中,对于 a-d 的第二次出现,显然是公共子表达式,因为自它第一次出现

时的计算之后到第二次出现时为止,其中的变量 a 与 d 值没有改变。而 b+c 的第二次出现显然不是公共子表达式,因为第一次出现的计算之后其中的变量 b 被赋值而改变了值。

下面是一个更为典型的公共子表达式消除示例。

例 8.2　设有表达式

$$x+y*t-a*(x+y*t)/(y*t)$$

试对其消除公共子表达式。

未进行优化时,为此表达式可写出如下的基本块,

(1)	*	y	t	t_1	(5)	*	a	t_4	t_5
(2)	+	x	t_1	t_2	(6)	*	y	t	t_6
(3)	*	y	t	t_3	(7)	/	t_5	t_6	t_7
(4)	+	x	t_3	t_4	(8)	−	t_2	t_7	t_8

(3)中的 y*t 显然是公共子表达式,因为 y*t 在(1)中计算之后到(3)止未对其中的变量 y 与 t 赋值,因此,无须执行(3),可仅用 t_1 代替 t_3,因此,(4)成为:

(4′)	+	x	t_1	t_4

(6)中的 y*t 情况类似,可用 t_1 代替,而无需执行 (6)。这时(7)可改写为:

(7′)	/	t_5	t_1	t_7

新的四元式序列的(4′)中的表达式 x+t_1 显然又是公共子表达式,情况与原先的(3)类似,因此可以消除(4′),且用 t_2 代替 t_4。最终,原有基本块优化成为如下的基本块:

(1)	*	y	t	t_1	(4)	/	t_5	t_1	t_7
(2)	+	x	t_1	t_2	(5)	−	t_2	t_7	t_8
(3)	*	a	t_2	t_5					

对于(x+y*z-t)+(x+y/z-1)*w 这样的表达式是不存在公共子表达式的,当写出相应四元式序列时便一目了然。

3. 削减计算强度

一般来说,计算机指令系统中,乘除运算要比加减运算速度慢,而乘幂运算通常要涉及调用子程序,速度比乘法运算又慢得多,因此,总希望能用加减指令就不用乘除指令等,以提高程序运行速度。但是,只有在某些特殊情况下才能这样做,几种典型的情况是:

1)用 x*x 代替 x**2,这里**表示乘幂运算符;

2)用 x+x 代替 2*x 或 2.0*x;

3)用 x*0.5 代替 x/2,因除法比乘法运算速度慢。

这种由编译程序把运算速度较快的计算代替运算速度较慢的计算的优化称削减计算强度。

对于 n 次代数多项式 $a_n x^n + a_{n-1} x^{n-1} + \cdots + a_1 x + a_0$ 通常用所谓霍纳方案计算,即

$$((\cdots((a_n x + a_{n-1})x + a_{n-2})\cdots)x + a_1)x + a_0$$

这时乘幂全部用乘法运算来实现。注意,这是算法问题,不是编译程序削减计算强度优化。

当求解一元二次方程式 $ax^2+bx+c=0$ 时,一个解是

$$x_1 = \frac{-b + \sqrt{b^2 - 4ac}}{2a}$$

用**表示乘幂运算,可写出赋值语句:

x1=(-b+sqrt(b**2-4*a*c))/(2*a);

当应用削减计算强度优化时,相应四元式序列将相当于赋值语句:

x1=(-b+sqrt(b*b-4*a*c))/(a+a);

4. 删除无用代码

基本块中四元式 op x y z 把 x 与 y 进行 op 运算的结果值保存在 z 中,以备此后引用,但如果此后不再引用 z,上述四元式的存在是多余的。因此,称计算的值决不被引用的四元式为无用代码。一般来说,程序书写者不会故意引进无用代码,程序书写者引进的无用代码往往会导致程序中的错误。

无用代码的存在更多是由于在进行优化时作为前面等价变换的结果。例如,例 8.2 中基本块的(3),当对 t_3 的一切引用都代之以对 t_1 的引用时,它显然成为无用代码,对于(4),情况类似。这里,可以认为把原先的(3)改写成了(3'):

$(3')$:= t_1 t_3

这种赋值称为复写。此后把对 t_3 的引用尽可能代替为对 t_1 的引用,即尽可能用 t_1 代替 t_3,这种变换称为复写传播。

在一般情况下,复写传播变换也就是:在复写四元式:= g   f 之后,尽可能用 g 代替 f。复写传播的好处之一是它往往使复写四元式成为无用代码而可被删除。

在进行上述各类优化的过程中,可以认为进行了相应的等价变换。概括起来,这些等价变换共有两类,即保结构等价变换与代数等价变换。

基本块的保结构等价变换包括:删除公共子表达式与删除无用代码,还包括重新命名临时变量与交换两个相邻但独立的四元式的次序。对后两种作简单说明如下。

重新命名临时变量:假如有四元式 + x y t,其中 t 是临时变量。如果把该四元式改写成 + x y u,其中 u 是新的临时变量,并且把对这个 t 的所有引用改成对 u 的引用,那么,基本块的值(效果)不会被改变。

交换四元式:如果某基本块中有两个相邻的四元式

+   a   b t_1
+   x   y t_2

只要 x 与 y 都不是 t_1,a 与 b 都不是 t_2,那么,交换这两个四元式的次序不会影响该基本块的值(效果)。

代数等价变换利用了代数恒等性质,例如 $2x=x+x$ 与 $x^2=xx$ 等等。事实上,代数等价变换可以进一步扩充到逻辑等价变换,因为,有众所周知的下列恒等性质:

B   AND   true=B   B   OR   true=true
B   AND   false=false   B   OR   false=B

等等,可以利用这些性质来对条件语句与当语句等的测试结构进行优化。

请注意,进行优化时可进一步考虑双目运算运算分量的可交换性,例如, x+y=y+x 与

x*y=y*x，但 x/y ≠ y/x。因此，表达式

$$x+y*t-a*(t*y+x)/(y*t)$$

如同例 8.2 中的表达式一样，有公共子表达式 y*t 与 x+y*t，可以把它们消除。

8.3.2　基本块优化的实现

为了实现基本块的优化，引进无环路有向图的概念，其符号名称为 dag。从基本块四元式序列构造的 dag 可用来确定基本块中的公共子表达式、确定哪些名字在基本块中引用但在块外计算，以及确定基本块中哪些四元式计算的值可以在块外引用。

1.基本块 dag 的构造

首先考虑怎样的有向图是无环路有向图。

定义 8.1　设 G 是由若干结点构成的有向图，从结点 n_i 到结点 n_j 的有向边用 $n_i \rightarrow n_j$ 表示。

1）若存在有向边序列 $n_{i_1} \rightarrow n_{i_2} \rightarrow \cdots \rightarrow n_{i_m}$，则称结点 n_{i_1} 与结点 n_{i_m} 之间存在一条路径，或称 n_{i_1} 与 n_{i_m} 是连通的。路径上有向边的数目称为路径的长度；

2）如果存在一条路径，其长度≥2，且该路径起始和结束于同一个结点，则称该路径是一个环路；

3）如果有向图 G 中任一路径都不是环路，则称 G 为无环路有向图。

例 8.3　图 8-3 中（a）与（b）分别给出无环路有向图与有环路有向图的例子。

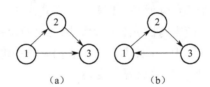

（a）　　　　　　　（b）

图 8-3　无环路与有环路有向图示例

对于基本块的 dag，它是结点上有下列标记的 dag。

1）叶结点用标识符(变量名)或常数作为其唯一的标记，当叶结点是标识符时，代表名字的初值，给它加下标 0；

2）内部结点用运算符标记，它表示计算的值；

3）各结点可能附加有一个或若干个标识符，附加于同一个结点上的若干个标识符有相同的值。

例 8.4　基本块

```
+   b   c   a
-   a   d   b
+   b   c   c
-   a   d   d
```

的 dag 如图 8-4（a）所示。

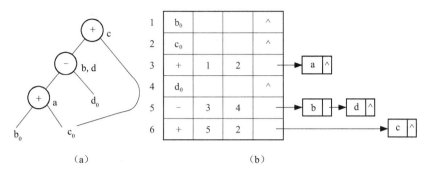

图 8-4 基本块的 dag 及其表示

为了记录一个 dag 中结点建立的顺序及结点之间的关系,可以建立如图 8-4(b)所示的表,其中每个表元包含一个指针,指向附加标识符链(头结点)。

例 8.5 设有 C 程序片段

```
prod=0;   i=1;
do
{ prod=prod+a[i]*b[i];
   i=i+1;
} while(i<=20);
```

其相应的四元式序列如表 8-1 所示。注意,考虑到每个数组元素占用一个字,即 4 个字节,在存取 a[i] 与 b[i] 时,让 i 乘以 4 以获得它们关于数组首址的正确偏移量。

表 8-1

(1)	:=	0		prod	(7)	*	t_2	t_4	t_5
(2)	:=	1		i	(8)	+	prod	t_5	t_6
(3)	*	4		i	t_1	(9)	:=	t_6		prod
(4)	=[]	a	t_1	t_2	(10)	+	i	1	t_7
(5)	*	4		i	t_3	(11)	:=	t_7		i
(6)	=[]	b	t_3	t_4	(12)	≤	i	20	(3)

易见该四元式序列由 2 个基本块组成,它们入口四元式的序号分别是(1)与(3)。对于第 2 个基本块,可为其画出 dag 如图 8-5 所示。

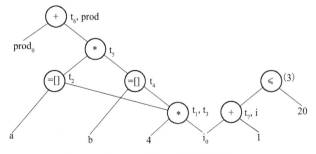

图 8-5 表 8-1 中第 2 个基本块的 dag

　　下面讨论如何为基本块构造 dag。如前所述,对于叶结点,对应有作为它标记的标识符(变量名)或常量,对于内部结点,对它附有一个标识符表。换言之,一个标识符将与某个结点相关联。引进函数 node,node(x)将回送和标识符 x 相应的最近建立的结点。直观上,node(x)是 dag 的一个结点,它代表了此标识符 x 在 dag 构造过程中当前时刻所具有的值,实际上,标识符 x 在符号表中的条目指出 node(x)的值。

　　为便于讨论起见,把四元式“:= x　z”称为 0 型的,把四元式“op x　z”称为 1 型的,而把四元式“op x y z”称为 2 型的,这里 op 除了是双目运算符外,还可以是=[]或[]=。至于四元式“relop x y z”同样处理为 2 型的,只是 z 不再代表临时变量,它应该是四元式序号(或基本块名)。

　　下面给出为基本块构造 dag 的算法。

算法 8.1　基本块 dag 构造算法。

输入:一个基本块。

输出:该基本块相应的 dag。

算法步骤如下。

　　步骤 1　置初值:无任何结点,且 node 对任何标识符无定义。

　　步骤 2　依次对基本块中的每个四元式“op x y z”执行步骤 3 ~ 步骤 5。

　　步骤 3　如果 node(x)没有定义,建立叶结点,标记为 x,让 node(x)等于这个结点。如果对于 2 型四元式,node(y)没有定义,则建立叶结点,这时标记为 y,且让 node(y)等于该新建结点。

　　步骤 4　对三种情况分别处理。

　　1)对于 0 型,让 n 是 node(x);

　　2)对于 1 型,查看是否存在标记为 op 的结点,且它有唯一的子结点 node(x),如果不存在,建立这样的结点。让 n 是找到或建立的结点;

　　3)对于 2 型,查看是否存在标记为 op 的结点,且其左右子结点分别是 node(x)与 node(y)。如果不存在,建立这样的结点。让 n 是找到或建立的结点。

　　步骤 5　当 z 为标识符时从 node(z)的标识符表中删去标识符 z,把 z 加到步骤 4 所确定的结点 n 的标识符表中,并置 node(z)为 n。

　　这里对照上述算法考察关于例 8.5 中四元式(3)~(6)构造 dag 的过程。对于四元式(3),因为仅考虑以(3)为入口四元式的基本块。由步骤 1,还无任何结点,因此,由步骤 3 建立标记为 4 与 i_0 的叶结点,这里 i_0 表示是标记,代表初值,而不是对结点附加的标识符。由步骤 4 的 3),建立以*为标记的结点,其左右子结点是标记分别为 4 与 i_0 的结点。在步骤 5,把标识符 t_1 加到这个结点。由步骤 2 依次考察下一个四元式,即(4)。在步骤 3,因为不存在标记为 a 的结点而建立新结点,且使 node(a)为该结点,node(t_1)有定义,无须新建。在步骤 4,建立标记为=[]的结点,其左右子结点分别为 node(a)与 node(t_1),让 t_2 加到该结点的附加标识符表,且 node(t_2)为该结点。当处理四元式(5)时,显然发现存在这样的结点,其标记为*,且左右子结点分别为 node(4)与 node(i),因此让标识符 t_3 加到该结点的附加标识符表。至此,所构造的部分 dag 如图 8-6 所示。对于四元式(6),情况与四元式(4)类似。

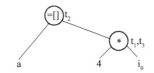

图 8-6　图 8-5 中的部分 dag

为了实现基本块 dag 的构造算法,需要引进一些数据结构,这工作请读者自行完成。

2. 基本块 dag 的应用

利用基本块的 dag,可以用来删除公共子表达式和“:= y　x”这样的某些复写赋值,这是因为在构造基本块 dag 的过程中可以获得下列信息。

1)公共子表达式:在算法 8.1 步骤 4 的 2)与 3)中查看是否存在标记为 op 的结点,实际上是查找公共子表达式,当查到时,不建立新的结点,仅把四元式中作为结果的标识符附加到所找到结点的标识符表中。

2)本基本块中引用其值的标识符:对于这些标识符,在算法 8.1 步骤 3 中为它们建立叶结点。未建立结点的标识符可以删去。

3)能够在本基本块外引用它所计算的值的四元式“op x y z”:它的结点 n 在算法 8.1 步骤 4 中找到或构造,并且在 dag 构造完毕时, node(z)仍然是 n,换言之, z 仍然在结点 n 的标识符表中。这样的四元式所计算的值在本基本块外是可以引用的。

对于例 8.5 中四元式序列第 2 个基本块中一切四元式所计算的值在块外是都可以引用的。四元式所计算的值不能在块外引用的简单例子是:

（1）　+　　　a　　b　　x
（2）　–　　　c　　d　　x

对于四元式 1),建立标记为“+”的结点 N_1,其附加标识符表为{x}, node(x)=N_1,对于四元式 2),步骤 4 建立标记为“–”的结点 N_2,步骤 5 时,从 node(x)的标识符表中删去 x,而把 x 加到结点 N_2 的附加标识符表中,因此,结点 N_1 的标识符表为空集,相应四元式 1)计算的值不能为块外引用。

一般说来,内部结点的计算可以按 dag 的拓扑排序所得的任意次序进行。按照拓扑排序,一个结点只有在它的子内部结点计算完以后才能计算,在计算一个结点时,把它的值赋给它标识符表中的一个标识符 x,应优先选择其值在基本块外仍需要的那个标识符 x。

如果结点 n,其标识符表中除了上述标识符 x 外,还有标识符 y_1、y_2、⋯与 y_k,它们的值也在块外被引用,则可以由四元式“:= x　y_1”、“:= x　y_2”、⋯、“:= x　y_k”对它们赋值。如果某结点 n 的标识符表不包含任何标识符(如同上面所见),则创建新的临时变量保存 n 的值。

要注意的是,涉及对数组元素赋值时,并不是 dag 的任何拓扑排序都允许的,例如,如果有基本块

（1）　=[]　　A　i　　t_1
（2）　[]=　　A　j　　t_2
（3）　&:=　　y　　　t_2
（4）　=[]　　A　i　　t_3

为其构造 dag,易见 A[i]将成为公共子表达式,"优化"的结果将是

（1） =[] A i t_1

（2） := t_1 t_3

（3） []= A j t_2

（4） &:= y t_2

然而,如果 i=j,且 y ≠ A[i],"优化"前后的计算结果 t_3 的值将不一样。因此,存在对某数组 A 的元素的赋值时,其元素不能作为公共子表达式,换言之,处理对数组 A 的元素的赋值四元式时,应注销所有以=[]为标记、以 A 为左子结点的结点,从而不可能在此结点的附加标识符表中再附上其他的标识符。

对于指针所指向的对象变量的赋值会出现类似的问题。例如,C 语言赋值语句*p=x,其中 p 为指针变量,如果不知道 p 所指向的对象变量是什么,就要把基本块中当前所有的结点都注销,否则, *p 作为公共子表达式便将可能引起运行时的错误。这样,如果标记为 a 的结点已被注销,以后有对 a 的引用时必须为 a 建立新的结点,引用此新结点而不能引用已注销的结点。

3. 从 dag 再建四元式序列

可以从 dag 重新生成原基本块四元式序列,只是这时已进行了一定的优化,即不再有公共子表达式和某些复制四元式。

依照 dag 中结点生成的顺序还原四元式序列的工作可如下进行,即依次逐个结点地分析。

1）若是叶结点,且附加的标识符表为空,则不生成四元式。

2）若是叶结点,标记为 x,且附加的标识符为 z,则生成四元式:= x z。

3）若是内部结点,附加标识符是 z,则根据其标记 op 及子结点数生成下列 4 种形式的四元式之一。

①标记 op 不是=[]或[]=,也不是 relop,且有叶结点或内部结点作为其左右子结点,则生成下型四元式:

op x y z

②标记 op 是=[]或[]=,则生成下型四元式:

=[] x y z 或 []= x y z

③标记是 relop,则生成下型四元式:

relop x y z

其中, z 是四元式序号,不言而喻,由于对原有基本块进行了优化,四元式的个数与顺序有所改变,此四元式序号应作相应变化,如前所述,当 z 是基本块结点名时是更容易处理的。

④该内部结点只有一个子结点,则生成下型四元式:

op x z

4）若是内部结点,但无附加标识符,则为该结点添加一个局部于本基本块的临时性附加标识符,然后按步骤 3 生成相应的四元式。

5）当结点的标识符表中包含多个附加标识符 z_1、z_2、…、z_k 时:

①若结点是叶结点,标记是 z,则生成一列四元式:

:=	z		z_1
:=	z		z_2
	...		
:=	z		z_k

②若结点是内部结点,则除第一个附加标识符 z_1 外,生成一列四元式:

:=	z_1		z_2
:=	z_1		z_3
	...		
:=	z_1		z_k

例 8.6 设有 C 程序片段

```
i=m-1;  j=n;  V=A[n];        if(i<j)
do                             { x=A[i];
{ do                             A[i]=A[j];
    i=i+1;                       A[j]=x;
  while(A[i]<V);                }
  do                         } while(i<j);
    j=j-1;                   x=A[i];  A[i]=A[n];  A[n]=x;
  while(A[j]>V);
```

首先展开其中的 do-while 语句:

```
i=m-1;  j=n;  V=A[n];           if(i<j)
LOOP1:                            { x=A[i];
  LOOP21:                           A[i]=A[j];
    i=i+1;                          A[j]=x
    if(A[i]<V) goto LOOP21;       }
  LOOP22:                        if(i<j) goto LOOP1;
    j=j-1;                       x=A[i];  A[i]=A[n];  A[n]=x;
    if(A[j]>V) goto LOOP22;
```

其相应的四元式序列如表 8-2 所示。

表 8-2

（1）	-	m	1	t_1	（21）	*	4	j	t_{12}
（2）	:=	t_1		i	（22）	=[ ]	A	t_{12}	t_{13}
（3）	:=	n		j	（23）	*	4	i	t_{14}
（4）	*	4	n	t_2	（24）	[ ]=	A	t_{14}	t_{15}
（5）	=[ ]	A	t_2	t_3	（25）	&:=	t_{13}		t_{15}
（6）	:=	t_3		V	（26）	*	4	j	t_{16}

（7）	+	i	1	t_4	（27）	[]=	A	t_{16}	t_{17}
（8）	:=	t_4		i	（28）	&:=	x		t_{17}
（9）	*	4	i	t_5	（29）	<	i	j	（7）
（10）	=[ ]	A	t_5	t_6	（30）	*	4	i	t_{18}
（11）	<	t_6	V	（7）	（31）	=[ ]	A	t_{18}	t_{19}
（12）	-	j	1	t_7	（32）	:=	t_{19}		x
（13）	:=	t_7		j	（33）	*	4	n	t_{20}
（14）	*	4	j	t_8	（34）	=[ ]	A	t_{20}	t_{21}
（15）	=[ ]	A	t_8	t_9	（35）	*	4	i	t_{22}
（16）	>	t_9	V	（12）	（36）	[]=	A	t_{22}	t_{23}
（17）	≥	i	j	（29）	（37）	&:=	t_{21}		t_{23}
（18）	*	4	i	t_{10}	（38）	*	4	n	t_{24}
（19）	=[ ]	A	t_{10}	t_{11}	（39）	[]=	A	t_{24}	t_{25}
（20）	:=	t_{11}		x	（40）	&:=	x		t_{25}

说明：类似于例 6.20，对 if 语句条件表达式作了简化处理。

表 8-2 中的四元式序列由 7 个基本块组成，它们的入口四元式的序号分别为 1、7、12、17、18、29 与 30。让这些基本块分别称为 B_1、B_2、B_3、B_4、B_5、B_6 与 B_7。现在考虑应用 dag，对基本块 B_5 进行优化。

B_5:

*	4	i	t_{10}		[]=	A	t_{14}	t_{15}
=[ ]	A	t_{10}	t_{11}		&:=	t_{13}		t_{15}
:=	t_{11}		x		*	4	j	t_{16}
*	4	j	t_{12}		[]=	A	t_{16}	t_{17}
=[ ]	A	t_{12}	t_{13}		&:=	x		t_{17}
*	4	i	t_{14}					

关于 B_5 的部分 dag 如图 8-7 所示，在此构造过程中，找出了公共子表达式 4*i，因此，在从 dag 还原到四元式序列时删除了公共子表达式 4*i。易见从第六个四元式的相应 dag 结点还原得到的四元式":= t_{10} t_{14}"将被删去，因为 t_{14} 将不再被引用。最终，从 B_5 的 dag 还原成的四元式序列将如下：

*	4	i	t_{10}		[]=	A	t_{10}	t_{15}
=[]	A	t_{10}	t_{11}		&:=	t_{13}		t_{15}
:=	t_{11}		x		[]=	A	t_{12}	t_{17}
*	4	j	t_{12}		&:=	x		t_{17}
=[]	A	t_{12}	t_{13}					

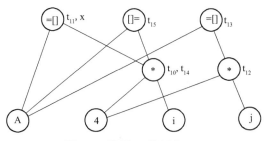

图 8-7 关于 B_5 的部分 dag

要说明的是,在 dag 的应用中强调了公共子表达式的消除,但事实上,其他一些优化工作,即,合并常量计算与计算强度削减与删除无用代码等也应在构造 dag 过程中获取相应信息并作相应处理。

以合并常量计算的情况为例说明。对于为基本块构造 dag 的算法 8.1 的步骤 3 中,可以判别:对于 2 型四元式, x 与 y 是否都是编译时刻值已知的常量,且 op 是算术运算符,如果是这样,可以执行 op 运算,计算出相应的常量,为此常量建立一个叶结点,其标记就是计算所得的常量。如果关于 x 和 y 的叶结点是在步骤 3 中刚刚建立的,将不再建立这两个叶结点。例如,关于赋值语句 l=2*pi*r 的四元式序列:

*	2	pi	t_1
*	t_1	r	t_2
:=		t_2	l

的 dag 将如图 8-8(b)所示,而不是如图 8-8(a)所示。对于用 x+x 代替 2*x 之类的计算强度削减等优化,显然也只需在上述算法的步骤 3 中作相应的判别和处理。

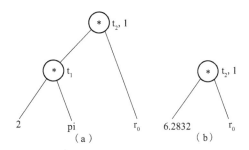

图 8-8 相应于 l=2*pi*r 的 dag

对于无用代码的删除是明显的,因为对于“:= x   y”这样的复写四元式仅对于在相应结点的附加标识符表中出现的标识符 y 才生成。一般认为,在很多情况下像 t_{14} 等这样的临时变量在基本块外是不需要的,可不必生成“:= t_{10} t_{14}”这样的四元式,即使对于非临时变量的标识符 y,也可仅根据以后讨论的全局数据流分析所获得的关于标识符 y 在基本块外是否被引用的信息而决定是否生成复写四元式“:=x   y”,也就是说,如果不被引用,可不生成此四元式。

8.4　与循环有关的优化

循环往往是改进程序质量的关键,因为尽管循环部分的代码可能只占整个程序的很小比例,但在运行循环时所耗费的计算机机时可能占到全部运行时间的绝大部分,减少循环内的指令数,即使增加了循环外的指令,也会使程序的运行时间大大减少。

8.4.1　循环优化的种类

如前所述,对循环的优化有循环不变表达式外提、归纳变量删除和计算强度削减等。

1. 循环不变表达式外提

如果某个表达式,其值的计算与循环执行次数无关,换句话说,尽管该表达式位于循环之内,但其值不随循环的重复执行而改变,该表达式便称为循环的不变表达式。由于循环的不变表达式一次计算后值不再改变,合适的是把它外提到所在循环的前面。

为了直观起见,我们先在源程序级上说明循环不变表达式外提的概念。

例 8.7　假设计算半径为 r 的圆上不同圆心角的扇形的面积。让初始大小为 $10°$,以后每次增加 $10°$,直到全圆为止。可以写出 C 语言程序片段如下,其中 pi 为常量 3.141 6。

```
for(n=1;   n<=36;   n=n+1)
{ S=10.0/360.0*pi*r*r*n;
    printf("\nAngle is %d° ,Area is %f", n*10,S);
}
```

显然, 10.0/360.0*pi*r*r 中各个量在循环内值不变,因此它是循环不变表达式,可以外提到循环前如下 :

```
C=10.0/360.0*pi*r*r;
for(n=1;   n<=36;   n=n+1)
{ S=C*n;
    printf("\nAngle is %d° ,Area is %f", n*10,S);
}
```

易见,对 C 的计算从 36 次减少到 1 次,减少了运行时间,如果循环重复次数相当多时,时间节省的效果更为明显。

对于 for 循环结构可以外提循环不变表达式,对于其他的循环结构类似地可以外提循环不变表达式。例如,假定有 C 语言程序片段如下。

```
for(i=1; i<=n; i=i+1)
{ j=1;
    while(j<n-1)
    { …j=j+1;…
    }
}
```

显然 n-1 是 while 循环的不变表达式,合适的是引进变量 t,在该循环之前添加赋值语句

t=n-1;

把判别条件 j<n-1 改成 j<t,这样,在判别 while 循环是否结束的条件时,不需每次都去计算 n-1 的值,只需在循环前计算一次。进一步看到, n-1 显然也是 for 循环的不变量,可以外提,这样 n-1 的计算从 n*(n-1)次减少到了 1 次。

现在从四元式角度考虑循环不变表达式的外提。

为了写出四元式序列,应首先规范展开循环结构,对于 do-while 语句:

do S while(E);

展开成:

LOOP：S

if(E) goto LOOP;

对于 while 语句:

while(E) S

展开成:

LOOP：if(E){ S   goto LOOP; }

要特别注意的是 for 循环的展开。C 语言的 for 循环具有极大的灵活性,为方便讨论,此处仅限于终限值不小于初值的下列形式的 for 循环。

for(v=E_0; v<=E_f; v=v+1) S

根据 C 语言中 for 循环的语义,可以采用如下的规范方式的展式。

v=E_0;

LOOP：if(v>E_f) goto FINISH；

S

v=v+1；

goto LOOP；

FINISH：

该展开式表明,循环控制变量之初值仅计算一次,而每当判别终止条件时需重新计算 E_f 的值。对于终限值不大于初值的 for 循环情况类似。

对于例 8.7 有如下展式。

n=1;

LOOP:if(n>36) goto FINISH;

S=10.0/360.0*pi*r*r*n;

printf("\nAngle is %d° ,Area is %f", n*10,S);

n=n+1;

goto LOOP;

FINISH:

相应的四元式序列如下。

（1）	:=	1		n	（11）	*	n	10	t_6
（2）	>	n	36	（4）	（12）	PARAM	"\nAngle is %d° ,Area is %f"
（3）	GO	（5）			（13）	PARAM	t_6
（4）	GO	(19)			（14）	PARAM	S
（5）	/	10.0	360.0	t_1	（15）	CALL	printf	3
（6）	*	t_1	pi	t_2	（16）	+	n	1	t_7
（7）	*	t_2	r	t_3	（17）	:=	t_7		n
（8）	*	t_3	r	t_4	（18）	GO	（2）
（9）	*	t_4	n	t_5	（19）		
（10）	:=	t_5		S			

四元式（5）到（8）可移到循环外。

例 8.8 假设再次如同例 8.7 那样计算扇形面积,然而,初始值不是 10°,也不是每次增加 10°,而是依次从 5°、10°、15°、20°、…开始,每次相应地分别增加 5°、10°、15°、20°、…,直到 60°,终限均不超过 360°。这时 C 程序片段如下。

```
for(i=1; i<=12; i=i+1)
   for(n=1; n<=360.0/(5*i); n=n+1)
   { S=(5*i)/360.0*pi*r*r*n;
       printf("\nAngle is %d° , Area is %f",5*i,S);
   }
```

明显的是,360.0/(5*i)作为循环控制变量 n 的终限表达式需计算多次,是循环的不变表达式。5*i 与(5*i)/360.0*pi*r*r 对于以 n 为循环控制变量的循环(内循环)来说,也是循环不变表达式,然而,5*i 对于以 i 为循环控制变量的循环(外循环)来说,不是循环不变表达式,不能把它外提到此循环(外循环)的前面去。

一般来说,进行循环不变表达式外提的优化必须解决如下几个问题。

1)如何识别循环中的不变表达式?

2)把循环不变表达式外提到何处?

3)什么条件下能外提?

这些问题将在后面讨论。

2.归纳变量删除

回顾例 8.5 的四元式序列,它相应的源程序是计算大小为 20 的两个向量(一维数组)a 与 b 的内积 prod:

$$prod=a_1 \times b_1+a_2 \times b_2+\cdots+a_{20} \times b_{20}$$

相应的 C 语言程序如下。

```
prod=0; i=1;
do { prod=prod+a[i]*b[i]; i=i+1;} while(i<=20);
```

其中的变量 i 起着计数器的作用。i 的值从 1 开始,每重复一次,它的值增加以 1,直到超过 20 为止。如果静态模拟追踪变量的值,可以发现:i 的值增加 1,t_1 与 t_3 等的值便增加 4,换言之，i 和 t_1 等的值与循环步伐一致地在变化着,这样的变量 i 和 t_1 等称为归纳变量。更确切地给出定义如下。

定义 8.2 在循环中如果变量 i 的值随着循环的每次重复都是增加或减少某个固定的常量值,则称 i 为循环的归纳变量。

如果在一个循环中有两个或更多个的归纳变量,归纳变量个数往往可以减少,甚至减少到 1 个。减少归纳变量的个数这类优化称为归纳变量删除。

现在考察对例 8.5 中四元式序列进行归纳变量删除优化后的结果。

该四元式序列(表 8-1)由两个基本块组成,分别称之为 B_1 与 B_2,入口四元式分别为(1)与(3),相应的流图如图 8-9(a)所示。考虑 B_2 的情况。

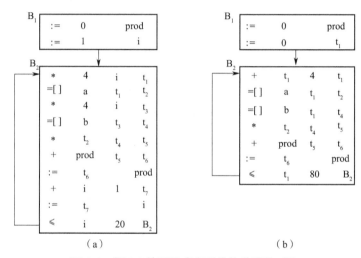

图 8-9 例 8.5 的四元式序列优化前后的对比

基本块 B_2 形成一个循环,在该循环的入口处,关系 $t_1=4*i$ 在计算入口四元式之后始终保持成立。设在某次循环达到入口处后 t_1 与 i 的值分别为 t_1' 与 i',则在此后对 i 增加 1 之后 i 值成为 $i'+1$,相继一次进入该循环达到入口时,为使 $t_1=4*i$ 成立,即,$t_1=4*(i'+1)$,或写成 $t_1=4*i'+4=t_1'+4$,只需使 t_1 的值增加 4,因此可以把四元式 * 4 i t_1 改写成 + t_1 4 t_1,这样便使得削弱了计算强度:用加法代替了乘法。这时在进入循环前需对 t_1 置初值 0,即,在基本块 B_1 中增加四元式:

   :=   0 t_1

由于 B_2 的循环共重复执行 20 次,t_1 的初值为 0,第 20 次重复时,t_1 的值为 80,可以用此值作为循环执行的终值,因此,把四元式

   <=   i   20 B_2

代之以

   <= t_1 80 B_2

显然,对循环次数的控制已无须 i, i 在整个 B_2 中不再被引用,成为无用变量,完全可以删除,最终,还考虑到公共子表达式的消除,优化的结果四元式序列如图 8-9(b)所示。

消除 i 这样的归纳变量的优化称为归纳变量删除。在上面例子中,删除归纳变量的同

时也削减了计算强度。

为了进行归纳变量删除优化,必要的是找出归纳变量,关于如何寻找的问题,将在后面讨论。

3. 计算强度削减

上面例子中看到了在删除归纳变量的同时也进行了对循环中归纳变量计算强度的削减,即,对 t_1 的计算由乘法变成了加法。与循环有关的另一类重要的计算强度削减应用于对数组元素地址的计算。在第 6 章关于赋值语句翻译的讨论中已经知道,对于由说明性语句 T A$[n_1][n_2]\cdots[n_m]$ 定义的 m 维(m≥2)数组 A(各维的下界为 0),其元素 A$[i_1][i_2]\cdots[i_m]$ 的地址由公式 D=base+d 计算,其中 base 是数组 A 的元素 A[0][0]$\cdots$[0] 的地址(零地址),可在运行前确定,而

$$d=((\cdots((i_1 \times n_2+i_2) \times n_3+i_3)\cdots) \times n_m+i_m) \times sizeof(T)$$

对循环中数组元素地址计算强度削减优化的基本思想是:当满足某些特定条件时,使计算 d 时的乘法用加法来替代。

这里以 m=2 的情况说明。这时 $d=(i_1 \times n_2+i_2) \times sizeof(T)$,为简化讨论,假定 sizeof(T)=1。假定数组元素 A$[i_1][i_2]$ 出现在一个二重循环的循环体内:

```
for(V1=v_{10}; V1<=v_{1f}; V1=V1+1)
    for(V2=v_{20}; V2<=v_{2f}; V2=V2+1)
    { ···   A[i_1][i_2] ···   }
```

如果诸 i_k 形如 $C_{k0}+C_{k1} \times V1+C_{k2} \times V2(k=1,2)$,其中 C_{k0}、C_{k1}、C_{k2} 都是常量,则

$$d=i_1 \times n_2+i_2=(C_{10}+C_{11} \times V1+C_{12} \times V2) \times n_2+(C_{20}+C_{21} \times V1+C_{22} \times V2)$$
$$=(C_{10} \times n_2+C_{20})+(C_{11} \times n_2+C_{21}) \times V1+(C_{12} \times n_2+C_{22}) \times V2$$

假定数组 A 的说明中上界 n_1 与 n_2 都是常量,则可写出

$$d=C_0' +C_1' \times V1+C_2' \times V2$$

其中,$C_0' =C_{10} \times n_2+C_{20}$,$C_1' =C_{11} \times n_2+C_{21}$,$C_2' =C_{12} \times n_2+C_{22}$。

假定 for 循环控制变量的增量恒为常量 1 或-1。考察增量为 1 时重复循环体时 d 值的变化。增量为 -1 时情况类似。

由上述循环可见,外循环控制变量 V1 取值为 v_{10}、$v_{10}+1$、$\cdots$,直到 v_{1f},内循环控制变量 V2 取值为 v_{20}、$v_{20}+1$、$\cdots$,直到 v_{2f}。当在外循环某次重复 V1 取值 V1′ 而进入内循环时,显然,上述元素 A$[i_1][i_2]$ 的地址计算中 d 的值将依次为:

$$C_0' +C_1' \times V1' +C_2' \times v_{20}$$
$$C_0' +C_1' \times V1' +C_2' \times (v_{20}+1)$$
$$C_0' +C_1' \times V1' +C_2' \times (v_{20}+2)$$
$$\cdots$$
$$C_0' +C_1' \times V1' +C_2' \times (v_{2f}-1)$$
$$C_0' +C_1' \times V1' +C_2' \times v_{2f}$$

每次重复循环使 d 的值增加 C_2'。这意指,可以在进入内循环之前置好 d 的初值为 $C_0' +C_1' \times V1' +C_2' \times v_{20}$,在进入内循环之后,引用 A$[i_1][i_2]$ 之前,让 d 增加 C_2',从而使得 $C_2' \times V2$ 中的乘法用加法来代替。对于外循环,情况类似,可把 $C_1' \times V1$ 中的乘法用加法来

代替,这时外循环每重复一次, d 的值将增加 C_1'。由于 V1 不会在内循环中被改变值,$C_0' + C_1' \times V1$ 对于内循环是不变表达式,可以把它外提到内循环之前,因此,对数组元素地址计算进行优化的结果,上述循环结构优化成下列程序片段:

<table>
<tr><td>

V1=v_{10};
D1=(base+C_0)+C_1*V1;
L1:if(V1>v_{1f}) goto EXIT1;
V2=v_{20};
D2=D1+C_2*V2;
L2:if(V2>v_{2f}) goto EXIT2;
...
通过 D2 引用 A[i_1][i_2]或对其赋值
...

</td><td>

V2=V2+1;
D2=D2+C_2;
goto　L2;
EXIT2:
V1=V1+1;
D1=D1+C_1;
goto　L1;
EXIT1:

</td></tr>
</table>

其中,D2 的值是数组元素 A[i_1][i_2]的地址。

对于 base+C_0',显然可进行合并常量计算优化,且如果 v_{10} 与/或 v_{20} 是常量,可进一步进行合并常量计算优化。如果 V1 与/或 V2 不被引用,将可进一步进行归纳变量删除优化。

概括起来,循环中数组元素地址的计算能进行优化的条件是:

1)相应数组是常界数组,即,数组说明中各维的上下界都是常量;

2)数组元素中的下标表达式 i_k(k=1,2,…,m,m 是数组维数)是循环控制变量 V_l(l=1,2,…,n, n 是循环嵌套层数)的线性式,即,

$$i_k = C_{k0} + C_{k1}V_1 + C_{k2}V_2 + \cdots + C_{kn}V_n$$

其中,C_{k0}、C_{k1}、…、C_{kn} 都是整型常量。

可以把满足上述条件的数组元素称为可优数组元素。

要说明的是,上述讨论是基于简化情况的 for 循环,且循环控制变量每次循环的变化量是常量增量 1 或-1,在更一般情况下,要能进行数组元素地址计算的优化,则必须增量是整型常量。

不言而喻,为进行上述优化,必要的是找出满足上述条件的数组元素。

最后,再次强调:对循环的优化,先应按规范方式展开循环,关于此展式写出四元式序列,然后对此四元式序列进行优化。说明:事实上在按语义规则或翻译方案进行语义分析时将如此展开,这里强调的目的是提醒读者对循环进行优化时必须对按规范方式展开所得的四元式序列进行。

8.4.2　循环优化的实现

1.循环结构的识别

为了实现对循环的优化,首先应识别出循环。一般地,条件转移语句和无条件转移语句等的组合可以形成循环。今以流图为基础,讨论循环的识别。

定义 8.3　如果流图中从某初始结点出发,每条到达结点 n 的路径都要经过结点 m,则称结点 m 是结点 n 的必经结点,表示为 m dom n。

由此定义,任何结点都是它自身的必经结点,且当 m ≠ n 时, m 是 n 的前驱,而 n 是 m 的后继。循环的入口结点是循环内任何结点的必经结点。

从初始结点到结点 n 的任何路径上,结点 n 的最后一个必经结点 m 称为结点 n 的直接必经结点,它是唯一的,而且如果结点 d ≠ 结点 n,且 d dom n,则必有 d dom m。

利用必经结点的概念,流图中的循环有下列两个基本性质:

1)循环必须有唯一的入口点,称为首结点,首结点是循环中所有结点的必经结点。

2)对于循环中任何一个结点,必定至少存在一个路径回到首结点。

上述基本性质表明,循环中所有结点都是强连通的,也就是从循环中任何一个结点到另一个结点都有一条路径存在,该路径上的一切结点都是属于该循环的。

定义 8.4　假定流图中存在两个结点 M 与 N,有 M dom N,如果存在从结点 N 到结点 M 的有向边 N → M,则该边 N → M 称为流图的回边。

在流图中找循环的办法就是找出流图的回边。

定义 8.5　在流图中给定一个回边 N → M,则这个回边的自然循环是结点 M 加上所有不经过 M 而能到达 N 的结点,M 是该循环的首结点。

今后将用构成自然循环的结点的集合来表示自然循环。

例 8.9　设有流图如图 8-10 所示。其中, 3 dom 4,回边是 4 → 3,类似地, 4 dom 7,回边是 7 → 4。其他回边有 10 → 7,8 → 3 与 9 → 1。回边 10 → 7 的自然循环是{7, 8, 10}。回边 9 → 1 的自然循环显然由该流图中的一切结点构成。要注意的是,尽管有回边 7 → 4,但 {4, 5, 6, 7}不是它的自然循环,因为结点 4 与 7 都是入口点。类似地,{3, 4}也不是回边 4 → 3 的自然循环。回边 7 → 4 的自然循环是{4, 5, 6, 7, 8, 10},其中结点 8 与 10 是不经过结点 4 而可达到结点 7 的结点。回边 4 → 3 则与回边 8 → 3 有相同的自然循环{3, 4, 5, 6, 7, 8, 10}。

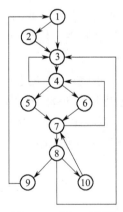

图 8-10　例 8.9 流图

识别流图中的循环,也就是识别流图中的回边与组成回边的自然循环的一切结点,可给出寻找循环的算法如下。

算法 8.2　寻找流图中的循环。

步骤 1　找出回边 N → M,其中,N 与 M 满足 M dom N。

步骤 2 构造回边 N → M 的自然循环的结点集合 loop。

1) 置 loop={N,M}。

2) 把不经过 M 而可达到 N 的一切结点,也即 N 的一切前驱结点加入 loop 中:

```
push(stack,N);
while(!EMPTY(stack))
{ m=top(stack); pop(stack);
   for(m 的每个前驱结点 p)
   { if(p ∉ loop)
     { loop=loop ∪ {p};
       push(stack,p);
     }
   }
}
```

步骤 3 重复步骤 1 与步骤 2,找出一切回边与相应的自然循环。

在上述算法中引进了一个栈 stack,用来存放这样的结点,它开始时还不在 loop 中,一旦加入 loop 中,便将检查它的前驱结点,把还未加入 loop 的前驱结点加入 loop 中。push(stack,q)把结点 q 下推入栈 stack,top(stack)回送 stack 的栈顶元素,而 pop(stack)则上退去 stack 的栈顶元素。利用上述算法,不难求得回边 4 → 3、7 → 4、10 → 7、8 → 3 与回边 9 → 1 的自然循环正与例 8.9 中给出的相同。不言而喻,当寻找一切循环时,每一个回边应该有它自己的结点集合 loop。

可以把自然循环作为循环来处理。通常,两个循环或者不相交,或者一个包含在另一个里面。不包含任何其他循环的循环称为内循环。从流图看,如果两个循环有相同的首结点,如同图 8-11 所示,如果不具体检查代码,很难说循环{B_0,B_1,B_2}是内循环,还是循环{B_0,B_1,B_3}是内循环。为简单起见,当两个自然循环有相同的首结点,并且不是一个嵌入在另一个里面时,把它们合并,看成一个循环。

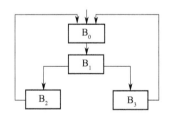

图 8-11 有相同首结点的 2 个循环

实际出现的流图往往是一种所谓的可归约流图。可归约流图是删去了其中的回边后构成一个无环路有向图的流图。可归约流图的一个重要性质是:不存在从循环外向循环内的转移,进入循环只有通过它的首结点。如果把图 8-10 中流图的一切回边都删去,留下的显然是无环路的有向图,因此该流图是一个可归约流图。

通常程序设计语言,如 C 语言等中的结构化控制语句 (如条件语句与循环语句等)所构成的结构化程序流图总是可归约的,即使没有结构化程序设计概念的程序书写者,使用 goto 语句编写的程序流图也几乎都是可归约的。对循环分析来说,为了找出流图可归约的程序的一切循环,只需寻找回边的自然循环。

2. 数据流分析

上面基于流图,对程序中的循环进行识别,然而为了进行对循环的优化,进一步全局优化,仅仅控制流分析是不够的,还必须分析程序中变量被赋值与引用的情况,换言之,需要进行数据流分析。

一个变量通常有如下几种获得值的方式:

1)通过赋值语句赋值;

2)通过输入语句获得值;

3)通过函数形实参数传递获得值。

不论哪一种方式,都说是对变量的定值,数据流分析就是分析程序中所有变量的定值与引用之间的关系。在进一步讨论之前,先引进几个概念。为简单起见,假定只考虑前两种定值方式。

点   用来指明流图基本块中的位置,包括第一个四元式之前的点(称入口点)、每两个相邻四元式之间的点与最后一个四元式之后的点(称出口点)。

定值   对变量 x 的定值是一个四元式,该四元式使 x 获得值。该四元式的位置 d 称为变量 x 的定值点,一般就称该定值为 d。

引用点   引用某变量 x 的四元式的位置称为变量 x 的引用点。

到达-定值   假定变量 x 有定值 d,如果存在一个路径,从紧随 d 的点到达某点 p,并且在此路径上该定值未被"注销",则称变量 x 的定值 d 达到点 p。这意指,当在点 p 引用变量 x 的值时, x 的最新定值可能在位置 d。如果在那条路径上紧随 d 的点与点 p 之间有对变量 x 的赋值引起的定值 d′,那么,定值 d 将被注销,换言之,定值 d 不能到达点 p。

(1)到达-定值数据流方程

对循环不变表达式外提的优化,必要的是找到循环的不变表达式,也就是组成表达式的各个变量在循环内值不变,因此,组成不变表达式的一切变量在循环内都无定值点,它们的定值点都在循环外,都是循环不变量。

如果对于循环内引用的变量 x,能判定其在循环外定值,便能判定它是循环不变量,为此,引进变量的引用-定值链,或称 ud 链。

定义 8.6   引用-定值链:设变量 x 有一引用点 u,变量 x 的能达到点 u 的一切定值点的集合称为变量 x 在引用点 u 处的引用-定值链,或称 ud 链。

显然,当给定了变量 x 在引用点 u 的 ud 链,就可知道 x 在点 u 处的值是在何处定值的,从而判定变量 x 是否循环不变量。

为了求得 ud 链,首先计算基本块入口点处各个变量的定值点集合,然后求得到达基本块中某点时变量的定值点集合。

让 IN[B]表示基本块 B 入口点处各个变量的定值点集合,则在基本块 B 中某点 p 处的 ud 链可按下列方式求得。

1)如果 B 中点 p 之前有 x 的定值点 d,且这个定值能到达 p,则点 p 处 x 的 ud 链是

{d}。

2）如果 B 中点 p 之前没有 x 的定值点,则 IN[B]中关于变量 x 的每个定值都能到达点 p,即,点 p 处变量 x 的 ud 链是 IN[B]中关于 x 的定值点集合。

为了求得 IN[B],建立到达-定值数据流方程组如下。

$$IN[B] = \bigcup_{p \in P[B]} OUT[p]$$

$$OUT[B] = GEN[B] \cup (IN[B] - KILL[B])$$

其中, OUT[B]是各个变量的能到达基本块 B 出口点的所有定值点的集合, KILL[B]是各个变量在基本块 B 中重新定值,因而在基本块 B 内被注销的定值点集合, GEN[B]则是各个变量在基本块 B 内定值并能到达 B 的出口点处的所有定值点的集合。最后, P[B]是基本块 B 的前驱基本块集合。

IN[B]指出进入基本块 B 时各个变量在何处定值, OUT[B]则表明能到达基本块 B 的出口点的定值有两种情况,即,或者是在 B 内定值的,或者是在 B 外的定值未被注销而到达 B 的出口点的。由于任何 KILL[B]和 GEN[B]可从流图求出而作为已知量,所以上述方程组是关于变量 IN[B]与 OUT[B]的联立方程组。假定一个给定的流图中包含 n 个基本块,则这是 2n 个变量(n 个 IN[B]与 n 个 OUT[B])的 2n 个方程的联立线性方程组。下面给出解此联立方程组的迭代算法,假定每个基本块 B 的 KILL[B]与 GEN[B]已经求得。

算法 8.3 到达-定值数据流方程求解的迭代算法。

输入:每个基本块 B 的 KILL[B]与 GEN[B]已经求得的流图,该流图共有 n 个基本块。

输出:每个基本块 B 的 IN[B]与 OUT[B]。

算法步骤用下列 C 型程序表达。

```
for(i=1; i<=n; i=i+1)              for(i=1; i<=n; i=i+1)
{ IN[B_i]=∅;                       { IN[B_i]= ∪      OUT[p];
    OUT[B_i]=GEN[B_i];                       p ∈ P[B_i]
}                                    oldout=OUT[B_i];
change=true;                         OUT[B_i]=GEN[B_i] ∪ (IN[B_i]-KILL[B_i]);
while(change)                        if(OUT[B_i]!=oldout)  change=true;
{ change=false;                    }
                                   }
```

该算法中引进逻辑型变量 change,当其值为 true(1)时,标志需要继续进行迭代,当其值为 false(0)时,标志一切 OUT[B]已不再改变,因此一切 IN[B]也不再改变,从而结束 while 循环,得到所求的解。

例 8.10 设有流图如图 8-12 所示。它由 4 个基本块 B_1、B_2、B_3 与 B_4 组成,各基本块的 KILL 与 GEN 集合如图中所给。现在应用上述算法求解相应的到达-定值数据流方程。

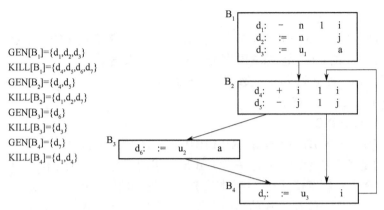

$GEN[B_1]=\{d_1,d_2,d_3\}$

$KILL[B_1]=\{d_4,d_5,d_6,d_7\}$

$GEN[B_2]=\{d_4,d_5\}$

$KILL[B_2]=\{d_1,d_2,d_7\}$

$GEN[B_3]=\{d_6\}$

$KILL[B_3]=\{d_3\}$

$GEN[B_4]=\{d_7\}$

$KILL[B_4]=\{d_1,d_4\}$

图 8-12　例 8.10 的流图及 KILL 与 GEN 集合

为了便于描述,用位向量表示定值点集合,例中共包含 7 个定值点: d_1、d_2、…、d_7,因此用由 7 个二进制组成的位向量表示定值点集合,位向量中从左数起的第 i 位表示定值点 d_i:为 1,表示定值点集合包含 d_i,否则,为 0,表示不包含 d_i。

应用上述算法计算 IN 与 OUT 的结果列于表 8-3,其中给出了算法中 for 循环置初值的结果以及依次执行 while 循环的结果。

表 8-3

基本块	初始		第一次重复		第二次重复	
B	IN[B]	OUT[B]	IN[B]	OUT[B]	IN[B]	OUT[B]
B1	0000000	1110000	0000000	1110000	0000000	1110000
B2	0000000	0001100	1110001	0011100	1110111	0011110
B3	0000000	0000010	0011100	0001110	0011110	0001110
B4	0000000	0000001	0011110	0010111	0011110	0010111

置初值时,对一切基本块 B,置 IN[B]=∅,因此,$IN[B_1]=IN[B_2]=IN[B_3]=IN[B_4]=0000000$,而 OUT[B]赋以 GEN[B],因此,有 $OUT[B_1]=1110000$ 与 $OUT[B_2]=0001100$ 等。当第一次执行 while 循环时,考虑基本块 B_2,有

$IN[B_2]=OUT[B_1] \cup OUT[B_4]=1110000+0000001=1110001$,

$OUT[B_2]=GEN[B_2] \cup (IN[B_2]-KILL[B_2])$

$\qquad =0001100+(1110001-1100001)$

$\qquad =0011100$

对于 B_3 与 B_4 的 IN 与 OUT 可类似求得。自第三次重复 while 循环开始,所有的 IN 与 OUT 集合不再改变,所以该算法在第三次重复后结束。上面所列第 2 次重复的结果便是所求,即

$IN[B_1]= ∅$,　　　　　　　　　$OUT[B_1]=\{d_1,d_2,d_3\}$,

$IN[B_2]=\{d_1,d_2,d_3,d_5,d_6,d_7\}$,　　　$OUT[B_2]=\{d_3,d_4,d_5,d_6\}$,

IN[B_3]={d_3,d_4,d_5,d_6}, OUT[B_3]={d_4,d_5,d_6},

IN[B_4]={d_3,d_4,d_5,d_6}, OUT[B_4]={d_3,d_5,d_6,d_7}

（2）活跃变量数据流方程

在消除公共子表达式时，可以看到一些复写四元式的删除与否取决于变量以后是否被引用。对于在基本块的出口点之后变量是否还被引用的这种判断工作称为活跃变量分析。下面给出相关的概念。

如果对于变量 x 和流图上的某个点 p，存在一条从点 p 开始的路径，在此路径上引用变量 x 的值，则称变量 x 在点 p 是活跃的变量，否则称变量 x 在点 p 不活跃。

易见，如果对于变量 x 在点 p 的定值，在所在的基本块或循环内不被引用，而且在该基本块或循环出口之后又是不活跃的，则变量 x 在点 p 的定值是无用赋值，可以删除。

为了计算在基本块入口点与出口点处的活跃变量集合，类似地引进 L_IN 与 L_OUT 等概念，然后建立活跃变量数据流方程。

让 L_IN[B]是在基本块 B 入口点的活跃变量集合，L_OUT[B]是在基本块 B 出口点的活跃变量集合，L_DEF[B]是在基本块 B 内定值，但在定值前未曾在 B 中引用的变量集合，最后，让 L_USE[B]是在基本块 B 中引用，但引用前未曾在 B 中定值的变量集合。可以建立活跃变量数据流方程如下。

L_IN[B]=L_USE[B] ∪ (L_OUT[B]−L_DEF[B])

L_OUT[B]= ∪ L_IN[s]

        s ∈ S[B]

其中 S[B]表示基本块 B 的后继基本块集合。类似地，L_DEF[B]和 L_USE[B]是可以从流图求得的已知量。当流图由 n 个基本块组成时，这也是 2n 个变量的 2n 个方程的联立线性方程组。

第一组方程的含义是：如果一个变量在某个基本块 B 中定值前被引用，或者在该基本块 B 的出口处活跃并且未由基本块 B 定值，则该变量在基本块 B 的入口点是活跃的。第二组方程则表示，变量在某基本块 B 的出口点活跃，当且仅当该变量在该基本块 B 的某个后继基本块入口点处是活跃的。易见，这两组方程按照流图的反向来计算得到关于活跃变量的信息。

对上述活跃变量数据流方程同样地采用迭代方式求解，算法给出如下。

算法 8.4 活跃变量数据流方程求解迭代算法。

输入：每个基本块 B 的 L_DEF[B]和 L_USE[B]已经求得的流图，该流图共有 n 个基本块。

输出：每个基本块 B 的 L_IN[B]和 L_OUT[B]。

算法步骤用下列 C 语言程序表达。

for(i=1; i<=n; i=i+1)   { L_OUT[B_i]= ∪   L_IN[s];
    L_IN[B_i]= Ø;   s ∈ S[B_i]
change=true;   oldin=L_IN[B_i];
while(change)   L_IN[B_i]=L_USE[B_i] ∪ (L_OUT[B_i]−L_DEF[B_i]);
{ change=false;   if(L_IN[B_i]!=oldin) change=true;
   for(i=1; i<=n; i=i+1)   }

该算法中引进了变量 change,其作用与算法 8.3 中的相同,现在,当一切 L_IN 的值不变时 change 取值 false(0),终止 while 循环而结束,得到所求的解。

例 8.11 对于例 8.10 中的流图应用算法 8.4 求解活跃变量数据流方程,已给 L_DEF[B_1]={i,j,a}, L_USE[B_1]={m,n,u_1}, L_DEF[B_2]= Ø, L_USE[B_2]={i,j}, L_DEF[B_3]={a},L_USE[B_3]={u_2},L_DEF[B_4]={i},L_USE[B_4]={u_3}。

首先置初置,有 L_IN[B_1]=L_IN[B_2]=L_IN[B_3]=L_IN[B_4]= Ø。

while 循环第一次重复的结果如下。

    L_OUT[B_1]= Ø   L_IN[B_1]={m,n,u_1}
    L_OUT[B_2]= Ø   L_IN[B_2]={i,j}
    L_OUT[B_3]={i,j}   L_IN[B_3]={i,j,u_2}
    L_OUT[B_4]={i,j,u_2}   L_IN[B_4]={j,u_2,u_3}

while 循环第二次重复时计算情况如下。

    L_OUT[B_1]=L_IN[B_2] ∪ L_IN[B_3] ∪ L_IN[B_4]
               ={i,j} ∪ {i,j,u_2} ∪ {j,u_2,u_3}={i,j,u_2,u_3}
    L_IN[B_1]=L_USE[B_1] ∪ (L_OUT[B_1]−L_DEF[B_1])
               ={m,n,u_1} ∪ ({i,j,u_2,u_3}−{i,j,a})={m,n,u_1,u_2,u_3}
    L_OUT[B_2]=L_IN[B_2] ∪ L_IN[B_3] ∪ L_IN[B_4]
               ={i,j} ∪ {i,j,u_2} ∪ {j,u_2,u_3}={i,j,u_2,u_3}
    L_IN[B_2]=L_USE[B_2] ∪ (L_OUT[B_2]−L_DEF[B_2])
               ={i,j} ∪ ({i,j,u_2,u_3}−{   })={i,j,u_2,u_3}
    L_OUT[B_3]=L_IN[B_2] ∪ L_IN[B_3] ∪ L_IN[B_4]
               ={i,j,u_2,u_3} ∪ {i,j,u_2} ∪ {j,u_2,u_3}={i,j,u_2,u_3}
    L_IN[B_3]=L_USE[B_3] ∪ (L_OUT[B_3]−L_DEF[B_3])
               ={u_3} ∪ ({i,j,u_2,u_3}−{a})={i,j,u_2,u_3}
    L_OUT[B_4]=L_IN[B_2] ∪ L_IN[B_3] ∪ L_IN[B_4]
               ={i,j,u_2,u_3} ∪ {i,j,u_2,u_3} ∪ {j,u_2,u_3}={i,j,u_2,u_3}
    L_IN[B_4]=L_USE[B_4] ∪ (L_OUT[B_4]−L_DEF[B_4])
               ={u_3} ∪ ({i,j,u_2,u_3}−{i})={j,u_2,u_3}

显然,while 循环第三次重复时不改变任何 L_IN[B]与 L_OUT[B]的值,change 取值 false(0),终止 while 循环而结束,上面所列就是所求的解。

（3）可用表达式数据流方程

如前所述,一个基本块内的公共子表达式可通过构造基本块的 dag 来消除。如何在全局范围内寻找公共子表达式,从而消去之?为此引进可用表达式及相应的数据流方程。

定义 8.7　如果从一个流图的首结点到点 p 的每个路径上都有对表达式 x op y 的计算,并且在最后一个这样的计算和点 p 之间没有对 x 和 y 的重新定值,则称表达式 x op y 在点 p 是可用的。

如果一个基本块 B 对 x 或 y 定值,且以后没有重新计算 x op y,则称基本块 B 注销表达式 x op y。如果基本块 B 对 x op y 进行计算,而以后并没有对 x 或 y 重新定值,则称基本块 B 产生表达式 x op y。

注意,表达式 x op y 在四元式序列中将以 op x y 的形式出现。可用表达式的概念可用图 8-13 中所示的流图来说明。

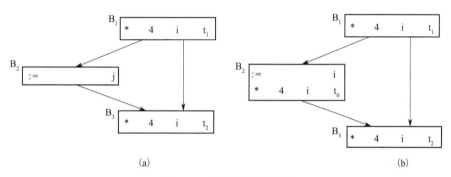

(a)　　　　　　　　　　　　(b)

图 8-13　可用表达式示例

图 8-13 中(a)与(b)的基本块 B_1 都产生表达式 4*i,由于(a)中基本块 B_2 未对 i 定值,而(b)中基本块 B_2 虽对 i 定值,却之后又计算 4*i,都没有注销表达式 4*i,因此,不论(a)与(b),表达式 4*i 在基本块 B_3 的入口点都是可用的。如果把(a)中 B_2 对 j 的定值改为对 i 的定值,在(a)中基本块 B_3 的入口处,表达式 4*i 将不是可用的。

显然,如果表达式 x op y 在点 p 处是可用的,则该表达式在点 p 可作为公共表达式而被删除。

基本块产生的可用表达式集合是容易计算的,其基本思想如下。

在基本块的入口点,假定无可用表达式。从第一个到最后一个地逐个扫描基本块的四元式序列,如果点 p 处的可用表达式集合是 A,点 q 是点 p 的下一点, p 和 q 之间的四元式是 op x y z,则点 q 处的可用表达式集合的计算由下列两步完成:

1)把表达式 x op y 加入可用表达式集合 A;

2)删去 A 中任何含 z 的表达式。

注销的表达式的集合按照其定义不难计算。

为了寻找可用表达式,类似地引进可用表达式数据流方程如下。

$$E\_OUT[B]=(E\_IN[B]-E\_KILL[B]) \cup E\_GEN[B]$$

$$E\_IN[B]= \bigcap_{p \in P[B]} E\_OUT[p] \quad B \neq B_1$$

$$E\_IN[B_1]=\varnothing \qquad\qquad B_1 \text{ 是首结点基本块}$$

其中，E_IN[B]是基本块 B 入口点处的可用表达式集合，E_OUT[B]是基本块 B 出口点处的可用表达式集合，E_GEN[B]是基本块 B 中产生的可用表达式的集合，E_KILL[B]是基本块 B 中被注销的表达式的集合。E_GEN[B]与 E_KILL[B]可由流图直接求出。当流图中包含 n 个基本块时，这时也是 2n 个变量的 2n 个方程的联立线性方程组。这方程组假定了在进入首基本块时无可用表达式，而在其他基本块的入口点处的可用表达式必须是一个基本块的所有前驱基本块出口点处都是可用的表达式。在基本块出口点处的可用表达式则或者是在基本块内产生的，或者是基本块入口点处可用的，除了在基本块内被注销的以外的所有可用表达式。

对于可用表达式数据流方程同样用迭代方法求解。

算法 8.5　可用表达式数据流方程求解迭代算法。

输入：每个基本块 B 的 E_GEN[B]与 E_KILL[B]已经求得的流图，该流图共有 n 个基本块。

输出：每个基本块 B 的 E_IN[B]和 E_OUT[B]。

算法步骤用下列 C 语言程序表达。

```
E_IN[B₁]= Ø;                          { E_IN[Bᵢ]= ∩    E_OUT[p];
E_OUT[B₁]=E_GEN[B₁];                            p ∈ P[Bᵢ]
for(i=2; i<=n; i=i+1)                    oldout=E_OUT[Bᵢ];
   E_OUT[Bᵢ]=U-E_KILL[Bᵢ];               E_OUT[Bᵢ]=
change=true;                                E_GEN[Bᵢ] ∪ (E_IN[Bᵢ]-E_KILL[Bᵢ]);
while(change)                             if(E_OUT[Bᵢ]!=oldout) change=true;
{ change=false;                          }
   for(i=2; i<=n; i=i+1)               }
```

其中，U 是四元式序列中所有表达式 x op y(即 op x y)的集合，这是因为期望最大可能解，因此从足够大的近似开始，逐步减少。

该算法当某次迭代时 E_OUT[B]全不再改变，因而 change 取值 false 时结束。

请读者自行关于例 8.10 应用算法 8.5 计算 E_IN[Bᵢ]与 E_OUT[Bᵢ](i=1,2,3,4)。

3. 数据流方程应用于循环优化

通过数据流分析，可以获得流图中基本块之间的数据流信息。这里讨论应用这些信息实现对于循环的优化。

（1）循环不变表达式外提

如前所述，为进行循环不变表达式外提的优化，需要解决三个问题，即，如何识别循环中的不变表达式、把它外提到何处、又在什么条件下才能外提，这样才能保证外提后不会改变程序的计算。

循环不变表达式是值不随循环的重复执行而改变的表达式，它由循环不变量组成，也就是说组成不变表达式的变量的定值点都在循环外，因此，可以利用到达-定值链，即 ud 链来寻找循环不变表达式,例如,如果循环中点 p 有对变量 x 的引用,那么可以通过检查变量 x 在点 p 处的 ud 链,判定变量 x 的定值点是否在循环内。从而确定是否循环不变量。对此给出如下算法。

算法 8.6　寻找循环不变计算。

输入:由一组基本块构成的循环 L,对于该循环中的每个四元式,已建立 ud 链。

输出:循环中每次计算都得到相同值的四元式。

算法步骤如下。

步骤 1　对循环中所有这样的四元式加标记"不变",这些四元式的运算分量或者是常数,或者是所有的定值点都在该循环外的变量。

步骤 2　重复步骤 3,直到某次重复没有对任何四元式再加标记"不变"。

步骤 3　对那样的四元式加标记"不变",即,这些四元式先前未加过标记,而它的所有运算分量是常量或定值点都在循环外的变量,或者定值已在循环中标记为'不变'的四元式。

由上述算法找到的所有循环不变计算的四元式有可能外提到循环外。外提到何处? 显然外提到紧在循环首结点之前是最为合适的。为此设置循环的一个前置结点,它是新建立的结点,对应于一个基本块,用来安放外提的循环不变计算四元式,如图 8-14 所示。任何循环都有唯一的入口结点,即首结点,添加前置结点后,原先从循环外引向循环的有向边,也即引向首结点的有向边,现在改为引向前置结点的有向边,而前置结点到首结点有一有向边,循环内原先到首结点的有向边不变。显然,把循环内的不变计算四元式外提到前置结点可以保证程序的计算不变。

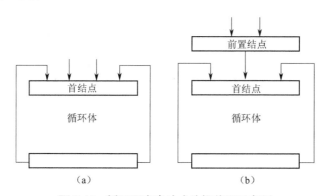

图 8-14　循环不变表达式外提前后示意图

但是要注意的是,不是所有循环不变计算四元式都可外提到前置结点的。为了保证外提不会改变程序的计算,给出下面三个条件。

假设四元式 $Q:op\ x\ y\ z$ 是循环不变计算,它能外提的条件如下。

条件 1　Q 所在基本块结点是循环所有出口结点的必经结点,这里循环出口结点指的是循环中这样的结点,即,它有后继结点不在循环中。

条件 2　循环中 z 没有其他定值点。如果 z 是只赋值一次的临时变量,这个条件肯定满足而无须检查。

条件 3　循环中 z 的引用点仅由 Q 到达。如果 z 是临时变量,这个条件一般也满足。

下面给出外提循环不变计算的算法。

算法 8.7　循环不变计算外提。

输入:已计算 ud 链和必经结点信息的循环。

输出:把循环不变计算四元式外提到前置结点基本块的修改了的循环。

算法步骤如下。

步骤 1　寻找循环中的一切不变计算四元式。

步骤 2　对所找到的每个不变计算四元式 Q:op x y z,检查是否满足三个条件,即:

1)Q 所在基本块结点是循环所有出口结点的必经结点;

2)z 在循环中没有其他定值点;

3)循环中对 z 的引用只有 Q 处的定值才能到达。

步骤 3　按照不变计算四元式找出的次序,把所找到的满足上述三个条件的不变计算四元式移到循环的前置结点基本块中。但是,如果 Q 的运算分量 x 与 y 在循环中定值,那么,只有在 x 与 y 的定值四元式外提到前置结点基本块后,才能把 Q 外提到前置结点基本块。

（2）归纳变量计算强度削减和归纳变量删除

在前面的讨论中,可以看到循环控制变量 i 起着计数器作用,其他一些变量,如 t_1 等,和 i 步伐一致地随着循环的重复而变化着, i 与 t_1 等变量都是循环的归纳变量,也就是说随着循环的每次重复执行增加或减少某个固定的常量值。

这里进一步引进基本归纳变量和族的概念,只是为简明起见,不用四元式形式,而写出赋值语句形式。

1)如果循环中对变量 i 只有唯一的形如 i:=i ± c 的定值,其中 c 是常量,则称 i 是循环的基本归纳变量。

2)如果循环中对变量 j 的定值都呈 j:=C_1*i ± C_2 的形式,其中 i 是基本归纳变量, C_1 和 C_2 都是常量,则称变量 j 属于 i 族。基本归纳变量 i 属于它自己的族,即 i 族。

对于定值点处值为 C_1*i+C_2 的 i 族归纳变量 j,可以用三元组(i,C_1, C_2)与它相关联。例如,由 for(i=1; i<=20; i=i+1)指明的循环,i 是它的基本归纳变量。当该循环中的非基本归纳变量 t 是基本归纳变量 i 的线性函数时,例如 4*i,则 t 为 i 族归纳变量,关联于三元组(i,4,0)。

下面给出寻找归纳变量的算法

算法 8.8　寻找循环的归纳变量。

输入:已获得到达-定值信息和循环不变计算信息的循环。

输出:用三元组(i,c,d)表示的归纳变量。

算法步骤如下。

步骤 1　扫描循环的四元式,找出所有基本归纳变量。对应于每个基本归纳变量的三元组形如(i,1,0)。

步骤 2　寻找循环中只有一个赋值的变量 k,对它的定值有下列形式之一:

　　k=j*b, k=b*j, k=j/b, k=j ± b, k=b ± j

其中,b 是常量,j 是归纳变量（基本的或非基本的）。

如果 j 是基本归纳变量,那么 k 属于 j 族,取决于对 k 定值的实际情况, k 的三元组是 (j,b,0)(对于 k=j*b)或(j,1,b)(对于 k=j+b),等等。

如果 j 不是基本归纳变量,且它属于 i 族,则进一步要求:

① 在循环中对 j 的唯一赋值和对 k 的赋值之间没有对 i 的赋值;

② 没有 j 在循环外的定值可到达 k 的这一定值点。

这时从 j 的三元组(i,c,d)和对 k 定值的四元式计算 k 的三元组。当定值为 k=b*j 时, k 的三元组为(i,b*c,b*d);当定值为 k=j+b 时, k 的三元组为(i,c,b+d);…等等。因为 b,c 和 d 等都是常量,在分析时可计算好 b*c,b*d 与 b+d 等的值。

常见的情况是 k 和 j 都是属于同一个基本块中的临时变量,上述①与②较易检查,对于更一般情况,可以利用到达-定值信息,进行①与②的检查。

当找出一族归纳变量后,可以进行计算强度削减与归纳变量删除。先给出计算强度削减算法如下。

算法 8.9 归纳变量计算强度削减。

输入:已获得到达-定值信息并找出归纳变量族的循环。

输出:归纳变量计算强度削减了的循环。

算法步骤如下。

依次考虑基本归纳变量 i,对每个三元组为(i,c,d)的 i 族归纳变量 j,执行下列步骤。

步骤 1 建立新变量 t,但如果变量 j_1 和 j_2 有相同的三元组,则仅建立一个新变量而用于两者。

步骤 2 用:=t   j 代替对 j 的赋值。

步骤 3 在循环中每个定值 i=i+n 之后添加 t=t+c*n(n 是常量),更确切地说,四元式+ i n i 或者+ i n t 与:=t   i 的紧后面添加四元式 + t c*n t,其中, c*n 是计算好的常量,因为 c 与 n 都是常量。把 t 归入 i 族,它的三元组为(i,c, d)。

步骤 4 在前置结点基本块的末了,对于 i 族归纳变量 t 添加定值 t=c*i+d,也即添加两个四元式

    * c i t
    + t d t

上述算法步骤 3 使得 i 族归纳变量 j 的计算 c*i+d 中的乘法用加法来代替,而步骤 4 则使得在循环的入口点,t 取初值为 c*i+d。

如果 d=0,则无须第 2 个四元式,如果 c=1,则第一个四元式可改为:

    := i   t

当归纳变量计算强度削减后,一些归纳变量在循环内的计算已成为每次重复递增一个常量值,与基本归纳变量不再有直接的联系,如果基本归纳变量对循环次数的控制作用可用其他归纳变量来代替,基本归纳变量便可能无存在的必要。一般地,如果某些归纳变量在循环中仅用于测试,而可以用另外某个归纳变量的测试来代替,替代后那些归纳变量便有可能被删除。正如在循环优化的种类一节中关于归纳变量删除的讨论,i 是控制循环重复次数的计数器,变量 t_1 取值 4*i,即总是 i 的值的 4 倍,测试 i≤20 等价于测试 t_1≤80,用 t_1 来测试后就有可能删除 i。这样便删除了归纳变量。下面给出循环归纳变量的删除算法。

算法 8.10　循环归纳变量删除。

输入:已获得到达-定值信息、循环不变计算信息和活跃变量信息的循环。

输出:删除归纳变量而修改了的循环。

算法步骤如下。

步骤 1　考虑每个基本归纳变量 i,取 i 族的某个归纳变量 j。取其三元组(i,c,d)中的 c 与 d 尽可能简单的 j,即尽可能取 c=1 和 d=0 的 j,则把每个含 i 的测试改成用 j 代替 i。

1)对于四元式 relop i x B,其中 x 不是归纳变量,用下列四元式来代替。

*	c	x	r	/*若 c=1,则改为:= x　　　　　r*/
+	r	d	r	/*若 d=0,则省略此四元式　　　*/
relop	j	r	B	

其中 r 是新的临时变量。对于四元式 relop　x　i　B,类似地处理。

2)对于四元式 relop　i_1　i_2　B,其中 i_1 和 i_2 都是归纳变量,则检查 i_1 和 i_2 是否能被代替。最简单的情况是:j_1 和 j_2 的三元组分别是(i_1,c_1,d_1)和(i_2,c_2,d_2)并且 c_1=c_2 和 d_1=d_2,则 relop　i_1　i_2 等价于 relop　j_1　j_2。在更复杂的情形,测试的替换达不到节省的目的,可以不必考虑。

替换后,当被删掉的归纳变量不再被引用时,从循环中删去所有对它的赋值。

步骤 2　考虑在归纳变量计算强度削减时引进四元式:= t　j 的每个归纳变量 j。检查在引入的四元式:= t　j 和任何对 j 的引用之间有没有对 t 赋值。通常是没有这样的赋值的。j 一般是在它定值的基本块中引用的,这个检查可以简化;如果在定值的基本块外被引用就需要到达-定值信息,并对流图进行一些分析来实现这种检查。

当不存在这种对 t 的赋值时,让引用 t 代替所有对 j 的引用,并删去:= t　j。

请注意,上述算法中考虑的是三元组(i,c,d)中 c>0 的情况,因此才有四元式 relop i x B 改成 relop j r B。对于 c<0 的情况,例如,如果前面所述的 t_1 值为-4*i,则 i≤20 将等价于 t_1≥-80,因此将改变关系运算符 relop。

(3)公共子表达式消除

在前面讨论了公共子表达式的消除,但仅是在一个基本块范围内的公共子表达式的消除。当要消除循环中的公共子表达式时,必然要考虑循环结构中各个基本块的公共子表达式的消除。明显的事实是,表 8-2 中四元式序列的* 4 n 与* 4 j 是若干基本块共有的公共子表达式。因此,循环中公共子表达式的消除实质上是一种全局优化。

基于可用表达式的概念,下面给出全局公共子表达式消除算法。

算法 8.11　全局公共子表达式消除。

输入:已获得可用表达式信息的流图。

输出:删除了全局公共子表达式的流图。

算法步骤如下。

对于流图一切基本块中形如 op x y z 的四元式 Q,如果 x op y 在 Q 所在基本块的入口点可用,且在该基本块中 Q 前没有 x 或 y 的定值,则执行下列步骤。

步骤 1 为了寻找到达 Q 所在基本块的 x op y 的计算,即形如 op x y t 的四元式,顺着流图的有向边,从该基本块开始反向搜索,但是不穿过任何计算 x op y 的基本块。在遇到的每个基本块中,x op y 的最后一个计算是到达 Q 的 x op y 的计算。

步骤 2 建立新变量 u。

步骤 3 把步骤 1 中找到的每个四元式 op x y t 用下列两个四元式代替,即,

op x y u

:= u t

步骤 4 用四元式:= u z 代替四元式 Q。

注意,当在流图基本块中存在如下的两对四元式:

+ x y a 与 + x y c

* a z b * c z d

时,上述算法不能发现 a*z 与 c*z 有相同的值,因此不能处理作为公共子表达式。这是因为上述算法仅考虑字面表达式,而不是考虑表达式的值。为了能识别这种公共子表达式,可以把上述算法改成迭代算法,这时应能把由步骤 4 中代替四元式 + x y a 而产生的四元式:= u a 之后的四元式 * a z b 识别作四元式 * u z b,这样重复上述步骤直到再无新的公共子表达式被找到时为止,上述的 a*z 和 c*z 将被处理作公共子表达式 u*z。

（4）复写四元式的消除

如上所见,除了中间代码生成时产生一些复写四元式外,当消除公共子表达式与删除归纳变量等之后也会产生复写四元式。通过复写四元式定值的变量大多数是局部于基本块的临时变量,因此可以考虑实现复写传播而删除复写四元式。这时对于用复写四元式 d: := x y 定值的变量 y,找出其一切引用点,用 x 去代替 y,那么可以删除此复写四元式 d。这时对 y 的每个引用 u 须满足下列两个条件,即:

1）此定值 d 是到达 u 的唯一的 y 定值(即,此处的 ud 链仅包含 d);

2）从 d 到 u 的每条路径上,包括穿过 u 若干次的(但不第 2 次穿过 d 的)路径上,没有对 x 的赋值。

条件 1）通过使用 ud 链的信息来检查。对于条件 2）类似地可以引进集合 C_IN[B]与 C_OUT[B]以及 C_GEN[B]与 C_KILL[B],为复写四元式建立数据流方程:

C_OUT[B]=C_GEN[B] ∪ (C_IN[B]−C_KILL[B])

C_IN[B]= ∩ C_OUT[p] B ≠ B₁
$\quad\quad\quad$ p ∈ P[B]

C_IN[B₁]=∅ B₁ 是结点首基本块

这些概念与可用表达式的情况十分相似,几乎只需把“可用表达式”代之以“复写四元式”,并且可以使用迭代算法 8.5 来求解此数据流方程。请读者自行给出这些集合的确切定义。

注意,复写四元式与可用表达式的一个区别在于:不仅仅是对 y 的赋值,将注销复写四元式:= x y,对 x 的赋值也将注销复写四元式:= x y。

删除复写四元式的算法如下。

算法 8.12 复写传播。

输入:已计算 ud 链、C_IN[B]以及描述每个定值的引用的 du 链的流图。

输出:实现复写传播而删除了复写四元式的修改了的流图。

算法步骤如下。

对每个复写四元式 d: := x   y 执行下列步骤。

步骤 1   找出该 y 定值所能到达的那些 y 引用。

步骤 2   对步骤 1 中找到的每个 y 引用,确定 d 是否在 C_IN[B]中, B 是包含这个 y 引用的基本块,而且 B 中该引用的前面没有 x 或 y 的定值。如果 d 在 C_IN[B]中,那么 d 是到达 B 的 y 的唯一定值。

步骤 3   如果 d 满足条件 2),删除 d,且把步骤 1 中找到的对 y 的一切引用用 x 代替。

例 8.12   循环优化示例。

设有快速排序的 C 函数定义如下 :

```
void    quicksort(int m, int n)          if(i<j)
{ int i,j,v,x;                            { x=A[i]; A[i]=A[j]; A[j]=x;
   if(n>m)                                }
   { i=m-1;  j=n;   v=A[n];             }while(i<j);
      do                                 x=A[i]; A[i]=A[n]; A[n]=x;
      { do i=i+1; while(A[i]<v);         quicksort(m,j);  quicksort(i+1,n);
         do j=j-1; while(A[j]>v);        }
                                       }
```

其中,数组 A 假定是非局部变量。

对其中的部分程序写出四元式序列如表 8-4 所示。

表 8-4

（1）	-	m	1	t_1	（21）	*	4	j	t_{12}
（2）	:=	t_1		i	（22）	=[ ]	A	t_{12}	t_{13}
（3）	:=	n		j	（23）	*	4	i	t_{14}
（4）	*	4	n	t_2	（24）	[ ]=	A	t_{14}	t_{15}
（5）	=[ ]	A	t_2	t_3	（25）	&:=	t_{13}		t_{15}
（6）	:=	t_3		v	（26）	*	4	j	t_{16}
（7）	+	i	1	t_4	（27）	[ ]=	A	t_{16}	t_{17}
（8）	:=	t_4		i	（28）	&:=	x		t_{17}
（9）	*	4	i	t_5	（29）	<	i	j	（7）
（10）	=[ ]	A	t_5	t_6	（30）	*	4	i	t_{18}
（11）	<	t_6	v	（7）	（31）	=[ ]	A	t_{18}	t_{19}
（12）	-	j	1	t_7	（32）	:=	t_{19}		x
（13）	:=	t_7		j	（33）	*	4	n	t_{20}
（14）	*	4	j	t_8	（34）	=[ ]	A	t_{20}	t_{21}
（15）	=[ ]	A	t_8	t_9	（35）	*	4	i	t_{22}
（16）	>	t_9	v	（12）	（36）	[ ]=	A	t_{22}	t_{23}

续表

（17）	≥	i	j	（29）	（37）	&:=	t_{21}		t_{23}
（18）	*	4	i	t_{10}	（38）	*	4	n	t_{24}
（19）	=[]	A	t_{10}	t_{11}	（39）	[]=	A	t_{24}	t_{25}
（20）	:=	t_{11}		x	（40）	&:=	x		t_{25}

如前所述,假定了数组 A 的每个元素占用 4 个字节,因此,表 8-4 中四元式（4）与
（5）为:

$$* \qquad 4 \qquad n \qquad t_2$$
$$=[] \qquad A \qquad t_2 \qquad t_3$$

等等。该四元式序列由七个基本块组成,为其取名为 B_1、B_2、B_3、B_4、B_5、B_6 和 B_7,入口四元式
的序号分别为 1、7、12、17、18、29 和 30。相应的流图如图 8-15 所示。注意:图中转移四元式
中四元式的序号改为基本块序号,这样将不受因优化增减四元式的影响。

对于图 8-15 中的流图,考察进行循环优化的情况。

首先寻找流图中的循环。

不难找到该流图中有回边 $B_2 \to B_2$、$B_3 \to B_3$ 与 $B_6 \to B_2$。对于回边 $B_6 \to B_2$,应用寻找
流图中循环的算法 8.2,可求得相应的自然循环 L 是由基本块 B_2、B_3、B_4、B_5 和 B_6 组成。对
于回边 $B_2 \to B_2$ 与 $B_3 \to B_3$ 显然分别构成只由一个基本块构成的自然循环,都是内嵌于循
环 L 的内循环。当从该流图中删去一切回边后,余下部分显然构成无环路的有向图,因此
该流图是一个可归约流图。

然后应用各种优化算法对流图程序优化。

应用算法 8.11 和算法 8.12 消除公共子表达式和实现复写传播并利用活跃变量分析删
去死代码（无用赋值四元式）。进一步对流图中的循环进行优化。应用算法 8.8、算法 8.9 和
算法 8.10 削减循环归纳变量计算强度和删除归纳变量,并应用算法 8.7 等外提循环不变计
算之后,最终有如图 8-16 所示的流图。

把图 8-16 中的流图和图 8-15 中的流图比较,可以看到程序的质量有明显的提高。

至此讨论了在基本块优化基础上实现对循环优化的问题。由于篇幅关系,不再对循环
中数组元素地址计算的优化实现问题进行讨论,有兴趣的读者可以参看有关资料自行讨论。

从上面的例子可以看到,基于前面讨论的数据流分析,已经可能进一步讨论全局优化的
实现,例如全局的公共子表达式消除等。然而,如前所述,循环质量的改进是提高程序运行
效率的关键,重点应放在循环的优化。

这里要说明的是,不论是对基本块的优化,还是对循环的优化,都是关于四元式序列进
行的,但是应该说,这些优化的实现思想可以应用到三元式序列或其他内部中间表示。

从这些优化思想可以感受到:它们可以,也应该融合到程序设计语言程序的书写中。

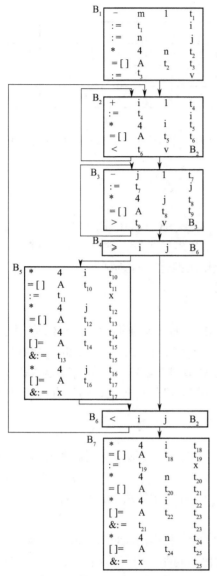

图 8-15 相应于表 8-4 的流图

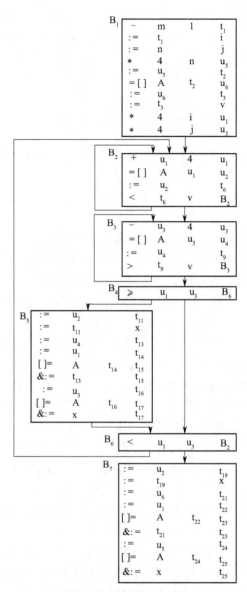

图 8-16 最终的改进了的流图

8.5 窥孔优化

前面讨论的各类优化是对中间表示代码进行的。即使进行了优化,所产生的目标代码仍然经常会存在有一些冗余的指令和可再优化的结构,编译程序目标代码生成部分只能按一般情况——共性来生成目标代码。因此,当必要时,应该在无须花费太大代价的前提下对目标代码进行优化。许多简单的优化变换就可以大大改进目标程序运行的时间和空间效率。

窥孔优化是对目标代码进行局部改进的简单而有效的技术,它只考虑目标代码中很短的指令序列,只要有可能,就把它代之以更短或更快的指令序列。

窥孔优化有如下几类典型的优化:

1)冗余指令删除;

2)控制流优化;

3)代数化简;

4)特殊指令的使用。

8.5.1 冗余指令删除

1. 多余的存取指令的删除

假使在源程序中有下列赋值语句序列:

a=b+c;　c=a-d;

编译程序为它们生成的目标代码很可能是下列指令序列:

MOV	b,	R_0	MOV	a,	R_0
ADD	c,	R_0	SUB	d,	R_0
MOV	R_0,	a	MOV	R_0,	c

其中前三条指令对应于第一个语句,后三条指令对应于第二个语句。它们无疑是正确的。然而,不难发现第 4 条指令是多余的,因为第三条指令已表明 a 的值在寄存器 R_0 中。可以把第 4 条指令删除。当然,要注意第 4 条指令是否有标号,如果有的话,可能有转移指令从其他指令转移控制来执行这第 4 条指令,这时不执行第 4 条指令就不能保证 a 的值在 R_0 中。不过,如果上述两个赋值语句在同一个基本块中,删除第 4 条指令是安全的。

2. 死代码删除

如果在目标代码中有一条无条件转移指令,紧随其后的下一条指令并没有标号,换言之,没有控制转移会转到执行其下一条指令。这时,这下一条指令便是不可能被执行的死代码,而且其后的若干条指令都是死代码,直到有控制转移转去执行的指令为止,这之前的死代码都可以删去。

产生死代码的典型情况是打印调试信息。

为了对程序进行调试,获得有利于发现错误的信息,往往引进调试状态变量 debug,让 debug 为 1(true)表示是调试态,须打印调试信息,为 0(false)表示是正常运行态,不打印调试信息。在 C 程序中,可以有如下的程序片断:

> #define　debug　0
>
> ...
>
> if(debug==1)　打印调试信息的语句
>
> ...

对于其中的 if 语句可以有如下的中间表示;

> $\neq$　debug　1　　L
>
> 打印调试信息的中间表示代码

L：

当非调试态时，debug 宏替换为常量 0，即，

  ≠   0   1   L

  打印调试信息的中间表示代码

  L：

由于 $0 \neq 1$ 为恒真，第一个四元式可代之以

  GO   L

即无条件转移到序号为 L 的四元式。当生成目标代码时，便产生了无条件转移指令后跟以打印调试信息的无标号指令的情况。显然，可以把所有这种打印调试信息的代码删去。

8.5.2　控制流优化

由于源程序书写的任意性和随机性，在生成的目标代码中经常有转移到转移指令、转移到条件转移指令或条件转移到转移指令等情况出现。控制流的窥孔优化指的是在目标代码中删除不必要的转移，以提高程序执行的时间效率。下面给出几种典型的控制流优化的实现，为易读起见，不是给出目标代码，而是用源程序表示。

（1）转移到转移

假定有转移序列：

  goto   L1;

   ...

  L1:goto   L2;

很明显，第一行的 goto   L1 可代之以 goto   L2。如果不会再有控制转移到 L1，并且 L1 的前面是无条件转移指令，那么，指令 L1:goto   L2 也可以删除。

（2）转移到条件转移

假定有转移序列：

  L0:goto   L1;

   ...

  L1:if(b)goto   L2;

  L3：

如果只有一个转移到 L1，且 L1 的紧前面是无条件转移指令，那么，上述转移序列可以被代之以：

  L0:if(b)goto   L2;

   goto   L3;

   ...

  L3：

尽管改变前后的指令一样多，但是改变后的转移更直接了，节省了一次无条件转移。

（3）条件转移到转移

假定有转移序列：

  if(b)goto   L1;

```
        ...
    L1:goto   L2;
```

很明显,第一行中的 goto　L1 可代之以 goto　L2,改变之后,当 b 为 true 时可节省一次控制转移。

8.5.3　代数化简

窥孔优化时,也可以利用代数化简来对目标代码优化,也即利用代数恒等式进行等价的变换。考虑到代价和效果,通常仅对经常出现的一些进行,例如,利用 x=x+0 与 x=x×1,删除相应的指令,对于定点数 (整型数)乘或除以 2 的乘幂用快速的移位来代替,使得计算强度削减,等等。

8.5.4　特殊指令的使用

当目标机器指令系统包含有高效实现某些专门操作的指令时,如果能找出允许使用这些指令的情况并设法使用,显然可以充分利用目标机的特性而改进程序目标代码的执行效率。

例如,如果目标机器指令系统包含增 1 指令 INC,对应于赋值语句 i=i+1 的目标代码

```
    MOV   i,    R₀
    ADD   #1,   R₀
    MOV   R₀,   i
```

便可以被代之以 1 条指令: INC　i。如果目标机器指令系统包含减 1 指令,则形如 i=i-1 的赋值语句也可以只用一条减 1 指令来实现。

最后要说明的是,窥孔优化的特点是每个改进可能会引起新的改进机会,为了作出最大的改进,一般可能需要对目标代码重复扫描进行窥孔优化。

本章概要

本章讨论代码优化,主要内容包括:概况、基本块的优化和与循环有关的优化以及窥孔优化。

编译程序只能依据程序设计语言结构的一般情况,即共性来生成目标代码,不能针对特定程序的特定情况,即个性来生成目标代码,这导致目标代码质量的低下。为此必要的是进行代码优化。代码优化是编译时刻为改进目标代码质量而进行的各项工作。优化工作可以从各种不同的角度来分类。读者应了解优化的分类。重点是与机器无关的优化,包括基本块的优化以及与循环相关的优化。前者可以是:合并常量计算、消除公共子表达式、削减计算强度和删除无用代码。后者有三种,即循环不变表达式外提、归纳变量删除和计算强度削减(又有归纳变量计算强度削减与数组元素地址计算计算强度削减)。

优化时,循环结构已无明显的标志,一个代码优化程序因此由三部分组成,即,控制流分析、数据流分析以及变换部分。控制流分析基于流图识别出循环结构。数据流分析进行基本块之间数据流信息的收集,通过建立和求解三类数据流方程来实现。这三类方程是到达-

定值数据流方程、活跃变量数据流方程与可用表达式数据流方程。读者应理解这三类方程的基本思想以及它们与实现循环优化的联系。变换部分则最终生成优化了的代码。

要强调的是,优化是基于中间表示代码,特别是四元式序列进行的。一个循环结构的四元式表示不言而喻是由语义分析阶段基于语法制导定义或翻译方案生成的,但必须这样来考虑:它们首先按规范方式展开成由判别和无条件控制转移组成的控制结构,然后再生成相应的四元式序列。

相关概念:基本块、流图、无环路有向图 dag、公共子表达式、循环不变表达式、归纳变量、引用-定值链(ud 链)、活跃变量、可用表达式、复写传播、窥孔优化。

习题 16

1)设有计算 $z=a^b$ 的 C 程序如下:

```
x=a;   y=b;   z=1;
while(y>0)
{ if(y%2==1) z=z*x;
  y=y/2;
  x=x*x;
}
```

其中 a 和 b 都是整型量。

①试为其构造四元式序列。

②从四元式序列构造流图,并指出它由哪几个基本块组成。

2)设有计算 2 到 n 之间质数的 C 程序如下:

```
for(i=2; i<=n; i=i+1) A[i]=1;
count=0;
for(i=2; i<=sqrt(n); i=i+1)
    if(A[i])
    {   count=count+1;
        for(j=2*i; j<=n; j=j+i) A[j]=0;
    }
```

假定每个数组元素占一个字节。

①试为其构造四元式序列。

②从四元式序列构造流图,并指出它由哪些基本块组成。

3)为下列基本块构造 dag:

```
*    b    c    d
+    a    b    e
*    b    c    b
–    e    d    a
```

并从该 dag 重建四元式序列。

4）设有赋值语句序列

　　a=3;

　　c=5*(a+b)+a*b;

　　d=5*e/c;

　　f=(5*(a+b)+a*b)*2;

　　g=f*d-a*b+4;

试为其相应的基本块构造 dag,并基于该 dag 进行各种可能的优化。

　　5）设有 C 语言气泡排序程序片断如下：

　　for(i=1; i<=n-1; i=i+1)

　　{　c=A[i];　newi=i;

　　　for(j=i+1; j<=n; j=j+1)

　　　{ if(A[j]>c)

　　　　{ c=A[j];　newi=j; }

　　　}

　　　if(newi!=i)

　　　{ A[newi]=A[i];　A[i]=c; }

　　}

假设每个数组元素占 4 个字节,试对其进行优化,指明何处进行了何种优化。

　　6）试对题 2 进行优化,但是现在假定每个数组元素占 2 个字节。

　　①指明流图中的回边及相应的自然循环。

　　②进行一切可能的优化,指明优化种类。

　　7. 设有 C 程序如下：

　　/* PROGRAM　swap */

　　#define m 30

　　main( )

　　{ int i,n,t;　int A[100];

　　　n=50;　k=1;

　　　for(i=k;　i<=k+m-1;　i=i+1)

　　　{ t=A[i];　A[i]=A[i+n];　A[i+n]=t; }

　　}

试对该程序进行优化,给出最终优化结果。假定每个整型量占 2 个字节。

第 8 章上机实习题

1）基本块的划分。

目标:掌握基本块的概念及其划分。

输入:任意的四元式序列。

输出:相应的基本块划分。

　　要求：①为基本块编号，并指明各基本块所包含的四元式；

　　　　　②以简明方式输出。

　　说明：当一个基本块包含多个四元式时可仅指明其首尾四元式的序号。

2）基本块的优化。

　　目标：掌握应用 dag 进行基本块的优化。

　　输入：任意一个基本块的四元式序列。

　　输出：优化了的四元式序列。

　　要求：①先从所输入四元式序构造 dag，再从 dag 还原，得到优化了的四元式序列；

　　　　　②除消除公共子表达式外，还进行合并常量计算与计算强度消减优化。

　　说明：要点是 dag 的存储表示。

第 9 章 编译原理在软件开发中的应用

9.1 基于形式定义的高级程序设计语言间源级转换系统的设计与实现

9.1.1 概况

1. 高级程序设计语言间源级转换的必要性

高级程序设计语言的引进极大地提高了软件的生产率,尤其是 C 语言的推广,为广大用户提供了大量可供使用的应用程序,方便了用户、提高了效率,且扩大了应用范围。然而不容忽视的是,有大量应用程序是用问世早得多的 PASCAL 语言编写的,由于 C 语言的崛起而被漠视。在日益重视可重用性的背景下,必然要考虑:如何能利用已有的 PASCAL 程序。一个解决办法就是高级程序设计语言间的源级转换。

除了可重用性考虑外,进行源级转换的一个重要因素是快速原型考虑。当设计一种新语言时,总是希望尽早地了解该语言的设计能否达到预期效果。这意味着需要运行新语言程序。转换系统将有助于实现这点,从而使得能尽早发现语言设计中的问题,以便修改与改进。这比确定了语言设计而尚不了解其性能及可行性之前便为其研制编译系统,显然更为妥善。

再者,通过对语言间的比较来实现源程序级转换的研究对语言转换理论将有一定的推动作用。

2. 语言比较与源级转换的可行性

(1)程序等价的概念

假定 A 与 B 是一对异种高级程序设计语言。源级转换的目的是把语言 A 所写的程序 P_A 变换成语言 B 所写的程序 P_B。让[P]表示程序 P 的功能。

若 P_A 关于 A 语法上为正确,P_B 关于 B 语法上也为正确,且$[P_A]=[P_B]$,则称 P_A 与 P_B 是等价的,记为 $P_A \equiv P_B$。不言而喻,程序等价,首先应关于各自的语言语法上是正确的,在语法正确的前提下,然后有功能相同,即语义等价。若一个系统 T,对于关于 A 语法上正确的任一程序 P_A,都能把它转换成等价的 P_B,而对于存在有错误的 P_A,其每一个错误在相应的 P_B 中都有相应的反映。但实践上,不一定能做到这点,甚至可能根本不暴露错误。只要能把 P_A 转换成等价的 P_B 便可。

(2)PASCAL 语言与 C 语言的对比

任何一个高级程序设计语言都有语法、语义、语用和语境 4 个方面;语言的语法规定了用该语言书写的程序所遵循的语法,同时也隐含地包含了程序的意义。语义的正确性,在进行编译时,由编译系统来确保。因此,一个源程序的意义,在外表上,完全由它的具体写法,也即,由语法成分所完全确定。

从形式语言角度出发,一个源程序是由相应语言的识别符号<程序>推导而得的句子,即由该语言的终结符号组成的符号串。当编译系统对源程序进行了语法分析之后,便生成了相应的语法分析树,该语法分析树的末端结点符号串就是相应的源程序。

考察任何一对异种高级程序设计语言,它们的语法成分之间必定存在3类对应关系,PASCAL 语言与 C 语言同样如此。这3类对应关系如下。

可直接对应的:一种语言的语法成分在另一种语言中有直接对应的语法成分,它们有类似的概念与结构。例如 PASCAL 语言的 REPEAT 语句。

　　　　REPEAT 语句序列 UNTIL 表达式

可直接而简单地转换为 C 语言的 do 语句:

　　　　do { 语句序列 }while(!(表达式))

可间接对应的:一种语言的语法成分在另一种语言中没有可直接对应的语法成分,但可以借用前一种语言中可直接对应的其他语法成分来表达,因此可以与另一种语言中的语法成分相对应。例如 PASCAL 语言的布尔类型可间接对应到 C 语言的整型(仅取值 0 或 1)。

可语义对应的:一种语言中的语法成分在另一种语言中既不可直接对应,也不可间接对应,便是只可语义对应的,其对应关系必须根据语义来确定。例如 PASCAL 语言的 WITH 语句,在 C 语言中的对应关系便是如此。

PASCAL 语言中的记录类型可直接对应于 C 语言中的结构类型,然而 WITH 语句使得其中的语句部分省略去记录名,而仅给出记录中的域名。因此,根据语义,转换的结果应该把

　　　　WITH 记录名 DO 语句

转换成:

　　　　语句

这时在语句中的域名之前,已添加有所属记录名。例如,

　　　　WITH birthday DO BEGIN year:=2023; month:=1 END

将转换成:

　　　　{ birthday.year=2023;　　birthday.month=1; }

从程序结构角度看,PASCAL 语言与 C 语言这两种语言有相当多的类似之处,例如,程序都是由数据部分和控制部分组成的,都有类似的数据类型与控制结构。在源级转换中,如果一种语言的各个语法成分在另一种语言中都有相应的对应语法成分,即都是可直接对应的,两者之间的转换就非常方便,然而两者总有各自的特色,存在仅是可语义对应的语法成分,必须引进合适的措施,根据语法成分的语义来进行处理,实现源级转换。因此,要实现两者之间的转换,必要的是明确两者之间的重大区别。

PASCAL 语言与 C 语言这两种语言之间的重大区别主要有如下几点。

1)程序的结构。PASCAL 程序是嵌套的分程序结构,简单地说,分程序就是包含说明部分的复合语句。内层中定义的标识符在外层中是无定义的,外层中定义的标识符则在内层中可自动继承,即在内层中有定义。这就是标识符的作用域概念。类似地,PASCAL 语言

还有标号的作用域概念,因而 PASCAL 程序中可能存在子程序的非正常出口问题。C 程序是以函数定义为基本程序单位的模块结构,各函数定义都是独立的,之间的联系须通过参数传递或移入设施。

2)PASCAL 语言中的数据类型更加丰富,除了基本类型外,结构类型中还包括变体记录类型、集合类型(包括对集合类型数据的运算),以及文件类型等,这些都是 PASCAL 语言到 C 语言的源级转换中必须重点解决的问题。

3)PASCAL 语言中的控制结构也十分丰富,与 C 语言的主要区别在于 WITH 语句等,这是典型的可语义对应的语法成分。

为了实现源级转换,需要考虑各个 PASCAL 语言语法成分的对应 C 语言语法成分,特别是设计相应 C 程序的结构;针对各项重大区别,考虑如何实现可语义对应语法成分的源级转换。

(3)源级转换的传统实现方法

通常,实现异种高级程序设计语言 A 与 B 之间源级转换的传统方法是子程序方法,即为语言 A 的各种不同语法成分编写相应的子程序来实现从 P_A 转换到 P_B。这样做的弊端是显而易见的。

1)当两种语言的程序结构差异较大时,必须设置缓冲区来暂存 P_A 中已被处理,但还不能生成 P_B 中对应语法成分的部分程序,这种缓冲区可能不止一个,且很可能需要较大的存储区。

2)显得支离破碎,陷于实现细节,容易忽略某些实例情况;当发现某些错误时或对语法规则进行修改时难以修改,且很可能引起新错误。

3)难以适应语言语法修改的情况。实现的系统仅适用于一对特定的语言之间的源级转换,对另外一对语言进行转换时,系统得全部重新研制。

4)对源语言程序中语法错误的查出与复原的处理,难以系统而妥善地解决。

为了能系统地、有效地适应多对高级程序设计语言间的源级转换,最合适的方法是采用形式定义的方法。PASCAL 语言是世界上最早实现形式定义的高级程序设计语言,这就为基于形式定义实现 PASCAL 语言到 C 语言的源级转换奠定了良好的基础。基于形式定义的 PASCAL 语言语法规则,引进形式定义的 PASCAL 语言到 C 语言转换规则,实现源级转换。对于可语义对应的语法成分,一种可行的方法是引进语义子程序。例如关于 WITH 语句引进的语义子程序将根据语义,找到记录变量 birthday 的定义处,然后在其语句内的域名之前添加记录名,完成相应的转换。

SDPCC 系统的设计与实现表明:基于形式定义实现 PASCAL 语言到 C 语言的源级转换是可行的。

9.1.2　语言的形式定义与转换规则

SDPCC 是基于形式定义的 PASCAL 语言到 C 语言的源级转换系统。为了基于形式定义把 PASCAL 语言程序转换到 C 语言程序,在 PASCAL 语言的形式语法定义基础上,引进 PASCAL 语言到 C 语言的转换规则;通过转换规则,把 PASCAL 语言语法成分转换成相应的 C 语言语法成分,最终实现 PASCAL 语言程序转换成相应的 C 语言程序。下面介绍

SDPCC 系统中,形式定义的基本情况。

PASCAL 语言语法规则的形式定义采用 BNF 表示法。PASCAL 语言语法规则较多,多达 210 个,每个语法规则有相应的转换规则。转换规则采用类似的表示法形式。转换规则以符号=>标志,即,其前是语法规则,其后是转换规则。

让 VN_L 表示语言 L 的非终结符号集,VT_L 表示语言 L 的终结符号集,为处理可语义对应的语法成分而引进系统子程序,系统子程序名组成的集合记为 sym。转换系统 SDPCC 所使用的语法规则与转换规则有如下的一般形式:

$$U_i ::= x_{i1} x_{i2} \cdots x_{i n_i}$$
$$=> y_{i1} y_{i2} \cdots y_{i m_i}$$

其中 $U_i \in VN_{PASCAL}$,$x_{ij} \in VN_{PASCAL} \cup VT_{PASCAL} \cup \{\varepsilon\}$,$y_{ik} \in VN_{PASCAL} \cup VT_C \cup sym \cup \{\varepsilon\}$($j=1$,$2,\cdots,n_i$;$k=1,2,\cdots,m_i$;$\varepsilon$ 表示空串)。

为了识别转换规则中的系统子程序,它以字符@标记,即,转换规则中系统子程序名前缀有字符@。SDPCC 系统共引进系统子程序 40 个。这里仅例举具有总体性与代表性的语法规则与相应转换规则的若干典型例子。

程序结构:

  <程序>::= PROGRAM <程序名> <程序参数部分> ;<非子程序说明部分>
       <子程序说明部分> <程序体>
    => <程序参数部分> <非子程序说明部分> <子程序说明部分>
     main ( ) <程序体>
  <程序体> ::= BEGIN <语句序列> END.
    => {<语句序列> @switch}

其中系统子程序 switch 的功能是生成 PASCAL 语言程序所转换成的 C 语言程序中的 switch 语句等,详情可参看 9.1.3 中关于"PASCAL 程序中标号的作用域与过程的非正常出口"一节。

常量定义:

<常量定义部分>::= CONST <常量定义表>	<常量定义>::= <标识符> = <常量>
=> <常量定义表>	=> #define <标识符> <常量>
<常量定义表>::= <常量定义>	

说明:当转换规则部分与语法规则右部相同时,转换规则部分可以略去,下同。

类型定义:

<类型定义部分>::= TYPE <类型定义表>	<类型标识符>::= real
=> <类型定义表> ;	=> float
<简单类型定义>::= i = <简单类型指明>	<指针类型定义>::= i = ^<类型标识符>
=> typedef <简单类型指明> i	=> typedef <类型标识符> * i
<简单类型指明> ::= <类型标识符>	

说明:其中的字母 i 代表标识符(终结符号),下同。

变量说明:

<变量说明部分>::= VAR <变量说明表> => <变量说明表>	<简单变量说明>::= <标识符表>:<简单类型指明> => <简单类型指明> <标识符表>
<变量说明表>::=<变量说明>	<变量说明>::= <指针变量说明>
<变量说明>::=<简单变量说明>	<指针变量说明>::= <标识符表>:ˆ<类型标识符> => <类型标识符> @AddStar <标识符表>

其中,系统子程序 AddStar 的功能是在标识符表中的每个标识符之前加星号*。

控制结构:

1)FOR 语句

<FOR 语句>::=FOR i:= <初值> TO <终值> DO <语句>
=> for (i = <初值> ;i <= <终值>;i=i+1) <语句>

2)CASE 语句

<CASE 语句>::= CASE<情况表达式> OF <情况序列> END
=> switch(<情况表达式>) { <情况序列> }

<情况序列>::= <情况常量表> : <语句>
=> <情况常量表> : { <语句> ;　 break; }

<情况常量表>::= <情况常量>
=> case <情况常量>

3)GOTO 语句

<转向语句>::= GOTO <标号>
=> @exit <标号>

<标号>::= N
=> _N

其中, N 代表数字串。鉴于在两种语言中标号的表示法不同, PASCAL 语言程序中的标号,即数字串,在转换成的 C 程序中,将在原有的标号前添加连字符"_"。系统子程序 exit 的功能是:判断转向语句是否引起子程序的非正常出口。若不是,转换成"goto _N";否则作相应处理,即,分别对系统变量_LEVEL 和_LABEL 赋值以控制所转往的标号处所属层号及该标号值,并把 GOTO 语句转换成 return 返回语句。

9.1.3　PASCAL 到 C 源级转换中的关键问题

如前所述, PASCAL 语言与 C 语言两者之间有相似之处,也有各自的特殊之处,PAS-CAL 语言的独特之处构成了两者之间源级转换时必须解决的关键问题。下面讨论最主要的方面及其解决办法。

1. PASCAL 语言程序中标号的作用域与过程的非正常出口

PASCAL 语言程序中,标号有作用域问题,即,外层过程不能通过 GOTO 语句把控制转移入内层过程中,而允许内层过程通过 GOTO 语句把控制转出到外层过程,这就是过程的非正常出口。但对于转换成的 C 语言程序,对应于原外层的函数定义内所定义的标号,在对应于原内层的函数定义内是无定义的。

在相应的 C 语言程序中必须解决如下两个问题,即,

1)把控制返回到正确的调用程序单位;

2)把控制转移到正确的语句标号位置。

鉴于程序运行时当前所在的程序单位或者层次总是确定且已知的,引进层号的概念。每个过程,因此每个相应的程序单位,都有自己特定的层号。在转换成的 C 语言程序中引进两个全程量,即,系统变量_LEVEL(层号)和_LABEL(标号),分别用于存放当前正被执行的 GOTO 语句中的标号所在层号和标号值(数字串)。这时在所转换成的对应于内层过程的函数定义内,让 GOTO 语句转换成 return 返回语句,同时临返回前对_LEVEL 和_LABEL 分别赋值以所转往的标号处所属层号及该标号值。这时只需让_LEVEL 与正被返回到的程序单位的层号进行比较。凡尚未一致时便继续执行返回语句,直到一致时为止。控制转移入正确的程序单位内,还需把控制转移到正确的语句标号位置处,这时可以应用 C 语言 switch 语句, switch 语句的执行将使得按情况值_LABEL 而把控制转向相应的语句标号位置。例如,

```
_SwitchOn:
switch(_LABLEL)
{ case _标号 ₁:_LABEL=0; goto 标号 ₁;
      …
   case _标号 ₙ:_LABEL=0; goto 标号 ₙ;
}
```

SDPCC 系统中,上述 switch 语句等由系统子程序 switch 生成。

概括起来,PASCAL 语言程序中的语句 GOTO L,将被源级转换为如下三个语句:

```
_LEVEL=标号 L 所在程序单位的层号;
_LABEL=_L;
return;
```

对于可能有非正常出口的程序单位 P 的调用语句 P(…),则将源级转换成:

```
P(…);
if( _LABEL!=0)
   if(_LEVEL!=标号 L 所在程序单位的层号)return;
   else goto _SwitchOn;
```

关于 PASCAL 的函数,除了它要回送函数值,与过程的基本处理是相同的。

关于过程非正常出口的讨论,可参看"过程非正常出口的实现"[24]一文。

2. PASCAL 语言程序中标识符的作用域问题

C 语言程序是由函数定义组成的,函数定义间传递信息的手段是参数传递。在转换成的 C 语言程序中, PASCAL 语言程序中外层与内层的过程说明都被转换成为相应 C 语言程序中各自独立的无值返回的函数定义,而由于 PASCAL 语言程序中标识符的作用域问题,原内层内可引用的外层标识符,现在在内层所对应的函数定义内将成为无定义的。转换时必须扩充内层所对应 C 语言程序中函数定义的参数个数,使外层定义的标识符通过参数传

递而在内层所对应的函数定义内有定义,以达到 PASCAL 语言程序中的外层到内层的自动继承。这扩充工作由系统子程序来完成,且看下面关于过程说明的形式定义。

过程说明:

<table>
<tr><td>

<过程说明>::=
　　PROCEDURE <过程名> (<形式参数表>);
　　　　<非子程序说明部分>
　　　　<子程序说明部分>
　　BEGIN <语句序列> END;
　　=> <子程序说明部分> @ImportTypeDef
　　　　<过程名> (@FormalParameters)
　　　　/*扩充参数名表与形式参数名表*/

</td><td>

/* 此处生成扩充参数说明
　　与形式参数说明部分*/
{　　/*　_LEVEL=层号 */
　<非子程序说明部分>
　@SetInitValue　　/*置初值*/
　<语句序列>
　return;
　@switch
}

</td></tr>
</table>

各个系统子程序的功能说明如下。ImportTypeDef 的功能是:生成移入类型定义部分。FormalParameters 的功能是:在转换成的相应函数定义的参数表中生成扩充参数名表与形式参数名表,并在其后生成扩充参数说明与形式参数说明部分。SetInitValue 的功能是生成字符串(字符数组)置初值部分。switch 的功能如前所述是生成 switch 语句等,但若原外层过程说明内没有内层过程通过非正常出口转入,则无须生成此 switch 语句。

对 PASCAL 语言程序中函数说明的处理,情况类似,只是这时在转换成的 C 语言程序中,须有函数返回时回送函数值的相应部分,这时上面的转换规则中,转换成的不是"return;",而是"return (_FUNCVALUE); ",其中的_FUNCVALUE 是专门设计来存放函数返回值的系统变量。由于函数值有类型,因此,函数定义的源级转换规则有如下的大致构架:

$$<函数说明>::= FUNCTION\ <函数名>\ (<形式参数表>):<类型标识符>;$$
$$…$$
$$=> <类型标识符>\ <函数名>\ (@FormalParameters)$$
$$\{\quad …$$
$$return(\_FUNCVALUE);$$
$$…$$
$$\}$$

3. PASCAL 语言中的数据类型:集合

PASCAL 语言中,数据类型是甚为丰富的,除了通常的基本类型(如整型、实型与字符型等)与构造类型(如数组与记录)外,还包括集合类型与文件类型等。这里仅讨论 PASCAL 语言集合类型源级转换后在 C 语言中的映像。

(1)集合类型在程序设计中的用途

集合是数学中的一个重要概念。集合是若干事物的汇集,这些事物称集合的成员或元素。在数学上集合可以是无穷集,但这里仅是有穷集。集合的基本特性可用谓词表示如下。

设 S 为某集合。

基本特性 1　　$\forall a((a \in S) \lor (a \notin S))$　　　　　　　　　　　　　　　　(可判性)

基本特性 2　　$\forall a \in S((S-\{a\}) \cap \{a\}= \varnothing)$　　　　　　　　　　（全异性）

基本特性 3　　$\forall a,b \notin S((a \neq b) \wedge ((S \cup \{a\}) \cup \{b\}=(S \cup \{b\}) \cup \{a\}))$（无序性）

关于集合存在有众多有趣的性质,例如我们关心的下列性质:

性质 1　　$\forall a \in S(S \cup \{a\}=S)$

性质 2　　$S \cup S=S$　　　$S \cap S=S$

利用其特性和性质,集合类型在程序设计中有众多的用途。例举与编译相关的四种用途。

1)简化所属范围的判断。

典型的例子是:词法分析时判断一个字符 C 是否字母数字,只需判断:

    C IN ['0'..'9','a'..'z','A'..'Z']

2)简化对事件的出现与否的记录。

典型的例子是:遏制出错信息的输出。编译系统对源程序进行编译时,各类语法错误可随机地出现在多处。合适的是,当查出一个错误时仅打印出错位置及错误性质编号,当编译结束时打印所查出的所有错误的解释。利用集合类型的性质 1 可以方便地实现这样的处理。

3)利用字位(位串)运算,紧凑地表示集合类型量,减少存储需求量,加速运行。

典型的例子是,例如, day IN [Monday..Saturday]之类判别可用字位(位串)运算实现,因为由集合的基本特性 1,一个元素是否属于某集合是确定的,即或者属于,或者不属于,因此只需用一个二进位便可表示。

4)判定可变取值范围。

典型的例子是:当对某源程序进行语法分析而进入某个语法结构时,判别当前扫描到的符号 symbol 是否相应语法结构可允许的打头符号。例如进入程序分程序时当前符号应该是说明部分打头字符号集合 DecBeginSym 中的某一个符号或 BEGIN 符号(BeginSym)。为判别,可写出利用集合类型的过程如下。

```
PROCEDURE IsAllowable
    (range,follow:symset; errornum:errortype);
BEGIN
    IF NOT (symbol IN range ) THEN
    BEGIN
        recorderror(errornum);
        WHILE NOT (symbol IN range+follow) DO
            getsymbol
    END
END;
```

其中 getsymbol 的功能是取符号。当发现错误时,也即当前符号 symbol 不属于 range 时,记录出错号 errornum,并放过符号直到是 range 中的符号或 follow 中的符号。当在进入程序分程序的处理过程时,可调用

    IsAllowable(DecBeginSym+[BeginSym],[SemiSym],N1)

以判别所取得的当前符号 symbol 是否正确。如果不正确,记录出错号是 N1,并放过符号直到是 DecBeginSym 中的某一个符号(LabelSym、ConstSym 或 VarSym 等)或 BeginSym,或者放过到分号符号 SemiSym。类似地,当处理完分程序语句部分中的一个语句时调用

IsAllowable(StateBeginSym,[EndSym,SemiSym],N2)

其中 StateBeginSym 是语句首符号集合,出错时的出错号是 N2。

显然,这是集合类型的特殊用途,是其他数据类型所难以取代的。

(2)PASCAL 语言集合类型在 C 语言中的映像

集合类型在 PASCAL 语言中的引进,大大提高了语言的表达能力,使用户能更紧凑更方便地书写 PASCAL 程序。然而 C 语言中无集合类型设施,给 PASCAL 语言到 C 语言源级转换的实现带来了困难。为了通过源级转换在 C 语言中扩充集合类型,必须遵守下列原则。

1)保证等价性,实现 PASCAL 语言集合类型定义及其上的操作,且对基数的限制应相同。

2)不应对原有 C 语言编译程序作任何修改。

3)尽可能充分利用 C 语言机制,以提高功效。

一个集合的值取决于基类型中的值是否出现,出现与否可用一个布尔值表示,因此集合类型可以间接对应于一维整型数组,其元素仅取值 1 或 0,元素的个数是基类型的值的个数(称基数)。这样处理不可避免地使得在 C 程序中难以以简洁的形式表达集合运算,且运算功效甚低,尤其是难以允许集合类型作为过程参数的类型,从而大大降低语言的表达能力。由于一个二进位可以表示出现(属于)与否,让集合对应于位串(无正负号长整数)是更可取的。这时让基类型的每个值按序对应于其中的一个二进位,为 1,表示出现(属于),为 0,表示不出现(不属于),从而关于 PASCAL 语言集合的运算在 C 语言中可借助于位串运算来实现。

概括起来, PASCAL 语言程序中的集合类型可以转换成 C 语言无正负号长整型(双字),每一位对应于集合基类型的一个值。这时的基数≤32。但一个集合类型的基数可以甚大,例如基类型为字符型的集合,基数为 128。因此,必要的是区分两类集合类型,一类是基数不超过(双)字长的集合类型,它们转换成 C 语言无正负号长整型(双字),每个二进位对应于集合基类型的一个值。另一类是超过(双)字长的大基数集合类型,它们转换成 C 语言一维数组类型_settype,它包含固定多个元素,每个元素具无正负号长整型,把该数组类型中诸元素看作相继连成一个无正负号(超)长整型,对其模拟实现相应于集合运算的位串运算。

_settype 定义如下:

typedef unsigned long _settype[setnum];

其中的 setnum 为常量,按系统要求而定,例如置 setnum=8 时,基数最大可达 256。因此,PASCAL 语言变量说明

VAR string1,string2:SET OF char;

将源级转换成 C 语言变量说明:

_settype string1, string2;

要判断基类型第 i 个值是否集合 S 的成员,成为判断下列命题是否为真:

(S[i/32] & _BitT[i%32])!= 0X0l

其中_BitT[i](0≤i≤31)的值是从右向左数第 i+1 位为 1,其余各位均为 0 的位串(无正负号长整型值,位数为 32),%为 C 语言中取模运算符。

（3）集合运算在 C 程序中的实现

PASCAL 语言中,集合类型上可进行的运算有+（并）、*（交）与-（差）。假定诸 S 是相同集合类型的变量,有下列对应关系。

PASCAL 运算	转换成的 C 映像
S1+S2	S1 | S2
S1*S2	S1 & S2
S1-S2	S1 & S2 ^ S1

其中,|、&与^分别是 C 语言中"按位或"、"按位与"以及"按位异或"运算符。例如 PASCAL 语句 S:=S1*S2+S3-S4 将源级转换为下列 C 语句:

S=(S1 & S2|S3) & S4^(S1 & S2 |S3)

集合类型应用很广的一个运算是判属于运算,即判断一个表达式 e 的值是否是某集合 S 的成员,一般形式是:e IN S。关于 IN 运算,有如下的永真命题:

e IN S1+S2 =(e IN S1) OR　(e IN S2)

e IN S1*S2 =(e IN S1) AND (e IN S2)

e IN S1-S2 =(e IN S1) AND (NOT(e IN S2))

因此字符号 IN 之后的集合可考虑仅是单个集合变量,即 e IN S,它将源级转换到下列 C 语言成分:

((e >= low(S) && (e <= up(S))) &&

((_BitT[(e-low(S)) % 32] & S)!= 0X0l)

其中 low(S)与 up(S)分别表示集合类型 S 的基类型(顺序类型)的最小值与最大值。

鉴于往往在多处使用 IN 运算,引进如下的 C 语言函数是更合适的:

```
_setin(int lowv,upv,v; unsigned long s)
{ if(v<lowv || v>upv) return(0);
    return (_BitT[(v-lowv) % 32] & s)!= 0X0l;
}
```

该函数首先判断 v 的值是否在集合基类型取值范围内。若不是,则不属于而回送 0;否则判断相应位是否为 0,属于的话,按位与&的结果不应等于各位全为 0 的长十六进制常量 0X0l。

PASCAL 语言表达式 e IN S1*S2 将源级转换成下列 C 语言成分:

_setin(low(S1),up(S1),e,S1) &&

_setin(low(S2),up(S2),e,S2)

PASCAL 语言中允许有集合间的比较运算。两个具有相同类型的集合之间可以进行=（相等）、<>（不等）、>=（包含）与<=（包含于）四类比较运算,有下列对应关系。

PASCAL 运算	转换成的 C 映像
S1= S2	(S1^S2)==0X0l

S1<>S2	(S1^S2)!=0X0l
S1>=S2	((S1^S2) & S1)==S1
S1<=S2	((S1^S2) & S2)==S2

在 SDPCC 系统中关于这四类比较运算分别引进_seteq、_setnoteq、_setgreq 与_setlseq
四个 C 函数。PASCAL 语言结构 S1=S2+S3 将源级转换成下列 C 语言成分：

　　　　_seteq(S1,S2|S3)

对于大基数集合类型引进相应的 C 语言函数：_Lsetin、_Lseteq、_Lsetnoteq、_Lsetgreq 与
_Lsetlseq。

（4）集合构造符

集合构造符不是集合类型的常量,但它提供了给出集合类型值的手段,即通过枚举出一
切成员而给出一个集合类型值,例如[EndSym, SemiSym]是集合构造符, [i+1]也是集合构造
符。由于集合运算在 C 语言程序中按位串进行,对于集合构造符必须获得其位串表示。集
合基类型是一种顺序类型,即,或是枚举类型或是子域类型。不论哪一种类型,现在都需要
取得相应最小值与最大值,以便确定集合构造符中所指明成员的相应序号,最终确定位串表
示。因为有[a,b]=[a]+[b]与[a..b,c]=[a ..b]+[c]等, 只需考虑[a]与[a..b]这两种情况。今引进两
个 C 语言函数_setcons1 与_setcons2,分别获取[v]形单成员集合构造符与[v1 ..v2]形多成员
集合构造符的位串表示值。关于[a], 有_setcons1(low(S),up(S),&_T,a),关于[a..b], 有_set-
cons2(low(S),up(S),&_T,a,b),其中_T 为系统内部中间变量,用来存放[a]或[a..b]的相应位串表
示的值。与集合构造符相应的集合基类型可以从一起参与运算的集合类型变量处获得,或
者从赋值语句左部变量处获得,也可能用其他某种手段获得。一般说,这总是可以做到的。
下面是包含集合构造符的转换的例子。

PASCAL 语言语句 S:=S1*[a..b]+[c]*S2 将转换成下列 C 语言语句：

```
{ _setcons2(low(S1),up(S1),&_T1,a,b);
  _setcons1(low(S2),up(S2),&_T2,c);
  S=S1 & _T1 | _T2 & S2;
}
```

或者更紧凑地,

　　　　S=S1 & _setconsv2(low(S1),up(S1),a,b)　|
　　　　_setconsv1(low(S2),up(S2),c) & S2;

其中_setconsv1 与_setconsv2 分别回送[v]形与[v1..v2]形集合构造符相应位串表示的值。

（5）关于集合类型的若干形式定义

关于 PASCAL 集合类型的若干语法规则与相应的 PASCAL 语言到 C 语言转换规则定
义如下。

　　　　<类型定义>::= i = SET OF <顺序类型>
　　　　　　　　=> typedef @settype i
　　　　<变量说明>::= <标识符表>: SET OF <顺序类型>
　　　　　　　　=> @settype <标识符表>;
　　　　<因式>::= [<成员表>]

$\qquad$=> @setcons [<成员表>]@gensetcons

$\quad$<因式>::= [ ]

$\qquad$=> @setcons [ ]

$\quad$<表达式>::= <简单表达式 1> IN <简单表达式 2>

$\qquad$=> @in <简单表达式 1> @comasrp <简单表达式 2> @gensetin

其中系统子程序 settype 的功能是:确定是否大基数集合类型,从而产生相应的 C 映像。set-cons 的功能是:为生成集合构造符的 C 语言映像作准备,特别当作为实参时从相应形参取得基类型的信息;当集合构造符为[ ]时生成相应的 C 语言映像。gensetcons 产生集合构造符的 C 映像。系统子程序 in,当在字符号 IN 之后为空集时回送假(FALSE)值,不再处理其后的任何符号,否则为转换到 C 语言映像作准备;comasrp 的功能同样是为处理作准备,最终由系统子程序 gensetin 产生表达式的相应 C 语言映像。

$\qquad$最后说明集合类型作为过程形参类型的问题。

$\qquad$PASCAL 语言允许过程形参被指明作具有集合类型,这样将带来极大方便。但对于大基数集合类型,必须用多个无正负号长整型连成一个超长位串来表达时,作为过程参数显然有所不便。当实在参数是包含集合构造符的集合运算时,难以用 C 语言的简洁形式来表达。例如,假定 S 是基类型为字符类型的集合类型变量,PASCAL 语言过程语句 P(…,S+['a' ..'f'],…)中实参 S+['a' ..'f']不能用一个 C 语言表达式表达。似乎可以用_Lsetconsv2(low(S), up(S),'a','f')来表达,但事实上由于 C 语言函数值的类型只允许是基本类型或指针,_Lset-consv2 不能回送集合构造符['a' ..'f']的相应位串表示。解决的办法是由用户在原有程序中过程语句之前引进赋值语句:

$\qquad$S1:=S+['a' ..'f'];

然后调用 P(…,S1,…)。

$\qquad$关于集合类型的讨论,可参看"集合类型及其在 C 语言中的扩充"[29]一文。

$\qquad$4. PASCAL 语言变体记录在 C 语言中的映像

$\qquad$(1)变体记录引进的必要性

$\qquad$在绝大多数软件中,包括系统软件、事务处理软件及其他各种应用软件,记录类型是必不可少的,因此一般程序设计语言都具有记录类型设施,如 PASCAL 语言的记录类型与 C 语言的结构类型等。当把逻辑上有一定关联性的若干个记录类型"并"在一起时便形成了所谓的变体记录。下面通过例子来说明。

$\qquad$例如,对点、直线与圆三类几何图形定义数据类型,点用坐标、直线用直线方程,而圆用圆心坐标与半径描述。采用 PASCAL 语言的记录(RECORD)类型,可定义具有变体的记录类型如下:

```
TYPE figure=
  RECORD
    CASE tag: shape OF
      point:( position:coordinate);
      line: (xcoef,ycoef,cons: real);
      circle:(center:coordinate; radius: real)
```

　　　　END

　　该变体记录类型可看成关于点(point)、直线(line)与圆(circle)的三个记录类型之并，其中 shape 与 coordinate 定义如下：

　　　　TYPE　shape=(point, line, circle);

　　　　　　　　coordinate= RECORD xcoor,ycoor: real END;

　　这样，类型 figure 描述了点、直线与圆三种图形各自的属性。当 tag 的值是 point 时仅取接记录成分 position(点的坐标)，而当 tag 的值是 line 时仅取接记录成分 xcoef、ycoef 与 cons，即直线方程 Ax+By+C=0 的三个系数 A、B 与 C。对于 tag 的值是 circle 时情况类似。

　　合并的若干个记录中通常可以有一些共有成分，因此一般地记录由固定部分与变体部分组成，称为具有变体的记录类型，简称变体记录。

　　假定变量 pic 具有 figure 类型，则关于它可以写出如下的语句：

　　　　CASE pic.tag OF

　　　　　　point: write('\nPoint is:(', pic.position.xcoor, ',' , pic.position.ycoor, ')');

　　　　　　line:　 write('\nLine is:', pic.xcoef, '•X+', pic.ycoef, '•Y+', pic.cons, '=0');

　　　　　　circle: write('\nCircle is: Center(', pic.center.xcoor, ',' , pic.center.ycoor,

　　　　　　　　　　　　　　　 ') ,Radius:', pic.radius)

　　　　END

　　一个具有上述变体记录类型的变量 pic，它在任何时刻都只能根据标志域 tag 的值而有相应的成分，即，值为 point 时仅有 position 域，而无其他，等等，因此 tag 的特定值下只能按特定的域名取接记录成分。须注意的是下列特点。

　　• 不是为每个变体分别分配相应的存储区域，而是相互复迭。可看作仅对同一存储区域取不同的名。这时仅占用"最大"变体所需存储量。因此存储空间得到节省，且在各个变体内按背景意义取域名，易读性好。

　　• 根据标志域的值，按名取接变体部分相应的域，且只能取接这些相应的域，这种设施提供了较好的安全性。

　　• 当对一个变体记录的标志域可能取的每个值无遗漏无重复地都定义一个变体时，安全性显然将进一步提高。

　　• 使用变体记录时要特别小心，最好如同前面的例子那样，使用情况(CASE)语句来处理变体记录变量。这样安全性不难保证。

　　(2)变体记录在 C 语言中的映像

　　PASCAL 语言变体记录是若干个不同类型的并，在 C 语言中有类似的设施，即联合(union)类型。一般地，PASCAL 语言记录对应于 C 语言结构(struct)，变体部分对应于 C 语言联合。但让 C 语言联合对应于 PASCAL 语言记录是不合适的。

　　联合(union)类型是 C 语言中最不安全的因素之一，在使用时应特别小心。为了保证 PASCAL 语言到 C 语言源级转换时的等价性，即，PASCAL 语言程序与源级转换所得 C 语言程序在功能上是一致的，对于变体记录的源级转换还应特别注意保持安全性与易读性。为此，在源级转换变体记录时，关于标志域及其类型所具的值引进内部中间变量名，如_tag 等，前面例子中的 PASCAL 语言变体记录类型 figure，可有如下的 C 语言对应。

```
struct figure
{ enum shape _tag;
   union
   { struct { struct coordinate position;
            } _point;
       struct { float xcoef,ycoef,cons;
            } _line;
       struct { struct coordinate center;
                float radius;
            } _circle;
   } _tag;
};
```

相应的情况语句将源级转换成下列 C 开关(switch)语句：

```
switch(pic.tag)
{ case point:
     write("\nPoint is:(",pic._tag._point.position.xcoor,",",
          pic._tag._point.position.ycoor,")" );
     break;
  case line:
     write("\nLine is:",pic._tag._line.xcoef,"•X+",
          pic._tag._line.ycoef,"•Y+", pic._tag._line.cons,"=0");
     break;
  case circle:
     write("\nCircle is:Center(",pic._tag._circle.center.xcoor,
          ",",pic._tag._circle.center.ycoor,"),Radius:",
          pic._tag._circle.radius);
}
```

（3）变体记录源级转换的形式定义

关于变体记录的部分 PASCAL 语言语法规则与到 C 语言的转换规则定义如下。

　　　　　<变体部分>::= CASE <变体选择符> OF <变体序列>
　　　　　　　　　　　=> <变体选择符> union { <变体序列>} @tagI;
　　　　　<变体选择符>::= <标志域> : <标志类型>
　　　　　　　　　　　=> <标志类型> <标志域>;
　　　　　<变体序列>::= <变体序列>;<变体>
　　　　　<变体序列>::= <变体>
　　　　　<变体>::= <情况常量表> : (<域表>)
　　　　　　　　　=> struct {<域表>} @allcons <情况常量表>

其中系统子程序 tagI 的功能是：对标志域产生前缀有 "_" 的内部名，allcons 的功能是：对所有情况常量产生前缀有"_"的内部名。要说明的是,为了叙述的简明,略微作了简化,例如未列出变体选择符部分无标志域的情况。事实上可类似地处理,这样简化并不失一般性。

关于变体记录的讨论,可参看"源级转换时 PASCAL 变体记录在 C 中的映像"[28]一文。

9.1.4　PASCAL 到 C 源级转换系统 SDPCC

如前所述,为了能系统地、有效地适应多对高级程序设计语言间的源级转换,合适的方法是采用形式定义的方法。SDPCC 是基于形式定义的 PASCAL 语言到 C 语言源级转换系统,其基本思路是:基于形式定义的 PASCAL 语言语法规则,从 PASCAL 语言程序生成内部中间表示,然后基于 PASCAL 语言到 C 语言转换规则,从内部中间表示生成相应的等价 C 语言程序。

1. PASCAL 语言到 C 语言源级转换所得 C 语言程序结构的设计

一个 PASCAL 语言程序通常可以有如下的一般结构,即,

　　PROGRAM 程序名 程序参数部分;非子程序说明部分 子程序说明部分

　　BEGIN 语句序列 END.

相应的 C 程序可以有如下的结构:

　　程序参数部分

　　非子程序说明部分

　　子程序说明部分

　　main ( ){ 语句序列 }

然而考虑到 PASCAL 语言程序中因标号的作用域,而可能存在的子程序非正常出口问题,必须考虑 PASCAL 语言程序中原有分程序结构的层次及作用域问题,以保证 PASCAL 语言程序中原有控制转向关系在所转换成的 C 语言程序中的正确性。

至此,上述 PASCAL 语言程序结构转换后得到的相应 C 语言程序结构,可以设计如下:

　　程序参数部分

　　非子程序说明部分

　　子程序说明部分

　　main ( )

　　{ 语句序列

　　　goto　_FINISH;

　　　_SwitchOn:

　　　switch(_LABEL)

　　　{ case 标号 $_1$:_LABEL=0; goto _标号 $_1$;

　　　　　…

　　　　case 标号 $_n$:_LABEL=0; goto _标号 $_n$;

　　　}

　　　_FINISH：;

　　}

2.规范抽象语法与规范抽象语法树

PASCAL 语言到 C 语言源级转换中首先从 PASCAL 语言程序生成中间表示,然后基于转换规则,从中间表示生成相应的等价 C 语言程序。这种中间表示可以是由 LR 语法分析程序生成的语法分析树。然而,语法分析树有如下弊端,即,语法分析树的结点数量太大,生成效率低下,因此为显著减少结点数,提高功效,合适的是以抽象语法树取代语法分析树。

在第 6 章语义分析与目标代码生成中已提出抽象语法与抽象语法树的概念,这里将以全新的观点进一步讨论抽象语法树及其生成。

(1)抽象语法与抽象语法树

通常程序设计语言用上下文无关文法来描述,它们形式定义了相应语言语法成分的书写规则,规定了源程序所可能具有的具体表示形式,因而通常的程序设计语言规则称为具体语法规则,其全体构成具体语法。

具体语法规则中往往包含有一些非本质的符号,它们起标点符号或者注解的作用,例如 IF、THEN 与 ";"等。当从语法规则中弃去非本质部分而建立一个抽象时便构成抽象语法规则,例如对于 PASCAL 语言条件语句的抽象语法规则为:

　　　　条件语句 <表达式> <语句> < else 部分>

抽象语法规则的全体构成抽象语法。

在抽象语法的基础上,可建立关于源程序的抽象语法树。抽象语法树中每个叶结点代表运算分量,而其他的各个内部结点则代表运算符。例如,赋值语句"x:=a+2"的抽象语法树如图 9-1(a)所示,其中 x、a 与 2 等是标识符或无正负号整数,这样的终结符号称为运算分量终结符号。":="与"+"是(广义)运算符,这样的终结符号称运算符终结符号。

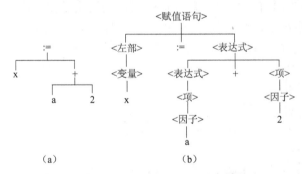

　　　　(a)　　　　　　　　　　　　　　　(b)

图 9-1　抽象语法树与语法分析树结点数对照

由于抓住了事情的本质方面而舍去了非本质的表示法细节,抽象语法树在表示形式上更紧凑、更简洁。一个抽象语法树的结点数比同一个源程序的语法分析树的结点数要少得多。图 9-1(b)给出了前面同一个赋值语句的语法分析树,它与图 9-1(a)形成了鲜明的对比,(a)与(b)中结点数的比是 5:14,抽象语法树是源程序内部中间表示更经济的表示法。

抽象语法树在编译实现中有着重要的作用,如前所述,它可用作编译程序语义阶段的输入(中间表示代码);对于某些编译程序,具有语义信息的抽象语法树也可作为语义阶段的输出。因此,它在多趟编译程序中很有用。即使在单趟编译程序中,由于可以保存已被扫描但尚未处理的源程序信息,抽象语法树同样是十分有用的工具。

（2）规范抽象语法与规范抽象语法树

构造抽象语法树的过程是不断添加分支的过程,每个抽象语法规则规定了如何确定分支名字结点与分支结点。然而,在确定根结点(分支名字结点)的取名,以及确定分支结点上,以往没有统一规定,就是在概念上也是不一致与不规范的。为此,必要的是引进建立抽象语法(树)的若干设计准则。这些设计准则如下。

准则 1　抽象语法是对具体语法的抽象,应与具体表示法无关,不仅舍去了与表示法有关的信息,相应抽象语法树根结点的取名也应与表示法无关。

准则 2　抽象语法(树)在概念上应是一致且规范的,且以一致且规范的方式生成,特别是根结点的取名应是规范的。

准则 3　抽象语法树中任何根结点应反映相应子树所对应的语法成分,相(不)同的根结点名反映相(不)同的语法成分。

准则 4　从源程序生成的抽象语法树应不包含任何冗余信息,其结点数应少。

基于上述设计准则,引进规范抽象语法的概念如下。

规范抽象语法是一种抽象语法,其中的每一个规范抽象语法规则都是由删去具体语法规则右部中一切非运算分量终结符号(以及定义符::=)而构成的,其相应抽象语法树有如下性质。

性质 1　规范抽象语法规则的相应抽象语法树总是以规则左部的非终结符号为根结点。当存在若干规则其左部皆相同时,则根结点标有相应的规则出现序号。

性质 2　根结点的子结点序列正好对应于相应规则右部的非终结符号与运算分量终结符号序列,且从左到右顺序不变。当规则右部不包含任何运算分量终结符号或非终结符号时,该抽象语法树退化成一个根结点。

从上述可知,具体语法规则中的非运算分量终结符号一概不对应于抽象语法树中任何结点,它们仅由根结点隐指。

下面是规范抽象语法规则之例。

\<set\> ::= { }	\<set\> ::= \<quaident\> { }
set1	set3 \<quaident\>
\<set\>::=\<qualident\> { \< element_list \> }	\<set\>::= { \< element_list \> }
set2 \<qualident\> \< element_list \>	set4 \< element_list \>

显然,规范抽象语法符合前述设计准则,具有概念一致且规范,以及结点数少等特点。

（3）规范抽象语法树生成算法

基于前述性质,通过下列法则来陈述从文法直接生成规范抽象语法树的算法。

法则 1　对于任何语法规则,其抽象语法(子)树总是以其左部非终结符号为根结点名的,当同一个非终结符号出现作为多个规则的左部时,根结点附以相应的规则出现序号。

法则 2　若规则右部仅包含非运算分量终结符号,则抽象语法树退化成只包含根结点。

法则 3　对规则右部所包含的非终结符号与运算分量终结符号生成相应的结点,其顺序与它们在规则右部中的出现顺序相同。

当为一个源程序生成抽象语法树时,不言而喻地应该在不丢失信息的前提下,结点数尽可能少,因此,对法则 3 补充下列三个法则。

法则 3.1 若语法规则为单规则,即形如 U::=V,其中 U, V ∈ V_N,则左部非终结符号 U 继承以右部非终结符号 V 为根结点的子树,即不生成关于 U 的结点,进一步说,当前未生成关于 V 的结点时,生成该结点;当早已存在关于 V 的结点时,不生成任何新结点。

法则 3.2 若语法规则右部仅包含单个运算分量终结符号,即,形如 U::=I(标识符)或 U::=N(常量)时,仅生成关于右部终结符号的单个结点,以它替代对应于左部的根结点。

法则 3.3 对于某结点,若其父结点与它同名,则把该结点的一切子结点顺序不变地作为其父结点的子结点,并删去该结点。

法则 3.3 解决了关于递归规则生成抽象语法树的问题。对于语句:

WHILE b DO BEGIN x:=a; y:=d END

若应用法则 3.1-3.3,所生成抽象语法树的结点数为 9,但若不应用这些法则,相应抽象语法树结点数将多达 33。读者可以自行验证。这表明,应用这些法则缩减结点数将达 70%之多。曾对 PASCAL 程序结点数进行的统计表明,所有例子中仅仅改进的规范抽象语法树的结点数比相应程序中所包含的符号数少。因此称应用上述一切法则生成的是改进的规范抽象语法树。

在不同的程序设计语言中,同一个语法成分的具体语法规则是不同的,但由于弃去了与表示法或注释有关的细节,而把本质部分抽象出来,抽象语法树却往往是相同的。例如,抽象语法规则

while-stmt <expr> <stmt>

可看成是 PASCAL 语言 WHILE 循环语句

<while-stmt> ::= WHILE <expr> DO <stmt>

与 C 语言 while 循环语句

<while-stmt> ::= while(<expr>) <stmt>

的共同中间表示,因此,抽象语法树是异种高级程序设计语言间源程序级转换的有用工具,已应用于 Fortran 语言到 Ada 语言、Ada 语言到 PASCAL 语言,以及 Ada 语言到 PASCAL 语言与 PASCAL 语言到 Ada 语言等的源级转换。特别是,规范抽象语法树已应用于从 PASCAL 语言到 C 语言源级转换系统 SDPCC。

实践表明,规范抽象语法树对于一对异种高级程序设计语言间的源级转换是有效的工具,它的引进扩展了语法分析树的应用范围。

关于规范抽象语法(树)的讨论,可参看"规范抽象语法与抽象语法树的直接生成"[25]一文。

3. 源级转换系统 SDPCC 的总体结构

SDPCC 是基于形式定义的语法规则和转换规则实现的 PASCAL 语言到 C 语言源级转换系统,它的思路是基于形式定义的 PASCAL 语言语法规则,借助 LR 语法分析技术,从 PASCAL 程序生成改进的规范抽象语法树,再基于形式定义的 PASCAL 到 C 转换规则,从改进的规范抽象语法树生成等价的 C 程序,经由漂亮格式打印器输出最终的 C 程序。它由 4 部分组成,即规则处理器、抽象语法树生成器、树到 C 程序转换器与漂亮格式打印器。其总体结构示意图如图 9-2 所示。

　　规则处理器:其功能是输入形式表示的源语言(PASCAL 语言)语法规则及源到目标语言(C 语言)转换规则,把它们处理成内部表示形式,且生成 PASCAL 语言的 LR 分析表。源语言语法规则共 210 个。规则表示法如前所述。

　　显然,对于一对语言,规则处理器仅工作一次,即生成分析表和把规则表(语法规则与转换规则)处理成内部表示后便将退出工作。

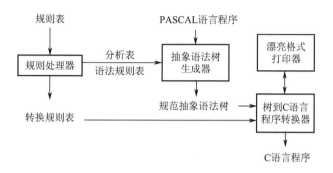

图 9-2　SDPCC 系统总体结构图

　　抽象语法树生成器:这是一个典型的 LR 分析程序,它输入要被转换的 PASCAL 语言程序,完成词法分析与语法分析,但是在当前实现中,与通常的 LR 分析程序有如下几点区别。

　　1)语法分析的同时,生成的不是语法分析树,而是(改进的)规范抽象语法树。

　　2)鉴于抽象语法树保存了全部本质信息,现在只需生成与转换有关的表格。

　　3)可提供交互式语法错误复原设施,当被转换的源语言程序存在语法错误时, SDPCC 允许用户交互地进行删除、修改或者增添一个符号。

　　树到 C 语言程序转换器:其功能是根据转换规则从规范抽象语法树生成相应的 C 语言程序。其工作原理如下。

　　从抽象语法树根结点开始,找到结点名(非终结符号)所对应的转换规则,从左向右顺次逐个地处理此转换规则中的各个符号,符号有以下 4 类。

　　1)运算分量终结符号,即标识符或常量,这时输出该标识符或常量。

　　2)C 语言终结符号,这时立即输出它。

　　3)PASCAL 语言非终结符号,这时把当前正被处理的转换规则号及正处理的符号之位置等信息下推入栈,以该非终结符号所对应的子结点上指明的相应转换规则号作为当前处理的转换规则号,类似地从左向右顺次逐个地处理此转换规则中的各个符号。当处理完时便以栈顶中的转换规则为当前处理的规则,而从已被处理的符号的下一个符号为当前处理符号。如此继续,直到栈中再无规则要被处理。

　　4)系统子程序名,系统子程序主要用来实现可语义对应的语法成分之源级转换,这时调用相应的系统子程序,进行相应的处理。执行完毕时,返回。然后处理转换规则顺次下一个符号。

　　从规范抽象语法树生成相应的 C 语言程序的总控流程图如图 9-3 所示。

　　所示的总控流程图,其特点如下。

　　1)由转换规则制导,处理工作规范且简捷。

2)程序简洁且程序量小。

3)该总控流程图适用于任何一对语言间的源级转换,是通用的,可面向多对语言。当更改语言(源或目标或两者)时无需更改此总控流程图。

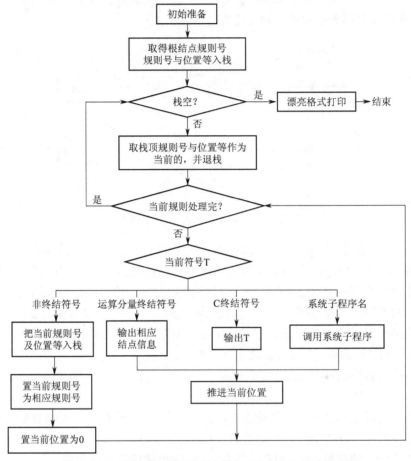

图9-3　从规范抽象语法树生成C语言程序的总控流程图

漂亮格式打印器:一般地,它以从规范抽象语法树产生的无格式C语言程序作为输入,将其加工成锯齿形的漂亮格式程序作为输出。为了避免重复取符号与识别工作,可以每当输出一个C语言程序符号,便进行漂亮打印格式安排。事实上,漂亮打印格式可形式地定义在转换规则中。

3. 概括

SDPCC系统基于形式定义的语法规则与转换规则,利用改进的规范抽象语法树作为PASCAL语言程序到C语言程序转换之间的内部过渡中间表示,实现异种程序设计语言间的源级转换,其优点是明显的。

1)以形式定义的语法规则和转换规则制导源级转换,这些规则易于修改,且修改对转换系统结构不产生任何影响,必要的仅仅是引进或/和修改某些系统子程序,因此利于转换系统本身的研制。

2）系统本身结构简洁,程序量小。总控程序适于任何一对高级程序设计语言之间的源级转换,因此总控程序是通用的。

3）(改进的)规范抽象语法树较之相应的语法分析树,结点数大大减少(仅约 1/3 到 1/4),因而大大减少了存储需要量,加快了转换速度。它使得实际应用语法树成为可能。

4）形式定义语法规则,使得有可能采用 LR 分析技术,因此分析速度快得多,且可能配备较好的交互式(语法)错误复原设施。

5）仅仅书写规则及编写一些系统子程序地研制转换系统,与使用其他技术从头开始开发转换系统相比,明显要好得多,工作量可大大减少,且可把注意力集中在难以处理的某些系统子程序,因此易保证正确性。

SDPCC 系统在 IBM PC 上用 C 语言实现。关于 SDPCC 系统的讨论,可参看 "Source-to-Source Conversion Based on Formal Definition" [43] 一文。

9.2 基于源级转换的可执行规格说明技术

9.2.1 可执行规格说明的概念

1. 形式规格说明的作用

速成原型技术对软件的设计与开发产生了重大影响,它向经典的瀑布型软件生命周期模型发起了挑战。软件开发人员与用户通过速成原型可以在软件开发早期了解待开发软件的性行,检验它是否满足或符合用户的需求,或者使用户需求更明确。速成原型技术的重要特征是速成与廉价。当开发一个软件系统时,常常关于系统的功能需求建立原型。速成原型的一个有效实现途径是可执行规格说明。

软件的功能规格说明(Functional Specification)用来为软件开发者详细描述一个软件产品的潜在功能、表现以及与用户的交互性。当开发者写程序代码时,功能规格说明是一个指导纲领和持续的参考。

形式方法是基于数学的软件开发方法。形式规格说明是形式方法最基本的部分,它精确描述用户需求和计算机软件系统的功能,并可用于软件验证和精化。

一个形式规格说明用规格说明语言写出,规格说明语言具有形式化、表达明确与无二义性等特点。但关于功能需求的规格说明不一定是可执行的,这时需要把它翻译成一个实现。引起人们较大兴趣的是可执行规格说明。当一个规格说明能以某种方式"执行"时,它就提供了待开发软件的一个速成原型版本。可执行规格说明通常采用代数规格说明技术与有限状态模型技术。但迄今对于可执行规格说明均需要以简化系统或解释系统作为支持系统以"执行"它们。这些支持系统本身的开发需要付出一定的时间与代价,且"执行"的原型效果因支持系统而异。

本节讨论一种新的可执行规格说明实现技术,它利用异种高级程序设计语言间源级转换思想,把规格说明直接转换到程序设计语言程序,且这种源级转换基于形式定义的语法规则与转换规则,并以规范抽象语法树为中间表示。这种技术的优点是开发支持系统的代价低廉,且能获得较好的速成原型效果。

2. 源级转换与可执行规格说明语言的设计

（1）源级转换

源级转换是指两个异种高级程序设计语言间的源程序级转换，即把一个语言 A 的源程序 P_A 转换成另一种语言 B 的等价源程序 P_B。所谓等价，是 P_A 关于语言 A 语法上正确，P_B 关于语言 B 语法上也正确，且功能相等，即，$[P_A]=[P_B]$，表示作 $P_A \equiv P_B$。

在实现源级转换时，关键是找出两个语言间的对应关系。当此对应关系被正确地确定并实现时，P_B 的性行完全反映了 P_A 的性行。

书写形式规格说明的语言，作为一种甚高级程序设计语言，具有通常高级程序设计语言的基本特征，有语法与语义等方面。如果说，能找到一种规格说明语言 A 与某种高级程序设计语言 B 之间的对应关系，便可将 A 所写规格说明 S_A 转换成等价的 B 程序 P_B，即 $S_A \equiv P_B$，这样规格说明 S_A 无须被翻译成某个实现便可被"执行"。对应关系完全可事先唯一地、甚至形式地确定，转换的正确性是易于保证的。执行 P_B 时所呈现的性行将反映 S_A 中所描述的待开发软件的性行。

关于异种高级程序设计语言间的源级转换，可参看前面 9.1 节。

（2）可执行规格说明语言的设计

规格说明用来描述一个软件系统"做什么"，而不描述"如何做"，规格说明语言应该是一个说明性语言，而且容易用来书写易读的规格说明。

一个规格说明语言，如同通常的程序设计语言，其设计的好坏直接影响到表达能力的强弱，一个规格说明语言不必要，也不可能是能满足任何应用领域要求的万能语言，在一定的范围与程度上，一个规格说明语言是表达能力与实现代价等因素的折中。

为了能应用源级转换技术于可执行规格说明语言，在设计规格说明语言时，应该事先确定一个合适的"目标"高级程序设计语言，用这种规格说明语言所写的规格说明能易于转换成该"目标"语言的程序。

为了能有利于应用自顶向下逐步精化设计技术和有利于软件可重用性，一个规格说明语言最好是模块化的。

基于上述考虑设计规格说明语言 NCSL，它以下列两点为设计指导思想。

1）模块化。

2）基于逻辑，且与逻辑程序设计语言相联系。

设定进行源级转换的"目标"语言是 PROLOG。PROLOG(Programming in Logic)是一种逻辑型程序设计语言，它以一阶谓词逻辑理论为基础。由于 PROLOG 语言是一种描述型语言，它描述的是问题之间的逻辑关系，只需要设计人员描述待解问题中的对象以及它们之间关系的已知事实和变换规则，也就是告诉计算机"做什么"，而不是"如何做"。PROLOG 语言的基本语句有三类，分别称为事实、规则和询问，用 PROLOG 语言进行程序设计可归结为说明事实、定义规则和提出询问。PROLOG 程序的运行顺序不是由程序设计者确定的，而是由 PROLOG 系统根据推理规则自动寻求问题的解，因此，程序设计者可把主要精力放在揭示对象间的逻辑关系上，而不必过多考虑过程的细节。显然，PROLOG 作为可执行规格说明的目标语言，是一种合适的选择。

9.2.2　NCSL 语言的设计及其形式定义

1. NCSL 语言的设计

NCSL 是在前述设计指导思想下设计的,它是一个模块化的、基于逻辑的,且可执行的规格说明语言。

NCSL 具有操作语义,也即它不是通过表达函数之间关系的等式来描述系统的功能需求,而是用执行的效果来描述。且看下列例子。

对于插入排序软件,可以有下列 NCSL 规格说明(片断):

```
predicate insorted (list& L1, list& L2)
{    list L3;
   return (    L1==nillist && L2==nillist
                    ||
           insorted( tl (L1), L3) && insert( hd(L1), L3, L2)
           );
}
```

该例以一阶谓词形式来描述,其中的 insorted 与 insert 都是谓词,因此说是基于逻辑的。事实上,用 NCSL 书写的规格说明将被源级转换到 PROLOG 程序。例中第一行括号对中指明的参数 L1 是初始数据,而 L2 是执行结果,其操作语义是明显的,即执行 insorted 的结果是:

当 L1 为空表列(nillist)时,L2 也是空表列;

当 L1 为非空表列时,先执行 insorted (tl (L1),L3),使 L3 是对 L1 除第一个元素外的尾部进行插入排序的结果,再执行 insert(hd(L1),L3,L2),把 L1 的第一个元素插入已插入排序过的 L3 的适当位置上,从而 L2 中得到对 L1 插入排序的结果。

为了便于利用这一插入排序软件规格说明,避免重复地书写,可以把它及其他有关成分处理作一个模块,这时完整的规格说明如下。

```
module insert_sorted;                    void sort (list& L1, list& L2)
    exports insorted;                    {    pre (true);
    predicate insert(…) { … }                 post (insorted (L1,L2));
    predicate insorted(…) { … }          }
                                        end;
```

其中第 2 行的作用是:谓词 insorted 被移出而可被用于其他模块中。

2. NCSL 语言形式定义的语法规则及到 PROLOG 的转换规则

类似地, NCSL 语言语法规则的形式定义采用 BNF 表示法。NCSL 语法规则共有 62 个,每个语法规则有相应的转换规则。转换规则采用类似的表示法,且以符号=>标示,即,其前是语法规则,其后是转换规则。同一规则中,当转换规则与语法规则右部相同,可省略不写。

让 VN_L 表示语言 L 的非终结符号集, VT_L 表示语言 L 的终结符号集,为处理可语义对应的语法成分而引进系统子程序,系统子程序名组成的集合记为 sym。NCSL 支持系统所使用的语法规则与转换规则有如下的一般形式。

$$U_i ::= x_{i1} x_{i2} \cdots x_{i\,n_i}$$
$$=> y_{i1} y_{i2} \cdots y_{i\,m_i}$$

其中 $U_i \in VN_{NCSL}$, $x_{ij} \in VN_{NCSL} \cup VT_{NCSL} \cup \{\varepsilon\}$, $y_{ik} \in VN_{NCSL} \cup VT_{PROLOG} \cup sym \cup \{\varepsilon\}$ ($j=1,2,\cdots,n_i$; $k=1,2,\cdots,m_i$; ε 表示空串)。

为了识别转换规则中的系统子程序名,类似地以字符@标记,即,系统子程序名前缀有字符@。NCSL 支持系统共引进系统子程序 27 个。这里仅例举具有代表性的语法规则与相应转换规则的若干典型例子。

　　　　　　<模块体>::=<谓词部分> <void 部分>
　　　　　　　　=> <void 部分> <谓词部分>
　　　　　　<谓词部分>::= <谓词单位>
　　　　　　<谓词单位>::=PREDICATE　i(<类型参数部分>) {<谓词体>}
　　　　　　　　=>@ispredicate　i(<类型参数部分>) <谓词体>

其中系统子程序 ispredicate 的功能是:标记这是谓词单位,进行相应的处理。

　　　　　　<谓词体>::= <类型说明>; <体>
　　　　　　　　=> <类型说明> <体>
　　　　　　<谓词体>::= <体>
　　　　　　<体>::= RETURN (<逻辑语句>);
　　　　　　　　=> @isbody <逻辑语句> @exit

其中系统子程序 isbody 的功能是:标记这是谓词体,进行相应的处理;系统子程序 exit 的功能则是进行谓词体处理完后的处理,例如输出谓词的相应转换结果。

　　　　　　<void 部分>::=VOID i (<类型参数部分>) {<void 体>}
　　　　　　　　=>@mainp i (<类型参数部分>) @void <void 体>

其中系统子程序 mainp 的功能是:标记进入 void 部分,进行相应的处理,而系统子程序 void 的功能是:标记进入 void 体部分,进行相应的处理。

　　　　　　<void 体>::= <pre 条件> <post 条件>
　　　　　　<pre 条件>::=PRE (<逻辑语句>);
　　　　　　　　=> @ispre <逻辑语句> @preexit
　　　　　　<post 条件>::=POST (<逻辑语句>);
　　　　　　　　=> <逻辑语句> @exit

其中,系统子程序 ispre 与 preexit 有类似的功能。

9.2.3　NCSL 支持系统及其工作原理

1. 源级转换实现途径

　　一个 NCSL 规格说明,首先基于形式定义的语法规则被转换成等价的规范抽象语法树 (CAST),然后基于形式定义的转换规则,从所生成的 CAST 生成相应的 PROLOG 程序。关于规范抽象语法树的讨论可参看前面 9.1.4 节。

2. NCSL 支持系统的总体结构

NCSL 支持系统基于形式定义的规格说明语言 NCSL 的语法规则,应用 LR 分析技术,从可执行规格说明生成作为内部中间表示的规范抽象语法树(CAST),然后基于 NCSL 到 PROLOG 转换规则,从 CAST 生成 PROLOG 程序,因此,NCSL 支持系统由三部分组成,即,规则处理器、CAST 生成器与树到 PROLOG 程序转换器。NCSL 支持系统的总体结构示意图如图 9-4 所示。

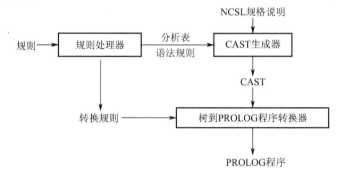

图 9-4　NCSL 支持系统的总体结构示意图

规则处理器:其功能是输入关于规格说明语言 NCSL 的语法规则和 NCSL 到 PROLOG 转换规则。语法规则采用 BNF 表示法表示,转换规则类似于 BNF 表示法的规则右部,只是可能包含有以@打头的系统子程序名。规则处理器生成相应于语法规则的 LR 分析表,同时得到规则(语法规则和转换规则)的内部表示形式。规则处理器仅工作一次,一旦生成了 LR 分析表及规则的内部表示,它即可舍去。

CAST 生成器:它以 NCSL 规格说明作为输入,基于语法规则(也即 LR 分析表),从该规格说明生成作为内部中间表示的 CAST。该 CAST 作为树到 PROLOG 程序转换器的输入。

树到 PROLOG 程序转换器:其功能是根据 NCSL 到 PROLOG 转换规则,从 CAST 生成相应的 PROLOG 程序。工作原理如下。

从 CAST 的根结点出发,找出相应于结点名的转换规则,从左向右顺次地处理该规则中的各个符号。当是运算分量终结符号时,输出相应的标识符或常量。当是 PROLOG 终结符号时立即输出它。当是 NCSL 非终结符号时,把当前转换规则及其当前处理位置下推入栈,并把相应于非终结符号的子结点上指明的转换规则作为当前处理的。在此当前转换规则中的各个符号类似地依次处理。

系统子程序用于处理两种语言间不可直接对应,也不可间接对应的成分。当处理到的转换规则符号是系统子程序名时便调用相应的系统子程序,结束时返回到当前正被处理的转换规则中相邻的下一个符号。

当一个转换规则的一切符号依次被处理过,也即达到其右端时,栈顶上的转换规则成为当前处理的,从刚处理过的符号的相邻下一个符号开始,类似地进行处理。如此继续,直到栈中再无规则要被处理。

树到 PROLOG 程序转换器的控制流程示意图如图 9-5 所示。

一个 PROLOG 程序应是有格式的,以便于阅读,一般可以由漂亮格式打印器来完成漂亮格式处理,当前实现中由适当的系统子程序来完成。

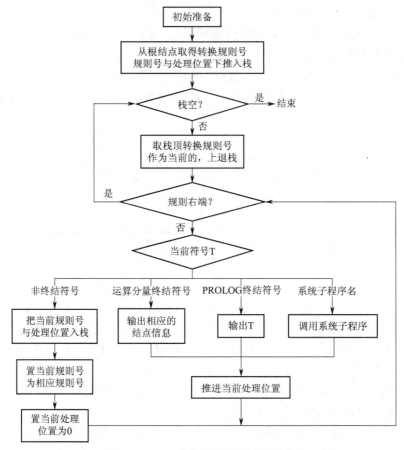

图 9-5　树到 PROLOG 程序转换器的控制流程示意图

9.2.4　从 NCSL 到 PROLOG 源级转换的示例

本小节给出 NCSL 系统把 NCSL 规格说明转换到 PROLOG 程序的两个示例。

1. 阶乘计算示例

NCSL 规格说明如下。

```
MODULE fact;
  PREDICATE is_factor(natural& X, natural& Y)
  {   natural T1;
    RETURN
    ( X==0 && Y==1 || is_factor(X-1, T1) && Y==T1*X );
  }
  VOID   factorial(natural& X, natural& Y)
  {   PRE(true);
    POST(is_factor(X, Y));
  }
```

END;

经由 NCSL 转换系统转换成的 PROLOG 程序如下。

```
:- fact.
is_factor(0,1).
is_factor(X,Y) :- M_1 is X-1, is_factor(M_1,T1) , Y is T1*X.
main :- factorial.
factorial(X,Y) :- is_factor(X,Y).
```

2. 梵塔问题示例

NCSL 规格说明如下。

```
MODULE tower;
    PREDICATE inform(natural& A, natural& B, list& L)
    {   list L1;
        RETURN( L1==cons(B, nillist) && L==cons(A, L1) );
    }
    PREDICATE move(natural& N, natural& A, natural& B, natural& C)
    {   list L;
        RETURN
        ( N==0 || move(N-1, A, C, B) && inform(A, B, L) && move(N-1, C, B, A) );
    }
    VOID hanoi(natural& N, natural& A, natural& B, natural& C)
    {   pre(true);
        POST(move(N,A,B,C));
    }
END;
```

经由 NCSL 转换系统转换成的 PROLOG 程序如下。

```
:- tower.
move(0,A,B,C).
move(N,A,B,C) :- M_1 is N-1, M_2 is N-1,
                 move(M_1,A,C,B), inform(A,B,L), move(M_2,C,B,A).
inform(A,B,[A|[B]]).
main :- hanoi.
hanoi(N,A,B,C) :- move(N,A,B,C).
```

请注意,转换所得的 PROLOG 程序,结构上可能与实际使用的 PROLOG 系统要求的有些差异,但稍作修改便可适应于所用 Prolog 系统。

9.2.5　从 NCSL 到 PROLOG 源级转换中的问题

1. NCSL 模块化的实现

模块化是程序设计语言发展的重要趋势之一。模块是单独命名且可以访问的程序成分,在其内部定义类型、数据及对它们进行的操作。同一个程序中的每个模块有相对的独立性，相互之间又有一定的联系。模块的基本特征是抽象与信息隐匿。模块概念的引进，使得能分而治之，从而有效地管理控制复杂性。模块程序设计策略已经被证明对于大型程序的研制是行之有效的，它能有力地支持软件工程的下列目标：易理解性、易修改性、可靠性与高功效性。

NCSL 是设计为模块化的规格说明语言，然而 PROLOG 是一种逻辑程序设计语言，并不具有模块化特性。如何能保证实现 NCSL 的模块化设施？

在 NCSL 语言中模块化主要体现于 IMPORTS（移入）与 EXPORTS（移出）设施，即，可通过 IMPORTS 设施，指明一个模块从何处移入某成分（谓词），以及通过 EXPORTS 设施，指明把什么成分（谓词）移出而使其他模块可以引用此成分。

显然移入移出设施是 NCSL 与 PROLOG 只能语义对应的成分，必须通过系统子程序来实现转换。为此，一个简单的办法是引进模块信息表，其中每个条目包含一个模块内定义的所有谓词名与移出的谓词名，从哪个模块移入哪些谓词名的信息，等等。当在模块内谓词调用时，查看所调用的谓词是否是本模块内定义的。如果发现调用的不是本模块内定义的谓词，便查看 IMPORTS 部分中是否移入了该谓词，这样就可以保证模块的相对独立性以及相互联系的约束性，从而实现模块化。

2. 规格说明与程序的结构

规格说明中以谓词为单位，这些谓词遵循先定义后使用的原则，因此，在谓词 insorted 的定义中引用了谓词 insert，insert 的定义必须出现在 insorted 的定义之前。然而对于 PROLOG 程序来说，关于 insorted 的事实与规则必须出现在关于谓词 insert 的事实与规则之前。

例如，关于插入排序例子，下列谓词定义。

```
    predicate insert (generic& A, list& L1, list& L2)
    {    list L3;
        return (L1==nillist && L2==cons(A, nillist)
                        ||
                A<=hd(L1) && L2==cons(A,L1)
                        ||
                insert(A, tl(L1),L3) && L2==cons(hd(L1),L3)
                );
    }
```

必须出现在 9.2.2 中给出的谓词 insorted 的定义之前，然而相应的 PROLOG 程序如下。

```
    insorted([ ], [ ]).
    insorted([H_L1|T_L1], L2):- insorted(T_L1,L3), insert(H_L1,L3,L2).
    insert(A,[ ], [A]).
    insert(A,[H_L1|T_L1], [A|[H_L1|T_L1]]) :- A<=H_L1.
    insert(A,[H_L1|T_L1], [H_L1|L3]) :- insert(A,T_L1,L3).
```

按照基于形式定义的源级转换思想，结构的转换可以借助下列规则实现。

```
    <谓词部分> ::= <谓词部分> <谓词单位>
            => <谓词单位> <谓词部分>
```

相应的(改进了的)CAST 如图 9-6 所示,插入排序例子中,最左的子结点是谓词单位 insert,最右的是谓词单位 inserted。在转换过程中处理到 predicatepart(谓词部分)符号时,按转换规则,将先处理最右子结点,最后是最左子结点。因此处理的顺序,将先是谓词 inserted,然后再是 insert。这样使得转换成的 PROLOG 程序中各个谓词的出现顺序与 PROLOG 要求的顺序一致。

图 9-6　相应的(改进了的)CAST

但是,如果在从 CAST 转换到 PROLOG 时,先处理右面的 predicatunit,后处理左面的 predicateunit,将同样会出现标识符无定义的情况。为使得转换结果符合 PROLOG 程序结构,在这种情况下的最简单办法是:最终把各个 predicateunit 的转换结果以逆序输出。

3. 变量赋值与同一化操作

一个规格说明描述做什么,不是描述如何做,因此不需,也不应该考虑变量存储分配等具体实现问题。

冯·诺伊曼型程序设计风格的特征是基于存储字的概念,必须考虑如何指明变量的属性与如何分配相应大小的内存区域,从而实现对变量的算术运算、赋值与传输等。

PROLOG 语言提供了表列作为最常用的重要数据结构。在 PROLOG 程序中对对象的属性无须显式说明,可以通过同一化(Unify)操作对变量进行赋值。

设有谓词:

　　　　pred("ob1","ob2",X).

　　　　pred("ob1",Y,"ob3").

在程序运行过程中,由于同一化, X 被实例化为"ob3",Y 则被实例化为"ob2",即, X 与 Y 分别被赋以值"ob3"与"ob2"。因此,在 PROLOG 支持系统的支持下,把一个 NCSL 规格说明转换成 PROLOG 程序时对对象(数据)的处理显得相当简单和易于实现。

4. 速成原型效果

一个可执行规格说明描述了一个待开发软件的性行,此性行通常通过执行关于此规格说明的使用程序而获得。不同的使用程序一般可反映不同方面的性行。这意味着需要有一定数量的使用程序,在可执行规格说明语言支持环境下运行。

PROLOG 语言具有询问设施,用户只需键入询问语句,支持系统便可给出相应的回答信息,例如,假定已把前述插入排序软件的 NCSL 规格说明源级转换成 PROLOG 程序,现在键入下列询问语句:

　　　　?—insorted ([ ], L2).

支持系统将给出下列回答:

　　　　L2=[ ]

如果键入下列询问语句:

　　　　?—insorted([3,6,1],L).

支持系统将给出下列回答：

     L=[1,3,6]

显然利用 PROLOG 的询问设施可以快速地获得待开发软件的性行消息。

概括

本节提出的把 NCSL 规格说明直接转换成 PROLOG 程序的技术，是利用了异种高级程序设计语言间源级转换的思想。它基于形式定义的 NCSL 语言语法规则和 NCSL 到 PRO-LOG 转换规则，以（改进的）规范抽象语法树（CAST）为内部中间表示，从 NCSL 规格说明直接生成 PROLOG 程序。这为可执行规格说明提供了一种新的实现途径。这一实现技术及相应的 NCSL 支持系统有如下几个特点。

    ·规则形式定义且处理规范化，开发 NCSL 支持系统所需的工作量小，且易于保证正确性，因此支持系统开发成本低，且开发周期短。

    ·把 NCSL 规格说明转换成 PROLOG 程序，可利用 PROLOG 语言的特性，降低支持系统的复杂性，进一步减少系统开发的工作量。

    ·利用 PROLOG 语言的询问设施，能方便快捷地获取待开发软件的性行消息。

概括起来，这一技术与 NCSL 支持系统支持速成原型技术，达到较好的速成原型效果。NCSL 支持系统的开发过程体现了上述诸特点。但这还是实验性的，是初步探索。

关于基于形式源级转换的可执行规格说明技术的讨论，可参看"基于形式源级转换的可执行规格说明技术"[27]与"An Approach to Executable Specifications,Based On Formal Source_To_Source Conversion"[44]。

本章概要

本章讨论的编译原理在两个项目软件开发中的应用，典型地共同利用了语言的形式定义和分析技术，成功地达到项目的要求，体现了把编译原理的理论与软件开发的实践相结合的潜力，充分表明理论与实践相结合的必要性与可能性。

对于编译原理课程，学生普遍反映难学，认为理论性太强，甚至误认为学习编译原理是编译程序开发人员的事。不言而喻，所有程序设计语言的编译程序都必须在编译原理的基础上设计和开发。事实上，除了开发编译程序外，编译原理在软件工程、逆向工程、软件再工程、语言转换及其他领域中有着广泛的应用。例如大家熟悉的模式识别、机器翻译甚至股票软件等，哪一个能离开编译的基本原理与技术？可以说，只要涉及符号，涉及字符串的处理，就可以，也应该，采用编译的基本原理与技术。

第 9 章上机实习题

1）试设计一个小小的 PASCAL 子语言，实现它到 C 语言的源级转换。

参考文献

[1] 陈火旺,钱家骅,孙永强.程序设计语言编译原理[M].北京:国防工业出版社,1980.

[2] 陈意云,马万里.编译原理和技术[M].合肥:中国科学技术大学出版社,1989.

[3] 程虎,曹东启.编译程序入门[M].北京:科学出版社,1974.

[4] 迟忠先.编译方法[M].北京:科学出版社,1992.

[5] 高仲仪,蒋立源.编译技术[M].西安:西北工业大学出版社,1985.

[6] 高仲仪,金茂忠.编译原理及编译程序构造[M].北京:北京航空航天大学出版社,1990.

[7] 格里斯.数字计算机的编译程序构造[M].曹东启,仲萃豪,姚兆炜,译.北京:科学出版
     社,1982.

[8] 何新贵.编译方法导引[M].北京:国防工业出版社,1979.

[9] 何炎祥.编译程序构造[M].武汉:武汉大学出版社,1988.

[10] 侯永文.编译原理及其实现技术[M].上海:上海交通大学出版社,1993.

[11] 胡笔蕊,杜永建.编译方法[M].北京:测绘出版社,1992.

[12] 霍普克罗夫特 J E,厄尔曼 J D.形式语言及其与自动机的关系[M].莫绍揆,段祥,顾秀
     芬,译.北京:科学出版社,1979.

[13] 姜文清.编译技术原理[M].北京:国防工业出版社,1994.

[14] 蒋立源.编译原理[M].西安:西北工业大学出版社,1994.

[15] 金成植.编译方法[M].北京:高等教育出版社,1984.

[16] 刘易斯ⅡP M.编译程序设计理论[M].张文典,徐树荣,黄贵清,译.北京:科学出版社,
     1984.

[17] 秦振松.编译原理及编译程序构造[M].南京:东南大学出版社,1996.

[18] 丘玉圃,刘椿年,刘建丽.编译程序构造方法[M].北京:科学出版社,1991.

[19] 肖军模.程序设计语言编译方法[M].大连:大连理工大学出版社,1988.

[20] 张幸儿,徐家福.XCY-2 分块编译的实现[J].计算机研究与发展,1985,22(3):49-53.

[21] 张幸儿.一种检查 ALGOL 源程序语法错误的方法[J].南京大学学报,1979(1):43-53.

[22] 张幸儿.分块编译在 PASCAL 中的实现[J].南京大学学报,1988,24(4):640-648.

[23] 张幸儿.计算机编译理论[M].南京:南京大学出版社,1989.

[24] 张幸儿,李建新,董建宁,等.过程非正常出口的实现[J].微电子学与计算机,1990,7
     (6):7-10.

[25] 张幸儿.规范抽象语法与抽象语法树的直接生成[J].计算机学报,1990,13(12):926-
     933.

[26] 张幸儿.程序设计方法学教程[M].南京:南京大学出版社,1992.

[27] 张幸儿,朱晓军.基于形式源级转换的可执行规格说明技术[J].软件学报,1992,3(3):
     33-39.

[28] 张幸儿. 源级转换时 PASCAL 变体记录在 C 中的映象[J]. 微型计算机，1992，12(5)：30-32.

[29] 张幸儿. 集合类型及其在 C 语言中的扩充[J]. 计算机研究与发展，1992，29(9)：8-13.

[30] 张幸儿. 基于 LL 分析技术的语法制导编辑系统[J]. 微型计算机，1994，14(5)：43-46.

[31] 张幸儿. 计算机编译原理[M].3 版. 北京：科学出版社，2008.

[32] 张幸儿. 计算机编译原理-编译程序构造实践[M]. 2 版. 北京：科学出版社，2009.

[33] 郑国梁，徐永森. 计算机编译方法[M]. 北京：人民邮电出版社，1982.

[34] AHO A V，ULLMAN J D.Principles of Compiler Design.Addison Wesley Publishing Company，1977.

[35] AHO A V，SETHI R，ULLMAN J D.Compilers：Principles，Techniques，and Tools，Addison Wesley，1986.

[36] AHO A V，SETHI R，ULLMAN J D.Compilers：Principles，Techniques，and Tools.2d ed. Addison Wesley，2003.

[37] FISCHER C N，LEBLANC R J.Crafting A Compiler.The Benjamin/Cummings Publishing Company，Inc，1988.

[38] GRUNE D，BAL H E，JACOBS C J H，Langendoen K G.Modern Compiler Design.John Wiley & Sons，Ltd，2000.

[39] HOPGOOD F. 编译技术. 北京：科学出版社，1975.

[40] PETER B J.Introduction to Compiling Techniques：A First Course using ANSI C，LEX and YACC.McGRAWHILL Book Company，1990.

[41] Proceedings of the international workshop on code generation.Code generation-concepts， tools，techniques.British Computer Society，1992.

[42] SAMPAIO A. An Algebraic Approach to Compiler Design.World Scientific Publishing Co.Pte.Ltd，1997.

[43] ZHANG X E，ZHU X J，LI J X，DONG J N.Source to Source Conversion Based on Formal Definition.Journal of Computer Science and Technology，1991，6(2)：178-184.

[44] ZHANG X E.An Approach to Executable Specifications，Based on Formal Source-To -Source Conversion，ACM SIGPLAN NOTICES，1995，30(12)：51-56.

解题规范例解

线上补充内容

总复习思考题

本书习题答案请通过邮箱 894964346@qq.com 索取